Paul Erdős:
as mais belas demonstrações matemáticas

Blucher

Martin Aigner
Universidade Livre de Berlim

Günter M. Ziegler
Universidade Livre de Berlim

Paul Erdős:
as mais belas demonstrações matemáticas

Tradução da 5ª edição

Tradução
Marcos Botelho
Departamento de Matemática do
Instituto Tecnológico de Aeronáutica

Tradução e revisão
Helena Castro
Instituto de Matemática e Estatística da
Universidade de São Paulo

Paul Erdős: as mais belas demonstrações matemáticas, tradução da 5.ª edição
Tradução da edição em língua inglesa:
Proofs from THE BOOK
de Martin Aigner e Günter M. Ziegler
Copyright © 2014 Springer Berlin Heidelberg
Springer Berlin Heidelberg é parte da Springer Science+Business Media
Todos os direitos reservados.

© 2017   Editora Edgard Blücher Ltda.

Blucher

Rua Pedroso Alvarenga, 1245, 4º andar
04531-934 - São Paulo - SP - Brasil
Tel.: 55 11 3078-5366
contato@blucher.com.br
www.blucher.com.br

Segundo o Novo Acordo Ortográfico, conforme 5. ed. do *Vocabulário Ortográfico da Língua Portuguesa*, Academia Brasileira de Letras, março de 2009.

É proibida a reprodução total ou parcial por quaisquer meios sem autorização escrita da editora.

Todos os direitos reservados pela Editora Edgard Blücher Ltda.

Dados Internacionais de Catalogação na Publicação (CIP)
Angélica Ilacqua CRB-8/7057

Aigner, Martin
  Paul Erdős: as mais belas demonstrações matemáticas / Martin Aigner, Günter M. Ziegler; tradução de Marcos Botelho; tradução e revisão de Helena Castro. – São Paulo: Blucher, 2017.
  368 p.; il. color.

  ISBN 978-85-212-1005-4

  Título original em inglês: *Proofs from the book*

  1. Matemática I. Título II. Ziegler, Günter M. III. Botelho, Marcos IV. Castro, Helena

16-0114   CDD 510

Índices para catálogo sistemático:
1. Matemática

Prefácio da primeira edição

Paul Erdős gostava de falar sobre O Livro, obra na qual Deus manteria as demonstrações perfeitas de teoremas matemáticos, seguindo a máxima de G. H. Hardy de que não há lugar permanente para matemática feia. Erdős também dizia que você pode não acreditar em Deus, mas, como matemático, deve crer n'O Livro. Alguns anos atrás, sugerimos a ele escrever uma primeira (e bem modesta) ideia d'O Livro. Ele ficou entusiasmado com a ideia e, caracteristicamente, pôs-se a trabalhar imediatamente, enchendo páginas e mais páginas com suas sugestões. Nosso livro estava previsto para aparecer em março de 1998 como um presente pelo 85º aniversário de Erdős. Com a triste morte de Paul, no verão de 1996, ele não é listado como coautor. Em vez disso, este livro é dedicado à sua memória.

Paul Erdős

Não temos uma definição ou caracterização do que constitui uma demonstração tirada d'O Livro: tudo que oferecemos aqui são os exemplos que selecionamos, na esperança de que os leitores compartilhem de nosso entusiasmo com ideias brilhantes, percepções inteligentes e observações maravilhosas. Esperamos também que nossos leitores possam apreciar tudo isso, apesar das imperfeições de nossa exposição. A seleção é em grande parte influenciada pelo próprio Paul Erdős. Um grande número de tópicos foi sugerido por ele, e muitas das demonstrações aqui têm origem diretamente nele ou foram iniciadas pela sua suprema percepção em fazer a pergunta certa ou a conjectura correta. Assim, em grande parte, este livro reflete a visão de Paul Erdős do que deveria ser considerada uma demonstração tirada d'O Livro.

"O Livro"

Um fator limitante para a nossa seleção dos tópicos foi que tudo neste livro deve ser acessível a leitores cujo conhecimento inclui apenas uma modesta quantidade de técnicas oriundas da matemática da graduação. Um pouco de álgebra linear, o básico de análise e teoria de números, e uma boa pitada de conceitos elementares e raciocínios provenientes da matemática discreta deverão ser suficientes para compreender e aproveitar tudo que há neste livro.

Somos extremamente gratos às muitas pessoas que nos ajudaram e apoiaram neste projeto – entre elas os estudantes de um seminário onde discutimos uma versão preliminar, a Benno Artmann, Stephan Brandt, Stefan Felsner, Eli Goodman, Torsten Heldmann e Hans Mielke. Agradecemos a Margrit Barrett, Christian Bressler, Ewgenij Gawrilow, Michael Joswig, Elke Pose e Jörg Rambau, pela ajuda técnica na composição deste livro. Estamos em grande débito com Tom Trotter, que leu os manuscritos da primeira à última página, com Karl H. Hofmann, pelos seus desenhos maravilhosos, e acima de tudo com o saudoso Paul Erdős.

Berlim, março de 1998 *Martin Aigner · Günter M. Ziegler*

Prefácio da quinta edição

Já faz mais de vinte anos que a ideia deste projeto nasceu durante discussões descontraídas com o incomparável Paul Erdős no Mathematisches Forschungsinstitut em Oberwolfach. Naquela época, não podíamos imaginar a resposta maravilhosa e duradoura que nosso livro sobre O Livro teria, com cartas calorosas, comentários e sugestões interessantes, novas edições, e, até agora, treze traduções. Não é exagero dizer que ele se tornou parte de nossas vidas.

Além de diversas melhorias e pequenas mudanças, muitas delas sugeridas por nossos leitores, a atual quinta edição contém quatro novos capítulos, que apresentam uma demonstração extraordinária do teorema espectral clássico da álgebra linear, a impossibilidade dos anéis borromeanos como um destaque da geometria, a versão finita do problema de Kakeya e uma demonstração inspirada da conjectura sobre a permanente de Minc.

Agradecemos a todos que nos ajudaram e nos encorajaram durante todos esses anos. Na segunda edição, isto incluiu Stephan Brandt, Christian Elsholtz, Jürgen Elstroth, Daniel Grieser, Roger Heath-Brown, Lee L. Keener, Christian Lebeuf, Hanfried Lenz, Nicholas Puech, John Scholes, Bernulf Weißbach e muitos outros. A terceira edição se beneficiou especialmente das sugestões de David Bevan, Anders Bjorner, Dietrich Braess, John Cosgrave, Hubert Kalf, Günter Pickert, Alistair Sinclair e Herb Wilf. Na quarta edição, estivemos particularmente em débito com Oliver Dieser, Anton Dochtermann, Michem Harbech, Stefan Hougardy, Hendrik W. Lenstra, Günter Rote, Moritz W. Schmitt e Carsten Schultz por suas contribuições. Nesta edição, agradecemos as ideias e as sugestões de Ian Agol, France Dacar, Christopher Deninger, Michael D. Hirschhorn, Franz Lemmermeyer, Raimund Seidel, Tord Sjödin e Jhon M. Sullivan, bem como a ajuda de Marie-Sophie Litz, Miriam Schlöter e Jan Schneider.

Além disso, agradecemos Ruth Allewelt na Springer em Heidelberg e Christoph Eyrich, Torsten Heldmann e Elke Pose em Berlim por seu apoio constante durante todos estes anos. E, finalmente, este livro certamente não pareceria o mesmo sem o projeto original sugerido por Karl-Friedrich Koch, ou sem os novos e soberbos desenhos fornecidos a cada edição por Karl H. Hofmann.

Berlim, junho de 2014 *Martin Aigner · Günter M. Ziegler*

Conteúdo

Teoria dos números — 11

1. Seis demonstrações da infinidade dos números primos 13
2. Postulado de Bertrand 21
3. Coeficientes binomiais (quase) nunca são potências 29
4. Representando números como somas de dois quadrados 33
5. Lei da reciprocidade quadrática 41
6. Todo anel de divisão finito é um corpo 51
7. Teorema espectral e problema do determinante de Hadamard 57
8. Alguns números irracionais 67
9. Três vezes $\pi^2/6$ 75

Geometria — 85

10. O terceiro problema de Hilbert: decompondo poliedros 87
11. Retas no plano e decomposições de grafos 97
12. O problema da inclinação 105
13. Três aplicações da fórmula de Euler 111
14. Teorema da rigidez de Cauchy 119
15. Anéis borromeanos não existem 125
16. Simplexos que se tocam 135
17. Todo conjunto grande de pontos tem um ângulo obtuso 141
18. Conjectura de Borsuk 149

Análise — 157

19. Conjuntos, funções e a hipótese do contínuo 159
20. Em louvor às desigualdades 177
21. Teorema fundamental da álgebra 187

22. Um quadrado e um número ímpar de triângulos 191
23. Um teorema de Pólya sobre polinômios 201
24. Sobre um lema de Littlewood e Offord 209
25. Cotangente e o truque de Herglotz 213
26. O problema da agulha de Buffon 219

Combinatória — 223

27. A casa de pombos e a contagem dupla 225
28. Recobrimento por retângulos 239
29. Três teoremas famosos sobre conjuntos finitos 245
30. Embaralhando cartas 251
31. Caminhos reticulados e determinantes 263
32. Fórmula de Cayley para o número de árvores 269
33. Identidades *versus* bijeções 277
34. O problema finito de Kakeya 283
35. Completando quadrados latinos 289

Teoria dos grafos — 297

36. O problema de Dinitz 299
37. Permanentes e o poder da entropia 307
38. Colorindo grafos planos com cinco cores 315
39. Como proteger um museu 321
40. Teorema do grafo de Turán 325
41. Comunicando sem erros 331
42. Número cromático dos grafos de Kneser 343
43. De amigos e políticos 349
44. Probabilidade (às vezes) facilita o contar 353

Sobre as ilustrações — **364**
Índice remissivo — **365**

Teoria dos números

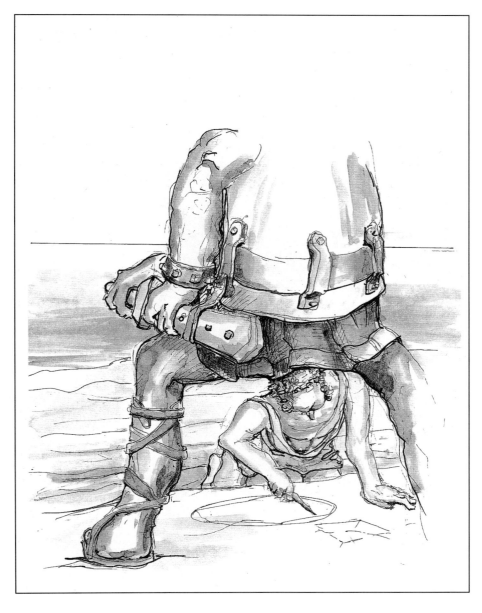

"Irracionalidade e π"

1
Seis demonstrações da infinidade dos números primos *13*
2
Postulado de Bertrand *21*
3
Coeficientes binomiais (quase) nunca são potências *29*
4
Representando números como somas de dois quadrados *33*
5
Lei da reciprocidade quadrática *41*
6
Todo anel de divisão finito é um corpo *51*
7
Teorema espectral e problema do determinante de Hadamard *57*
8
Alguns números irracionais *67*
9
Três vezes $\pi^2/6$ *75*

CAPÍTULO 1
SEIS DEMONSTRAÇÕES DA INFINIDADE DOS NÚMEROS PRIMOS

Nada mais natural do que começarmos estas notas com provavelmente a mais antiga demonstração d'O Livro, usualmente atribuída a Euclides (*Os Elementos*, IX, 20). Ela mostra que a sequência de números primos nunca termina.

Demonstração de Euclides. Para qualquer conjunto finito $\{p_1,\ldots,p_r\}$ de números primos, considere o número $n = p_1 p_2 \cdots p_r + 1$. Esse n tem um divisor primo p. Mas p não é um dos p_i: caso contrário, p seria um divisor de n e do produto $p_1 p_2 \cdots p_r$, e assim também da diferença $n - p_1 p_2 \cdots p_r = 1$, o que é impossível. Portanto, um conjunto finito $\{p_1,\ldots,p_r\}$ não pode ser a coleção de todos os números primos. □

Antes de continuar, vamos fixar algumas notações. $\mathbb{N} = \{1, 2, 3,\ldots\}$ é o conjunto dos números naturais, $\mathbb{Z} = \{\ldots, -2, -1, 0, 1, 2,\ldots\}$, o conjunto dos inteiros e $\mathbb{P} = \{2, 3, 5, 7,\ldots\}$ o conjunto dos números primos.

No que segue, estaremos exibindo várias outras demonstrações (tiradas de uma lista muito maior) as quais esperamos que o leitor aprecie tanto quanto nós. Embora usem enfoques diferentes, a seguinte ideia básica é comum a todas elas: os números naturais crescem além de qualquer limite, e todo número natural $n \geq 2$ tem um divisor primo. Esses dois fatos, juntos, fazem com que $\mathbb{P}$ seja infinito. A próxima demonstração é devida a Christian Glodbach (de uma carta de 1730 a Leonhard Euler), a terceira demonstração aparentemente faz parte do folclore, a quarta é do próprio Euler, a quinta demonstração foi proposta por Harry Fürstenberg, enquanto a última é devida a Paul Erdős.

Segunda demonstração. Primeiramente, vamos olhar para os *números de Fermat* $F_n = 2^{2^n} + 1$, para $n = 0, 1, 2, \ldots$. Mostraremos que quaisquer dois

$F_0 = 3$
$F_1 = 5$
$F_2 = 17$
$F_3 = 257$
$F_4 = 65537$
$F_5 = 641 \cdot 6700417$
$\vdots$

Os primeiros números de Fermat

> **Teorema de Lagrange**
>
> *Se G é um grupo (multiplicativo) finito e U é um subgrupo, então $|U|$ divide $|G|$.*
>
> **Demonstração.** Considere a relação binária
>
> $$a \sim b : \Leftrightarrow ba^{-1} \in U.$$
>
> Segue, dos axiomas de grupo, que $\sim$ é uma relação de equivalência. A classe de equivalência contendo um elemento a é precisamente a classe lateral
>
> $$Ua = \{xa : x \in U\}.$$
>
> Uma vez que claramente $|Ua| = |U|$, temos que G se decompõe em classes de equivalência, todas de tamanho $|U|$ e, consequentemente, $|U|$ divide $|G|$.
>
> No caso especial em que U é um subgrupo cíclico $\{a, a^2, \ldots, a^m\}$, temos que m (o menor inteiro positivo tal que $a^m = 1$, chamado de *ordem* de a) divide a ordem $|G|$ do grupo.
>
> Em particular, temos que $a^{|G|} = 1$.

números de Fermat são relativamente primos; consequentemente, deverão existir infinitos números primos. Para esse fim, vamos verificar a recursão

$$\prod_{k=0}^{n-1} F_k = F_n - 2 \qquad (n \geq 1),$$

da qual nossa afirmação segue imediatamente. De fato, se m é um divisor de, digamos, F_k e F_n ($k < n$), então m divide 2 e, daí, $m = 1$ ou 2. Mas $m = 2$ é impossível, uma vez que todos os números de Fermat são ímpares.

Para demonstrar a recursão, usamos indução em n. Para $n = 1$, temos $F_0 = 3$ e $F_1 - 2 = 3$. Pela indução, concluímos que

$$\prod_{k=0}^{n} F_k = \left(\prod_{k=0}^{n-1} F_k\right) F_n = (F_n - 2) F_n =$$
$$= \left(2^{2^n} - 1\right)\left(2^{2^n} + 1\right) = 2^{2^{n+1}} - 1 = F_{n+1} - 2. \qquad \square$$

Terceira demonstração. Suponha que $\mathbb{P}$ seja finito e p seja o maior número primo. Consideremos o número $2^p - 1$, conhecido como *número de Mersenne*, e mostremos que qualquer fator primo q de $2^p - 1$ é maior do que p, o que resultará na conclusão desejada. Seja q um primo que divide $2^p - 1$, de forma que temos $2^p \equiv 1 \pmod{q}$.

Já que p é primo, isso significa que o elemento 2 tem ordem p no grupo multiplicativo $\mathbb{Z}_q \setminus \{0\}$ do corpo $\mathbb{Z}_q$. Esse grupo tem $q - 1$ elementos. Pelo teorema de Lagrange (ver quadro), sabemos que a ordem de cada elemento divide a ordem do grupo, ou seja, temos que $p | q - 1$, e daí $p < q$. $\square$

Agora vamos ver uma demonstração que usa cálculo elementar.

Quarta demonstração. Seja $\pi(x) := \#\{p \leq x : p \in \mathbb{P}\}$ o número de primos que são menores que ou iguais ao número real x. Enumeremos os primos $\mathbb{P} = \{p_1, p_2, p_3, \ldots\}$ em ordem crescente. Considere o logaritmo natural $\log x$, definido como $\log x = \int_1^x \frac{1}{t} dt$.

Agora, vamos comparar a área sob o gráfico de $f(t) = \frac{1}{t}$ com uma função degrau superior. (Para esse método, ver também o apêndice na página 15.) Assim, para $n \leq x \leq n + 1$, temos

$$\log x \leq 1 + \frac{1}{2} + \frac{1}{3} + \cdots + \frac{1}{n-1} + \frac{1}{n} \leq \sum \frac{1}{m},$$

onde a soma se estende sobre todos os $m \in \mathbb{N}$ que têm somente divisores $p \leq x$.

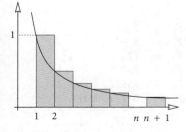

Degraus acima da função $f(t) = \frac{1}{t}$

Uma vez que cada um desses m pode ser escrito de um modo único como um produto da forma $\prod_{p \leq x} p^{k_p}$, vemos que a última soma é igual a

$$\prod_{p \in \mathbb{P}, p \leq x} \left(\sum_{k \geq 0} \frac{1}{p^k} \right).$$

A soma interior é uma série geométrica com razão $\frac{1}{p}$, de onde

$$\log x \leq \prod_{p \in \mathbb{P}, p \leq x} \frac{1}{1 - \frac{1}{p}} = \prod_{p \in \mathbb{P}, p \leq x} \frac{p}{p-1} = \prod_{k=1}^{\pi(x)} \frac{p_k}{p_k - 1}.$$

Agora, claramente, $p_k \geq k + 1$ e, assim,

$$\frac{p_k}{p_k - 1} = 1 + \frac{1}{p_k - 1} \leq 1 + \frac{1}{k} = \frac{k+1}{k}.$$

Consequentemente,

$$\log x \leq \prod_{k=1}^{\pi(x)} \frac{k+1}{k} = \pi(x) + 1.$$

É de conhecimento comum que $\log x$ não é limitado, donde concluímos que $\pi(x)$ também não é limitado e, portanto, existe um número infinito de primos. □

Quinta demonstração. Depois de análise, agora é topologia! Considere a curiosa topologia no conjunto $\mathbb{Z}$ dos números inteiros a seguir. Para $a, b \in \mathbb{Z}$, $b > 0$, façamos

$$N_{a,b} = \{a + nb : n \in \mathbb{Z}\}.$$

Cada conjunto $N_{a,b}$ é uma progressão aritmética infinita nos dois sentidos. Agora, dizemos que um conjunto $O \subseteq \mathbb{Z}$ é *aberto* se O é vazio ou se, para cada $a \in O$, existe algum $b > 0$ com $N_{a,b} \subseteq O$. É claro que a união de conjuntos abertos é também um conjunto aberto. Se O_1, O_2 são abertos, e $a \in O_1 \cap O_2$, com $N_{a,b_1} \subseteq O_1$ e $N_{a,b_2} \subseteq O_2$, então $a \in N_{a,b_1 b_2} \subseteq O_1 \cap O_2$. Então, concluímos que qualquer interseção finita de conjuntos abertos também é um conjunto aberto. Assim, essa família de conjuntos abertos induz uma topologia em $\mathbb{Z}$.

Convém observar dois fatos:

(A) Qualquer conjunto aberto não vazio é infinito.

(B) Qualquer conjunto $N_{a,b}$ também é fechado.

"Jogando pedras chatas, infinitamente"

O primeiro fato decorre da definição. Quanto ao segundo, observamos que

$$N_{a,b} = \mathbb{Z} \setminus \bigcup_{i=1}^{b-1} N_{a+i,b},$$

o que demonstra que $N_{a,b}$ é o complementar de um conjunto aberto e, portanto, fechado.

Até agora, os números primos ainda não entraram em cena – mas ei-los aqui. Uma vez que qualquer número $n \neq 1, -1$ tem um divisor primo p e, consequentemente, está contido em $N_{0,p}$, concluímos que

$$\mathbb{Z} \setminus \{1, -1\} = \bigcup_{p \in \mathbb{P}} N_{0,p}.$$

Agora, se $\mathbb{P}$ fosse finito, então $\cup_{p \in \mathbb{P}} N_{0,p}$ seria uma união finita de conjuntos fechados devido a (B), e portanto fechado. Consequentemente, $\{1, -1\}$ seria um conjunto aberto, o que contradiz (A). □

Sexta demonstração. Nossa demonstração final dá um considerável passo adiante e mostra não somente que há infinitos números primos, mas também que a série $\sum_{p \in \mathbb{P}} \frac{1}{p}$ diverge. A primeira demonstração desse resultado importante foi dada por Euler (e é interessante em si mesma), mas nossa demonstração, concebida por Erdős, é de uma beleza irresistível.

Seja $p_1, p_2, p_3, \ldots$ a sequência dos números primos em ordem crescente, e suponha que $\sum_{p \in \mathbb{P}} \frac{1}{p}$ converge. Então deve existir um número natural k tal que $\sum_{i \geq k+1} \frac{1}{p_i} < \frac{1}{2}$. Vamos chamar $p_1, \ldots, p_k$ de *primos pequenos*, e $p_{k+1}, p_{k+2}, \ldots$ de *primos grandes*. Para um número natural arbitrário N, por conseguinte, temos

$$\sum_{i \geq k+1} \frac{N}{p_i} < \frac{N}{2}. \qquad (1)$$

Seja N_b o número de inteiros positivos $n \leq N$ que são divisíveis por pelo menos um número primo grande, e N_s o número de inteiros positivos $n \leq N$ que têm somente divisores primos pequenos. Vamos mostrar que, para um N conveniente,

$$N_b + N_s < N,$$

o que será nossa contradição desejada, uma vez que, por definição, $N_b + N_s$ teria que ser igual a N.

Para estimar N_b observe que $\left[\frac{N}{p_i}\right]$ é o número de inteiros positivos $n \leq N$ que são múltiplos de p_i.

Portanto, de (1), obtemos

$$N_b \leq \sum_{i \geq k+1} \left\lfloor \frac{N}{p_i} \right\rfloor < \frac{N}{2}. \qquad (2)$$

Vamos agora olhar para N_s. Escrevemos todo $n \leq N$ que tem apenas divisores primos pequenos na forma $n = a_n b_n^2$, onde a_n é a parte sem nenhum quadrado. Todo a_n é, portanto, um produto de primos pequenos *diferentes*, e concluímos que existem precisamente 2^k partes sem nenhum quadrado diferentes. Além disso, como $b_n \leq \sqrt{n} \leq \sqrt{N}$, vemos que existem no máximo $\sqrt{N}$ partes quadradas diferentes e, daí,

$$N_s \leq 2^k \sqrt{N}.$$

Uma vez que (2) vale para *qualquer* N, resta achar um número N com $2^k \sqrt{N} \leq \frac{N}{2}$ ou $2^{k+1} \leq \sqrt{N}$ e, para isso, $N = 2^{2k+2}$ serve. □

Apêndice: outras infinitas demonstrações

Nossa coleção de demonstrações para a infinidade dos primos contém diversos outros tesouros, antigos e novos, mas existe um especial, muito recente, que é bem diferente e merece uma menção especial. Vamos tentar identificar sequências de inteiros S tais que o conjunto $\mathbb{P}_S$ dos primos que dividem algum membro de S seja infinito. Toda sequência dessa forneceria então sua própria demonstração para a infinidade dos primos. Os números de Fermat F_n estudados na segunda demonstração formam uma destas sequências, enquanto que as potências de dois não formam. Muitos outros exemplos são fornecidos por um teorema de Issai Schur, que mostrou em 1912 que, para todo polinômio não constante $p(x)$ com coeficientes inteiros, o conjunto de todos os valores não nulos $\{p(n) \neq 0 : n \in \mathbb{N}\}$ é uma dessas sequências. Para o polinômio $p(x) = x$, o resultado de Schur nos dá o teorema de Euclides. Como outro exemplo, para $p(x) = x^2 + 1$ obtemos que o "quadrado mais um" contém um número infinito de fatores primos.

Issai Schur

O resultado a seguir, devido a Christian Elsholtz, é realmente notável: ele generaliza o teorema de Schur, a demonstração é simplesmente uma contagem inteligente e é, em certo sentido, a melhor possível.

Seja $S = (s_1, s_2, s_3, \ldots)$ uma sequência de inteiros. Dizemos que:

- S é *quase injetiva* se todo valor ocorre no máximo c vezes, para alguma constante c.

- S é *de crescimento subexponencial* se $|s_n| \leq 2^{2^{f(n)}}$ para todo n, em que $f : \mathbb{N} \to \mathbb{R}_+$ é uma função com $\frac{f(n)}{\log_2 n} \to 0$.

No lugar de 2, poderíamos usar qualquer outra base maior que 1; por exemplo, $|s_n| \leq e^{e^{f(n)}}$ leva à mesma classe de sequências.

Teorema. *Se a sequência* $S = (s_1, s_2, s_3, \ldots)$ *for quase injetiva e de crescimento subexponencial, então o conjunto $\mathbb{P}_S$ dos primos que dividem algum membro de S é infinito.*

Demonstração. Podemos supor que $f(n)$ é monotonamente crescente. Caso contrário, substitua $f(n)$ por $\max_{i \leq n} f(i)$; você pode verificar facilmente que com esta $F(n)$ a sequência S também satisfaz a condição de crescimento subexponencial.

Vamos supor, por absurdo, que $\mathbb{P}_S = \{p_1, \ldots, p_k\}$ seja finito. Para $n \in \mathbb{N}$, faça

$$s_n = \varepsilon_n p_1^{\alpha_1} \cdots p_k^{\alpha_k}, \text{ com } \varepsilon_n \in \{1, 0, -1\}, a \geq 0,$$

em que $\alpha_i = \alpha_i(n)$ depende de n. (Para $s_n = 0$ podemos tomar $\alpha_i = 0$ para todo i.) Então,

$$2^{\alpha_1 + \cdots + \alpha_k} \leq |s_n| \leq 2^{2^{f(n)}} \qquad \text{para } s_n \neq 0,$$

e, portanto, tomando o logaritmo binário,

$$0 \leq \alpha_i \leq \alpha_1 + \cdots + \alpha_k \leq 2^{f(n)} \text{ para } 1 \leq i \leq k.$$

Logo, não existem mais do que $2^{f(n)} + 1$ valores diferentes possíveis para cada $\alpha_i = \alpha_i(n)$. Já que f é monótona, isto nos dá uma primeira estimativa.

$$\#\{\text{distintos } |s_n| \neq 0 \text{ para } n \leq N\} \leq (2^{f(N)} + 1)^k \leq 2^{(f(N)+1)k}.$$

Por outro lado, uma vez que S é quase injetiva, somente c termos na sequência podem ser iguais a 0, e cada valor absoluto não nulo pode ocorrer no máximo $2c$ vezes. Assim, obtemos a estimativa inferior

$$\#\left\{\text{distintos } |s_n| \neq 0 \text{ para } n \leq N\right\} \geq \frac{N-c}{2c}.$$

Juntando tudo, obtemos

$$\frac{N-c}{2c} \leq 2^{k(f(N)+1)}.$$

Tomando novamente o logaritmo na base 2 em ambos os lados, obtemos

$$\log_2(N-c) - \log_2(2c) \leq k(f(N) + 1) \qquad \text{para todo } N.$$

Isso, entretanto, é claramente falso para valores grandes de N, já que k e c são constantes, e $\frac{\log_2(N-c)}{\log_2 N}$ tende a 1 para $N \to \infty$, enquanto que $\frac{f(N)}{\log_2 N}$ tende a 0. □

Seria possível relaxar as condições? Pelo menos, nenhuma das duas é supérflua.

Que precisamos da condição "quase injetiva" pode ser visto a partir de sequências como $(2, 2, 2, \ldots)$ ou $(1, 2, 2, 4, 4, 4, 4, 8, \ldots)$, que satisfazem a condição de crescimento, enquanto que $\mathbb{P}_S = \{2\}$ é finito.

Quanto à condição de crescimento subexponencial, salientamos que ela não pode ser enfraquecida a uma exigência da forma $\frac{f(n)}{\log_2 n} \leq \varepsilon$ para um $\varepsilon > 0$ fixo. Para ver isso, basta analisar a sequência de todos os números da forma $p_1^{\alpha_1} \cdots p_k^{\alpha_k}$, arrumados na ordem crescente, em que $p_1, \ldots, p_k$ são primos fixos e k é grande. Esta sequência S cresce aproximadamente como $2^{2^{f(n)}}$, com $\frac{f(n)}{\log_2 n} \approx \frac{1}{k}$, enquanto $\mathbb{P}_S$ é finito por construção.

Referências

[1] B. Artmann: *Euclid – The Creation of Mathematics*, Springer-Verlag, New York, 1999.

[2] C. Elsholtz: *Prime divisors of thin sequences*, Amer. Math. Monthly 119 (2012), 331-333.

[3] P. Erdős: *Über die Reihe $\sum \frac{1}{p}$*, Mathematica, Zutphen B 7 (1938), 1-2.

[4] L. Euler: *Introductio in Analysin Infinitorum*, Tomus Primus, Lausanne 1748; Opera Omnia, Ser. 1, Vol. 8.

[5] H. Fürstenberg: *On the infinitude of primes*, Amer. Math. Monthly 62 (1955), 353.

[6] I. Schur: *Über die Existenz unendlich vieler Primzahlen in einigen speziellen arithmeetischen Progressionen*, Sitzungsberichte der Berliner Math. Gesellschaft 11 (1912), 40-50.

CAPÍTULO 2
POSTULADO DE BERTRAND

Já vimos que a sequência de números primos 2, 3, 5, 7,... é infinita. Para ver que o tamanho das lacunas entre um primo e outro não é limitado, vamos usar $N := 2 \cdot 3 \cdot 5 \cdots p$ para denotar o produto de todos os primos que são menores que $k + 2$, e observe que nenhum dos k números

$$N + 2, N + 3, N + 4, \cdots, N + k, N + (k + 1)$$

é primo, uma vez que, para $2 \leq i \leq k + 1$, sabemos que i tem um fator primo que é menor que $k + 2$, e esse fator também divide N e, consequentemente, também divide $N + i$. Com essa receita, encontramos, por exemplo, para $k = 10$, que nenhum dos dez números

$$2312, 2313, 2314, \ldots, 2321$$

é primo.

Mas também existem limitantes superiores para as lacunas na sequência de números primos. Uma famosa estimativa estabelece que "a lacuna até o próximo primo não pode ser maior que o número no qual iniciamos nossa busca". Ela é conhecida como *postulado de Bertrand*, uma vez que foi conjecturada e verificada empiricamente para $n < 3\,000\,000$ por Joseph Bertrand. O postulado foi demonstrado pela primeira vez para todo n por Pafnuty Chebyshev, em 1850. Uma demonstração muito mais simples foi dada pelo gênio indiano Ramanujan. Nossa demonstração digna d'O Livro se deve a Paul Erdős e foi extraída do primeiro artigo por ele publicado, que apareceu em 1932, quando Erdős tinha 19 anos.

Joseph Bertrand

> *Postulado de Bertrand*
>
> Para cada $n \geq 1$, existe algum número primo p com $n < p \leq 2n$.

Demonstração. Vamos fazer uma estimativa do tamanho do coeficiente binomial $\binom{2n}{n}$ de maneira cuidadosa o suficiente para ver que, se ele não tivesse nenhum fator primo no intervalo $n < p \leq 2n$, então ele seria "muito pequeno". Nosso argumento será feito em cinco etapas.

(1) Provemos primeiro o postulado de Bertrand para $n \leq 511$. Para isso, não é preciso verificar 511 casos: é suficiente (este é o "truque de Landau") verificar que

$$2, 3, 5, 7, 13, 23, 43, 83, 163, 317, 521$$

é uma sequência de números primos onde cada um é menor que duas vezes o anterior. Em consequência, cada intervalo $\{y : n < y \leq 2n\}$, com $n \leq 511$, contém um desses 11 primos.

(2) Em seguida, demonstraremos que

$$\prod_{p \leq x} p \leq 4^{x-1} \qquad \text{para todo real} \quad x \geq 2, \tag{1}$$

onde nossa notação – aqui e no que segue – significa que o produto é tomado sobre todos os números *primos* $p \leq x$. A demonstração que apresentamos para esse fato usa indução no número destes primos. Ela não vem do artigo original de Erdős, mas também é dele, e é uma demonstração digna d'O Livro. Primeiro notamos que, se q é o maior número primo com $q \leq x$, então

$$\prod_{p \leq x} p = \prod_{p \leq q} p \quad \text{e} \quad 4^{q-1} \leq 4^{x-1}.$$

Assim, basta verificar (1) para o caso em que $x = q$ é um número primo. Para $q = 2$, temos "$2 \leq 4$", de forma que passaremos a considerar números primos ímpares $q = 2m + 1$. (Aqui podemos supor, por indução, que (1) é válido para todos os inteiros x no conjunto $\{2, 3, \ldots, 2m\}$.)

Para $q = 2m + 1$, vamos decompor o produto e calcular

$$\prod_{p \leq 2m+1} p = \prod_{p \leq m+1} p \cdot \prod_{m+1 < p \leq 2m+1} p \leq 4^m \binom{2m+1}{m} \leq 4^m 2^{2m} = 4^{2m}.$$

Todas as partes desse "cálculo de uma linha" são fáceis de ver. De fato,

$$\prod_{p \leq m+1} p \leq 4^m$$

por indução. A desigualdade

$$\prod_{m+1 < p \leq 2m+1} p \leq \binom{2m+1}{m}$$

segue da observação de que $\binom{2m+1}{m} = \frac{(2m+1)!}{m!(m+1)!}$ é um inteiro, onde os primos que consideramos são todos fatores do numerador $(2m+1)!$, mas não do denominador $m!(m+1)!$. Finalmente,

$$\binom{2m+1}{m} \leq 2^{2m}$$

vale, pois

$$\binom{2m+1}{m} \quad \text{e} \quad \binom{2m+1}{m+1}$$

são duas parcelas (iguais!) que aparecem em

$$\sum_{k=0}^{2m+1} \binom{2m+1}{k} = 2^{2m+1}.$$

> **Teorema de Legendre**
>
> O número $n!$ contém o fator primo p exatamente
>
> $$\sum_{k \geq 1} \left\lfloor \frac{n}{p^k} \right\rfloor$$
>
> vezes.
>
> **Demonstração.** Exatamente $\left\lfloor \frac{n}{p} \right\rfloor$ dos fatores de $n! = 1 \cdot 2 \cdot 3 \cdot \ldots \cdot n$ são divisíveis por p, o que fornece $\left\lfloor \frac{n}{p} \right\rfloor$ fatores p. Em seguida, $\left\lfloor \frac{n}{p^2} \right\rfloor$ dos fatores de $n!$ são divisíveis por p^2, o que nos dá os próximos $\left\lfloor \frac{n}{p^2} \right\rfloor$ fatores primos p de $n!$ etc.

(3) Do teorema de Legendre (ver quadro), obtemos que $\binom{2n}{n} = \frac{(2n)!}{n!n!}$ contém o fator primo p exatamente

$$\sum_{k \geq 1} \left(\left\lfloor \frac{2n}{p^k} \right\rfloor - 2 \left\lfloor \frac{n}{p^k} \right\rfloor \right)$$

vezes. Aqui, cada parcela é no máximo 1, já que ela satisfaz

$$\left\lfloor \frac{2n}{p^k} \right\rfloor - 2 \left\lfloor \frac{n}{p^k} \right\rfloor < \frac{2n}{p^k} - 2\left(\frac{n}{p^k} - 1\right) = 2$$

e é inteira. Além disso, as parcelas anulam-se sempre que $p^k > 2n$. Assim, $\binom{2n}{n}$ contém p exatamente

$$\sum_{k \leq 1} \left(\left\lfloor \frac{2n}{p^k} \right\rfloor - 2 \left\lfloor \frac{n}{p^k} \right\rfloor \right) \leq \max\{r : p^r \leq 2n\}$$

vezes. Daí segue que a maior potência de p que divide $\binom{2n}{n}$ não é maior que $2n$. Em particular, os números primos $p > \sqrt{2n}$ aparecem no máximo uma vez em $\binom{2n}{n}$.

Além do mais – e isso, de acordo com Erdős, é o fato-chave de sua demonstração –, números primos p que satisfazem $\frac{2}{3}n < p \leq n$ não dividem $\binom{2n}{n}$ de forma alguma! De fato, $3p > 2n$ implica (para $n \geq 3$ e, consequentemente, $p \geq 3$) que p e $2p$ são os únicos múltiplos de p que aparecem como fatores no numerador de $\frac{(2n)!}{n!n!}$, ao passo que temos dois fatores p no denominador.

(4) Agora estamos prontos para fazer uma estimativa de $\binom{2n}{n}$, nos beneficiando de uma sugestão de Raimund Seidel, que melhora bem o argumento

Exemplos como

$\binom{26}{13} = 2^3 \cdot 5^2 \cdot 7 \cdot 17 \cdot 19 \cdot 23$

$\binom{28}{14} = 2^3 \cdot 3^3 \cdot 5^2 \cdot 17 \cdot 19 \cdot 23$

$\binom{30}{15} = 2^4 \cdot 3^2 \cdot 5 \cdot 17 \cdot 19 \cdot 23 \cdot 29$

ilustram que fatores primos "muito pequenos" $p < \sqrt{2n}$ podem aparecer com expoentes mais altos em $\binom{2n}{n}$, primos "pequenos" com $\sqrt{2n} < p \leq \frac{2}{3}n$ aparecem no máximo uma vez, ao passo que fatores com $\frac{2}{3}n < p \leq n$ não aparecem de todo.

original de Erdős. Para $n \geq 3$, usando uma estimativa da página 27 para a cota inferior, obtemos

$$\frac{4^n}{2n} \leq \binom{2n}{n} \leq \prod_{p \leq \sqrt{2n}} 2n \cdot \prod_{\sqrt{2n} < p \leq \frac{2}{3}n} p \cdot \prod_{n < p \leq 2n} p.$$

Agora, não há mais que $\sqrt{2n}$ primos no primeiro fator; assim, usando (1) para o primeiro fator e denotando por $P(n)$ o número de primos entre n e $2n$, obtemos

$$\frac{4^n}{2n} < \left((2n)^{\sqrt{2n}}\right) \cdot \left(4^{\frac{2}{3}n}\right) \cdot (2n)^{P(n)},$$

ou seja,

$$4^{\frac{n}{3}} < (2n)^{\sqrt{2n}+1+P(n)}. \qquad (2)$$

(5) Tomando o logaritmo na base 2, a última desigualdade se torna

$$P(n) > \frac{2n}{3\log_2(2n)} - \left(\sqrt{2n}+1\right). \qquad (3)$$

Resta verificar que o lado direito de (3) é positivo para n suficientemente grande. Mostramos que este é o caso para $n = 2^9 = 512$ (na verdade, isso é válido de $n = 468$ em diante). Ao escrever $2n - 1 = (\sqrt{2n} - 1)(\sqrt{2n} + 1)$ e cancelando o fator $(\sqrt{2n} + 1)$, basta mostrar que

$$\sqrt{2n} - 1 > 3\log_2(2n) \quad \text{para } n \geq 2^9. \qquad (4)$$

Para $n = 2^9$, (4) se torna $31 > 30$, e comparando as derivadas $(\sqrt{x} - 1)' = \frac{1}{2}\frac{1}{\sqrt{x}}$ e $(3\log_2 x)' = \frac{3}{\log 2}\frac{1}{x}$ vemos que $\sqrt{x} - 1$ cresce mais rápido que $3\log_2 x$ para $x > \left(\frac{6}{\log 2}\right)^2 \approx 75$, e portanto, certamente para $x \geq 2^{10} = 1024$. □

Podemos extrair ainda mais desse tipo de estimativa: comparando as derivadas de ambos os lados, podemos melhorar (4) para

$$\sqrt{2n} - 1 \geq \frac{21}{4}\log_2(2n) \quad \text{para} \quad n \geq 2^{11},$$

o que, com um pouco de aritmética e (3), implica que

$$P(n) \geq \frac{2}{7}\frac{n}{\log_2(2n)}.$$

Até que essa estimativa não é tão má: o número "verdadeiro" de primos nesse intervalo é aproximadamente $n/\log n$. Isto decorre do famoso "teorema do número primo", que afirma que o limite

$$\lim_{n\to\infty} \frac{\#\{p \leq n : p \text{ é primo}\}}{n/\log n}$$

existe e é igual a 1. Isso foi demonstrado primeiro por Hadamard e de la Vallée-Poussin em 1896; Selberg e Erdős encontraram uma demonstração elementar (sem as ferramentas da análise complexa, mas ainda assim longa e intrincada) em 1948.

A respeito do teorema do número primo propriamente, parece que a palavra final ainda não foi dada: por exemplo, uma demonstração da hipótese de Riemann (ver página 81), um dos maiores problemas em aberto da matemática, também daria uma melhora substancial nas estimativas do teorema do número primo. Também para o postulado de Bertrand se poderiam esperar aperfeiçoamentos dramáticos. De fato, o seguinte é um famoso problema não resolvido [3, p. 21]:

Sempre existe um primo entre n^2 e $(n+1)^2$?

Para informação adicional, ver [3, p. 19] e [4, p. 248, 257].

Apêndice: Algumas estimativas

Estimativas via integrais

Existe um método do tipo "simples-mas-efetivo" para fazer estimativas de somas por meio de integrais (como já foi encontrado na página 15). Para estimar os *números harmônicos*

$$H_n = \sum_{k=1}^{n} \frac{1}{k}$$

desenhamos a figura ao lado e dela deduzimos que

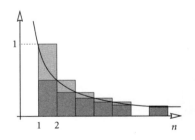

$$H_n - 1 = \sum_{k=2}^{n} \frac{1}{k} < \int_1^n \frac{1}{t} dt = \log n$$

pela comparação da área abaixo do gráfico de $f(t) = \frac{1}{t}(1 \leq t \leq n)$ com a área dos retângulos sombreados, e

$$H_n - \frac{1}{n} = \sum_{k=1}^{n-1} \frac{1}{k} > \int_1^n \frac{1}{t} dt = \log n$$

comparando com a área dos retângulos grandes (incluindo as partes fracamente sombreadas). Conjuntamente, isso resulta em

$$\log n + \frac{1}{n} < H_n < \log n + 1.$$

Em particular, $\lim_{n\to\infty} H_n \to \infty$, e a ordem de crescimento de H_n é dada por $\lim_{n\to\infty} \frac{H_n}{\log n} = 1$. Porém, estimativas muito melhores são conhecidas (ver [2]), tais como

$$H_n = \log n + \gamma + \frac{1}{2n} - \frac{1}{12n^2} + \frac{1}{120n^4} + O\left(\frac{1}{n^6}\right),$$

Aqui $O\left(\frac{1}{n^6}\right)$ denota uma função $f(n)$ tal que $f(n) \leq c\frac{1}{n^6}$ é verdade para alguma constante c.

onde $\gamma \approx 0{,}5772$ é a "constante de Euler".

Estimativas para fatoriais – fórmula de Stirling

O mesmo método aplicado a

$$\log(n!) = \log 2 + \log 3 + \cdots + \log n = \sum_{k=2}^{n} \log k$$

fornece

$$\log((n-1)!) < \int_1^n \log t \, dt < \log(n!),$$

onde a integral é facilmente calculada:

$$\int_1^n \log t \, dt = \left[t \log t - t\right]_1^n = n \log n - n + 1.$$

Assim, obtemos uma cota inferior para $n!$

$$n! > e^{n \log n - n + 1} = e\left(\frac{n}{e}\right)^n$$

e ao mesmo tempo uma cota superior

$$n! = n(n-1)! < n e^{n \log n - n + 1} = en\left(\frac{n}{e}\right)^n.$$

Aqui, $f(n) \sim g(n)$ significa que $\lim_{n\to\infty} \frac{f(n)}{g(n)} = 1$.

Nesse ponto, uma análise mais cuidadosa é necessária para se obter uma aproximação assintótica para $n!$, como a dada pela *fórmula de Stirling*

$$n! \sim \sqrt{2\pi n}\left(\frac{n}{e}\right)^n.$$

E, novamente, existem versões mais precisas disponíveis, tais como

$$n! = \sqrt{2\pi n}\left(\frac{n}{e}\right)^n\left(1 + \frac{1}{12n} + \frac{1}{288n^2} - \frac{139}{5140n^3} + O\left(\frac{1}{n^4}\right)\right).$$

Estimativas para coeficientes binomiais

Apenas a partir da definição dos coeficientes binomiais $\binom{n}{k}$ como o número de k-subconjuntos de um n-conjunto, sabemos que a sequência $\binom{n}{0}, \binom{n}{1}, \ldots, \binom{n}{n}$ de coeficientes binomiais:

- tem soma igual a $\sum_{k=0}^{n}\binom{n}{k} = \binom{n}{k} = 2^n$;
- é simétrica: $\binom{n}{k} = \binom{n}{n-k}$.

Da equação funcional $\binom{n}{k} = \frac{n-k+1}{k}\binom{n}{k-1}$ pode-se encontrar facilmente que, para cada n, os coeficientes binomiais $\binom{n}{k}$ formam uma sequência que é simétrica e *unimodal*: ela cresce na direção do meio, de forma que os coeficientes binomiais do meio são os maiores da sequência:

$$1 = \binom{n}{0} < \binom{n}{1} < \ldots < \binom{n}{\lfloor n/2 \rfloor} = \binom{n}{\lceil n/2 \rceil} > \ldots > \binom{n}{n-1} > \binom{n}{n} = 1.$$

```
           1
          1 1
         1 2 1
        1 3 3 1
       1 4 6 4 1
      1 5 10 10 5 1
     1 6 15 20 15 6 1
    1 7 21 35 35 21 7 1
```
Triângulo de Pascal

Aqui, $\lfloor x \rfloor$ (respectivamente, $\lceil x \rceil$) denota o número x arredondado para baixo (respectivamente, arredondado para cima) para o inteiro mais próximo.

Das fórmulas assintóticas para fatoriais mencionadas anteriormente, podem-se obter estimativas muito precisas para os tamanhos dos coeficientes binomiais. Contudo, precisaremos somente de estimativas muito fracas e simples neste livro, tais como: $\binom{n}{k} \leq 2^n$ para todo k, enquanto para $n \geq 2$ temos

$$\binom{n}{\lfloor n/2 \rfloor} \geq \frac{2^n}{n}$$

com a igualdade valendo somente para $n = 2$. Em particular, para $n \geq 1$,

$$\binom{2n}{n} \geq \frac{4^n}{2n}$$

Isso vale uma vez que $\binom{n}{\lfloor n/2 \rfloor}$, um coeficiente binomial do meio, é o maior termo na sequência $\binom{n}{0} + \binom{n}{n}, \binom{n}{1}, \binom{n}{2}, \ldots, \binom{n}{n-1}$, cuja soma é 2^n e cuja média é, portanto, $\frac{2^n}{n}$.

Por outro lado, destacamos a cota superior para coeficientes binomiais

$$\binom{n}{k} = \frac{n(n-1)\cdots(n-k+1)}{k!} \leq \frac{n^k}{k!} \leq \frac{n^k}{2^{k-1}},$$

que é uma estimativa razoavelmente boa para os coeficientes binomiais "pequenos" nas pontas da sequência, quando n é grande (comparado com k).

Referências

[1] P. Erdős: *Beweis eines Satzes von Tschebyschef*, Acta Sci. Math. (Szeged) 5 (1930-32), 194-198.

[2] R. L. Graham, D. E. Knuth & O. Patashnik: *Concrete Mathematics. A Foundation for Computer Science*, Addison-Wesley, Reading MA, 1989.

[3] G. H. Hardy & E. M. Wright: *An Introduction to the Theory of Numbers*, fifth edition, Oxford University Press, 1979.

[4] P. Ribenboim: *The New Book of Prime Number Records*, Springer-Verlag, New York, 1989.

CAPÍTULO 3
COEFICIENTES BINOMIAIS (QUASE) NUNCA SÃO POTÊNCIAS

Existe um epílogo para o postulado de Bertrand que leva a um belo resultado sobre os coeficientes binomiais. Em 1892, Sylvester fortaleceu o postulado de Bertrand do seguinte modo:

Se $n \geq 2k$, então pelo menos um dos números $n, n-1, \ldots, n-k+1$ tem um divisor primo p maior do que k.

Observe que, para $n = 2k$, obtemos precisamente o postulado de Bertrand. Em 1934, Erdős deu uma demonstração curta e elementar d'O Livro do resultado de Sylvester, na mesma linha de sua demonstração do postulado de Bertrand. Existe uma maneira equivalente de enunciar o teorema de Sylvester:

O coeficiente binomial

$$\binom{n}{k} = \frac{n(n-1)\cdots(n-k+1)}{k!} \qquad (n \geq 2k)$$

sempre tem um fator primo $p > k$.

Com essa observação em mente, vamos nos voltar para uma outra das joias de Erdős:

Quando $\binom{n}{k}$ é igual a uma potência m^ℓ?

O caso $k = \ell = 2$ leva a um tópico clássico. Multiplicando $\binom{n}{2} = m^2$ por 8 e rearranjando os termos obtemos $(2n-1)^2 - 2(2m)^2 = 1$, que é um caso especial da *equação de Pell*, $x^2 - 2y^2 = 1$. Aprendemos na teoria dos números que esta equação tem infinitas soluções positivas (x_k, y_k), que são dadas por $x_k + y_k\sqrt{2} = (3 + 2\sqrt{2})^k$ para $k \geq 1$. Os menores exemplos são $(x_1, y_1) = (3, 2)$, $(x_2, y_2) = (17, 12)$, e $(x_3, y_3) = (99, 70)$, o que fornece $\binom{2}{2} = 1^2$, $\binom{9}{2} = 6^2$ e $\binom{50}{2} = 35^2$.

Para $k = 3$, sabe-se que $\binom{n}{3} = m^2$ tem a solução única $n = 50$, $m = 140$. Mas agora estamos no fim da linha. Para $k \geq 4$ e qualquer $\ell \geq 2$ não existem soluções, e isso foi o que Erdős demonstrou através de um argumento engenhoso.

Teorema

A equação $\binom{n}{k} = m^\ell$ não tem soluções inteiras com $\ell \geq 2$ e $4 \leq k \leq n - 4$.

Demonstração. Observe primeiro que podemos supor $n \geq 2k$ porque $\binom{n}{k} = \binom{n}{n-k}$. Suponha que o teorema é falso, e que $\binom{n}{k} = m^\ell$. A demonstração, por redução ao absurdo, prossegue nos seguintes quatro passos.

(1) Pelo teorema de Sylvester, existe um fator primo p de $\binom{n}{k}$ maior do que k, de forma que p^ℓ divide $n(n-1) \cdots (n-k+1)$. Claramente, somente um dos fatores $n - i$ pode ser um múltiplo de qualquer $p > k$, e concluímos que $p^\ell \mid n - i$, e daí
$$n \geq p^\ell > k^\ell \geq k^2.$$

(2) Considere qualquer fator $n - j$ do numerador e escreva-o na forma $n - j = a_j m_j^\ell$, onde a_j não é divisível por qualquer ℓ-ésima potência não trivial. Notamos de (1) que a_j tem somente divisores primos menores ou iguais a k. Queremos mostrar em seguida que $a_i \neq a_j$ para $i \neq j$. Suponha, por absurdo, que $a_i = a_j$ para algum $i < j$. Então $m_i \geq m_j + 1$ e

$$\begin{aligned} k &> (n-i)-(n-j) = a_j\left(m_i^\ell - m_j^\ell\right) \geq a_j\left((m_j+1)^\ell - m_j^\ell\right) \\ &> a_j \ell m_j^{\ell-1} \geq \ell\left(a_j m_j^\ell\right)^{1/2} \geq \ell(n-k+1)^{1/2} \\ &\geq \ell\left(\tfrac{n}{2}+1\right)^{1/2} > n^{1/2}, \end{aligned}$$

o que contradiz $n > k^2$ acima.

(3) A seguir, vamos demonstrar que os a_i são os inteiros $1, 2, \ldots, k$ em alguma ordem. (Segundo Erdős, esse é o ponto crucial da demonstração.) Uma vez que já sabemos que são todos distintos, basta demonstrar que
$$a_0 a_1 \cdots a_{k-1} \quad \text{divide} \quad k!.$$
Substituindo $n - j = a_j m_j^\ell$ na equação $\binom{n}{k} = m^\ell$, obtemos
$$a_0 a_1 \cdots a_{k-1}(m_0 m_1 \cdots m_{k-1})^\ell = k! m^\ell.$$
Cancelar os fatores comuns de $m_0 m_1 \cdots m_{k-1}$ e m produz
$$a_0 a_1 \cdots a_{k-1} u^\ell = k! v^\ell$$

com mdc$(u, v) = 1$. Falta mostrar que $v = 1$. Caso contrário, v contém um divisor primo p. Uma vez que mdc$(u, v) = 1$, p deve ser um divisor primo de $a_0 a_1 \cdots a_{k-1}$ e, consequentemente, é menor ou igual a k. Pelo teorema de Legendre (ver página 23), nós sabemos que $k!$ contém p à potência $\sum_{i \geq 1} \lfloor \frac{k}{p^i} \rfloor$. Vamos agora fazer uma estimativa do expoente de p em $n(n-1)\cdots(n-k+1)$. Seja i um inteiro positivo e sejam $b_1 < b_2 < \ldots < b_s$ os múltiplos de p^i entre $n, n-1, \ldots, n-k+1$. Então $b_s = b_1 + (s-1)p^i$ e, consequentemente,

$$(s-1)p^i = b_s - b_1 \leq n - (n - k + 1) = k - 1,$$

o que implica

$$s \leq \left\lfloor \frac{k-1}{p^i} \right\rfloor + 1 \leq \left\lfloor \frac{k}{p^i} \right\rfloor + 1.$$

Dessa forma, para cada i, o número de múltiplos de p^i dentre $n, \ldots, n-k+1$ e, consequentemente, dentre os a_j é limitado por $\left\lfloor \frac{k}{p^i} \right\rfloor + 1$. Isso implica que o expoente de p em $a_0 a_1 \cdots a_{k-1}$ é no máximo

$$\sum_{i=1}^{\ell-1} \left(\left\lfloor \frac{k}{p^i} \right\rfloor + 1 \right),$$

com o argumento que usamos no teorema de Legendre no Capítulo 2. A única diferença é que, dessa vez, a soma para em $i = \ell - 1$, uma vez que os a_j não contêm potências ℓ-ésimas.

Juntando as duas contas, achamos que o expoente de p em v^ℓ é, no máximo,

$$\sum_{i=1}^{\ell-1} \left(\left\lfloor \frac{k}{p^i} \right\rfloor + 1 \right) - \sum_{i \geq 1} \left\lfloor \frac{k}{p^i} \right\rfloor \leq \ell - 1,$$

e temos a contradição que procurávamos, uma vez que v^ℓ é uma ℓ-ésima potência.

Isso já é suficiente para decidir o caso $\ell = 2$. De fato, uma vez que $k \geq 4$, um dos a_i deve ser igual a 4, mas os a_i não contêm quadrados. Dessa forma, vamos agora supor que $\ell \geq 3$.

(4) Uma vez que $k \geq 4$, devemos ter $a_{i_1} = 1$, $a_{i_2} = 2$, $a_{i_3} = 4$ para alguns i_1, i_2, i_3, ou seja,

$$n - i_1 = m_1^\ell, \, n - i_2 = 2m_2^\ell, \, n - i_3 = 4m_3^\ell.$$

Afirmamos que $(n - i_2)^2 \neq (n - i_1)(n - i_3)$. Caso contrário, faça $b = n - i_2$ e $n - i_1 = b - x$, $n - i_3 = b + y$, onde $0 < |x|, |y| < k$. Daí,

$$b^2 = (b - x)(b + y) \quad \text{ou} \quad (y - x)b = xy,$$

onde $x = y$ é evidentemente impossível.

Vemos que nossa análise, até aqui, está de acordo com $\binom{50}{3} = 140^2$, pois
$50 = 2 \cdot 5^2$
$49 = 1 \cdot 7^2$
$48 = 3 \cdot 4^2$
e $\, 5 \cdot 7 \cdot 4 = 140$.

Agora temos, da parte (1),
$$|xy| = b|y - x| \geq b > n - k > (k-1)^2 \geq |xy|,$$
o que é absurdo.

Assim, temos que $m_2^2 \neq m_1 m_3$, onde suporemos que $m_2^2 > m_1 m_3$ (sendo o outro caso análogo) e prosseguiremos à nossa última cadeia de desigualdades. Obtemos

$$\begin{aligned}
2(k-1)n &> n^2 - (n-k+1)^2 > (n-i_2)^2 - (n-i_1)(n-i_3) \\
&= 4\left[m_2^{2\ell} - m_1 m_3)^\ell\right] \geq 4\left[(m_1 m_3 + 1)^\ell - (m_1 m_3)^\ell\right] \\
&\geq 4\ell m_1^{\ell-1} m_3^{\ell-1}.
\end{aligned}$$

Uma vez que $\ell \geq 3$ e $n > k^\ell \geq k^3 > 6k$, resulta

$$2(k-1)nm_1 m_3 > 4\ell m_1^\ell m_3^\ell = \ell(n-i_1)(n-i_3)$$
$$> \ell(n-k+1)^2 > 3\left(n - \frac{n}{6}\right)^2 > 2n^2.$$

Agora, uma vez que $m_i \leq n^{1/\ell} \leq n^{1/3}$, finalmente obtemos que

$$kn^{2/3} \geq km_1 m_3 > (k-1)m_1 m_3 > n,$$

ou $k^3 > n$. Com essa contradição, a demonstração está completa. □

Referências

[1] P. ERDŐS: *A theorem of Sylvester and Schur*, J. London Math. Soc. 9 (1934), 282-288.

[2] P. ERDŐS: *On a diophantine equation*, J. London Math. Soc. 26 (1951), 176-178.

[3] J. J. SYLVESTER: *On arithmetical series*, Messenger of Math. 21 (1892), 1-19, 87-120; Collected Mathematical Papers, Vol. 4, 1912, 687-731.

CAPÍTULO 4
REPRESENTANDO NÚMEROS COMO SOMAS DE DOIS QUADRADOS

Que números podem ser escritos como somas de dois quadrados?

$1 = 1^2 + 0^2$
$2 = 1^2 + 1^2$
$3 = ??$
$4 = 2^2 + 0^2$
$5 = 2^2 + 1^2$
$6 = ??$
$7 = ??$
$8 = 2^2 + 2^2$
$9 = 3^2 +$
$10 = 3^2 +$
$11 = ??$
$\vdots$

Essa questão é tão velha como a teoria dos números e sua solução é um clássico no campo. A parte "difícil" da solução é ver que cada número primo da forma $4m + 1$ é uma soma de dois quadrados. G. H. Hardy escreve que esse *teorema de dois quadrados* de Fermat "é considerado, muito justamente, um dos melhores da aritmética". Contudo, uma de nossas demonstrações d'O Livro abaixo é bem recente.

Comecemos com alguns "aquecimentos". Primeiro, precisamos distinguir entre o primo $p = 2$, os primos da forma $p = 4m + 1$ e os primos da forma $p = 4m + 3$. Todo número primo pertence a exatamente uma dessas três classes. Neste ponto, podemos observar (usando um método "à Euclides") que existem infinitos números primos da forma $4m + 3$. De fato, se existisse somente um número finito deles, então poderíamos tomar p_k como o maior primo dessa forma. Pondo

$$N_k := 2^2 \cdot 3 \cdot 5 \cdots p_k - 1$$

(onde $p_1 = 2, p_2 = 3, p_3 = 5, \ldots$ denota a sequência de todos os primos), encontramos que N_k é congruente a 3 (mod 4), de forma que ele tem que ter um fator primo da forma $4m + 3$, e esse fator primo é maior que p_k – contradição.

Nosso primeiro lema caracteriza os primos para os quais -1 é um quadrado no corpo $\mathbb{Z}_p$ (que será revisado no quadro da próxima página). Ele nos dará também uma forma rápida de deduzir que existem infinitos primos da forma $4m + 1$.

Lema 1. *Para primos $p = 4m + 1$, a equação $s^2 \equiv -1 \pmod{p}$ tem duas soluções $s \in \{1, 2, \ldots, p - 1\}$, para $p = 2$, tem uma solução, ao passo que, para primos da forma $p = 4m + 3$, não tem nenhuma solução.*

Pierre de Fermat

Demonstração. Para $p = 2$, tome $s = 1$. Para p ímpar, construímos a relação de equivalência em $\{1, 2, \ldots, p - 1\}$ que é gerada identificando-se cada elemento com seu inverso aditivo e com seu inverso multiplicativo em $\mathbb{Z}_p$. Assim, as classes de equivalência "genéricas" irão conter quatro elementos

$$\{x, -x, \bar{x}, -\bar{x}\},$$

uma vez que tal conjunto de 4 elementos contém ambos os inversos de todos seus elementos. Contudo, haverá classes de equivalência menores se os quatro números não forem todos distintos:

- $x \equiv -x$ é impossível para p ímpar.
- $x \equiv \bar{x}$ é equivalente a $x^2 \equiv 1$. Essa equação tem duas soluções, a saber, $x = 1$ e $x = p - 1$, levando à classe de equivalência $\{1, p - 1\}$ de cardinalidade 2.
- $x \equiv -\bar{x}$ é equivalente a $x^2 \equiv -1$. Essa equação pode não ter solução ou ter duas soluções distintas $x_0, p - x_0$: nesse caso, a classe de equivalência é $\{x_0, p - x_0\}$.

Para $p = 11$, a partição é $\{1, 10\}, \{2, 9, 6, 5\}, \{3, 8, 4, 7\}$; para $p = 13$, ela é $\{1, 12\}, \{2, 11, 7, 6\}, \{3, 10, 9, 4\}, \{5, 8\}$: o par $\{5, 8\}$ fornece as duas soluções de $s^2 \equiv -1 \mod 13$.

O conjunto $\{1, 2, \ldots, p - 1\}$ tem $p - 1$ elementos, e nós o particionamos em quádruplas (classes de equivalência de cardinalidade 4), mais um ou dois pares (classes de equivalência de cardinalidade 2). Para $p - 1 = 4m + 2$, obtemos que existe apenas o par $\{1, p - 1\}$; o resto são quádruplas e, assim, $s^2 \equiv -1 \pmod{p}$ não tem solução. Para $p - 1 = 4m$, tem que existir o segundo par, e ele contém as duas soluções de $s^2 \equiv -1$ que estávamos procurando. □

O Lema 1 diz que todo primo ímpar que divide $M^2 + 1$ deve ser da forma $4m + 1$. Isto implica que existem infinitos primos desta forma: caso contrário, considere $(2 \cdot 3 \cdot 5 \cdots q_k)^2 + 1$, em que q_k é o maior destes primos. O mesmo raciocínio usado anteriormente fornece uma contradição.

Corpos primos

Se p é um primo, então o conjunto $\mathbb{Z}_p = \{0, 1, \ldots, p - 1\}$ com adição e multiplicação definidas "módulo p" forma um corpo finito. Vamos precisar das seguintes propriedades simples:

- Para $x \in \mathbb{Z}_p$, $x \neq 0$, o inverso aditivo (para o qual normalmente escrevemos $-x$) é dado por $p - x \in \{1, 2, \ldots, p - 1\}$. Se $p > 2$, então x e $-x$ são elementos diferentes de $\mathbb{Z}_p$.
- Cada $x \in \mathbb{Z}_p \setminus \{0\}$ tem um único inverso multiplicativo $\bar{x} \in \mathbb{Z}_p \setminus \{0\}$, com $x\bar{x} \equiv 1 \pmod{p}$.

> A definição de primos implica que a aplicação $\mathbb{Z}_p \to \mathbb{Z}_p$, $z \mapsto xz$ é injetora para todo $x \neq 0$. Assim, no conjunto finito $\mathbb{Z}_p \setminus \{0\}$, ela deve ser sobrejetora também e, consequentemente, para cada x existe um único $\bar{x} \neq 0$ com $x\bar{x} \equiv 1 \pmod{p}$.
>
> - Os quadrados 0^2, 1^2, 2^2, ..., h^2 definem elementos diferentes de $\mathbb{Z}_p$, para $h = \lfloor \frac{p}{2} \rfloor$.
>
>   Isso ocorre porque $x^2 \equiv y^2$, ou $(x+y)(x-y) \equiv 0$, implica que $x \equiv y$ ou que $x \equiv -y$. Os $1 + \lfloor \frac{p}{2} \rfloor$ elementos 0^2, 1^2, ..., h^2 são chamados de *quadrados* em $\mathbb{Z}_p$.

+	0	1	2	3	4
0	0	1	2	3	4
1	1	2	3	4	0
2	2	3	4	0	1
3	3	4	0	1	2
4	4	0	1	2	3

·	0	1	2	3	4
0	0	0	0	0	0
1	0	1	2	3	4
2	0	2	4	1	3
3	0	3	1	4	2
4	0	4	3	2	1

Adição e multiplicação em $\mathbb{Z}_5$

Neste ponto, vamos observar, de passagem, que, para *todos* os primos, existem soluções para $x^2 + y^2 \equiv -1 \pmod{p}$. De fato, existem $\lfloor \frac{p}{2} \rfloor + 1$ quadrados distintos x^2 em $\mathbb{Z}_p$, e existem $\lfloor \frac{p}{2} \rfloor + 1$ números distintos na forma $-(1 + y^2)$. Esses dois conjuntos de números são muito grandes para serem disjuntos, uma vez que $\mathbb{Z}_p$ tem apenas p elementos e, assim, devem existir x e y com $x^2 \equiv -(1 + y^2) \pmod{p}$.

Lema 2. *Nenhum número $n = 4m + 3$ é uma soma de dois quadrados.*

Demonstração. O quadrado de qualquer número par é $(2k)^2 = 4k^2 \equiv 0 \pmod{4}$, enquanto quadrados de números ímpares dão $(2k+1)^2 = 4(k^2 + k) + 1 \equiv 1 \pmod{4}$. Assim, qualquer soma de dois quadrados é congruente a 0; 1 ou 2 $\pmod{4}$. □

Essa é uma evidência suficiente para nós de que os primos $p = 4m + 3$ são "maus". Assim, continuamos com propriedades "boas" para primos da forma $p = 4m + 1$. A caminho do teorema principal, o passo-chave é o seguinte:

Proposição. *Cada primo da forma $p = 4m + 1$ é uma soma de dois quadrados, isto é, ele pode ser escrito como $p = x^2 + y^2$ para números naturais $x, y \in \mathbb{N}$.*

Apresentaremos aqui duas demonstrações deste resultado – ambas elegantes e surpreendentes. A primeira representa uma notável aplicação do "princípio da casa dos pombos" (que já usamos rapidamente, antes do Lema 2; ver o Capítulo 27 para mais material sobre isso), bem como uma inteligente passagem para argumentos "módulo p". A ideia se deve ao especialista em teoria dos números, o norueguês Axel Thue.

Demonstração. Considere os pares (x', y') de inteiros com $0 \leq x', y' \leq \sqrt{p}$, isto é, $x', y' \in \{0, 1, ..., \lfloor\sqrt{p}\rfloor\}$. Existem $(\lfloor\sqrt{p}\rfloor + 1)^2$ tais pares. Usando $\lfloor x \rfloor + 1 > x$ para $x = \sqrt{p}$, vemos que há mais de p tais pares de inteiros. Assim, para qualquer $s \in \mathbb{Z}$ é impossível que todos os valores $x' - sy'$ produzidos pelos pares (x', y') sejam distintos, módulo p. Isto é, para cada s, existem dois pares distintos

$$(x', y'), (x'', y'') \in \{0, 1, ..., \lfloor\sqrt{p}\rfloor\}^2$$

com

$$x' - sy' \equiv x'' - sy'' \pmod{p}.$$

Para $p = 13$, $\lfloor\sqrt{p}\rfloor = 3$, consideramos $x', y' \in \{0, 1, 2, 3\}$. Para $s = 5$, a soma $x' - sy' \pmod{13}$ assume os seguintes valores:

x'\y'	0	1	2	3
0	0	8	3	11
1	1	9	4	12
2	2	10	5	0
3	3	11	6	1

Agora tomemos as diferenças: temos $x' - x'' \equiv s(y' - y'') \pmod{p}$. Assim, se definirmos

$$x := |x' - x''|, \quad y := |y' - y''|,$$

teremos

$$(x, y) \in \{0, 1, ..., \lfloor\sqrt{p}\rfloor\}^2 \quad \text{com } x \equiv \pm sy \pmod{p}.$$

Sabemos também que x e y não podem ser ambos zero, porque os pares $(x', y'), (x'', y'')$ são distintos.

Agora, seja s uma solução de $s^2 \equiv -1 \pmod{p}$, que existe pelo Lema 1. Então $x^2 \equiv s^2 y^2 \equiv -y^2 \pmod{p}$, e assim produzimos

$$(x, y) \in \mathbb{Z}^2 \quad \text{com} \quad 0 < x^2 + y^2 < 2p \quad \text{e} \quad x^2 + y^2 \equiv 0 \pmod{p}.$$

Mas p é o único número entre 0 e $2p$ que é divisível por p. Logo, $x^2 + y^2 = p$: feito! $\square$

Nossa segunda demonstração da proposição – também evidentemente uma demonstração d'O Livro – foi descoberta por Roger Heath-Brown em 1971 e apareceu em 1984. (Uma "versão em uma sentença", condensada, foi dada por Don Zagier.) É tão elementar que nem precisamos do Lema 1.

O argumento de Heath-Brown contém três involuções lineares: uma totalmente óbvia, uma escondida e uma trivial, que dá "o golpe final". A segunda involução, inesperada, corresponde a alguma estrutura oculta no conjunto das soluções inteiras da equação $4xy + z^2 = p$.

Demonstração. Estudemos o conjunto

$$S := \{(x, y, z) \in \mathbb{Z}^3 : 4xy + z^2 = p, \quad x > 0, \quad y > 0\}.$$

Esse conjunto é finito. De fato, $x \geq 1$ e $y \geq 1$ implicam que $y \leq \frac{p}{4}$ e $x \leq \frac{p}{4}$. Assim, existe só uma quantidade finita de valores possíveis para x e y, e, dados x e y, só há, no máximo, dois valores para z.

1. A primeira involução linear é dada por

$$f: S \longrightarrow S, \quad (x, y, z) \longmapsto (y, x, -z),$$

isto é, "permutar x e y e tomar o oposto de z". Isso claramente leva S em si mesmo e é uma *involução*: aplicada duas vezes, fornece a identidade. Ademais, f não tem pontos fixos, pois $z = 0$ implicaria $p = 4xy$, o que é impossível. Além disso, f leva as soluções em

$$T := \{(x, y, z) \in S : z > 0\}$$

às soluções em $S \setminus T$, as quais satisfazem $z < 0$. Além disso, f inverte os sinais de $x - y$ e de z; logo, leva as soluções em

$$U := \{(x, y, z) \in S : (x - y) + z > 0\}$$

às soluções em $S \setminus U$. Para isso, temos de ver que não há solução com $(x - y) + z = 0$, mas não há, pois isso daria $p = 4xy + z^2 = 4xy + (x - y)^2 = (x + y)^2$.

O que obtemos do estudo de f? A principal observação é que, como f leva os conjuntos T e U a seus complementos, também permuta os elementos de $T \setminus U$ com os de $U \setminus T$. Isto é, existe o mesmo número de soluções em U que não estão em T, quanto de soluções em T que não estão em U – assim, T e U *têm a mesma cardinalidade*.

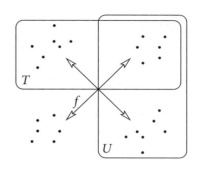

2. A segunda involução que estudamos é uma involução no conjunto U:

$$g : U \longrightarrow U, \quad (x, y, z) \longmapsto (x - y + z, y, 2y - z).$$

Primeiro, verificamos que esta é, de fato, uma aplicação bem definida: se $(x, y, z) \in U$, então $x - y + z > 0$, $y > 0$ e $4(x - y + z)y + (2y - z)^2 = 4xy + z^2$, de modo que $g(x, y, z) \in S$. De $(x - y + z) - y + (2y - z) = x > 0$ vem que de fato $g(x, y, z) \in U$. Além disso, g é uma involução: $g(x, y, z) = (x - y + z, y, 2y - z)$ é levado por g a $((x - y + z) - y + (2y - z), y, 2y - (2y - z)) = (x, y, z)$.

Finalmente, g tem exatamente um ponto fixo:

$$(x, y, z) = g(x, y, z) = (x - y + z, y, 2y - z)$$

implica que $y = z$, mas então $p = 4xy + y^2 = (4x + y)y$, que só vale se $y = z = 1$ e $x = \frac{p-1}{4}$.

Mas, se g é uma involução sobre U que tem exatamente um ponto fixo, então a *cardinalidade de U é ímpar*.

3. A terceira involução, trivial, que estudamos é a involução sobre T que permuta x e y:

$$h : T \longrightarrow T,$$

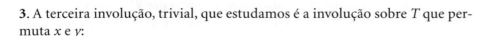

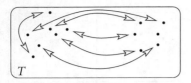

Em um conjunto finito de cardinalidade ímpar, toda involução apresenta um ponto fixo.

Essa aplicação é claramente bem definida e é uma involução. Unimos agora os conhecimentos que adquirimos com as outras duas involuções. A cardinalidade de T é igual à de U, que é ímpar. Mas se h é uma involução sobre um conjunto finito de cardinalidade ímpar, então *tem um ponto fixo*: existe um ponto $(x, y, z) \in T$ com $x = y$, isto é, uma solução de

$$p = 4x^2 + z^2 = (2x)^2 + z^2.$$ □

Veja que essa demonstração diz mais – o número de representações de p na forma $p = x^2 + (2y)^2$ é *ímpar* para todos os primos da forma $p = 4m + 1$. (Na realidade, a representação é única, ver [3].) Observe também que as duas demonstrações não são efetivas: tente achar x e y para um primo de 10 dígitos! Maneiras eficientes de encontrar tais representações como somas de dois quadrados são discutidas em [1] e [7].

O teorema seguinte responde completamente à questão colocada no início deste capítulo.

Teorema. *Um número natural n pode ser representado como uma soma de dois quadrados se e só se todo fator primo da forma $p = 4m + 3$ aparece com expoente par na decomposição de n em primos.*

Demonstração. Chamemos um número n de *representável* se ele for a soma de dois quadrados, isto é, se $n = x^2 + y^2$ para certos $x, y \in \mathbb{N}_0$. O teorema é uma consequência dos cinco fatos seguintes:

(1) $1 = 1^2 + 0^2$ e $2 = 1^2 + 1^2$ são representáveis. Todo primo da forma $p = 4m + 1$ é representável.

(2) O produto de dois números representáveis $n_1 = x_1^2 + y_1^2$ e $n_2 = x_2^2 + y_2^2$ é representável: $n_1 n_2 = (x_1 x_2 + y_1 y_2)^2 + (x_1 y_2 - x_2 y_1)^2$.

(3) Se n é representável, $n = x^2 + y^2$, então também nz^2 é representável, por $nz^2 = (xz)^2 + (yz)^2$.

Os fatos (1), (2) e (3) fornecem a parte "se" do teorema.

(4) Se $p = 4m + 3$ é um primo que divide um número representável $n = x^2 + y^2$, então p divide tanto x quanto y, e assim p^2 divide n. De fato, se tivéssemos $x \not\equiv 0 \pmod{p}$, então poderíamos achar $\bar{x}$ tal que $x\bar{x} \equiv 1 \pmod{p}$; multiplicar a equação $x^2 + y^2 \equiv 0$ por $\bar{x}^2$ e obter $1 + y^2 \bar{x}^2 = 1 + (\bar{x}y)^2 \equiv 0 \pmod{p}$, o que, pelo Lema 1, é impossível para $p = 4m + 3$.

(5) Se n é representável e $p = 4m + 3$ divide n, então p^2 divide n e n/p^2 é representável. Isso segue de (4) e completa a demonstração. □

Duas observações fecham nossa discussão:

- Se a e b forem dois números naturais que são relativamente primos, então existem infinitos primos da forma $am + b$ ($m \in \mathbb{N}$) – este é um teorema famoso (e difícil) de Dirichlet. Mais precisamente, é possível mostrar que o número de primos $p \leq x$ da forma $p = am + b$ é descrito de forma bem precisa, para valores grandes de x, pela função $\frac{1}{\varphi(a)} \frac{x}{\log x}$, em que $\varphi(a)$ denota o número dos b, com $1 \leq b < a$, que são relativamente primos com a. (Isto é um refinamento substancial do teorema do número primo, que discutimos na página 23).

- Isto significa que os primos para um a fixo e b variando aparecem essencialmente na mesma taxa. Entretanto, para $a = 4$, por exemplo, podemos notar uma tendência bem sutil, mas ainda assim notável e persistente, na direção de "mais" primos da forma $4m + 3$. A diferença entre a contagem dos primos da forma $4m + 3$ e os da forma $4m + 1$ muda de sinal infinitas vezes. Entretanto, se você olhar para valores aleatórios grandes de x, então a probabilidade maior é que existam mais primos $p \leq x$ da forma $p = 4m + 3$ do que da forma $p = 4m + 1$. Este efeito é conhecido como "viés de Chebyshev"; ver Riesel [4] e Rubistein e Sarnak [5].

Referências

[1] F. W. Clarke, W. N. Everitt, L. L. Littlejohn & S. J. R. Vorster: *H. J. S. Smith and the Fermat Two Squares Theorem*, Amer. Math. Monthly 106 (1999), 652-665.

[2] D. R. Heath-Brown: *Fermat's two squares theorem*, Invariant (1984), 2-5.

[3] I. Niven & H. S. Zuckerman: *An Introduction to the Theory of Numbers*, fifth edition, Wiley, New York, 1972.

[4] H. Riesel: *Prime Numbers and Computer Methods for Factorization*, second edition, Progress in Mathematics 126, Birkhäuser, Boston MA, 1994.

[5] M. Rubinstein & P. Sarnak: *Chebyshev's bias*, Experimental Mathematics 3 (1994), 173-197.

[6] A. Thue: *Et par antydninger til en taltheoretisk metode*, Kra. Vidensk. Selsk. Forh. 7 (1902), 57-75.

[7] S. Wagon: *Editor's corner: The Euclidean algorithm strikes again*, Amer. Math. Monthly 97 (1990), 125-129.

[8] D. Zagier: *A one-sentence proof that every prime $p \equiv 1$ (mod 4) is a sum of two squares*, Amer. Math. Monthly 97 (1990), 144.

CAPÍTULO 5
LEI DA RECIPROCIDADE QUADRÁTICA

Qual teorema matemático famoso foi demonstrado mais frequentemente? O teorema de Pitágoras certamente seria um bom candidato, ou o teorema fundamental da álgebra, mas o campeão é, sem dúvida, a lei da reciprocidade quadrática na teoria dos números. Em uma monografia admirável, Franz Lemmermeyer lista, a partir do ano 2000, nada menos do que 196 demonstrações. Muitas delas são, é claro, apenas pequenas variações de outras, mas a gama de ideias diferentes ainda é impressionante, bem como a lista de contribuintes. Carl Friedrich Gauss deu a primeira demonstração completa em 1801 e deu seguimento com mais sete. Um pouco mais tarde, Ferdinand Gotthold Einsenstein adicionou mais cinco – e a lista atualizada de contribuintes se parece com o hall da fama da matemática.

Carl Friedrich Gauss

Com tantas demonstrações disponíveis, a questão de qual delas pertence aO Livro não pode ter resposta fácil. É a mais curta, a mais inesperada ou devemos procurar a demonstração que tenha maior potencial de generalização para outras e mais profundas leis de reciprocidade? Escolhemos duas demonstrações (com base na terceira e na sexta demonstrações de Gauss), das quais a primeira pode ser a mais simples e agradável, enquanto a outra é o ponto inicial de resultados fundamentais em estruturas mais gerais.

Como no capítulo anterior, trabalhamos "módulo p", em que p é um primo ímpar; $\mathbb{Z}_p$ é o corpo dos resíduos (ou restos) da divisão por p, e usualmente (mas não sempre) tomamos estes resíduos como $0, 1, \ldots, p-1$. Considere algum $a \not\equiv 0 \pmod{p}$, ou seja, $p \nmid a$. Dizemos que a é um *resíduo quadrático* módulo p se $a \equiv b^2 \pmod{p}$ para algum b e um *resíduo não quadrático* caso contrário. Os resíduos quadráticos são, portanto, $1^2, 2^2, \ldots, (\frac{p-1}{2})^2$ e, assim, existem $\frac{p-1}{2}$ resíduos quadráticos e $\frac{p-1}{2}$ resíduos não quadráticos. De fato, se $i^2 \equiv j^2 \pmod{p}$ com $1 \leq i, j \leq \frac{p-1}{2}$, então $p | i^2 - j^2 = (i-j)(i+j)$. Como $2 \leq i + j \leq p - 1$, temos que $p | i - j$, ou seja, $i \equiv j \pmod{p}$.

Para $p = 13$, os resíduos quadráticos são $1^2 \equiv 1, 2^2 \equiv 4, 3^2 \equiv 9, 4^2 \equiv 3, 5^2 \equiv 12$ e $6^2 \equiv 10$; os resíduos não quadráticos são 2, 5, 6, 7, 8, 11.

Neste ponto, é conveniente introduzir o chamado *símbolo de Legendre*. Seja $a \not\equiv 0 \pmod p$, então,

$$\left(\frac{a}{p}\right) := \begin{cases} 1 \text{ se } a \text{ for um resíduo quadrático,} \\ -1 \text{ se } a \text{ for um resíduo não quadrático.} \end{cases}$$

A história começa com o "pequeno teorema" de Fermat: para $a \not\equiv 0 \pmod p$,

$$a^{p-1} \equiv 1 \pmod p \qquad (1)$$

De fato, como $\mathbb{Z}_p^* = \mathbb{Z}_p \setminus \{0\}$ é um grupo multiplicativo, o conjunto $\{1a, 2a, 3a, \ldots, (p-1)a\}$ percorre novamente todos os resíduos não nulos,

$$(1a)(2a) \cdots ((p-1)a) \equiv 1 \cdot 2 \cdots (p-1) \pmod p,$$

e, portanto, dividindo por $(p-1)!$, obtemos $a^{p-1} \equiv 1 \pmod p$.

Alternativamente, isto é simplesmente $a^{|G|} = 1$ para o grupo $G = \mathbb{Z}_p^*$ (ver o quadro sobre o teorema de Lagrange, na página 12).

Em outras palavras, os polinômios $x^{p-1} - 1 \in \mathbb{Z}_p[x]$ têm como raízes todos os resíduos não nulos. Observamos a seguir que

$$x^{p-1} - 1 = \left(x^{\frac{p-1}{2}} - 1\right)\left(x^{\frac{p-1}{2}} + 1\right).$$

Suponha que $a \equiv b^2 \pmod p$ seja um resíduo quadrático. Então, pelo pequeno teorema de Fermat, $a^{\frac{p-1}{2}} \equiv b^{p-1} \equiv 1 \pmod p$. Logo, os resíduos quadráticos são precisamente as raízes do primeiro fator $x^{\frac{p-1}{2}} - 1$, enquanto os $\frac{p-1}{2}$ resíduos não quadráticos devem ser as raízes do segundo fator $x^{\frac{p-1}{2}} + 1$. Comparando isto com a definição do símbolo de Legendre, obtemos a seguinte ferramenta importante.

Por exemplo, para $p = 17$ e $a = 3$ temos $3^8 = (3^4)^2 = 81^2 \equiv (-4)^2 \equiv -1 \pmod{17}$, enquanto para $a = 2$ temos $2^8 = (2^4)^2 = (-1)^2 \equiv 1 \pmod{17}$. Assim, 2 é um resíduo quadrático, enquanto 3 não é.

Critério de Euler

Para $a \not\equiv 0 \pmod p$,

$$\left(\frac{a}{p}\right) \equiv a^{\frac{p-1}{2}} \pmod p.$$

Isto nos dá imediatamente a importante *regra do produto*

$$\left(\frac{ab}{p}\right) = \left(\frac{a}{p}\right)\left(\frac{b}{p}\right), \qquad (2)$$

já que isto obviamente vale para o lado direito do critério de Euler. A regra do produto é extremamente útil quando tentamos calcular símbolos de Legendre: como qualquer inteiro é o produto de ± 1 e primos, temos apenas que calcular $\left(\frac{-1}{p}\right)$, $\left(\frac{2}{p}\right)$ e $\left(\frac{q}{p}\right)$ para primos ímpares q.

Lei da reciprocidade quadrática

Pelo critério de Euler, $(\frac{-1}{p}) = 1$ se $p \equiv 1 \pmod 4$, e $(\frac{-1}{p}) = -1$ se $p \equiv 3 \pmod 4$, algo que já tínhamos visto no capítulo anterior. O caso $(\frac{2}{p})$ seguirá do Lema de Gauss abaixo: $(\frac{2}{p}) = 1$ se $p \equiv \pm 1 \pmod 8$, enquanto que $(\frac{2}{p}) = -1$ se $p \equiv \pm 3 \pmod 8$.

Euler, Legendre e Gauss fizeram muitos cálculos com resíduos quadráticos e, em particular, estudaram a relação entre q ser um resíduo quadrático módulo p e p ser um resíduo quadrático módulo q, quando p e q são primos ímpares. Euler e Legendre descobriram assim o notável teorema abaixo, mas conseguiram demonstrá-lo apenas em casos especiais. Entretanto, Gauss teve sucesso: em 8 de abril de 1796, ele ficou orgulhoso de registrar em seu diário a primeira demonstração completa.

Lei da reciprocidade quadrática

Sejam p e q primos ímpares diferentes. Então
$$\left(\frac{q}{p}\right)\left(\frac{p}{q}\right) = (-1)^{\frac{p-1}{2} \cdot \frac{q-1}{2}}.$$

Se $p \equiv 1 \pmod 4$ ou $q \equiv 1 \pmod 4$, então $\frac{p-1}{2}$ (respectivamente, $\frac{q-1}{2}$) é par e, portanto, $(-1)^{\frac{p-1}{2}\frac{q-1}{2}} = 1$; logo $(\frac{q}{p}) = (\frac{p}{q})$. Quando $p \equiv q \equiv 3 \pmod 4$, temos $(\frac{p}{q}) = -(\frac{q}{p})$. Assim, para primos ímpares, obtemos $(\frac{p}{q}) = (\frac{q}{p})$ a menos que *ambos* p e q sejam congruentes a 3 (mod 4).

Exemplo: $(\frac{3}{17}) = (\frac{17}{3}) = (\frac{2}{3}) = -1$, de modo que 3 é um resíduo não quadrático mod 17.

Primeira demonstração. A chave para nossa primeira demonstração (que é a terceira de Gauss) é a fórmula de contagem que logo se tornou conhecida como *lema de Gauss*.

Lema de Gauss

Suponha que $a \not\equiv 0 \pmod p$. Tome os números $1a, 2a, \ldots, \frac{p-1}{2}a$ e reduza-os módulo p ao sistema de resíduos com menor valor absoluto, $ia \equiv r_i \pmod p$, com $-\frac{p-1}{2} \leq r_i \leq \frac{p-1}{2}$ para todo i. Então
$$\left(\frac{a}{p}\right) = (-1)^s, \quad \text{em que} \quad s = \#\{i : r_i < 0\}.$$

Se $-u_i = v_j$, então $u_i + v_j \equiv 0 \pmod{p}$. Agora, $u_i \equiv ka$, $v_j \equiv \ell a \pmod{p}$ implica que $p \mid (k + \ell)a$. Como p e a são relativamente primos, p deve dividir $k + \ell$, o que é impossível já que $k + \ell \leq p - 1$.

Demonstração. Suponha que $u_1, \ldots, u_s$ são os resíduos menores do que 0 e que $v_1, \ldots, v_{\frac{p-1}{2}-s}$ são os maiores do que 0. Então, os números $-u_1, \ldots, -u_s$ estão entre 1 e $\frac{p-1}{2}$ e são todos diferentes dos v_j (veja a margem); logo, $\{-u_1, \ldots, -u_s, v_1, \ldots, v_{\frac{p-1}{2}-s}\} = \{1, 2, \ldots, \frac{p-1}{2}\}$. Portanto,

$$\prod_i (-u_i) \prod_j v_j = \frac{p-1}{2}!,$$

o que implica

$$(-1)^s \prod_i u_i \prod_j v_j \equiv \frac{p-1}{2}! \pmod{p}.$$

Lembre-se agora de como obtivemos os números u_i e v_j: eles são os resíduos de $1a, \cdots, \frac{p-1}{2}a$. Portanto,

$$\frac{p-1}{2}! \equiv (-1)^s \prod_i u_i \prod_j v_j \equiv (-1)^s \frac{p-1}{2}! a^{\frac{p-1}{2}} \pmod{p}.$$

O cancelamento de $\frac{p-1}{2}!$ junto com o critério de Euler nos dá

$$\left(\frac{a}{p}\right) \equiv a^{\frac{p-1}{2}} \equiv (-1)^s \pmod{p},$$

e, portanto, $\left(\frac{a}{p}\right) = (-1)^s$, já que p é ímpar. □

Com isso, podemos facilmente calcular $\left(\frac{2}{p}\right)$: como $1 \cdot 2, 2 \cdot 2, \ldots, \frac{p-1}{2} \cdot 2$ estão todos entre 1 e $p-1$, temos

$$s = \#\{i : \tfrac{p-1}{2} < 2i \leq p-1\} = \tfrac{p-1}{2} - \#\{i : 2i \leq \tfrac{p-1}{2}\} = [\tfrac{p-1}{4}].$$

Verifique que s é par exatamente para $p = 8k \pm 1$.

O lema de Gauss é a base para muitas das demonstrações publicadas da lei da reciprocidade quadrática. A mais elegante pode ser a sugerida por Ferdinand Gotthold Eisenstein, que tinha aprendido teoria dos números a partir do famoso *Disquisitiones Arithmeticae* de Gauss e que teve importantes contribuições nos "teoremas de reciprocidade mais altos" antes de sua morte prematura aos 29 anos de idade. Sua demonstração é simplesmente a contagem de pontos em um reticulado!

Sejam p e q primos ímpares e considere $\left(\frac{q}{p}\right)$. Suponha que iq seja um múltiplo de q que se reduza a um resíduo negativo $r_i < 0$ no lema de Gauss. Isto significa que existe um único inteiro j tal que $-\frac{p}{2} < iq - jp < 0$. Observe que $0 < j < \frac{q}{2}$, já que $0 < i < \frac{p}{2}$. Em outras palavras, $\left(\frac{q}{p}\right) = (-1)^s$, em que s é o número de pontos do reticulado (x, y), ou seja, pares de inteiros x, y satisfazendo

$$0 < py - qx < \frac{p}{2}, \quad 0 < x < \frac{p}{2}, \quad 0 < y < \frac{q}{2}. \tag{3}$$

Eisenstein

Analogamente, $\left(\frac{p}{q}\right) = (-1)^t$ em que t é o número de pontos do reticulado (x, y) com

$$0 < qx - py < \frac{q}{2}, \quad 0 < x < \frac{p}{2}, \quad 0 < y < \frac{q}{2}. \tag{4}$$

Olhe agora para o retângulo com lados de comprimento $\frac{p}{2}, \frac{q}{2}$ e trace as duas retas paralelas à diagonal $py = qx$, $y = \frac{q}{p} x + \frac{1}{2}$ ou $py - qx = \frac{p}{2}$, respectivamente, $y = \frac{q}{p}(x - \frac{1}{2})$ ou $qx - py = \frac{q}{2}$.

A figura mostra a situação para $p = 17, q = 11$.

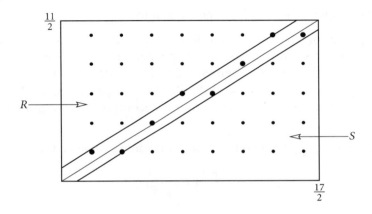

$p = 17 \quad q = 11$
$s = 5 \quad t = 3$
$\left(\frac{q}{p}\right) = (-1)^5 = -1$
$\left(\frac{p}{q}\right) = (-1)^3 = -1$

A demonstração agora é rapidamente completada pelas três observações a seguir:

1. Não existem pontos do reticulado na diagonal nem nas duas paralelas. Isto ocorre porque $py = qx$ implicaria $p \mid x$, o que não é possível. Para as paralelas, observe que $py - qx$ é um inteiro, enquanto que $\frac{p}{2}$ e $\frac{q}{2}$ não são.

2. Os pontos do reticulado que satisfazem (3) são precisamente os pontos na faixa superior $0 < py - qx < \frac{p}{2}$, e aqueles satisfazendo (4) são os da faixa inferior $0 < qx - py < \frac{q}{2}$. Assim, o número de pontos do reticulado nas duas faixas é $s + t$.

3. As regiões externas $R : py - qx > \frac{p}{2}$ e $S : qx - py > \frac{q}{2}$ contêm o mesmo número de pontos. Para ver isso, considere a aplicação $\varphi : R \to S$ que leva (x, y) a $(\frac{p+1}{2} - x, \frac{q+1}{2} - y)$ e verifique que φ é uma involução.

Como o número de pontos do reticulado no retângulo é $\frac{p-1}{2} \cdot \frac{q-1}{2}$, inferimos que $s + t$ e $\frac{p-1}{2} \cdot \frac{q-1}{2}$ têm a mesma paridade, de modo que

$$\left(\frac{q}{p}\right)\left(\frac{p}{q}\right) = (-1)^{s+t} = (-1)^{\frac{p-1}{2} \frac{q-1}{2}}.$$

$\square$

Segunda demonstração. Nossa segunda escolha não usa o lema de Gauss, em vez disso usa as chamadas somas de Gauss em corpos finitos. Gauss as inventou em seu estudo da equação $x^p - 1 = 0$ e das propriedades aritméticas do corpo $\mathbb{Q}(\zeta)$ (chamado corpo ciclotômico), em que ζ é uma raiz p-ésima da unidade. Elas foram o ponto de partida na busca por leis de reciprocidade mais alta em corpos numéricos gerais.

Vamos primeiro reunir alguns fatos sobre corpos finitos.

A. Sejam p e q primos ímpares diferentes e considere o corpo finito F com q^{p-1} elementos. Seu corpo primo é $\mathbb{Z}_q$, e, portanto, $qa = 0$ para qualquer $a \in F$. Isto implica que $(a + b)^q = a^q + b^q$, já que qualquer coeficiente binomial $\binom{q}{i}$ é múltiplo de q para $0 < i < q$, e assim 0 em F. Observe que o critério de Euler é uma *equação* $\left(\frac{p}{q}\right) = p^{\frac{q-1}{2}}$ no corpo primo $\mathbb{Z}_q$.

B. O grupo multiplicativo $F^\star = F \setminus \{0\}$ é cíclico, de tamanho $q^{p-1} - 1$ (veja o quadro na página seguinte). Como, pelo pequeno teorema de Fermat, p é um divisor de $q^{p-1} - 1$, existe um elemento $\zeta \in F$ de ordem p, ou seja, $\zeta^p = 1$ e ζ gera o subgrupo $\{\zeta, \zeta^2, \ldots, \zeta^p = 1\}$ de $F^\star$. Observe que qualquer ζ^i ($i \neq p$) é novamente um gerador. Assim, obtemos a decomposição polinomial $x^p - 1 = (x - \zeta)(x - \zeta^2) \cdots (x - \zeta^p)$.

Agora, podemos passar ao trabalho. Considere a *soma de Gauss*

$$G := \sum_{i=1}^{p-1} \left(\frac{i}{p}\right) \zeta^i \in F,$$

em que $\left(\frac{i}{p}\right)$ é o símbolo de Legendre. Para a demonstração, deduzimos duas expressões diferentes para G^q e então as igualamos.

Primeira expressão. Temos

Exemplo: tome $p = 3$, $q = 5$. Então, $G = \zeta - \zeta^2$ e $G^5 = \zeta^5 - \zeta^{10} = \zeta^2 - \zeta = -(\zeta - \zeta^2) = -G$, o que corresponde a $\left(\frac{5}{3}\right) = \left(\frac{2}{3}\right) = -1$.

$$G^q = \sum_{i=1}^{p-1} \left(\frac{i}{p}\right)^q \zeta^{iq} = \sum_{i=1}^{p-1} \left(\frac{i}{p}\right) \zeta^{iq} = \left(\frac{q}{p}\right) \sum_{i=1}^{p-1} \left(\frac{iq}{p}\right) \zeta^{iq} = \left(\frac{q}{p}\right) G, \qquad (5)$$

em que a primeira igualdade segue de $(a + b)^q = a^q + b^q$, a segunda usa que $\left(\frac{i}{p}\right)^q = \left(\frac{i}{p}\right)$, pois q é ímpar, e a terceira é deduzida de (2), que fornece $\left(\frac{i}{p}\right) = \left(\frac{q}{p}\right)\left(\frac{iq}{p}\right)$ e a última vale já que iq percorre com i todos os resíduos não nulos módulo p.

Segunda expressão. Suponha que possamos demonstrar que

$$G^2 = (-1)^{\frac{p-1}{2}} p, \qquad (6)$$

então acabaremos rapidamente. De fato,

$$G^q = G(G^2)^{\frac{q-1}{2}} = G(-1)^{\frac{p-1}{2}\frac{q-1}{2}} p^{\frac{q-1}{2}} = G\left(\frac{p}{q}\right)(-1)^{\frac{p-1}{2}\frac{q-1}{2}}. \qquad (7)$$

Igualando as expressões em (5) e (7) e cancelando G, que não é zero, por (6), encontramos $\left(\frac{q}{p}\right) = \left(\frac{p}{q}\right)(-1)^{\frac{p-1}{2}\frac{q-1}{2}}$, e assim,

$$\left(\frac{q}{p}\right)\left(\frac{p}{q}\right) = (-1)^{\frac{p-1}{2}\frac{q-1}{2}}.$$

O grupo multiplicativo de um corpo finito é cíclico

Seja $F^\star$ o grupo multiplicativo de F, com $|F^\star| = n$. Denotando por ord(a) a ordem de um elemento, ou seja, o menor inteiro positivo k tal que $a^k = 1$, queremos encontrar um elemento $a \in F^\star$ com ord(a) = n. Se ord(b) = d, então, pelo teorema de Lagrange, d divide n (veja a margem na página 12). Classificando os elementos por sua ordem, temos

$$n = \sum_{d|n} \psi(d), \quad \text{onde} \quad \psi(d) = \#\{b \in F^\star : \text{ord}(b) = d\}. \tag{8}$$

Se ord(b) = d, então todo elemento $b^i (i = 1, ..., d)$ satisfaz $(b^i)^d = 1$ e é, portanto, raiz do polinômio $x^d - 1$. Mas, como F é um corpo, $x^d - 1$ tem no máximo d raízes, de modo que os elementos $b, b^2, ..., b^d = 1$ são precisamente estas raízes. Em particular, todo elemento de ordem d é da forma b^i.

Por outro lado, é fácil verificar que ord(b^i) = $\frac{d}{(i,d)}$, em que (i, d) denota o máximo divisor comum de i e d. Assim, ord(b^i) = d se e somente se $(i, d) = 1$, ou seja, se i e d forem relativamente primos. Denotando a *função de Euler* por $\varphi(d) = \#\{i : 1 \leq i \leq d, (i, d) = 1\}$, temos que $\psi(d) = \varphi(d)$ sempre que $\psi(d) > 0$. A partir de (8), vemos que

$$n = \sum_{d|n} \psi(d) \leq \sum_{d|n} \varphi(d).$$

Mas, como vamos mostrar que

$$\sum_{d|n} \varphi(d) = n, \tag{9}$$

devemos ter $\psi(d) = \varphi(d)$ para todo d. Em particular, $\psi(n) = \varphi(n) \geq 1$, de modo que existe um elemento de ordem n.

A seguinte demonstração (que faz parte do folclore) de (9) também pertence aO Livro. Considere as n frações

$$\frac{1}{n}, \frac{2}{n}, ..., \frac{k}{n}, ..., \frac{n}{n},$$

reduza-as aos menores termos $\frac{k}{n} = \frac{i}{d}$, com $1 \leq i \leq d$, $(i, d) = 1$, $d|n$, e verifique que o denominador d aparece precisamente $\varphi(d)$ vezes.

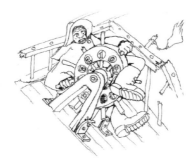

"*Mesmo no caos total podemos nos valer dos grupos cíclicos*"

Resta verificar (6), e, para isso, faremos primeiro duas observações simples:

- $\sum_{i=1}^{p} \zeta^i = 0$, e, portanto, $\sum_{i=1}^{p-1} \zeta^i = -1$. Observe simplesmente que $-\sum_{i=1}^{p} \zeta^i$ é o coeficiente de x^{p-1} em $x^p - 1 = \sum_{i=1}^{p}(x - \zeta^i)$, e, assim, 0.

- $\sum_{k=1}^{p-1}\left(\frac{k}{p}\right) = 0$, e, portanto, $\sum_{k=1}^{p-2}\left(\frac{k}{p}\right) = -\left(\frac{-1}{p}\right)$, já que há o mesmo número de resíduos quadráticos e não quadráticos.

Temos

$$G^2 = \left(\sum_{i=1}^{p-1}\left(\frac{i}{p}\right)\zeta^i\right)\left(\sum_{j=1}^{p-1}\left(\frac{j}{p}\right)\zeta^j\right) = \sum_{i,j}\left(\frac{ij}{p}\right)\zeta^{i+j}.$$

Fazendo $j \equiv ik \pmod{p}$ encontramos

$$G^2 = \sum_{i,k}\left(\frac{k}{p}\right)\zeta^{i(1+k)} = \sum_{k=1}^{p-1}\left(\frac{k}{p}\right)\sum_{i=1}^{p-1}\zeta^{(1+k)i}.$$

Para $k = p - 1 \equiv -1 \pmod{p}$ isto fornece $\left(\frac{-1}{p}\right)(p-1)$, já que $\zeta^{1+k} = 1$. Passe $k = p - 1$ para frente e escreva

$$G^2 = \left(\frac{-1}{p}\right)(p-1) + \sum_{k=1}^{p-2}\left(\frac{k}{p}\right)\sum_{i=1}^{p-1}\zeta^{(1+k)i}.$$

Como ζ^{1+k} é um gerador do grupo para $k \neq p - 1$, a soma de dentro é igual a $\sum_{i=1}^{p-1}\zeta^i = -1$ para todo $k \neq p - 1$ pela nossa primeira observação. Assim, o segundo somando é $-\sum_{k=1}^{p-2}\left(\frac{k}{p}\right) = \left(\frac{-1}{p}\right)$ por nossa segunda observação. Segue que $G^2 = \left(\frac{-1}{p}\right)p$, e assim, com o critério de Euler, $G^2 = (-1)^{\frac{p-1}{2}}p$, o que completa nossa demonstração. □

Critério de Euler: $\left(\frac{-1}{p}\right) = (-1)^{\frac{p-1}{2}}$

Para $p = 3$, $q = 5$, $G^2 = (\zeta - \zeta^2)^2 = \zeta^2 - 2\zeta^3 + \zeta^4 = \zeta^2 - 2 + \zeta = -3 = (-1)^{\frac{3-1}{2}}3$, já que $1 + \zeta + \zeta^2 = 0$.

Referências

[1] A. BAKER: *A Consise Introduction to the Theory of Numbers*, Cambridge University Press, Cambridge, 1984.

[2] F. G. EISENSTEIN: *Geometrischer Beweis des Fundamentaltheorems für die quadratishen Reste*, J. Reine Angewndte Mathematik 28 (1844), 186-191

[3] C. F. GAUSS: *Theorema arithmetice demonstratio nova*, Comment. Soc. regiae sci. Göttingen XVI (1808), 69; Werke II, 1-8 (contém a terceira demonstração).

[4] C. F. GAUSS: *Theorematis fundamentalis in doctrina de residuis quadraticis demonstrationes et amplicationes novae* (1818). Werke II, 47-64 (contém a sexta demonstração).

[5] F. LEMMERMEYER: *Reciprocity Laws*, Springer-Verlag, Berlim, 2000.

"O que está acontecendo?"

"Estou empurrando 196 demonstrações da reciprocidade quadrática"

CAPÍTULO 6
TODO ANEL DE DIVISÃO FINITO É UM CORPO

Anéis são estruturas importantes na álgebra moderna. Se um anel R tem um elemento unidade multiplicativo 1 e todo elemento distinto do zero tem um inverso multiplicativo, então R é chamado um *anel de divisão*. Assim, tudo o que está faltando em R para que ele seja um corpo é a comutatividade da multiplicação. O exemplo mais conhecido de um anel de divisão não comutativo é o anel de quatérnions descoberto por Hamilton. Mas, como diz o título do capítulo, todo anel de divisão desse tipo deve ser necessariamente infinito. Se R é finito, então os axiomas forçam a multiplicação a ser comutativa.

Esse resultado, que agora é um clássico, tem capturado a imaginação de muitos matemáticos porque, como Herstein escreve, "inter-relaciona tão inesperadamente duas coisas aparentemente não relacionadas: o número de elementos num certo sistema algébrico e a multiplicação naquele sistema".

Ernst Witt

> *Teorema*
> Todo anel de divisão finito R é comutativo.

Esse lindo teorema, normalmente atribuído a MacLagan Wedderburn, tem sido demonstrado por muita gente usando diversas ideias diferentes. O próprio Wedderburn apresentou três demonstrações em 1905, e outra demonstração foi dada por Leonard E. Dickson no mesmo ano. Mais demonstrações foram dadas mais tarde por Emil Artin, Hans Zassenhaus, Nicolas Bourbaki e muitos outros. Uma dessas demonstrações se sobressai por sua simplicidade e elegância. Ela foi descoberta por Ernst Witt em 1931 e combina duas ideias elementares, levando a um final glorioso.

Demonstração. Nosso primeiro ingrediente vem da álgebra linear. Para um elemento arbitrário $s \in R$, seja C_s o conjunto $\{x \in R : xs = sx\}$ de elementos que comutam com s; C_s é chamado de *centralizador* de s. Claramente, C_s contém 0 e 1 e é um subanel de divisão de R. O *centro* Z é o conjunto dos elementos que comutam com todos os elementos de R, de forma que $Z = \bigcap_{s \in R} C_s$. Em particular, todos os elementos de Z comutam, 0 e 1 estão em Z e, portanto, Z é um *corpo finito*. Vamos fazer $|Z| = q$.

Podemos considerar R e C_s como espaços vetoriais sobre o corpo Z e deduzir que $|R| = q^n$, onde n é a dimensão do espaço vetorial R sobre Z e, analogamente, $|C_s| = q^{n_s}$ para inteiros $n_s \geq 1$ apropriados.

Agora, vamos supor que R não é um corpo. Isso significa que, para *algum* $s \in R$, o centralizador C_s não é todo o R, ou, o que é a mesma coisa, $n_s < n$.

No conjunto $R^* := R \setminus \{0\}$, consideremos a relação

$$r' \sim r :\Leftrightarrow r' = x^{-1} r x \quad \text{para algum} \quad x \in R^*.$$

É fácil verificar que $\sim$ é uma relação de equivalência. Seja

$$A_s := \{x^{-1}sx : x \in R^*\}$$

a classe de equivalência contendo s. Notamos que $|A_s| = 1$ precisamente quando s está no centro Z. Assim, pelo que assumimos, existem classes A_s com $|A_s| \geq 2$. Considere agora, para $s \in R^*$, a aplicação sobrejetora $f_s : x \mapsto x^{-1}sx$ de R^* em A_s. Para $x, y \in R^*$, obtemos

$$x^{-1}sx = y^{-1}sy \Leftrightarrow (yx^{-1})s = s(yx^{-1})$$

$$\Leftrightarrow yx^{-1} \in C_s^* \Leftrightarrow y \in C_s^* x,$$

para $C_s^* := C_s \setminus \{0\}$, onde $C_s^* x = \{zx : z \in C_s^*\}$ tem ordem $|C_s^*|$. Consequentemente, qualquer elemento $x^{-1}sx$ é a imagem de precisamente $|C_s^*| = q^{n_s} - 1$ elementos em R^* através da aplicação f_s, e deduzimos que $|R^*| = |A_s| |C_s^*|$. Em particular, observamos que

$$\frac{|R^*|}{|C_s^*|} = \frac{q^n - 1}{q^{n_s} - 1} = |A_s| \quad \text{é um \emph{inteiro} para todo } s.$$

Sabemos que as classes de equivalência particionam R^*. Agora, agrupamos os elementos centrais Z^* e denotamos por $A_1, \ldots, A_t$ as classes de equivalência com mais de um elemento. Pelo que assumimos, sabemos que $t \geq 1$. Uma vez que $|R^*| = |Z^*| + \sum_{k=1}^{t} |A_k|$, acabamos de demonstrar a chamada *fórmula de classe*,

$$q^n - 1 = q - 1 + \sum_{k=1}^{t} \frac{q^n - 1}{q^{n_k} - 1}, \tag{1}$$

em que temos que $1 < \frac{q^n - 1}{q^{n_k} - 1} \in \mathbb{N}$ para todo k.

Com (1), deixamos de lado a álgebra abstrata e voltamos aos números naturais. Em seguida, afirmamos que $q^{n_k}-1 | q^n-1$ implica $n_k | n$. De fato, escreva $n = an_k + r$ com $0 \le r \le n_k$, então $q^{n_k}-1 | q^{an_k+r}-1$ implica

$$q^{n_k}-1 | (q^{an_k+r}-1) - (q^{n_k}-1) = q^{n_k}(q^{(a-1)n_k+r}-1),$$

e assim $q^{n_k}-1 | q^{(a-1)n_k+r}-1$, uma vez que q^{n_k} e $q^{n_k}-1$ são relativamente primos. Continuando por esse caminho, encontramos que $q^{n_k}-1 | q^r-1$ com $0 \le r < n_k$, o que somente é possível para $r = 0$, ou seja, $n_k | n$. Em resumo, observamos que

$$n_k | n \quad \text{para todo} \quad k. \tag{2}$$

Agora vem o segundo ingrediente: os números complexos $\mathbb{C}$. Considere o polinômio $x^n -1$. Suas raízes em $\mathbb{C}$ são chamadas de *raízes enésimas da unidade*. Uma vez que $\lambda^n = 1$, todas essas raízes λ têm $|\lambda| = 1$ e estão, portanto, no círculo unitário do plano complexo. De fato, elas são precisamente os números $\lambda_k = e^{\frac{2k\pi i}{n}} = \cos(2k\pi/n) + i\operatorname{sen}(2k\pi/n)$, $0 \le k \le n-1$ (veja o quadro abaixo). Algumas das raízes λ satisfazem $\lambda^d = 1$ para $d < n$; por exemplo, a raiz $\lambda = -1$ satisfaz $\lambda^2 = 1$. Dada uma raiz λ, seja d o menor expoente positivo com $\lambda^d = 1$, isto é, d é a ordem de λ no grupo das raízes da unidade. Então $d|n$, pelo teorema de Lagrange ("a ordem de cada elemento de um grupo divide a ordem do grupo" – veja o quadro no Capítulo 1). Observe que existem raízes de ordem n, tais como $\lambda_1 = e^{\frac{2\pi i}{n}}$.

Raízes da unidade

Qualquer número complexo $z = x + iy$ pode ser escrito na forma "polar"

$$z = re^{i\varphi} = r(\cos\varphi + i\operatorname{sen}\varphi),$$

em que $r = |z| = \sqrt{x^2 + y^2}$ é a distância de z até a origem, e φ é o ângulo medido a partir do eixo x positivo. As raízes enésimas da unidade são, portanto, da forma

$$\lambda_k = e^{\frac{2k\pi i}{n}} = \cos(2k\pi/n) + i\operatorname{sen}(2k\pi/n), \quad 0 \le k \le n-1,$$

uma vez que, para todo k,

$$\lambda_k^n = e^{2k\pi i} = \cos(2k\pi) + i\operatorname{sen}(2k\pi) = 1.$$

Obtemos essas raízes geometricamente inscrevendo um polígono de n lados no círculo unitário. Observe que $\lambda_k = \zeta^k$ para todo k, onde $\zeta = e^{\frac{2\pi i}{n}}$. Assim, as raízes enésimas da unidade formam um grupo cíclico $\{\zeta, \zeta^2, \ldots, \zeta^{n-1}, \zeta^n = 1\}$ de ordem n.

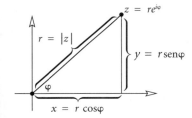

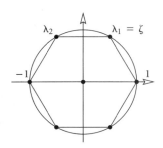

As raízes da unidade para $n = 6$

Agora, agrupamos todas as raízes de ordem d e colocamos

$$\phi_d(x) := \prod_{\lambda \text{ de ordem } d} (x-\lambda).$$

Observe que a definição de $\phi_d(x)$ é independente de n. Uma vez que cada raiz tem alguma ordem d, concluímos que

$$x^n - 1 = \prod_{d|n} \phi_d(x). \tag{3}$$

Aqui vem a observação crucial: os *coeficientes* dos polinômios $\phi_n(x)$ são *inteiros* (isto é, $\phi_n(x) \in \mathbb{Z}[x]$ para todo n), onde, adicionalmente, o coeficiente constante é 1 ou -1.

Vamos verificar essa afirmação cuidadosamente. Para $n = 1$, temos que 1 é a única raiz, e assim $\phi_1(x) = x - 1$. Agora, vamos prosseguir por indução, supondo que $\phi_d(x) \in \mathbb{Z}[x]$ para todo $d < n$, e que o coeficiente constante de $\phi_d(x)$ é 1 ou -1. Por (3),

$$x^n - 1 = p(x)\phi_n(x), \tag{4}$$

onde $p(x) = \sum_{j=0}^{\ell} p_j x^j$, $\phi_n(x) = \sum_{k=0}^{n-\ell} a_k x^k$, com $p_0 = 1$ ou $p_0 = -1$.

Uma vez que $-1 = p_0 a_0$, vemos que $a_0 \in \{1, -1\}$. Suponha que já sabemos que $a_0, a_1, \ldots, a_{k-1} \in \mathbb{Z}$. Calculando o coeficiente de x^k em ambos os lados de (4), achamos

$$\sum_{j=0}^{k} p_j a_{k-j} = \sum_{j=1}^{k} p_j a_{k-j} + p_0 a_k \in \mathbb{Z}.$$

Uma vez que, por hipótese, todos os $a_0, \ldots, a_{k-1}$ (e todos os p_j) estão em $\mathbb{Z}$, aí também devem estar $p_0 a_k$ e, consequentemente, a_k, uma vez que p_0 é 1 ou -1.

Estamos prontos para o *coup de grâce*. Seja $n_k | n$ um dos números que aparecem em (1). Então

$$x^n - 1 = \prod_{d|n} \phi_d(x) = (x^{n_k} - 1)\phi_n(x) \prod_{d|n, d \nmid n_k, d \neq n} \phi_d(x)$$

Concluímos que, em $\mathbb{Z}$, temos as relações de divisibilidade

$$\phi_n(q) \,|\, q^n - 1 \quad \text{e} \quad \phi_n(q) \,\Big|\, \frac{q^n - 1}{q^{n_k} - 1}. \tag{5}$$

Como (5) vale para todo k, deduzimos da fórmula de classe (1) que

$$\phi_n(q) | q - 1,$$

mas isso não pode ser. Por quê? Temos que $\phi_n(x) = \prod(x - \lambda)$, onde λ percorre todas as raízes de $x^n - 1$ de ordem n. Seja $\tilde{\lambda} = a + ib$ uma dessas raízes. Uma vez que $n > 1$ (porque $R \neq Z$), temos que $\tilde{\lambda} \neq 1$, o que significa que a parte real a é menor do que 1. Agora, temos que $|\tilde{\lambda}|^2 = a^2 + b^2 = 1$, e daí

$$\begin{aligned}|q - \tilde{\lambda}|^2 &= |q - a - ib|^2 = (q-a)^2 + b^2 \\ &= q^2 - 2aq + a^2 + b^2 = q^2 - 2aq + 1 \\ &> q^2 - 2q + 1 \quad \text{(pois } a < 1\text{)} \\ &= (q-1)^2,\end{aligned}$$

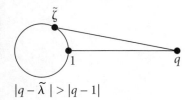

$|q - \tilde{\lambda}| > |q - 1|$

e então $|q - \tilde{\lambda}| > q - 1$ vale para *todas* as raízes de ordem n. Isso implica

$$|\phi_n(q)| = \prod_\lambda |q - \lambda| > q - 1,$$

o que significa que $\phi_n(q)$ não pode ser um divisor de $q - 1$, contradição e fim da demonstração. □

Referências

[1] L. E. Dickson: *On finite algebras*, Nachrichten der Akad. Wissenschaften Göttingen Math.-Phys. Klasse (1905), 1-36; Collected Mathematical Papers Vol. III, Chelsea Publ. Comp, The Bronx, NY, 1975, 539-574.

[2] J. H. M. Wedderburn: *A theorem on finite algebras*, Trans. Amer. Math. Soc. 6 (1905), 349-352.

[3] E. Witt: *Über die Kommutativität endlicher Schiefkörper*, Abh. Math. Sem. Univ. Hamburg 8 (1931), 413.

CAPÍTULO 7
TEOREMA ESPECTRAL E PROBLEMA DO DETERMINANTE DE HADAMARD

Um teorema fundamental da álgebra linear afirma que toda matriz simétrica real A pode ser diagonalizada. Ou seja, para cada uma destas matrizes, existe uma matriz real não singular Q tal que

$$Q^{-1}AQ = \begin{pmatrix} \lambda_1 & & & & & & & \\ & \ddots & & & & & O & \\ & & \lambda_1 & & & & & \\ & & & \lambda_2 & & & & \\ & & & & \ddots & & & \\ & & & & & \lambda_2 & & \\ & & & & & & \ddots & \\ & O & & & & & \lambda_t & \\ & & & & & & & \ddots \\ & & & & & & & & \lambda_t \end{pmatrix}$$

está na forma diagonal. Os λ_i (reais) são os autovalores de A e as colunas de Q formam uma base de autovetores. Faremos uso deste resultado em diversos dos capítulos a seguir.

Além do mais, a matriz Q pode ser escolhida de modo a ser uma matriz *ortogonal*, o que significa que $Q^T = Q^{-1}$, ou, equivalentemente, que as colunas de Q formam uma base ortonormal com relação ao produto interno usual.

> *Teorema 1*
>
> Para cada matriz simétrica real A existe uma matriz ortogonal real Q tal que Q^TAQ é diagonal.

Mudando Q e Q^T para o lado direito, podemos expressar o teorema de modo equivalente como uma representação de A como uma combinação linear de matrizes P_i que correspondem a projeções nos autoespaços C_{λ_i},

$$A = \lambda_1 P_1 + \cdots + \lambda_t P_t,$$
$$I_n = P_1 + \cdots + P_t,$$

com $P_i P_j = \delta_{ij} P_i$ para todo i e j. Nesta forma, a afirmação é usualmente chamada de *teorema espectral*.

As demonstrações-padrão do teorema prosseguem por indução na ordem de A (com algum cuidado na presença de autovalores múltiplos), construindo a base de autovetores passo a passo, e usando o fato de o polinômio característico se decompor em fatores lineares no campo $\mathbb{C}$ dos números complexos.

A demonstração de Herb Wilf a seguir faz isso de uma só tacada e é verdadeiramente inspirada. Ela é bem diferente das demonstrações usuais: ela nem mesmo se refere a autovalores, mas em vez disso emprega um elegante argumento de compacidade de um modo surpreendente.

Demonstração. Começamos com alguns fatos preliminares. Seja $O(n) \subseteq \mathbb{R}^{n \times n}$ o conjunto das matrizes reais ortogonais de ordem n. Como

$$(PQ)^{-1} = Q^{-1}P^{-1} = Q^T P^T = (PQ)^T$$

para $P, Q \in O(n)$, vemos que $O(n)$ é um grupo. Considerando qualquer matriz em $\mathbb{R}^{n \times n}$ como um vetor em $\mathbb{R}^{n^2}$, vemos que $O(n)$ é um conjunto compacto. De fato, como as colunas de uma matriz ortogonal $Q = (q_{ij})$ são vetores unitários, temos $|q_{ij}| \leq 1$ para todo i e j, e portanto $O(n)$ é limitado. Além disso, o conjunto $O(n)$ é definido como um subconjunto de $\mathbb{R}^{n^2}$ pelas equações

$$x_{i1}x_{j1} + x_{i2}x_{j2} + \cdots + x_{in}x_{jn} = \delta_{ij} \qquad \text{para } 1 \leq i, j \leq n,$$

logo fechado, e, portanto, compacto.

Teorema de Heine-Borel

Todo conjunto fechado e limitado de um espaço vetorial $\mathbb{R}^N$ é compacto.

Para qualquer matriz quadrada A, seja $\mathrm{Od}(A) = \sum_{i \neq j} a_{ij}^2$ a soma dos quadrados dos elementos *fora da diagonal*. Suponha que possamos demonstrar o seguinte:

Lema. *Se A é uma matriz real $n \times n$ simétrica que não é diagonal, ou seja, $\mathrm{Od}(A) > 0$, então existe $U \in O(n)$ tal que $\mathrm{Od}(U^T A U) < \mathrm{Od}(A)$.*

Dado o lema, o teorema segue em três passos rápidos. Seja A uma matriz real $n \times n$ simétrica.

(A) Considere a aplicação $f_A : O(n) \to \mathbb{R}^{n \times n}$ com $f_A(P) := P^T A P$. A aplicação f_A é contínua no conjunto compacto $O(n)$, e, portanto, a imagem $f_A(O(n))$ é compacta.

(B) A função Od : $f_A(O(n)) \to \mathbb{R}$ é contínua, portanto assume um mínimo, digamos em $D = Q^T A Q \in f_A(O(n))$.

(C) O valor Od(D) deve ser zero, e, portanto, D é uma matriz *diagonal*, como queríamos.

De fato, se Od(D) > 0, então aplicando o lema encontramos $U \in O(n)$ com Od($U^T D U$) < Od(D). Mas

$$U^T D U = U^T Q^T A Q U = (QU)^T A (QU)$$

está em $f_A(O(n))$ (lembre-se de que $O(n)$ é um grupo!) com o valor Od menor do que o de D – contradição e fim da demonstração.

Resta demonstrar o lema, e para isso usamos um método muito inteligente atribuído a Carl Gustav Jacob Jacobi. Suponha que $a_{rs} \neq 0$ para algum $r \neq s$. Então, afirmamos que a matriz U que coincide com a matriz identidade exceto por $u_{rr} = u_{ss} = \cos\vartheta$, $u_{rs} = \text{sen}\,\vartheta$, $u_{sr} = -\text{sen}\,\vartheta$ funciona para alguma escolha (real) do ângulo ϑ:

$$U = \begin{pmatrix} 1 & & & & & & & & & & \\ & \ddots & & & & & & & & & \\ & & 1 & & & & & & & & \\ & & & \cos\vartheta & & & & \text{sen}\,\vartheta & & & \\ & & & & 1 & & & & & & \\ & & & & & \ddots & & & & & \\ & & & & & & 1 & & & & \\ & & & -\text{sen}\,\vartheta & & & & \cos\vartheta & & & \\ & & & & & & & & 1 & & \\ & & & & & & & & & \ddots & \\ & & & & & & & & & & 1 \end{pmatrix} \begin{matrix} \\ \\ \\ r \\ \\ \\ \\ s \\ \\ \\ \end{matrix}$$

"*Diagonalizando pela aplicação de uma rotação e remoção de elementos fora da diagonal*"

Claramente, U é ortogonal para todo ϑ.

Agora, vamos calcular o elemento (k, ℓ), $b_{k\ell}$ de $U^T A U$. Temos

$$b_{k\ell} = \sum_{i,j} u_{ik} a_{ij} u_{j\ell}. \qquad (1)$$

Para $k, \ell \notin \{r, s\}$ temos $b_{k\ell} = a_{k\ell}$. Além disso, temos

$$b_{kr} = \sum_{i=1}^n u_{ik} \sum_{j=1}^n a_{ij} u_{jr}$$
$$= \sum_{i=1}^n u_{ik} (a_{ir} \cos\vartheta - a_{is} \text{sen}\,\vartheta)$$
$$= a_{kr} \cos\vartheta - a_{ks} \text{sen}\,\vartheta \quad \text{(para } k \neq r, s\text{)}$$

Analogamente, podemos calcular

$$b_{ks} = a_{kr}\operatorname{sen}\vartheta + a_{ks}\cos\vartheta \qquad (\text{para } k \neq r, s).$$

Segue que

$$\begin{aligned}b_{kr}^2 + b_{ks}^2 &= a_{kr}^2\cos^2\vartheta - 2a_{kr}a_{ks}\cos\vartheta\operatorname{sen}\vartheta + a_{ks}^2\operatorname{sen}^2\vartheta \\ &\quad + a_{kr}^2\operatorname{sen}^2\vartheta + 2a_{kr}a_{ks}\operatorname{sen}\vartheta\cos\vartheta + a_{ks}^2\cos^2\vartheta \\ &= a_{kr}^2 + a_{ks}^2,\end{aligned}$$

e, por simetria,

$$b_{r\ell}^2 + b_{s\ell}^2 = a_{r\ell}^2 + a_{s\ell}^2 \qquad (\text{para } \ell \neq r, s).$$

Concluímos que a função Od, que soma os quadrados dos valores fora da diagonal, coincide para A e $U^T A U$, exceto para os elementos (r, s) e (s, r) para *qualquer* ϑ. Para concluir a demonstração, mostramos agora que podemos escolher adequadamente um ϑ_0 para fazer com que $b_{rs} = 0$, o que resultará em

$$\operatorname{Od}(U^T A U) = \operatorname{Od}(A) - 2a_{rs}^2 < \operatorname{Od}(A),$$

como queríamos.

Usando (1) encontramos

$$b_{rs} = (a_{rr} - a_{ss})\operatorname{sen}\vartheta\cos\vartheta + a_{rs}(\cos^2\vartheta - \operatorname{sen}^2\vartheta).$$

Para $\vartheta = 0$ isso se torna a_{rs}, enquanto para $\vartheta = \frac{\pi}{2}$ é $-a_{rs}$. Assim, pelo teorema do valor intermediário, existe algum ϑ_0 entre 0 e $\frac{\pi}{2}$ tal que $b_{rs} = 0$, e acabamos. □

Então, isso foi bonito, e queremos aplicar o teorema imediatamente em um problema famoso (e não resolvido).

Jacques Hadamard

Problema do determinante de Hadamard

Quão grande pode ser det A no conjunto de todas as matrizes $n \times n$ reais $A = (a_{ij})$ com $|a_{ij}| \leq 1$ para todo i e j?

Como o determinante é uma função contínua nos a_{ij} (considerados como variáveis) e as matrizes formam um conjunto compacto em $\mathbb{R}^{n^2}$, este máximo deve existir. Além disso, o máximo é atingido em uma matriz na qual todos os elementos são $+1$ ou -1, porque a função det A é linear em cada um dos elementos a_{ij} (se mantivermos todos os outros elementos fixos). Assim, podemos começar com qualquer matriz A e nos mover um elemento depois do outro para $+1$ ou -1, sem diminuir o determinante em cada passo, até chegarmos a uma matriz ± 1. Na busca pelo maior determinante podemos, portanto, supor que todos os elementos de A são ± 1.

Aqui está o truque: em vez de A, consideramos a matriz $B = A^T A = (b_{ij})$. Isto é, se $c_j = (a_{1j}, a_{2j}, \ldots, a_{nj})^T$ denota o j-ésimo vetor coluna de A, então $b_{ij} = \langle c_i, c_j \rangle$, o produto interno de c_i e c_j. Em particular,

$$b_{ii} = \langle c_i, c_i \rangle = n \qquad \text{para todo } i,$$

e

$$\text{traço } B = \sum_{i=1}^{n} b_{ii} = n^2, \qquad (2)$$

o que será útil em um momento.

Agora, podemos mergulhar no trabalho. Primeiro de tudo, de $B = A^T A$ obtemos $|\det A| = \sqrt{\det B}$. Como a multiplicação de uma coluna de A por -1 transforma $\det A$ em $-\det A$, vemos que o problema do máximo de $\det A$ é o mesmo que para $\det B$. Além disso, podemos supor que A não é singular, e, portanto, B também não é.

Como $B = A^T A$ é uma matriz simétrica, o teorema espectral nos diz que para algum $Q \in O(n)$,

$$Q^T B Q = Q^T A^T A Q = (AQ)^T (AQ) = \begin{pmatrix} \lambda_1 & & & & \\ & \ddots & & O & \\ & & \ddots & & \\ & O & & \ddots & \\ & & & & \lambda_n \end{pmatrix}, \qquad (3)$$

em que os λ_i são os autovalores de B. Agora, se d_j denota o j-ésimo vetor coluna de AQ (que é não nulo, já que A é não singular), então

$$\lambda_j = \langle d_j, d_j \rangle = \sum_{i=1}^{n} d_{ij}^2 > 0.$$

Assim, $\lambda_1, \ldots, \lambda_n$ são números reais positivos e

$$\det B = \lambda_1 \ldots \lambda_n, \quad \text{traço } B = \sum_{i=1}^{n} \lambda_i.$$

Sempre que aparecem tais somas e produtos de números positivos, é uma boa ideia tentar usar a desigualdade das médias aritmética-geométrica (ver Capítulo 20). No nosso caso, aplicada em (2), ela nos dá

$$\det B = \lambda_1 \ldots \lambda_n \leq \left(\frac{\sum_{i=1}^{n} \lambda_i}{n} \right)^n = \left(\frac{\text{traço } B}{n} \right)^n = n^n, \qquad (4)$$

e aparece assim o limitante superior de Hadamard

$$|\det A| \leq n^{n/2}. \qquad (5)$$

As afirmações (5) e (6) são um caso da *desigualdade de Hadamard*: o valor absoluto do determinante de uma matriz é no máximo o produto dos comprimentos de suas colunas, com igualdade se e somente se as colunas forem duas a duas ortogonais.

Quando temos a igualdade em (5), ou, o que é a mesma coisa, em (4)? É suficientemente fácil: se, e somente se, a média geométrica dos λ_i for igual à média aritmética, ou, equivalentemente, se e somente se $\lambda_1 = \ldots, = \lambda_n = \lambda$. Mas então, traço $B = n\lambda = n^2$, e assim, $\lambda_1 = \ldots, = \lambda_n = n$. Olhando para (3), isto significa que $Q^T B Q = nI_n$, em que I_n é a matriz identidade $n \times n$. Lembre agora que $Q^T = Q^{-1}$, multiplique por Q pela esquerda, por Q^{-1} pela direita, para obter

$$B = nI_n.$$

Voltando para A, isto significa que

$$|\det A| = n^{n/2} \Leftrightarrow \langle c_i, c_j \rangle = 0 \qquad \text{para} \quad i \neq j. \tag{6}$$

Matrizes A com elementos ± 1 que atingem a igualdade em (5) são adequadamente chamadas *matrizes de Hadamard*. Assim, uma matriz $n \times n$ com elementos ± 1 é uma matriz de Hadamard se e somente se

$$A^T A = A A^T = nI_n.$$

Isto leva a outro problema não resolvido e aparentemente muito difícil:

> *Para quais n existe uma matriz de Hadamard de tamanho $n \times n$?*

Um argumento curto mostra que se n for maior do que 2, então deve ser múltiplo de 4. De fato, suponha que A seja uma matriz de Hadamard $n \times n$, com $n \geq 2$, cujas linhas são os vetores $r_1, \ldots, r_n$. Claramente, a multiplicação de qualquer linha ou coluna por -1 produz outra matriz de Hadamard. Assim, podemos supor que a primeira linha consiste apenas de 1's. Como $\langle r_1, r_i \rangle = 0$ para todo $i \neq 1$, qualquer outra linha deve conter $\frac{n}{2}$ 1's e $\frac{n}{2}$ -1's; em particular, n deve ser par. Suponha agora que $n > 2$ e considere as linhas r_2 e r_3, e denote por a, b, c, d os números de colunas que têm $^{+1}_{+1}, ^{+1}_{-1}, ^{-1}_{+1}, ^{-1}_{-1}$ nas linhas 2 e 3, respectivamente. Então, de $\langle r_1, r_2 \rangle = 0$ e $\langle r_1, r_3 \rangle = 0$ obtemos

$$a + b = c + d = a + c = b + d = \frac{n}{2},$$

o que fornece $b = c$, $a = d$. Mas, de $\langle r_2, r_3 \rangle = 0$ devemos ter também $a + d = b + c$, resultando $2a = 2b$. Concluímos que $a = b = c = d = \frac{n}{4}$. Assim, a ordem da matriz de Hadamard é ou $n = 1$ ou $n = 2$, ou $n = a + b + c + d = 4a$, um múltiplo de 4.

Existe uma matriz de Hadamard para todo $n = 4a$? Ninguém sabe. A resposta é sim para n até o recorde atual de $n = 664$, e para algumas séries infinitas como as potências de 2 (ver o quadro na página seguinte). Mas a resposta geral parece estar fora de alcance atualmente.

Existem matrizes de Hadamard para todo $n = 2^m$

Considere um conjunto X de m elementos e denote seus 2^m subconjuntos $C \subseteq X$ de qualquer modo por $C_1, \ldots, C_{2^m}$. A matriz $A = (a_{ij})$ é definida por

$$a_{ij} = (-1)^{|C_i \cap C_j|}.$$

Queremos verificar que $\langle r_i, r_j \rangle = 0$ para $i \neq j$. Da definição,

$$\langle r_i, r_j \rangle = \sum_k (-1)^{|C_i \cap C_k| + |C_j \cap C_k|}. \quad (*)$$

Agora, como $C_i \neq C_j$, existe um elemento $a \in X$ com $a \in C_i \setminus C_j$ ou $a \in C_j \setminus C_i$; suponha que $a \in C_i \setminus C_j$. Metade dos subconjuntos de X contém a e metade não. Faça C percorrer todos os subconjuntos que contêm a, então os pares $\{C, C \setminus a\}$ vão incluir todos os subconjuntos de X. Mas, para cada um destes pares $\{C, C \setminus a\}$, $|C_i \cap C| + |C_j \cap C|$ e $|C_i \cap (C \setminus a)| + |C_j \cap (C \setminus a)|$ tem uma paridade diferente, e assim os termos correspondentes em $(*)$ somam 0. Mas, então, a soma toda é 0, como queríamos.

Para $n = 4$, com a enumeração $C_1=\emptyset, C_2=\{1\}, C_3=\{2\}, C_4=\{1,2\}$ isto fornece a matriz

$$\begin{pmatrix} 1 & 1 & 1 & 1 \\ 1 & -1 & 1 & -1 \\ 1 & 1 & -1 & -1 \\ 1 & -1 & -1 & 1 \end{pmatrix}$$

Para $n = 4a$ reduzimos o problema original à existência de matrizes de Hadamard. Mas quão grande pode ser det A quando n não for um múltiplo de 4? Este é, novamente, um problema difícil, mas talvez possamos encontrar um bom limitante *inferior* para o máximo. Aqui está um método que muitas vezes leva ao sucesso – e ele de fato funciona em nosso caso.

Vamos olhar para *todas* as 2^{n^2} matrizes com elementos ± 1 e considerar algumas médias de determinantes. A média aritmética $\frac{1}{2^{n^2}} \sum_A \det A$ é 0 (claro?), assim isso não ajuda muito. Mas, se em vez disso considerarmos a *média quadrática*

$$D_n := \sqrt{\frac{\sum_A (\det A)^2}{2^{n^2}}},$$

então as coisas ficam mais claras. É fácil ver que

$$\max_A \det A \geq D_n,$$

de forma que isso nos dá um limitante inferior para o máximo.

$$\begin{pmatrix} 1 & 1 \\ -1 & 1 \end{pmatrix} \begin{pmatrix} 1 & 1 & 1 \\ 1 & -1 & 1 \\ 1 & -1 & -1 \end{pmatrix}$$

$$\begin{pmatrix} 1 & 1 & 1 & 1 \\ 1 & -1 & 1 & -1 \\ 1 & 1 & -1 & -1 \\ 1 & -1 & -1 & 1 \end{pmatrix}$$

Matrizes ótimas para $n = 2, 3$ e 4, com determinantes 2, 4 e 16.

O cálculo de D_n^2 admiravelmente simples a seguir provavelmente apareceu pela primeira vez em um artigo de George Szekeres e Paul Turán. Nós soubemos dele por um belo artigo de Herb Wilf, que ouviu sobre isso de Mark Kac. Nas palavras de Mark Kac: "Apenas escreva $(\det A)^2$ duas vezes, troque as somatórias e tudo se simplificará". Assim, queremos fazer exatamente isso.

Da definição de determinante obtemos

$$D_n^2 = \frac{1}{2^{n^2}} \sum_A \left(\sum_\pi (\text{sign}\,\pi) a_{1\pi(1)} a_{2\pi(2)} \cdots a_{n\pi(n)} \right)^2$$

$$= \frac{1}{2^{n^2}} \sum_A \sum_\sigma \sum_\tau (\text{sign}\,\sigma)(\text{sign}\,\tau) a_{1\sigma(1)} a_{1\tau(1)} \cdots a_{n\sigma(n)} a_{n\tau(n)},$$

em que σ e τ percorrem independentemente todas as permutações de $\{1, \ldots, n\}$. A troca das somatórias fornece

$$D_n^2 = \frac{1}{2^{n^2}} \sum_{\sigma,\tau} (\text{sign}\,\sigma)(\text{sign}\,\tau) \left(\sum_A a_{1\sigma(1)} a_{1\tau(1)} \cdots a_{n\sigma(n)} a_{n\tau(n)} \right).$$

Isto não parece muito promissor, mas espere. Olhe para um par fixo (σ, τ). A soma interna $\sum_A$ é na verdade uma somatória sobre n^2 variáveis, uma para cada a_{ij}:

$$\sum_{a_{11}=\pm 1} \sum_{a_{12}=\pm 1} \cdots \sum_{a_{nn}=\pm 1} a_{1\sigma(1)} a_{1\tau(1)} \cdots a_{n\sigma(n)} a_{n\tau(n)}. \quad (7)$$

Suponha que $\sigma(i) = k \neq \tau(i)$. Então, todas as parcelas contêm a_{ik} e, portanto, toda a soma terá um *fator* $\sum_{a_{ik}=\pm 1} a_{ik} = 0$, e, assim, também é 0. A única forma da soma deixar de ser 0 é quando $\sigma = \tau$, e tudo de fato se simplifica: para $\sigma = \tau$, o produto interno é 1, bem como o termo $(\text{sign}\,\sigma)^2$. A soma em (7) é, portanto,

$$\sum_{a_{11}=\pm 1} \cdots \sum_{a_{nn}=\pm 1} 1 = 2^{n^2},$$

e combinando tudo, obtemos

$$D_n^2 = \frac{1}{2^{n^2}} \sum_\sigma 2^{n^2} = n!,$$

e, portanto, o seguinte resultado:

Teorema 2

Existe uma matriz $n \times n$ com elementos ± 1 cujo determinante é maior do que $\sqrt{n!}$.

É uma característica da tomada de médias que, embora tenhamos concluído que tal matriz existe, não temos nenhuma pista de como construí-la eficientemente. Usando a fórmula de Stirling da página 24 temos

$$\sqrt{n!} \sim (2\pi n)^{\frac{1}{4}} \left(\frac{n}{e}\right)^{\frac{n}{2}},$$

e isto não está tão ruim quando comparado com o limitante superior $n^{n/2}$.

Usando a média biquadrática, Szekeres e Turán conseguiram um limitante inferior ainda melhor, $\frac{1}{4}\sqrt{n!}\sqrt{n}$, mas o crescimento correto para o máximo à medida que n vai para infinito ainda não é conhecido.

Referências

[1] J. Hadamard: *Résolution dúne question relative aux déterminabtes*, Bulletin des Sciences Mathématiques 17 (1893), 240-246.

[2] G. Szekeres & P. Turán: *An extremal problem in the theory of determinants*, in: "Collected Papers of Paul Turán" (P. Erdős, ed.), Akadémiai Kiadó, Budapest, 1990, Vol.1, p. 81-87.

[3] H. Wilf: *An algorithm-inspired proof of the spectral teorem in E^n*, Ammer. Math. Monthly 88 (1981), 49-50.

[4] H. Wilf: *Some examples of combinatorial averaging*, Ammer. Math. Monthly 92 (1985), 250-261.

CAPÍTULO 8
ALGUNS NÚMEROS IRRACIONAIS

> "π é irracional"

Isso já foi conjecturado por Aristóteles, ao afirmar que diâmetro e comprimento de uma circunferência não são comensuráveis. A primeira demonstração desse fato fundamental foi dada por Johann Heinrich Lambert, em 1766. Na verdade, Lambert demonstrou que tg$r$ é irracional para um racional $r \neq 0$; a irracionalidade de π vem disso, já que tg$\frac{\pi}{4} = 1$. A nossa demonstração digna d'O Livro se deve a Ivan Niven, 1947: uma demonstração extremamente elegante, de uma só página, que usa apenas cálculo elementar. Sua ideia é poderosa, e bem mais pode ser obtido dela, como foi mostrado por Iwamoto e Koksma, respectivamente:

- π^2 é irracional e
- e^r é irracional para $r \neq 0$ racional.

O método de Niven tem, contudo, raízes e predecessores: ele pode ser rastreado até o clássico artigo de Charles Hermite de 1873, o primeiro a estabelecer que e é transcendente, ou seja, que e não é um zero de um polinômio com coeficientes racionais.

Charles Hermite

$$e := 1 + \tfrac{1}{1} + \tfrac{1}{2} + \tfrac{1}{6} + \tfrac{1}{12} + \cdots$$
$$= 2{,}718281828\ldots$$
$$e^x := 1 + \tfrac{x}{1} + \tfrac{x^2}{2} + \tfrac{x^3}{6} + \tfrac{x^4}{24} + \cdots$$
$$= \sum_{k \geq 0} \tfrac{x^k}{k!}$$

Antes de tratar π, vamos observar e e suas potências e ver que são irracionais. Isso é muito mais fácil e, assim, seguiremos também a ordem histórica do desenvolvimento dos resultados.

Para começar, é fácil ver (como fez Fourier em 1815) que $e = \sum_{k \geq 0} \tfrac{1}{k!}$ é irracional. De fato, se tivéssemos $e = \tfrac{a}{b}$ para inteiros a e $b > 0$, obteríamos que

$$n!be = n!a$$

para *todo* $n \geq 0$. Mas isso não pode ser verdade, porque do lado direito temos um inteiro, enquanto o lado esquerdo com

$$e = \left(1 + \frac{1}{1!} + \frac{1}{2!} + \cdots + \frac{1}{n!}\right) + \left(\frac{1}{(n+1)!} + \frac{1}{(n+2)!} + \frac{1}{(n+3)!} + \cdots\right)$$

se decompõe em uma parte inteira

$$bn!\left(1 + \frac{1}{1!} + \frac{1}{2!} + \cdots + \frac{1}{n!}\right)$$

e uma segunda parte

$$b\left(\frac{1}{n+1} + \frac{1}{(n+1)(n+2)} + \frac{1}{(n+1)(n+2)(n+3)} + \cdots\right)$$

que é *aproximadamente* $\frac{b}{n}$, de modo que para n grande certamente não pode ser inteira: ela é maior do que $\frac{b}{n+1}$ e menor do que $\frac{b}{n}$, como podemos ver a partir de uma comparação com a série geométrica:

$$\frac{1}{n+1} < \frac{1}{n+1} + \frac{1}{(n+1)(n+2)} + \frac{1}{(n+1)(n+2)(n+3)} + \cdots$$
$$< \frac{1}{n+1} + \frac{1}{(n+1)^2} + \frac{1}{(n+1)^3} + \cdots = \frac{1}{n}.$$

> **Série geométrica**
>
> Para a série geométrica infinita
> $Q = \frac{1}{q} + \frac{1}{q^2} + \frac{1}{q^3} + \cdots$
>
> com $q > 1$ temos claramente que
> $qQ = 1 + \frac{1}{q} + \frac{1}{q^2} + \cdots = 1 + Q$
>
> e portanto
> $Q = \frac{1}{q-1}$.

Agora, poderíamos ser levados a pensar que este truque simples de multiplicar por $n!$ não seria suficiente nem para mostrar que e^2 é irracional. Esta é uma afirmação mais forte: $\sqrt{2}$ é um exemplo de um número que é irracional, mas cujo quadrado não é. Com John Cosgrave aprendemos que com duas ideias/observações boas (vamos chamá-las "truques"), pode-se caminhar dois passos além: cada um dos truques é suficiente para mostrar que e^2 é irracional, a combinação dos dois ainda fornece o mesmo para e^4. O primeiro truque pode ser encontrado em um artigo de uma página de J. Liouville, de 1840 – e o segundo em um adendo de duas páginas que Liouville publicou nas duas páginas seguintes da revista.

Porque e^2 é irracional? O que podemos deduzir de $e^2 = \frac{a}{b}$? De acordo com Liouville, deveríamos escrever isso como

$$be = ae^{-1},$$

substituir as séries

$$e = 1 + \frac{1}{1} + \frac{1}{2} + \frac{1}{6} + \frac{1}{24} + \frac{1}{120} + \cdots$$

e

$$e^{-1} = 1 - \frac{1}{1} + \frac{1}{2} - \frac{1}{6} + \frac{1}{24} - \frac{1}{120} \pm \cdots,$$

e então multiplicar por $n!$ para um n par suficientemente grande. Então, vemos que $n!be$ é quase inteiro:

Artigo de Liouville

Alguns números irracionais

$$n!b\left(1+\frac{1}{1}+\frac{1}{2}+\frac{1}{6}+\cdots+\frac{1}{n!}\right)$$

é um inteiro, e o resto

$$n!b\left(\frac{1}{(n+1)!}+\frac{1}{(n+2)!}+\cdots\right)$$

é aproximadamente $\frac{b}{n}$: é maior do que $\frac{b}{n+1}$ mas menor do que $\frac{b}{n}$, como vimos anteriormente.

Ao mesmo tempo, $n!ae^{-1}$ é quase inteiro também: novamente temos uma parte inteira grande e então um resto

$$(-1)^{n+1}n!a\left(\frac{1}{(n+1)!}-\frac{1}{(n+2)!}+\frac{1}{(n+3)!}\mp\cdots\right),$$

e isto é aproximadamente $(-1)^{n+1}\frac{a}{n}$. Mais precisamente: para n par, o resto é maior do que $-\frac{a}{n}$, mas menor do que

$$-a\left(\frac{1}{n+1}-\frac{1}{(n+1)^2}-\frac{1}{(n+1)^3}-\cdots\right)=-\frac{a}{n+1}\left(1-\frac{1}{n}\right)<0.$$

Mas isto não pode ser verdade, já que para n grande isso implicaria que $n!ae^{-1}$ é só um pouco menor do que um inteiro, enquanto $n!be$ é um pouco maior do que um inteiro, de modo que $n!ae^{-1} = n!be$ não pode ser válido.

Para mostrar que e^4 é irracional, nós agora corajosamente suporemos que $e^4 = \frac{a}{b}$ seja racional e escreveremos isso como

$$be^2 = ae^{-2}.$$

Poderíamos tentar multiplicar isso por $n!$ para algum n grande, e agrupar as parcelas não inteiras, mas isso não leva a nada útil: a soma dos termos restantes no lado esquerdo será aproximadamente $b\frac{2^{n+1}}{n}$, e do lado direito $(-1)^{n+1}a\frac{2^{n+1}}{n}$ e ambos serão muito grandes quando n fica grande.

Assim, é necessário examinar a situação com um pouco mais de cuidado, e fazer dois pequenos ajustes na estratégia: primeiro, não tomaremos um n grande *arbitrário*, mas sim uma potência grande de 2, $n = 2^m$; em segundo lugar, não multiplicaremos por $n!$, mas por $\frac{n!}{2^{n-1}}$. Então, precisaremos de um pequeno lema, um caso especial do teorema de Legendre (ver página 21): para qualquer $n \geq 1$, o inteiro $n!$ contém o fator primo 2 no máximo $n - 1$ vezes – com igualdade se (e somente se) n for uma potência de 2, $n = 2^m$.

Este lema não é difícil de mostrar: $\lfloor\frac{n}{2}\rfloor$ dos fatores de $n!$ são pares, $\lfloor\frac{n}{4}\rfloor$ deles são divisíveis por 4, e assim por diante. Assim, se 2^k é a maior potência de 2 que satisfaz $2^k \leq n$, então $n!$ contém o fator 2 exatamente

$$\left\lfloor\frac{n}{2}\right\rfloor+\left\lfloor\frac{n}{4}\right\rfloor+\cdots+\left\lfloor\frac{n}{2^k}\right\rfloor \leq \frac{n}{2}+\frac{n}{4}+\cdots+\frac{n}{2^k}=n\left(1-\frac{1}{2^k}\right)\leq n-1$$

vezes, com a igualdade valendo nas duas desigualdades exatamente se $n = 2^k$.

Vamos voltar para $be^2 = ae^{-2}$. Considere

$$b\frac{n!}{2^{n-1}}e^2 = a\frac{n!}{2^{n-1}}e^{-2} \qquad (1)$$

e substitua as séries

$$e^2 = 1+\frac{2}{1}+\frac{4}{2}+\frac{8}{6}+\cdots+\frac{2^r}{r!}+\cdots$$

e

$$e^{-2} = 1-\frac{2}{1}+\frac{4}{2}-\frac{8}{6}\pm\cdots+(-1)^r\frac{2^r}{r!}+\cdots$$

Para $r \leq n$ obtemos parcelas inteiras de ambos os lados, ou seja,

$$b\frac{n!}{2^{n-1}}\frac{2^r}{r!} \quad \text{respectivamente} \quad (-1)^r a\frac{n!}{2^{n-1}}\frac{2^r}{r!},$$

em que, para $r > 0$, o denominador tem o fator primo 2 *no máximo r −1* vezes, enquanto $n!$ o contém *exatamente n −1* vezes. (Assim, para $r > 0$, as parcelas são pares.)

E, como n é par (supusemos que $n = 2^m$), as séries que obtemos para $r \geq n + 1$ são

$$2b\left(\frac{2}{n+1}+\frac{4}{(n+1)(n+2)}+\frac{8}{(n+1)(n+2)(n+3)}+\cdots\right)$$

respectivamente

$$2a\left(-\frac{2}{n+1}+\frac{4}{(n+1)(n+2)}-\frac{8}{(n+1)(n+2)(n+3)}\pm\cdots\right).$$

Para n grande, estas séries serão $\frac{4b}{n}$ respectivamente $-\frac{4a}{n}$, como podemos ver novamente pela comparação com a série geométrica. Para $n = 2^m$ grande, isto significa que o lado esquerdo de (1) é um pouco maior do que um inteiro, enquanto que o lado direito é um pouco menor – contradição! □

Assim, sabemos que e^4 é irracional; para mostrar que e^3, e^5 etc. também são irracionais, precisamos de máquinas mais pesadas (ou seja, um pouco de cálculo), e uma nova ideia – que essencialmente remonta a Charles Hermite, e para a qual a chave está escondida no seguinte lema simples.

Alguns números irracionais

Lema. *Para algum $n \geq 1$ fixado, seja*
$$f(x) = \frac{x^n(1-x)^n}{n!}.$$

(i) *A função $f(x)$ é um polinômio da forma $f(x) = \frac{1}{n!}\sum_{i=n}^{2n} c_i x^i$,*

(ii) *Para $0 < x < 1$, temos $0 < f(x) < \frac{1}{n!}$,*

(iii) *As derivadas $f^{(k)}(0)$ e $f^{(k)}(1)$ são números inteiros para todo $k \geq 0$.*

Demonstração. As partes (i) e (ii) são imediatas.

Para (iii), observe que, por (i), a k-ésima derivada $f^{(k)}$ se anula em $x = 0$ a menos que $n \leq k \leq 2n$, e nesse intervalo, $f^{(k)}(0) = \frac{k!}{n!}c_k$ é um inteiro. De $f(x) = f(1-x)$ obtemos que $f^{(k)}(x) = (-1)^k f^{(k)}(1-x)$ para todo x e, daí, $f^{(k)}(1) = (-1)^k f^{(k)}(0)$, que é um inteiro. □

Teorema 1. *e^r é irracional para todo $r \in \mathbb{Q}\setminus\{0\}$.*

Demonstração. Basta mostrar que e^s não pode ser racional para um inteiro positivo s (se $e^{\frac{s}{t}}$ fosse racional, então $(e^{\frac{s}{t}})^t = e^s$ seria racional também). Suponha que $e^s = \frac{a}{b}$ para inteiros $a, b > 0$, e escolha n grande o suficiente para que $n! > as^{2n+1}$. Faça

$$F(x) := s^{2n}f(x) - s^{2n-1}f'(x) + s^{2n-2}f''(x) \mp \ldots + f^{(2n)}(x),$$

em que $f(x)$ é a função do lema.

$F(x)$ pode ser também escrita como uma soma infinita
$$F(x) = s^{2n}f(x) - s^{2n-1}f'(x) + s^{2n-2}f''(x) \mp \ldots,$$

uma vez que as derivadas de ordem mais alta $f^{(k)}(x)$, para $k > 2n$, se anulam. Daí, vemos que o polinômio $F(x)$ satisfaz a identidade

$$F'(x) = -sF(x) + s^{2n+1}f(x).$$

Assim, derivando, vem

$$\frac{d}{dx}\left[e^{sx}F(x)\right] = se^{sx}F(x) + e^{sx}F'(x) = s^{2n+1}e^{sx}f(x)$$

e daí

$$N := b\int_0^1 s^{2n+1}e^{sx}f(x)dx = b\left[e^{sx}F(x)\right]_0^1 = aF(1) - bF(0).$$

Esse é um número inteiro, uma vez que a parte (iii) do lema implica que $F(0)$ e $F(1)$ são inteiros. Contudo, a parte (ii) do lema produz estimativas superiores e inferiores do tamanho de N,

A estimativa $n! > e\left(\frac{n}{e}\right)^n$ produz um n explícito que é "suficientemente grande".

$$0 < N = b\int_0^1 s^{2n+1}e^{sx}f(x)dx < bs^{2n+1}e^s\frac{1}{n!} = \frac{as^{2n+1}}{n!} < 1,$$

o que mostra que N não pode ser um inteiro: contradição. □

Agora que esse truque foi tão bem-sucedido, vamos usá-lo mais uma vez.

Teorema 2. *π^2 é irracional.*

Demonstração. Suponha que $\pi^2 = \frac{a}{b}$ para $a, b > 0$ inteiros. Agora, usamos o polinômio

$$F(x) := b^n\left(\pi^{2n}f(x) - \pi^{2n-2}f^{(2)}(x) + \pi^{2n-4}f^{(4)}(x) \mp \ldots\right),$$

que satisfaz $F''(x) = -\pi^2 F(x) + b^n\pi^{2n+2}f(x)$.

Da parte (iii) do lema, obtemos que $F(0)$ e $F(1)$ são inteiros. Regras elementares de derivação resultam em

$$\frac{d}{dx}[F'(x)\operatorname{sen}\pi x - \pi F(x)\cos\pi x] = (F''(x) + \pi^2 F(x))\operatorname{sen}\pi x$$
$$= b^n\pi^{2n+2}f(x)\operatorname{sen}\pi x$$
$$= \pi^2 a^n f(x)\operatorname{sen}\pi x,$$

π não é racional, mas ele tem "boas aproximações" por racionais – algumas conhecidas desde a Antiguidade:

$\frac{22}{7} = 3{,}142857142857\ldots$

$\frac{355}{113} = 3{,}141592920353\ldots$

$\frac{104348}{33215} = 3{,}141592653921\ldots$

$\pi = 3{,}141592653589\ldots$

e assim obtemos

$$N := \pi\int_0^1 a^n f(x)\operatorname{sen}\pi x\, dx = \left[\frac{1}{\pi}F'(x)\operatorname{sen}\pi x - F(x)\cos\pi x\right]_0^1$$
$$= F(0) + F(1),$$

que é um número inteiro. Além disso, N é positivo pois está definido como a integral de uma função que é positiva (exceto nas extremidades). Contudo, se escolhermos n tão grande que $\frac{\pi a^n}{n!} < 1$, então da parte (ii) do lema obtemos

$$0 < N = \pi\int_0^1 a^n f(x)\operatorname{sen}\pi x\, dx < \frac{\pi a^n}{n!} < 1,$$

uma contradição. □

Eis aqui o nosso resultado final sobre irracionalidade.

Teorema 3. *Para cada inteiro ímpar $n \geq 3$, o número*

$$A(n) := \frac{1}{\pi}\arccos\left(\frac{1}{\sqrt{n}}\right)$$

é irracional.

Alguns números irracionais

Vamos precisar desse resultado para o terceiro problema de Hilbert (ver Capítulo 10) nos casos $n = 3$ e $n = 9$. Para $n = 2$ e $n = 4$, temos $A(2) = \frac{1}{4}$ e $A(4) = \frac{1}{3}$, de maneira que a restrição aos inteiros ímpares é essencial. Esses valores são facilmente obtidos recorrendo-se ao diagrama ao lado, no qual a afirmação "$\frac{1}{\pi} \arccos\left(\frac{1}{\sqrt{n}}\right)$ é irracional" é equivalente a dizer que o arco poligonal construído a partir de $\frac{1}{\sqrt{n}}$, cujas cordas têm todas o mesmo comprimento, nunca se fecha sobre si mesmo.

Vamos deixar como exercício para o leitor demonstrar que $A(n)$ é racional *somente* para $n \in \{1, 2, 4\}$. Para isso, você deve distinguir os casos em que $n = 2^r$ e em que n não é uma potência de 2.

Demonstração. Usamos o teorema da adição

$$\cos\alpha + \cos\beta = 2\cos\frac{\alpha+\beta}{2}\cos\frac{\alpha-\beta}{2}$$

da trigonometria elementar, que, para

$$\alpha = (k+1)\varphi \quad \text{e} \quad \beta = (k-1)\varphi,$$

fornece

$$\cos(k+1)\varphi = 2\cos\varphi\cos k\varphi - \cos(k-1)\varphi. \qquad (2)$$

Para o ângulo $\varphi_n = \arccos\left(\frac{1}{\sqrt{n}}\right)$, que é definido por

$$\cos\varphi_n = \frac{1}{\sqrt{n}} \quad \text{e} \quad 0 \leq \varphi_n \leq \pi,$$

isso resulta em representações da forma

$$\cos k\varphi_n = \frac{A_k}{\sqrt{n}^k},$$

em que A_k é um inteiro não divisível por n, para todo $k \geq 0$. De fato, temos essa representação para $k = 0, 1$ com $A_0 = A_1 = 1$, e, por indução em k, usando (2), obtemos, para $k \geq 1$,

$$\cos(k+1)\varphi_n = 2\frac{1}{\sqrt{n}}\frac{A_k}{\sqrt{n}^k} - \frac{A_{k-1}}{\sqrt{n}^{k-1}} = \frac{2A_k - nA_{k-1}}{\sqrt{n}^{k+1}}.$$

Assim, obtemos $A_{k+1} = 2A_k - nA_{k-1}$. Se $n \geq 3$ é ímpar e A_k não é divisível por n, então encontramos que A_{k+1} também não pode ser divisível por n.

Suponha agora que

$$A(n) = \frac{1}{\pi}\varphi_n = \frac{k}{\ell}$$

é racional (com inteiros $k, \ell > 0$). Então, de $\ell \varphi_n = k\pi$ resulta

$$\pm 1 = \cos k\pi = \frac{A_\ell}{\sqrt{n}^\ell}.$$

Assim $\sqrt{n}^\ell = \pm A_\ell$ é um inteiro, com $\ell \geq 2$, e daí $n | \sqrt{n}^\ell$. Com $\sqrt{n}^\ell \mid A_\ell$ obtemos que n divide A_ℓ, o que é uma contradição. $\square$

Referências

[1] C. HERMITE: *Sur la fonction exponentielle*, Comptes rendus de l'Académie des Sciences (Paris) 77 (1873), 18-24; Œuvres de Charles Hermite, Vol. III, Gauthier-Villars, Paris 1912, pp. 150-181.

[2] Y. IWAMOTO: *A proof that π^2 is irrational*, J. Osaka Institute of Science and Technology 1 (1949), 147-148.

[3] J. F. KOKSMA: *On Niven's proof that π is irrational*, Nieuw Archief voor Wiskunde (2) 23 (1949), 39.

[4] J. LIOUVILLE: *Sur l'irrationalité du nombre e = 2,718...*, Journal de Mathématiques Pures et Appl. (1) 5 (1840), 192; *Addition*, 193-194.

[5] I. NIVEN: *A simple proof that π is irrational*, Bulletin Amer. Math. Soc. 53 (1947), 509.

CAPÍTULO 9
TRÊS VEZES $\pi^2/6$

Sabemos que a série infinita $\sum_{n\geq 1}\frac{1}{n}$ não converge. De fato, no Capítulo 1 vimos que mesmo a série $\sum_{p\in\mathbb{P}}\frac{1}{p}$ diverge.

Entretanto, a soma dos recíprocos dos quadrados converge (embora bem devagar, como veremos) e produz um valor interessante.

Série de Euler

$$\sum_{n\geq 1}\frac{1}{n^2} = \frac{\pi^6}{6}.$$

Este é um resultado clássico, importante e famoso de Leonhard Euler, de 1734. Uma de suas interpretações-chave é que ele fornece o primeiro valor não trivial $\zeta(2)$ da função zeta de Riemann (ver apêndice na página 80). Este valor é irracional, como vimos no Capítulo 8.

1	$=1,000000$
$1+\frac{1}{4}$	$=1,250000$
$1+\frac{1}{4}+\frac{1}{9}$	$=1,361111$
$1+\frac{1}{4}+\frac{1}{9}+\frac{1}{16}$	$=1,423611$
$1+\frac{1}{4}+\frac{1}{9}+\frac{1}{16}+\frac{1}{25}$	$=1,463611$
$1+\frac{1}{4}+\frac{1}{9}+\frac{1}{16}+\frac{1}{25}+\frac{1}{36}$	$=1,491388$
$\pi^2/6$	$=1,644934.$

Mas não é apenas o resultado que tem um lugar proeminente na história da matemática; existem diversas demonstrações extremamente elegantes e inteligentes que têm seu lugar na história: para algumas delas, a alegria da descoberta e da redescoberta foi partilhada por muitos. Neste capítulo, apresentamos três destas demonstrações.

Demonstração. A primeira demonstração aparece como um exercício no livro-texto de teoria dos números de Willian J. LeVeque, de 1956. Mas ele diz: "Eu não tenho a menor ideia de onde este problema veio, mas tenho quase certeza de que não estava originalmente comigo".

A demonstração consiste em dois cálculos diferentes da integral dupla

$$I := \int_0^1 \int_0^1 \frac{1}{1-xy} \, dx \, dy.$$

Para o primeiro cálculo, expandimos $\frac{1}{1-xy}$ como uma série geométrica, decompomos as parcelas em produtos e integramos sem esforço nenhum:

$$I = \int_0^1 \int_0^1 \sum_{n \geq 0} (xy)^n \, dx \, dy = \sum_{n \geq 0} \int_0^1 \int_0^1 x^n y^n \, dx \, dy$$

$$= \sum_{n \geq 0} \left(\int_0^1 x^n \, dx \right) \left(\int_0^1 y^n \, dy \right) = \sum_{n \geq 0} \frac{1}{n+1} \frac{1}{n+1}$$

$$= \sum_{n \geq 0} \frac{1}{(n+1)^2} = \sum_{n \geq 1} \frac{1}{n^2} = \zeta(2).$$

Esse cálculo também mostra que a integral dupla (de uma função positiva com um polo em $x = y = 1$) é finita. Observe que o cálculo também é fácil e direto quando a lemos de trás para diante – dessa forma, o cálculo de $\zeta(2)$ leva à integral dupla I.

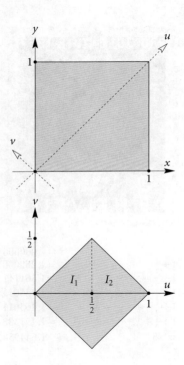

A segunda maneira de calcular I é através de uma mudança de coordenadas: nas novas coordenadas dadas por $u := \frac{y+x}{2}$ e $v := \frac{y-x}{2}$ o domínio de integração é um quadrado cujo lado tem comprimento $\frac{1}{2}\sqrt{2}$, que conseguimos do antigo domínio primeiro girando-o 45° e depois encolhendo-o por um fator $\sqrt{2}$. A substituição de $x = u - v$ e $y = u + v$ fornece

$$\frac{1}{1-xy} = \frac{1}{1-u^2+v^2}.$$

Para calcular a integral, temos que substituir $dx \, dy$ por $2 \, du \, dv$, para compensar o fato de nossa transformação de coordenadas reduzir áreas por um fator constante 2 (que é o determinante jacobiano da nossa transformação; veja o quadro na página seguinte). O novo domínio de integração e a função a ser integrada são simétricos com relação ao eixo u, de modo que precisamos apenas calcular duas vezes (outro fator 2 aparece aqui!) a integral sobre a metade de cima do domínio, a qual separamos em duas partes da maneira mais natural:

$$I = 4 \int_0^{1/2} \left(\int_0^u \frac{dv}{1-u^2+v^2} \right) du + 4 \int_{1/2}^1 \left(\int_0^{1-u} \frac{dv}{1-u^2+v^2} \right) du.$$

Usando $\int \frac{dx}{a^2+x^2} = \frac{1}{a} \operatorname{arc\,tg} \frac{x}{a} + C$, isto se torna

Três vezes $\pi^2/6$

$$I = 4\int_0^{1/2} \frac{1}{\sqrt{1-u^2}} \operatorname{arc tg}\left(\frac{u}{\sqrt{1-u^2}}\right) du$$
$$+ 4\int_{1/2}^1 \frac{1}{\sqrt{1-u^2}} \operatorname{arc tg}\left(\frac{1-u}{\sqrt{1-u^2}}\right) du.$$

Estas integrais podem ser simplificadas e finalmente calculadas com a substituição $u = \operatorname{sen} \theta$ respectivamente $u = \cos \theta$. Mas prosseguiremos mais diretamente, calculando que a derivada de $g(u) := \operatorname{arctg}\left(\frac{u}{\sqrt{1-u^2}}\right)$ é $g'(u) = \frac{1}{\sqrt{1-u^2}}$, enquanto a derivada de $h(u) := \operatorname{arctg}\left(\frac{1-u}{\sqrt{1-u^2}}\right) = \operatorname{arctg}\left(\sqrt{\frac{1-u}{1+u}}\right)$ é $h'(u) = -\frac{1}{2}\frac{1}{\sqrt{1-u^2}}$. Assim, podemos usar $\int_a^b f'(x) f(x) dx = \left[\frac{1}{2} f(x)^2\right]_a^b = \frac{1}{2} f(b)^2 - \frac{1}{2} f(a)^2$ e obter

$$I = 4\int_0^{1/2} g'(u)g(u)\,du + 4\int_{1/2}^1 -2h'(u)h(u)\,du$$
$$= 2\left[g(u)^2\right]_0^{1/2} - 4\left[a(u)^2\right]_{1/2}^1$$
$$= 2g(\tfrac{1}{2})^2 - 2g(0)^2 - 4h(1)^2 + 4h(\tfrac{1}{2})^2$$
$$= 2(\tfrac{\pi}{6})^2 - 0 - 0 + 4(\tfrac{\pi}{6})^2 = \tfrac{\pi^2}{6}. \qquad \square$$

Esta demonstração extraiu o valor da série de Euler de uma integral, através de uma transformação de coordenadas bem simples. Uma demonstração engenhosa deste tipo – com uma transformação de coordenadas inteiramente não trivial – foi mais tarde descoberta por Beukers, Calabi e Kolk. O ponto de partida para a demonstração é separar a soma $\sum_{n\geq 1} \frac{1}{n^2}$ em termos pares e ímpares. Claramente, a soma dos termos pares $\frac{1}{2^2} + \frac{1}{4^2} + \frac{1}{6^2} + \cdots = \sum_{k\geq 1} \frac{1}{(2k)^2}$ é $\frac{1}{4}\zeta(2)$, de modo que os termos ímpares $\frac{1}{1^2} + \frac{1}{3^2} + \frac{1}{5^2} + \cdots = \sum_{k\geq 0} \frac{1}{(2k+1)^2}$ somam três quartos da soma total $\zeta(2)$. Portanto, a série de Euler é equivalente a

$$\sum_{k\geq 0} \frac{1}{(2k+1)^2} = \frac{\pi^2}{8}.$$

Demonstração. Como anteriormente, podemos expressar isso como uma integral dupla, a saber,

$$J = \int_0^1 \int_0^1 \frac{1}{1-x^2y^2}\,dx\,dy = \sum_{k\geq 0} \frac{1}{(2k+1)^2}.$$

A fórmula da substituição

Para calcular a integral dupla

$$I = \int_S f(x,y)\,dx\,dy.$$

podemos fazer uma substituição de variáveis

$$x = x(u,v) \quad y = y(u,v),$$

se a correspondência entre $(u,v) \in T$ e $(x,y) \in S$ for bijetora e continuamente diferenciável. Então, I é igual a

$$\int_T f(x(u,v), y(u,v)) \left|\frac{d(x,y)}{d(u,v)}\right| du\,dv,$$

em que $\frac{d(x,y)}{d(u,v)}$ é o determinante jacobiano

$$\frac{d(x,y)}{d(u,v)} = \det\begin{pmatrix} \frac{dx}{du} & \frac{dx}{dv} \\ \frac{dy}{du} & \frac{dy}{dv} \end{pmatrix}.$$

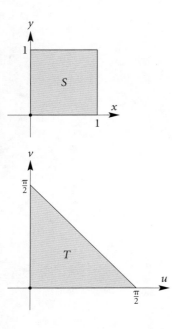

Assim, precisamos calcular esta integral J. E, para isso, Beukers, Calabi e Kolk propuseram as novas coordenadas

$$u := \arccos\sqrt{\frac{1-x^2}{1-x^2y^2}} \qquad v := \arccos\sqrt{\frac{1-y^2}{1-x^2y^2}}.$$

Para calcular a integral dupla, podemos ignorar a fronteira do domínio e considerar x, y variando em $0 < x < 1$ e $0 < y < 1$. Então, u, v ficarão no domínio triangular $u > 0, v > 0, u + v < \pi/2$. A transformação de coordenadas pode ser invertida explicitamente, o que nos leva à substituição

$$x = \frac{\operatorname{sen} u}{\cos v} \quad \text{e} \quad y = \frac{\operatorname{sen} v}{\cos u}.$$

É fácil verificar que estas fórmulas definem uma transformação de coordenadas bijetora entre o interior do quadrado $S = \{(x, y) : 0 \le x, y \le 1\}$ e o interior do triângulo $T = \{(u, v) : u, v \ge 0, u + v \le \pi/2\}$.

Agora, precisamos calcular o determinante jacobiano da transformação de coordenadas, e, magicamente, ele acaba sendo

$$\det\begin{pmatrix} \frac{\cos u}{\cos v} & \frac{\operatorname{sen} u \operatorname{sen} v}{\cos^2 v} \\ \frac{\operatorname{sen} u \operatorname{sen} v}{\cos^2 u} & \frac{\cos v}{\cos u} \end{pmatrix} = 1 - \frac{\operatorname{sen}^2 u \operatorname{sen}^2 v}{\cos^2 u \cos^2 v} = 1 - x^2 y^2.$$

Mas isso significa que a integral que queremos calcular se transforma em

$$J = \int_0^{\pi/2} \int_0^{\pi/2-u} 1\, du\, dv,$$

o que é simplesmente a área $\frac{1}{2}(\frac{\pi}{2})^2 = \frac{\pi^2}{8}$ do triângulo T. □

Belíssimo – ainda mais que o mesmo método de demonstração se estende para o cálculo de $\zeta(2k)$ em termos de uma integral $2k$ dimensional. Nós remetemos ao artigo original de Beukers, Calabi e Kolk e ao Capítulo 25, no qual conseguiremos isto por um caminho diferente, usando o truque de Herglotz e a abordagem original de Euler.

Depois destas duas demonstrações via transformação de coordenadas, não pudemos resistir à tentação de apresentar mais uma demonstração totalmente diferente e completamente elementar de que $\sum_{n\ge 1} \frac{1}{n^2} = \frac{\pi^2}{6}$. Ela aparece em uma sequência de exercícios do livro de problemas dos irmãos gêmeos Akiva e Isaak Yaglom, cuja edição original russa apareceu em 1954. Versões desta bela demonstração foram redescobertas e apresentadas por F. Holme (1970), I. Papadimitriou (1973) e por Ransford (1982), que a atribuiu a John Scholes.

Demonstração. O primeiro passo é estabelecer uma relação notável entre valores da função cotangente (quadrada). A saber, para todo $m \geq 1$, temos

$$\cot g^2\left(\tfrac{\pi}{2m+1}\right) + \cot g^2\left(\tfrac{2\pi}{2m+1}\right) + \cdots + \cot g^2\left(\tfrac{m\pi}{2m+1}\right) = \tfrac{2m(2m-1)}{6}. \qquad (1)$$

Para $m = 1, 2, 3$, isto dá
$\cot g^2 \tfrac{\pi}{3} = \tfrac{1}{3}$
$\cot g^2 \tfrac{\pi}{5} + \cot g^2 \tfrac{2\pi}{5} = 2$
$\cot g^2 \tfrac{\pi}{7} + \cot g^2 \tfrac{2\pi}{7} + \cot g^2 \tfrac{3\pi}{7} = 5$

Para estabelecer isso, começamos com a relação $e^{ix} = \cos x + i \operatorname{sen} x$. Tomando a enésima potência $e^{inx} = (e^{ix})^n$, obtemos

$$\cos nx + i \operatorname{sen} nx = (\cos x + i \operatorname{sen} x)^n.$$

A parte imaginária disto é

$$\operatorname{sen} nx = \binom{n}{1} \operatorname{sen} x \cos^{n-1} x - \binom{n}{3} \operatorname{sen}^3 x \cos^{n-3} x \pm \cdots \qquad (2)$$

Agora, tomamos $n = 2m + 1$, enquanto para x consideraremos os m valores diferentes $x = \tfrac{r\pi}{2m+1}$, para $r = 1, 2, \ldots, m$. Para cada um destes valores temos $nx = r\pi$, e portanto $\operatorname{sen} nx = 0$, enquanto que $0 < x < \tfrac{\pi}{2}$ implica que para $\operatorname{sen} x$ obtemos m valores distintos positivos.

Em particular, podemos dividir (2) por $\operatorname{sen}^n x$, o que produz

$$0 = \binom{n}{1} \cot g^{n-1} x - \binom{n}{3} \cot g^{n-3} x \pm \cdots$$

ou seja,

$$0 = \binom{2m+1}{1} \cot g^{2m} x - \binom{2m+1}{3} \cot g^{2m-2} x \pm \cdots$$

para cada um dos m valores distintos de x. Assim, para o polinômio de grau m

$$p(t) := \binom{2m+1}{1} t^m - \binom{2m+1}{3} t^{m-1} \pm \cdots + (-1)^m \binom{2m+1}{2m+1}$$

conhecemos m raízes distintas

$$a_r = \cot g^2\left(\tfrac{r\pi}{2m+1}\right) \quad \text{para} \quad r = 1, 2, \ldots, m.$$

As raízes são distintas porque $\cot g^2 x = \cot g^2 y$ implica $\operatorname{sen}^2 x = \operatorname{sen}^2 y$ e assim $x = y$ para $x, y \in \{\tfrac{r\pi}{2m+1} : 1 \leq r \leq m\}$.

Portanto, o polinômio coincide com

$$p(t) = \binom{2m+1}{1}\left(t - \cot g^2\left(\tfrac{\pi}{2m+1}\right)\right) \cdots \left(t - \cot g^2\left(\tfrac{m\pi}{2m+1}\right)\right).$$

Comparação com os coeficientes de t^{m-1} em $p(t)$ agora fornece que a soma das raízes é

Comparação de coeficientes: se $p(t) = c(t - a_1) \cdots (t - a_m)$, então o coeficiente de t^{m-1} é $-c(a_1 + \cdots + a_m)$.

$$a_1 + \cdots + a_r = \frac{\binom{2m+1}{3}}{\binom{2m+1}{1}} = \frac{2m(2m-1)}{6},$$

o que demonstra (1).

Precisamos também de uma segunda identidade, do mesmo tipo,

$$\operatorname{cossec}^2(\tfrac{\pi}{2m+1}) + \operatorname{cossec}^2(\tfrac{2\pi}{2m+1}) + \cdots + \operatorname{cossec}^2(\tfrac{m\pi}{2m+1}) = \tfrac{2m(2m+2)}{6}, \quad (3)$$

para a função cossecante $\operatorname{cossec} x = \tfrac{1}{\operatorname{sen} x}$. Mas,

$$\operatorname{cossec}^2 x = \frac{1}{\operatorname{sen}^2 x} = \frac{\cos^2 x + \operatorname{sen}^2 x}{\operatorname{sen}^2 x} = \operatorname{cotg}^2 x + 1,$$

de modo que podemos deduzir (3) de (1) somando m a ambos os lados da equação. Agora, o palco está montado e tudo se encaixa. Usamos que no intervalo $0 < y < \tfrac{\pi}{2}$ temos

$0 < a < b < c$
implica
$0 < \tfrac{1}{c} < \tfrac{1}{b} < \tfrac{1}{a}$

$$0 < \operatorname{sen} y < y < \operatorname{tg} y,$$

e assim,

$$0 < \operatorname{cotg} y < \tfrac{1}{y} < \operatorname{cossec} y,$$

o que implica

$$\operatorname{cotg}^2 y < \tfrac{1}{y^2} < \operatorname{cossec}^2 y.$$

Agora, tomamos esta dupla desigualdade, aplicamos-na para cada um dos m valores distintos de x e somamos os resultados. Usando (1) para o lado esquerdo e (3) para o lado direito, obtemos

$$\tfrac{2m(2m-1)}{6} < (\tfrac{2m+1}{\pi})^2 + (\tfrac{2m+1}{2\pi})^2 + \cdots + (\tfrac{2m+1}{m\pi})^2 < \tfrac{2m(2m+2)}{6},$$

ou seja,

$$\tfrac{\pi^2}{6}\tfrac{2m}{2m+1}\tfrac{2m-1}{2m+1} < \tfrac{1}{1^2} + \tfrac{1}{2^2} + \cdots + \tfrac{1}{m^2} < \tfrac{\pi^2}{6}\tfrac{2m}{2m+1}\tfrac{2m+2}{2m+1}.$$

Tanto o lado esquerdo quanto o direito convergem para $\tfrac{\pi^2}{6}$ quando $m \to \infty$: fim da demonstração. □

Então, quão rápido $\sum \tfrac{1}{n^2}$ converge para $\pi^2/6$? Para isso, temos que fazer uma estimativa da diferença

$$\frac{\pi^2}{6} - \sum_{n=1}^{m} \frac{1}{n^2} = \sum_{n=m+1}^{\infty} \frac{1}{n^2}.$$

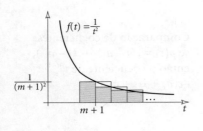

Isto é muito fácil com a técnica de "comparar com uma integral" que já revisamos no apêndice do Capítulo 2 (página 23). Isso fornece

$$\sum_{n=m+1}^{\infty} \frac{1}{n^2} < \int_{m}^{\infty} \frac{1}{t^2} dt = \frac{1}{m}$$

como um limitante superior e

$$\sum_{n=m+1}^{\infty}\frac{1}{n^2} > \int_{m+1}^{\infty}\frac{1}{t^2}dt = \frac{1}{m+1}$$

como um limitante inferior para as "parcelas do resto" – ou mesmo

$$\sum_{n=m+1}^{\infty}\frac{1}{n^2} > \int_{m+\frac{1}{2}}^{\infty}\frac{1}{t^2}dt = \frac{1}{m+\frac{1}{2}}$$

se você quiser fazer uma estimativa um pouco mais cuidadosa, usando que a função $f(t) = \frac{1}{t^2}$ é convexa.

Isto significa que nossa série não converge muito bem; se somarmos as primeiras mil parcelas, então esperamos um erro no terceiro algarismo depois da vírgula, enquanto que para a soma do primeiro milhão de parcelas, $m = 1000000$, esperamos um erro na sexta casa decimal, e de fato obtemos este erro. Entretanto, ocorre então uma grande surpresa: até uma precisão de 45 algarismos,

$$\pi^2/6 = 1{,}644934066848226436472415166646025189218949901$$
$$\sum_{n=1}^{10^6}\frac{1}{n^2} = 1{,}644933066848726436305748499979391855885616544.$$

Assim, o sexto algarismo depois da vírgula está errado (menor do que devia por 1), *mas os próximos seis algarismos estão corretos!* E então, um algarismo está errado (maior do que devia por 5), depois, novamente, cinco estão corretos. Esta descoberta surpreendente é bem recente, devida a Roy D. North de Colorado Springs, em 1988. (Em 1982, Martin R. Powell, um professor do ensino médio de Amersham, Bucks, na Inglaterra, não conseguiu observar o efeito completo por causa do poder computacional insuficiente na época.) É muito estranho para ser apenas coincidência... Uma olhada no termo de erro, que é, novamente com 45 algarismos,

$$\sum_{n=10^6+1}^{\infty}\frac{1}{n^2} = 0{,}000000999995000001666666666663333333333357,$$

revela claramente que existe um padrão. Você poderia tentar reescrever o último número como

$$+10^{-6} - \tfrac{1}{2}10^{-12} + \tfrac{1}{6}10^{-18} - \tfrac{1}{30}10^{-30} + \tfrac{1}{42}10^{-42} + \cdots$$

em que os coeficientes $(1, -\tfrac{1}{2}, \tfrac{1}{6}, 0, -\tfrac{1}{30}, 0, \tfrac{1}{42})$ de 10^{-6i} formam o começo da sequência dos *números de Bernoulli*, os quais encontraremos novamente no Capítulo 25. Para mais destas "coincidências" surpreendentes – e para demonstrações –, remetemos nossos leitores ao artigo de Borwein, Borwein & Dilcher [3].

Apêndice: a função zeta de Riemann

A *função zeta de Riemann* é definida para reais $s > 1$ por

$$\zeta(s) := \sum_{n \geq 1} \frac{1}{n^s}.$$

Nossa estimativa para H_n (ver página 23) implica que a série para $\zeta(1)$ diverge, mas para qualquer real $s > 1$, ela de fato converge. A função zeta tem uma continuação canônica para todo o plano complexo (com um polo simples em $s = 1$), a qual pode ser construída usando expansões em séries de potências. A função complexa resultante é da maior importância para a teoria dos números primos. Vamos mencionar quatro conexões diversas:

(1) A identidade surpreendente

$$\zeta(s) = \prod_p \frac{1}{1 - p^{-s}}$$

é devida a Euler. Ela codifica o fato básico de que todo número natural tem uma decomposição única (!) em fatores primos; usando isto, a identidade de Euler é uma consequência simples da expansão em série geométrica

$$\frac{1}{1-p^{-s}} = 1 + \frac{1}{p^s} + \frac{1}{p^{2s}} + \frac{1}{p^{3s}} + \cdots$$

A irracionalidade de $\zeta(2) = \frac{\pi^2}{6}$ junto com a identidade de Euler implica, novamente, que existem infinitos primos...

(2) O seguinte argumento maravilhoso de Don Zagier calcula $\zeta(4)$ a partir de $\zeta(2)$. Considere a função

$$f(m,n) = \frac{2}{m^3 n} + \frac{1}{m^2 n^2} + \frac{2}{mn^3}$$

para inteiros $m, n \geq 1$. É fácil verificar que para todo m e n,

$$f(m,n) - f(m+n,n) - f(m,m+n) = \frac{2}{m^2 n^2}.$$

Vamos somar esta equação para todos os $m, n \geq 1$. Se $i \neq j$, então (i, j) é ou da forma $(m + n, n)$ ou da forma $(m, m + n)$, para $m, n \geq 1$. Assim, na soma do lado esquerdo todos os termos $f(i, j)$ com $i \neq j$ se cancelam, de modo que resta apenas

$$\sum_{n \geq 1} f(n,n) = \sum_{n \geq 1} \frac{5}{n^4} = 5\zeta(4).$$

Para o lado direito, obtemos

$$\sum_{m,n \geq 1} \frac{2}{m^2 n^2} = 2 \sum_{m \geq 1} \frac{1}{m^2} \cdot \sum_{n \geq 1} \frac{1}{n^2} = 2\zeta(2)^2,$$

de onde vem a igualdade

$$5\zeta(4) = 2\zeta(2)^2.$$

Como $\zeta(2) = \frac{\pi^2}{6}$, obtemos assim $\zeta(4) = \frac{\pi^4}{90}$.

Outra dedução a partir dos números de Bernoulli aparece no Capítulo 25.

(3) É conhecido há muito tempo que $\zeta(s)$ é um múltiplo racional de π^s, e portanto irracional, se s for um inteiro *par* $s \geq 2$; ver Capítulo 25. Em contraste, a irracionalidade de $\zeta(3)$ foi demonstrada por Roger Apéry apenas em 1979. Apesar dos esforços consideráveis, o quadro sobre $\zeta(s)$ para os outros inteiros ímpares $s = 2t + 1 \geq 5$ é bastante incompleto. Entretanto, Keith Ball e Tanguy Rivoal demonstraram que um número infinito dos valores de $\zeta(2t + 1)$ é irracional. E, de fato, embora não se saiba para nenhum valor ímpar individual $s \geq 5$ que $\zeta(s)$ é irracional, Wadim Zudilin demonstrou que pelo menos um dos quatro valores $\zeta(5)$, $\zeta(7)$, $\zeta(9)$ e $\zeta(11)$ é irracional. Remetemos nossos leitores ao belo artigo de Fischer.

(4) A localização dos zeros complexos da função zeta é o assunto da "hipótese de Riemann": uma das mais famosas e não resolvidas conjecturas de toda a matemática. Ela afirma que todos os zeros não triviais $s \in \mathbb{C}$ da função zeta satisfazem Re $(s) = \frac{1}{2}$. (A função zeta se anula em todos os inteiros pares negativos, que são chamados de "zeros triviais".)

Surpreendentemente, Jeff Lagarias mostrou que a hipótese de Riemann é equivalente à seguinte afirmação elementar: para todo $n \geq 1$,

$$\sum_{d\mid n} d \leq H_n + \exp(H_n)\log(H_n),$$

com a igualdade valendo apenas para $n = 1$, em que H_n é novamente o enésimo número harmônico.

Referências

[1] K. Ball & T. Rivoal: *Irracionalité d'une infinité de valeurs de la function zêta aux entiers impairs*, Inventiones math. 146 (2001), 193-207.

[2] F. Beukers, J. A. C. Kolk & E. Calabi: *Sums of generalized harmonic series and volumes*, Nieuw Archief voor Wiskunde (4) 11 (1993), 217-224.

[3] J. M. Borwein, P. B. Borwein, K. Dilcher: *Pi, Euler numbers and asymptotic expansions*, Amer. Math. Monthly 96 (1989), 681-687.

[4] S. Fischler: *Irrationalité de valeurs de zêta (d'après Apéry, Rivoal, ...)*, Bourbaki Seminar, n. 910, Nov. 2002; Astérisque 294 (2004), 27-62.

[5] J. C. Lagarias: *An elementary problem equivalent to the Riemann hypothesis*, Amer. Mat. Monthly 109 (2002), 534-543.

[6] W. J. Le Veque: *Topics in number theory*, Vol. 1, Addison-Wesley, Reading, MA, 1956.

[7] A. M. Yaglom & I. M. Yaglom: *Challenging mathematical problems with elementary solutions*, Vol. II, Holden-Day, inc., São Francisco, CA, 1967.

[8] D. Zagier: *Values of zeta fuctions and their applications*. Proc. First European Congress of Mathematics, Vol. II (Paris, 1992), Progress in Math. 120, Birkhäuser, Basel 1994, 497-512.

[9] W. Zudilin: *Arithmetic of linear forms involving odd zeta values*, J. Théorie Nombres Bordeaux 16 (2004), 251-291.

Geometria

10
O terceiro problema de Hilbert: decompondo poliedros *87*
11
Retas no plano e decomposições de grafos *97*
12
O problema da inclinação *105*
13
Três aplicações da fórmula de Euler *111*
14
Teorema da rigidez de Cauchy *119*
15
Anéis borromeanos não existem *125*
16
Simplexos que se tocam *135*
17
Todo conjunto grande de pontos tem um ângulo obtuso *141*
18
Conjectura de Borsuk *149*

"Sólidos platônicos – brincadeira de criança!"

CAPÍTULO 10
O TERCEIRO PROBLEMA DE HILBERT: DECOMPONDO POLIEDROS

Em sua lendária conferência no Congresso Internacional de Matemáticos, em Paris, em 1900, David Hilbert pediu – na forma do terceiro de seus vinte e três problemas – que fossem especificados

> *"dois tetraedros, de bases e alturas iguais, que não pudessem, de maneira nenhuma, ser divididos em tetraedros congruentes, e que não pudessem ser combinados com tetraedros congruentes para formar dois poliedros que pudessem, eles mesmos, ser divididos em tetraedros congruentes."*

A origem desse problema pode ser encontrada em duas cartas de Carl Friedrich Gauss, de 1844 (publicadas na coletânea de trabalhos de Gauss, em 1900). Se os tetraedros de volumes iguais pudessem ser repartidos em partes congruentes, então isso nos daria uma demonstração "elementar" do teorema XII.5 de Euclides, ou seja, pirâmides de mesma base e altura têm o mesmo volume. Isto forneceria uma definição elementar do volume para poliedros (que não dependeria de argumentos envolvendo continuidade). Uma afirmação similar é verdadeira em geometria plana: o teorema de Bolyai-Gerwien [1, Sec. 2.7] afirma que polígonos planos são *equidecomponíveis* (podem ser divididos em triângulos congruentes) e *equicomplementáveis* (podem ser feitos equidecomponíveis adicionando-se triângulos congruentes) se e somente se têm a mesma área.

David Hilbert

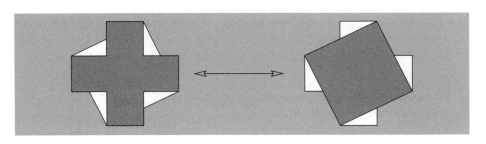

A cruz é equicomplementável com um quadrado de mesma área: ao justapor os mesmos quatro triângulos, podemos torná-los equidecomponíveis (na verdade, congruentes).

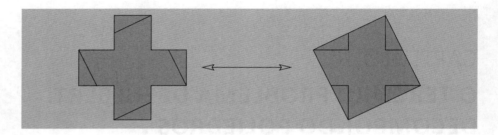

Na verdade, a cruz e o quadrado são até equidecomponíveis.

Hilbert – como podemos ver pela sua colocação do problema – tinha a expectativa de que não havia teorema análogo em dimensão 3, e ele estava certo. De fato, o problema foi resolvido completamente pelo aluno de Hilbert, Max Dehn, em dois artigos: o primeiro, exibindo tetraedros não equidecomponíveis de base e altura iguais, apareceu já em 1900; o segundo, também cobrindo equicomplementabilidade, apareceu em 1902. Contudo, os artigos de Dehn não são fáceis de compreender e dá trabalho ver se Dehn não caiu em alguma armadilha sutil que já pegou outros: uma prova muito elegante, mas infelizmente errada, foi encontrada por Raoul Bricard (em 1896!), por Herbert Meschkowski (1960), e provavelmente por outros.

Entretanto, a demonstração de Dehn foi retrabalhada por outros, esclarecida e refeita e, após esforços combinados de diversos autores chegou-se à "demonstração clássica", como apresentada no livro do Boltianskii sobre o terceiro problema de Hilbert e também em edições anteriores desse livro.

No que segue, entretanto, vamos tirar vantagem de uma simplificação decisiva que foi descoberta por V. F. Kagan, de Odessa, já em 1903: seu argumento de integralidade, que apresentamos aqui como "lema do cone", gera o "lema da pérola" (dado aqui em uma versão recente, devida a Benko), e disso, deduzimos uma demonstração completa e correta da "condição de Bricard" (como enunciada no artigo de Bricard de 1896). Uma vez que tenhamos aplicado isto a alguns exemplos, obteremos facilmente a solução do terceiro problema de Hilbert.

O apêndice deste capítulo fornece alguns fatos básicos sobre poliedros.

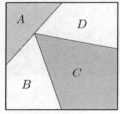

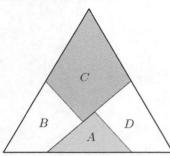

Esta equidecomposição de um quadrado e de um triângulo equilátero em quatro partes é devida a Henry Dudeney (1902).
O segmento curto no meio do triângulo equilátero é a interseção das partes A e C, mas ele não é uma aresta de nenhuma das partes.

Como anteriormente, diremos que dois poliedros P e Q são *equidecomponíveis* se eles puderem ser decompostos em conjuntos finitos de poliedros $P_1, \ldots, P_n$ e $Q_1, \ldots, Q_n$ tais que P_i e Q_i são congruentes para todo i. Dois poliedros são *equicomplementáveis* se existirem poliedros equidecomponíveis $\tilde{P} = P''_1 \cup \ldots \cup P''_n$ e $\tilde{Q} = Q''_1 \cup \ldots \cup Q''_n$ que têm também uma decomposição envolvendo P e Q da forma $\tilde{P} = P \cup P'_1 \cup P'_2 \ldots \cup P'_m$ e $\tilde{Q} = Q \cup Q'_1 \cup Q'_2 \ldots \cup Q'_m$, em que P'_k e Q'_k são congruentes para todo k. (Veja a figura maior na página 89 para uma ilustração.) Um teorema de Gerling de 1844 [1, §12] implica que, para estas definições, não importa se admitimos ou não reflexões ao considerar congruências.

Para polígonos no plano, equidecomposibilidade e equicomplementabilidade são definidos de modo análogo.

O terceiro problema de Hilbert: decompondo poliedros

Claramente, objetos equidecomponíveis são equicomplementáveis (este é o caso $m = 0$), mas a recíproca está longe de ser clara. Usaremos a "condição de Bricard" como ferramenta para verificar – como Hilbert propôs – que certos tetraedros de mesmo volume não são equicomplementáveis, e, em particular, não são equidecomponíveis.

Antes de realmente começarmos a trabalhar com poliedros tridimensionais, vamos deduzir o lema da pérola, que é igualmente interessante também para decomposições planares. Ele diz respeito a *segmentos* em uma decomposição: em qualquer decomposição, as arestas de uma parte podem ser subdivididas pelos vértices ou arestas de outras partes; chamamos de segmentos as partes dessa subdivisão. Assim, no caso bidimensional, qualquer extremidade de um segmento é dada por algum vértice. No caso tridimensional, a extremidade de um segmento também pode ser dada pelo cruzamento de duas arestas. Entretanto, em qualquer caso, todos os pontos interiores de um segmento pertencem ao mesmo conjunto de arestas de partes.

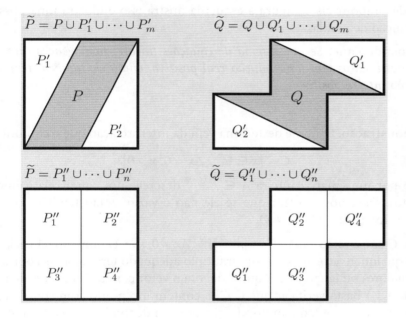

Para um paralelogramo P e um hexágono não convexo Q que são equicomplementáveis, a figura ilustra as quatro decomposições às quais nos referimos.

O lema da pérola. *Se P e Q forem equidecomponíveis, então é possível colocar números positivos de pérolas (isto é, associar inteiros positivos) a todos os segmentos das decomposições $P = P_1 \cup \ldots \cup P_n$ e $Q = Q_1 \cup \ldots \cup Q_n$ de tal forma que cada aresta de uma parte P_k receba o mesmo número de pérolas que a aresta correspondente de Q_k.*

Demonstração. Associe uma variável x_i a cada segmento na decomposição de P e uma variável y_i a cada segmento na decomposição de Q. Agora, precisamos encontrar valores *inteiros* positivos para as variáveis x_i e y_i de modo que

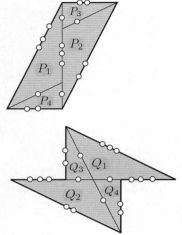

as variáveis x_i correspondentes aos segmentos de qualquer aresta de algum P_k forneçam a mesma soma que as variáveis y_i associadas aos segmentos da aresta correspondente de Q_k. Isto fornece condições que exigem que "algumas das variáveis x_i tenham a mesma soma que alguns dos valores de y_i", ou seja,

$$\sum_{i:s_i\subseteq e} x_i - \sum_{j:s'_j\subseteq e'} y_j = 0$$

em que a aresta $e \subseteq P_k$ se decompõe nos segmentos s_i, enquanto que a aresta correspondente $e' \subseteq Q_k$ se decompõe nos segmentos s'_j. Isto é uma equação linear com coeficientes inteiros.

Observe, entretanto, que existem valores *reais* positivos satisfazendo todas estas condições, ou seja, os comprimentos (reais) dos segmentos! Assim, tendo em vista o lema a seguir, concluímos a demonstração. □

Os polígonos P e Q considerados na figura da página anterior são, de fato, equidecomponíveis. A figura à esquerda ilustra isso e mostra uma possível atribuição de pérolas.

O lema do cone. *Se um sistema de equações lineares homogêneas com coeficientes inteiros tem uma solução **real** positiva, então ele também tem uma solução **inteira** positiva.*

Demonstração. O nome deste lema vem da interpretação que o conjunto

$$C = \{x \in \mathbb{R}^N : Ax = 0, x > 0\}$$

dado por uma matriz inteira $A \in \mathbb{Z}^{M \times N}$ descreve um cone (relativamente aberto). Devemos mostrar que se ele não é vazio, então também contém pontos inteiros: $C \cap \mathbb{N}^N \neq \emptyset$.

Se C não é vazio, então $\overline{C} := \{x \in \mathbb{R}^N : Ax = 0, x \geq \mathbf{1}\}$ também não é, já que para qualquer vetor positivo um múltiplo adequado terá todas as coordenadas maiores ou iguais a 1. (Aqui, $\mathbf{1}$ denota o vetor com todas as coordenadas iguais a 1.) Basta verificar que $\overline{C} \subseteq C$ contém um ponto com coordenadas *racionais*, já que então a multiplicação por um denominador comum de todas as coordenadas fornecerá um ponto em $\overline{C} \subseteq C$.

Existem muitas maneiras de demonstrar isso. Seguiremos um caminho bem trilhado que foi primeiramente explorado por Fourier e Motzkin [8, Aula 1]: pela "eliminação de Fourier-Motzkin" mostraremos que a menor solução na ordem lexicográfica do sistema

$$Ax = 0, x \geq \mathbf{1}$$

existe e é racional se a matriz A for inteira.

De fato, qualquer equação linear $a^T x = 0$ pode ser equivalentemente expressa por duas inequações $a^T x \geq 0$, $-a^T x \geq 0$. (Aqui, a denota um vetor coluna e a^T é a transposta.) Assim, basta demonstrar que qualquer sistema do tipo

$$Ax \geq b, x \geq 1$$

com A e b inteiros tem uma menor solução na ordem lexicográfica, que é racional, contanto que o sistema tenha de fato alguma solução real.

Para isso, argumentamos por indução sobre N. O caso $N = 1$ é claro. Para $N > 1$, olhe todas as desigualdades que envolvem x_N. Se $x' = (x_1, \ldots, x_{N-1})$ estiver fixado, estas desigualdades (entre elas $x_N \geq 1$) fornecem limitantes inferiores para x_N e, possivelmente, também limitantes superiores. Assim, formamos um novo sistema $A'x' \geq b, x' \geq 1$, em $N-1$ variáveis, que contém todas as desigualdades do sistema $Ax \geq b$ que não envolvam x_N, bem como todas as desigualdades obtidas ao se exigir que todos os limitantes superiores de x_N (se houver algum) sejam maiores ou iguais a todos os limitantes inferiores de x_N (o que inclui $x_N \geq 1$). Este sistema em $N-1$ variáveis tem uma solução e assim, por indução, tem uma solução x'_* mínima na ordem lexicográfica, que é racional. E então, o menor x_N compatível com esta solução x'_* é facilmente encontrado, ele é determinado por uma equação ou inequação linear com coeficientes inteiros, e, portanto, também é racional. □

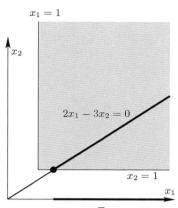

Exemplo: aqui, $\bar{C}$ é dado por $2x_1 - 3x_2 = 0$, $x_i \geq 1$. Eliminando x_2 obtemos $x_1 \geq \frac{3}{2}$. A solução mínima na ordem lexicográfica deste sistema é $(\frac{3}{2}, 1)$.

Agora, focalizamos a decomposição de poliedros tridimensionais. Os *ângulos diédricos*, ou seja, os ângulos entre duas faces adjacentes, desempenham um papel decisivo no teorema a seguir.

Teorema. ("Condição de Bricard")

Se os poliedros tridimensionais P e Q com ângulos diédricos $\alpha_1, \ldots, \alpha_r$, respectivamente $\beta_1, \ldots, \beta_s$, forem equidecomponíveis, então existem inteiros positivos m_i, n_j e um inteiro k com

$$m_1\alpha_1 + \cdots + m_r\alpha_r = n_1\beta_1 + \cdots + n_s\beta_s + k\pi.$$

De modo mais geral, o mesmo vale se P e Q forem equicomplementáveis.

Demonstração. Vamos primeiro supor que P e Q sejam equidecomponíveis, com decomposições $P = P_1 \cup \ldots \cup P_n$ e $Q = Q_1 \cup \ldots \cup Q_n$ em que P_i é congruente a Q_i. Vamos associar um número positivo de pérolas a cada segmento de ambas as decomposições, de acordo com o lema da pérola.

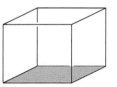

Em um cubo, todos os ângulos diédricos são $\frac{\pi}{2}$.

Seja $\sum_1$ a soma de todos os ângulos diédricos em todas as pérolas nas partes da decomposição de P. Se uma aresta de uma parte P_i contém diversas pérolas, então o ângulo diédrico nesta aresta aparecerá diversas vezes na soma $\sum_1$.

Se uma pérola estiver contida em diversas partes, então diversos ângulos serão somados para esta pérola, mas eles serão todos medidos no plano que passa pela pérola e é ortogonal ao segmento correspondente. Se o segmento

Em um prisma sobre um triângulo equilátero, obtemos ângulos diédricos $\frac{\pi}{3}$ e $\frac{\pi}{2}$.

estiver contido em uma aresta de P, a soma fornecerá o ângulo diédrico (interno) α_j nesta aresta. A soma dará o ângulo π no caso em que o segmento estiver na fronteira de P, mas não em uma aresta. Se a pérola/o segmento estiver no interior de P, então a soma dos ângulos diédricos dará 2π ou π. (O último caso ocorre quando a pérola estiver no interior de uma face de uma parte P_i.)

Assim, obtemos a representação

$$\sum\nolimits_1 = m_1\alpha_1 + \cdots + m_r\alpha_r + k_1\pi$$

para inteiros positivos m_j ($1 \leq j \leq s$) e k_1 não negativo. Analogamente, para a soma $\sum_2$ de todos os ângulos nas pérolas da decomposição de Q obtemos

$$\sum\nolimits_2 = n_1\beta_1 + \cdots + n_s\beta_s + k_2\pi$$

para inteiros positivos n_j ($1 \leq j \leq s$) e k_2 não negativo.

Entretanto, podemos obter as somas $\sum_1$ e $\sum_2$ pela adição de todas as contribuições nas partes individuais P_i e Q_i. Como P_i e Q_i são congruentes, teremos os mesmos ângulos diédricos nas arestas correspondentes, e o lema da pérola garante que temos o mesmo número de pérolas da decomposição de P, respectivamente Q, nas arestas correspondentes. Assim, obtemos $\sum_1 = \sum_2$, o que fornece a condição de Bricard (com $k = k_2 - k_1 \in \mathbb{Z}$) para o caso de equidecomposibilidade.

Agora, vamos supor que P e Q sejam equicomplementáveis, ou seja, que temos decomposições

$$\widetilde{P} = P \cup P'_1 \cup \ldots \cup P'_m \quad \text{e} \quad \widetilde{Q} = Q \cup Q'_1 \cup \ldots \cup Q'_m,$$

em que P'_i e Q'_i são congruentes e tal que $\widetilde{P}$ e $\widetilde{Q}$ são equidecomponíveis como

$$\widetilde{P} = P''_1 \cup \ldots \cup P''_n \quad \text{e} \quad \widetilde{Q} = Q''_1 \cup \ldots \cup Q''_n,$$

em que P''_1 e Q''_1 são congruentes (como na figura da página 85). Novamente, usando o lema da pérola, colocamos pérolas em todos os segmentos das quatro decomposições, em que impomos a condição extra que cada aresta de $\widetilde{P}$ tenha o mesmo número total de pérolas em ambas as decomposições, e analogamente para $\widetilde{Q}$. (A demonstração do lema da pérola via o lema do cone permite tal restrição adicional!) Calculamos também as somas dos ângulos diédricos nas pérolas $\sum'_1$ e $\sum'_2$ bem como $\sum''_1$ e $\sum''_2$.

As somas dos ângulos $\sum''_1$ e $\sum''_2$ se referem à decomposição de dois poliedros diferentes $\widetilde{P}$ e $\widetilde{Q}$, no *mesmo conjunto de partes*, portanto temos $\sum''_1 = \sum''_2$ como anteriormente.

As somas dos ângulos $\sum'_1$ e $\sum''_1$ se referem a decomposições diferentes *do mesmo poliedro*, $\widetilde{P}$. Como pusemos os mesmos números de pérolas nas arestas de ambas as decomposições, o argumento anterior fornece $\sum'_1 = \sum''_1 + \ell_1\pi$ para um inteiro $\ell_1 \in \mathbb{Z}$. Do mesmo modo, obtemos também $\sum'_2 = \sum''_2 + \ell_2\pi$ para um inteiro $\ell_2 \in \mathbb{Z}$. Assim, concluímos que

$$\sum\nolimits'_2 = \sum\nolimits'_1 + \ell\pi \text{ para } \ell = \ell_2 - \ell_1 \in \mathbb{Z}.$$

Entretanto, $\sum_1'$ e $\sum_2'$ se referem a decomposições de $\tilde{P}$, respectivamente $\tilde{Q}$, nas mesmas partes, *exceto* que a primeira usa P como uma parte, enquanto a segunda usa Q. Assim, subtraindo as contribuições de P_i', respectivamente Q_i', de ambos os lados, obtemos a conclusão que queríamos: as contribuições de P e Q para as respectivas somas dos ângulos,

$$m_1 \alpha_1 + \cdots + m_r \alpha_r \quad \text{e} \quad n_1 \beta_1 + \cdots + n_s \beta_s,$$

em que m_j conta as pérolas nas arestas com ângulo diédrico α_j em P e n_j conta as pérolas nas arestas com ângulo diédrico β_j em Q, diferem por um múltiplo inteiro de π, ou seja, $\ell \pi$. □

Da solução de Bricard, obtemos agora uma solução completa do terceiro problema de Hilbert: precisamos apenas calcular os ângulos diédricos para alguns exemplos.

Exemplo 1. Para um tetraedro regular T_0 com arestas de comprimento ℓ, calculamos o ângulo diédrico do desenho. O centro M do triângulo da base divide a altura AE do triângulo da base na razão 1:2 e, uma vez que $|AE| = |DE|$, encontramos $\cos \alpha = \frac{1}{3}$, e assim

$$\alpha = \arccos \tfrac{1}{3}.$$

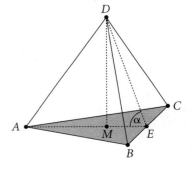

Assim, *um tetraedro regular não pode ser equidecomponível ou equicomplementável com um cubo*. De fato, em um cubo todos os ângulos diédricos são iguais a $\frac{\pi}{2}$, de modo que a condição de Bricard exige que:

$$m_1 \arccos \tfrac{1}{3} = n_1 \tfrac{\pi}{2} + k\pi$$

para inteiros positivos m_1, n_1 e um inteiro k. Mas isso não pode valer, já que sabemos do Teorema 3 do Capítulo 8 que $\frac{1}{\pi} \arccos \frac{1}{3}$ é irracional.

Exemplo 2. Seja T_1 um tetraedro obtido a partir de três arestas ortogonais AB, AC, AD de comprimento u. Esse tetraedro tem três ângulos diédricos que são ângulos retos e mais três ângulos diédricos de igual tamanho φ, que calculamos a partir do desenho como sendo

$$\cos \varphi = \frac{|AE|}{|DE|} = \frac{\frac{1}{2}\sqrt{2}u}{\frac{1}{2}\sqrt{3}\sqrt{2}u} = \frac{1}{\sqrt{3}}.$$

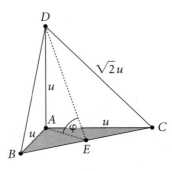

Segue que

$$\varphi = \arccos \frac{1}{\sqrt{3}}.$$

Assim, os únicos ângulos diédricos que ocorrem em T_1 são $\pi, \frac{\pi}{2}$ e $\arccos \frac{1}{\sqrt{3}}$. A partir disso, a condição de Bricard nos diz que este tetraedro também não é equicomplementável com um cubo de mesmo volume, desta vez considerando que

$$\tfrac{1}{\pi} \arccos \tfrac{1}{\sqrt{3}}$$

é irracional, como demonstramos no Capítulo 8 (considere $n = 3$ no Teorema 3).

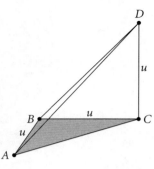

Exemplo 3. Finalmente, seja T_2 um tetraedro com três arestas consecutivas AB, BC e CD mutuamente ortogonais (um "ortoesquema") e de mesmo comprimento u.

É fácil calcular os ângulos neste tetraedo (três deles são iguais a $\tfrac{\pi}{3}$, dois deles iguais a $\tfrac{\pi}{4}$ e um deles igual a $\tfrac{\pi}{6}$), se considerarmos que o cubo de lado u pode ser decomposto em seis tetraedos deste tipo (três cópias congruentes e três cópias espelhadas). Assim, todos os ângulos diédricos de T_2 são múltiplos racionais de π, e portanto, a partir das mesmas demonstrações anteriores (em particular, os resultados de irracionalidade que citamos do Capítulo 8), a condição de Bricard implica que T_2 não é equidecomponível, e nem mesmo equicomplementável, com T_0 ou T_1.

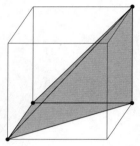

Isso resolve o terceiro problema de Hilbert, já que T_1 e T_2 têm bases congruentes e a mesma altura.

Apêndice: polítopos e poliedros

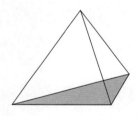

Um *polítopo convexo* em $\mathbb{R}^d$ é a envoltória convexa de um conjunto finito $S = \{s_1, \ldots, s_n\}$, ou seja, um conjunto da forma

$$P = \mathrm{conv}(S) := \left\{ \sum_{i=1}^{n} \lambda_i s_i : \lambda_i \geq 0, \sum_{i=1}^{n} \lambda_i = 1 \right\}.$$

Polítopos são certamente objetos familiares: os exemplos principais são dados pelos *polígonos* convexos (polítopos convexos bidimensionais) e pelos *poliedros* convexos (polítopos convexos tridimensionais).

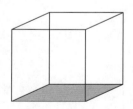

Polítopos familiares: tetraedro e cubo

Existem vários tipos de poliedro que podem ser generalizados para dimensões maiores de um modo natural. Por exemplo, se o conjunto S é independente afim de cardinalidade $d + 1$, então $\mathrm{conv}(S)$ é um *simplexo* de dimensão d (ou um *d-simplexo*). Para $d = 2$, isso resulta num triângulo; para $d = 3$, obtemos um tetraedro. Analogamente, quadrados e cubos são casos especiais de d-cubos, tais como o *d-cubo unitário* dado por $C_d = [0, 1]^d \subseteq \mathbb{R}^d$.

Polítopos gerais são definidos como uniões finitas de polítopos convexos. Neste livro, poliedros não convexos aparecerão em conexão com o teorema da rigidez de Cauchy, no Capítulo 14, e polígonos não convexos, em conexão com o teorema de Pick, no Capítulo 13, e mais outra vez quando discutirmos o teorema da galeria de arte, no Capítulo 39.

Polítopos convexos podem, equivalentemente, ser definidos como conjuntos-soluções limitados de sistemas finitos de desigualdades lineares. Assim, todo polítopo convexo $P \subseteq \mathbb{R}^d$ tem uma representação na forma

$$P = \{x \in \mathbb{R}^d : Ax \leq b\}$$

para alguma matriz $A \in \mathbb{R}^{m \times d}$ e algum vetor $b \in \mathbb{R}^m$. Em outras palavras, P é o conjunto-solução de um sistema de m desigualdades lineares $a_i^T x \leq b_i$, onde a_i^T é a i-ésima linha de A. Reciprocamente, todo conjunto-solução limitado desse tipo é um polítopo convexo e pode dessa forma ser representado como a envoltória convexa de um conjunto finito de pontos.

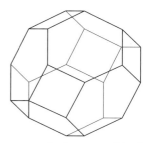

O *permutahedron* tem 24 vértices, 36 arestas e 14 faces.

Para polígonos e poliedros, temos os conceitos familiares de *vértices, arestas* e *2-faces*. Para polítopos convexos de dimensões maiores, podemos definir suas faces como a seguir: uma *face* de P é um subconjunto $F \subseteq P$ da forma $P \cap \{x \in \mathbb{R}^d : a^T x = b\}$, onde $a^T x \leq b$ é uma inequação linear que é válida para todos os pontos $x \in P$.

Todas as faces de um polítopo são também polítopos. O conjunto V de vértices (faces de dimensão 0) de um polítopo também é um conjunto minimal para a inclusão tal que $\text{conv}(V) = P$. Supondo que $P \subseteq \mathbb{R}^d$ é um polítopo convexo de dimensão d, as *facetas* (as faces de dimensão $(d-1)$) determinam um conjunto minimal de hiperplanos e, assim, de semiespaços que contêm P e cuja interseção é P. Em particular, isso implica o seguinte fato, do qual vamos precisar mais tarde: dada F, uma faceta de P, denote por H_F o hiperplano que ela determina e por H_F^+ e H_F^- os dois semiespaços fechados e limitados por H_F. Então, um desses dois semiespaços contém P (e o outro, não).

O *grafo* $G(P)$ de um polítopo P é dado pelo conjunto V de vértices e pelo conjunto de arestas E das faces unidimensionais. Se P tem dimensão 3, então esse grafo é plano e dá origem à famosa "fórmula do poliedro de Euler" (ver o Capítulo 13).

Dois polítopos $P, P' \subseteq \mathbb{R}^d$ são *congruentes* se existe alguma aplicação afim que preserva comprimento que leve P a P'. Tal aplicação pode reverter a orientação do espaço, como faz a reflexão de P num hiperplano, que leva P para uma *imagem especular* de P. Eles são *combinatoriamente equivalentes* se existe uma bijeção das faces de P nas faces de P' que preserva a dimensão e as inclusões entre as faces. Essa noção de equivalência combinatorial é muito mais fraca do que a congruência: por exemplo, nossa figura mostra um cubo unitário e um cubo "torto" que são combinatorialmente equivalentes (e assim chamaríamos qualquer um deles de "cubo"), mas eles certamente não são congruentes.

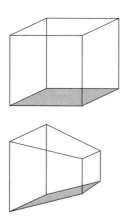

Polítopos combinatoriamente equivalentes

Um polítopo (ou um subconjunto mais geral de $\mathbb{R}^d$) é chamado de *centralmente simétrico* se existe algum ponto $x_0 \in \mathbb{R}^d$ tal que

$$x_0 + x \in P \Leftrightarrow x_0 - x \in P.$$

Nessa situação, chamamos x_0 de *centro de P*.

Referências

[1] V. G. BOLTIANSKII: *Hilbert's Third Problem*, V. H. Winston & Sons (Halsted Press, John Wiley & Sons), Washington, DC, 1978.

[2] D. BENKO: *A new approach to Hilbert's third problem*, Amer. Math. Monthly, 114 (2007), 665-676.

[3] M. DEHN: *Ueber raumgleiche Polyeder*, Nachrichten von der Königl. Gesellschaft der Wissenschaften, Mathematisch-physikalische Klasse (1900), 345-354.

[4] M. DEHN: *Ueber den Rauminhalt*, Mathematische Annalen 55 (1902), 465-478.

[5] C. F. GAUSS: *"Congruenz und Symmetrie"*: Briefwechsel mit Gerling, pp. 240-249 in: Werke, Band VIII, Königl. Gesellschaft der Wissenschaften zu Göttingen; B. G. Teubner, Leipzig, 1900.

[6] D. HILBERT: *Mathematical Problems*, Lecture delivered at the International Congress of Mathematicians at Paris in 1900, Bulletin Amer. Math. Soc. 8 (1902), 437-479.

[7] B. KAGAN: *Über die Transformation der Polyeder*, Mathematische Annalen 57 (1903), 421-424.

[8] G. M. ZIEGLER: *Lectures on Polytopes*, Graduate Texts in Mathematics 152, Springer, New York, 1995/1998.

CAPÍTULO 11
RETAS NO PLANO E DECOMPOSIÇÕES DE GRAFOS

Talvez o problema mais conhecido sobre configurações de retas tenha sido o levantado por Sylvester, em 1893, numa coluna de problemas matemáticos.

> *Questões para resolver*
>
> 11851 (Professor Sylvester) – Demonstre que não é possível arranjar qualquer número finito de pontos reais de forma que uma reta ℓ por quaisquer dois deles passe por um terceiro, a menos que eles todos estejam na mesma reta.

J. J. Sylvester

Há dúvidas de que o próprio Sylvester tivesse uma demonstração, porém uma demonstração correta foi dada por Tibor Gallai [Grünwald] uns 40 anos mais tarde. Por isso, o teorema seguinte é atribuído em geral a Sylvester e Gallai. Muitas outras demonstrações se sucederam à de Gallai, mas o seguinte argumento, devido a L. M. Kelly, pode ser "simplesmente o melhor".

Teorema 1. *Em qualquer configuração de n pontos no plano, nem todos numa mesma reta, existe uma reta que contém exatamente dois dos pontos.*

Demonstração. Seja $\mathcal{P}$ o conjunto de pontos dado e considere $\mathcal{L}$ o conjunto de todas as retas que passam por, no mínimo, dois pontos de $\mathcal{P}$. Entre todos os pares (P, ℓ) com P não em ℓ, escolha um par (P_0, ℓ_0) tal que P_0 tenha a menor distância até ℓ_0, com Q sendo o ponto em ℓ_0 mais perto de P_0 (ou seja, na reta por P_0 vertical a ℓ_0).

Afirmação. *Essa reta ℓ_0 faz o que se quer!*

Se não, então ℓ_0 contém no mínimo três pontos de $\mathcal{P}$ e, assim, dois deles, digamos, P_1 e P_2, estão em um mesmo lado de Q. Vamos supor que P_1 fica

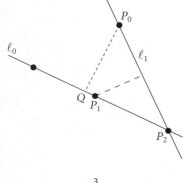

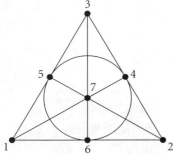

entre Q e P_2, onde P_1 possivelmente coincide com Q. A figura à esquerda mostra a configuração.

Segue que a distância de P_1 à reta ℓ_1 determinada por P_0 e P_2 é menor do que a distância de P_0 até ℓ_0, e isso contradiz nossa escolha de ℓ_0 e P_0. □

Na demonstração, usamos os axiomas métricos (menor distância) e os axiomas de ordem (P_1 fica entre Q e P_2) do plano real. Será que realmente precisamos dessas propriedades além dos axiomas usuais de incidência de pontos e retas? Bem, alguma condição adicional é necessária, como mostra o famoso plano de Fano, ilustrado na margem. Aqui, $\mathcal{P} = \{1, 2, \ldots, 7\}$ e $\mathcal{L}$ consiste nas 7 retas por três pontos indicadas na figura, incluindo a "reta" $\{4, 5, 6\}$. Quaisquer dois pontos determinam uma única reta, de forma que os axiomas de incidência são satisfeitos, mas não existe nenhuma reta de 2 pontos. O teorema de Sylvester-Gallai, consequentemente, mostra que a configuração de Fano não pode ser mergulhada no plano real, de forma que as sete triplas colineares fiquem sobre retas reais: deve sempre existir uma reta "torta".

Contudo, foi mostrado por Coxeter que os axiomas de ordem serão suficientes para demonstrar o teorema de Sylvester-Gallai. Assim, pode-se fazer uma demonstração que não utilize nenhuma propriedade métrica – veja também a que daremos no Capítulo 13, usando a fórmula de Euler.

Armados com o Teorema 1, podemos perguntar quantas destas retas por dois pontos toda configuração de n pontos no plano deve ter. Depois de muitos resultados parciais, a resposta definitiva foi dada recentemente por Ben Green e Terence Tao: existe uma constante n_0 tal que toda configuração com $n \geq n_0$ pontos, não todos em uma reta, contém pelo menos $n/2$ retas por dois pontos, e isto é o melhor possível – se n for par. No caso de n ímpar, eles demonstraram que há pelo menos $3\lfloor n/4 \rfloor$ tais retas, e, novamente, isso é o melhor possível.

O teorema de Sylvester-Gallai implica diretamente um outro famoso resultado sobre pontos e retas no plano, devido a Paul Erdős e Nicolaas G. de Bruijn. Mas, neste caso, o resultado é válido mais geralmente para sistemas ponto-reta arbitrários, como já foi observado por Erdős e de Bruijn. Discutiremos o resultado mais geral num instante.

Teorema 2. *Seja $\mathcal{P}$ um conjunto de $n \geq 3$ pontos no plano, nem todos colineares. Então o conjunto $\mathcal{L}$ de retas passando por, pelo menos, dois pontos contém, no mínimo, n retas.*

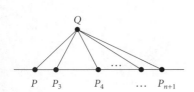

Demonstração. Para $n = 3$ não há nada o que mostrar. Agora, procedemos por indução em n. Seja $|\mathcal{P}| = n + 1$. Pelo teorema anterior, existe uma reta $\ell_0 \in \mathcal{L}$ contendo exatamente dois pontos P e Q de $\mathcal{P}$. Considere o conjunto $\mathcal{P}' = \mathcal{P}\backslash\{Q\}$ e o conjunto $\mathcal{L}'$ de retas determinadas por $\mathcal{P}'$. Se os pontos de $\mathcal{P}'$ não ficam todos numa única reta, então, por indução, $|\mathcal{L}'| \geq n$ e daí $|\mathcal{L}| \geq n + 1$ por causa da reta adicional ℓ_0 em $\mathcal{L}$. Se, por outro lado, os pontos em $\mathcal{P}'$ estão todos numa única reta, então temos o feixe que resulta em precisamente $n + 1$ retas. □

Agora, conforme prometido, aqui está o resultado geral, que é aplicado a "geometrias de incidência" muito mais gerais.

Teorema 3. *Seja X um conjunto com $n \geq 3$ elementos, e sejam $A_1, \ldots, A_m$ subconjuntos próprios de X tais que todo par de elementos de X está contido em, precisamente, um conjunto A_i. Então, é verdade que $m \geq n$.*

Demonstração. A seguinte demonstração, atribuída variadamente a Motzkin ou a Conway, é quase de uma linha e verdadeiramente inspirada. Para $x \in X$, seja r_x o número de conjuntos A_i contendo x. (Observe que $2 \leq r_x < m$, devido às hipóteses.) Agora, se $x \notin A_i$, então $r_x \geq |A_i|$ porque os $|A_i|$ conjuntos contendo x e um elemento de A_i devem ser distintos. Suponha que $m < n$, então $m|A_i| < nr_x$ e, assim, $m(n - |A_i|) > n(m - r_x)$ para $x \notin A_i$, e obtemos

$$1 = \sum_{x \in X} \frac{1}{n}$$

$$= \sum_{x \in X} \sum_{A_i : x \notin A_i} \frac{1}{n(m - r_x)} > \sum_{A_i} \sum_{x : x \notin A_i} \frac{1}{m(n - |A_i|)}$$

$$= \sum_{A_i} \frac{1}{m} = 1,$$

o que é absurdo. $\square$

Existe outra demonstração bem curta desse teorema que usa álgebra linear. Seja B a *matriz de incidência* de $(X; A_1, \ldots, A_m)$, isto é, as linhas em B são indexadas pelos elementos de X, as colunas por $A_1, \ldots, A_m$, onde

$$B_{xA} := \begin{cases} 1 & \text{se } x \in A \\ 0 & \text{se } x \notin A. \end{cases}$$

Considere o produto BB^T. Para $x \neq x'$, temos $(BB^T)_{xx'} = 1$, uma vez que x e x' estão contidos em, precisamente, um conjunto A_i, de onde

$$BB^T = \begin{pmatrix} r_{x_1} - 1 & 0 & \cdots & 0 \\ 0 & r_{x_2} - 1 & & \vdots \\ \vdots & & \ddots & 0 \\ 0 & \cdots & 0 & r_{x_n} - 1 \end{pmatrix} + \begin{pmatrix} 1 & 1 & \cdots & 1 \\ 1 & 1 & & \vdots \\ \vdots & & \ddots & 1 \\ 1 & \cdots & 1 & 1 \end{pmatrix}$$

em que r_x é definido como acima. Uma vez que a primeira matriz é definida positiva (possui somente autovalores positivos) e a segunda matriz é semi-definida positiva (possui os autovalores n e 0), deduzimos que BB^T é definida positiva e, assim, em particular, inversível, implicando que posto $(BB^T) = n$. Segue que o posto da matriz B, $n \times m$, é no mínimo n, e concluímos que, de fato, $n \leq m$, uma vez que o posto não pode exceder o número de colunas.

Vamos um pouco mais além e nos voltar para a teoria dos grafos. (Remetemos à resenha de conceitos básicos de grafos no Apêndice deste capítulo.) Um instante de reflexão mostra que o seguinte enunciado realmente é o mesmo do Teorema 3:

> Se decompusermos um grafo completo K_n em m cliques diferentes de K_n, tal que toda aresta está num único clique, então $m \geq n$.

De fato, faça X corresponder ao conjunto de vértices de K_n e os conjuntos A_i aos conjuntos de vértices dos cliques; então os enunciados são idênticos.

Nossa próxima tarefa é decompor K_n em grafos bipartidos completos tais que, novamente, toda aresta esteja em exatamente um desses grafos. Há uma maneira simples de se fazer isso. Numere os vértices $\{1, 2, \ldots, n\}$. Tome primeiro o grafo bipartido completo juntando 1 a todos os outros vértices. Assim, obtemos o grafo $K_{1,n-1}$ que é chamado de *estrela*. Em seguida, junte 2 a 3, ..., n, resultando numa estrela $K_{1,n-2}$. Continuando dessa forma, decompomos K_n em estrelas $K_{1,n-1}, K_{1,n-2}, \ldots, K_{1,1}$. Essa decomposição usa $n - 1$ grafos bipartidos completos. Podemos fazer melhor, isto é, usar menos grafos? Não, de acordo com o resultado seguinte, de Ron Graham e Henry O. Pollak:

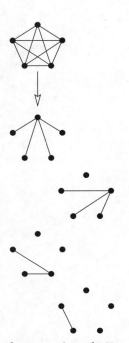

Uma decomposição de K_5 em quatro subgrafos bipartidos completos

Teorema 4. *Se K_n for decomposto em subgrafos bipartidos completos $H_1, \ldots, H_m$, então $m \geq n-1$.*

O interessante é que, em contraste com o teorema de Erdős-de Bruijn, nenhuma demonstração combinatória é conhecida para esse resultado! Todas usam álgebra linear, de uma forma ou de outra. Entre as várias ideias mais ou menos equivalentes, vamos ver a demonstração devida a Tverberg, que pode ser a mais transparente.

Demonstração. Seja $\{1, \ldots, n\}$ o conjunto de vértices de K_n e sejam L_j, R_j os conjuntos de vértices que definem o grafo bipartido completo $H_j, j = 1, \ldots, m$. A todo vértice i associamos uma variável x_i. Uma vez que $H_1, \ldots, H_m$ decompõem K_n, obtemos

$$\sum_{i<j} x_i x_j = \sum_{k=1}^{m} \left(\sum_{a \in L_k} x_a \cdot \sum_{b \in R_k} x_b \right). \tag{1}$$

Agora, suponha que o teorema é falso e $m < n - 1$. Então, o sistema de equações lineares

$$x_1 + \ldots + x_n = 0,$$
$$\sum_{a \in L_k} x_a = 0 \quad (k=1,\ldots,m)$$

tem menos equações do que variáveis, e portanto existe uma solução não trivial $c_1, \ldots, c_n$. De (1) inferimos que

$$\sum_{i<j} c_i c_j = 0.$$

Mas isso implica que

$$0 = (c_1 + \ldots + c_n)^2 =$$
$$= \sum_{i<j}^{n} c_i^2 + 2\sum_{i<j} c_i c_j =$$
$$= \sum_{i=1}^{n} c_i^2 > 0,$$

o que é uma contradição, e a demonstração está completa. □

Apêndice: conceitos básicos de grafos

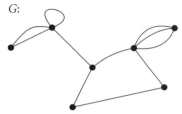

Um grafo G com sete vértices e onze arestas. Ele tem um laço, uma aresta dupla e uma aresta tripla.

Os grafos estão entre as mais básicas de todas as estruturas matemáticas. Correspondendo a isso, eles têm muitas versões, representações e encarnações diferentes. Abstratamente, um *grafo* é um par $G = (V, E)$, onde V é o conjunto de *vértices*, E é o conjunto de *arestas*, e cada aresta $e \in E$ "conecta" dois vértices $v, w \in V$. Consideramos apenas grafos finitos, nos quais V e E são finitos.

Normalmente, lidamos com *grafos simples*. Então, não admitimos *laços*, isto é, arestas para as quais ambas as extremidades coincidem, nem *arestas múltiplas* que têm o mesmo conjunto de vértices nas extremidades. Os vértices de um grafo são chamados de *adjacentes* ou *vizinhos* se são os vértices nas extremidades de uma aresta. Um vértice e uma aresta são chamados de *incidentes* se a aresta tem o vértice como uma das extremidades.

Eis uma pequena galeria de grafos (simples) importantes:

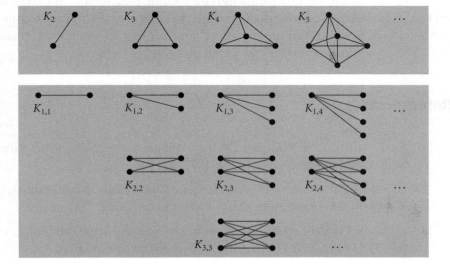

Os *grafos completos* K_n com n vértices e $\binom{n}{2}$ arestas

Os *grafos bipartidos completos* $K_{m,n}$ com $m + n$ vértices e mn arestas

Os caminhos P_n com n vértices

Os ciclos C_n com n vértices

é um subgrafo de

Dois grafos $G = (V, E)$ e $G' = (V', E')$ são considerados *isomorfos* se existem bijeções $V \to V'$ e $E \to E'$ que preservam as incidências entre as arestas e seus vértices extremos. (É um grande problema em aberto saber se existe um teste eficiente para decidir se dois grafos dados são isomorfos.) Essa noção de isomorfismo permite-nos falar em *o* grafo completo K_5 com 5 vértices etc.

Dizemos que $G' = (V', E')$ é um *subgrafo* de $G = (V, E)$ se $V' \subseteq V$, $E' \subseteq E$ e toda aresta $e \in E'$ tem os mesmos vértices extremos em G' que em G. G' é um *subgrafo induzido* se, adicionalmente, *todas* as arestas de G que conectam vértices de G' são também arestas de G'.

Muitas noções acerca de grafos são intuitivas: por exemplo, um grafo G é *conexo* se cada dois vértices distintos são conectados por um caminho em G, ou, equivalentemente, G não pode ser quebrado em dois subgrafos não vazios cujos conjuntos de vértices são disjuntos. Qualquer grafo pode ser decomposto em suas *componentes conexas*.

Vamos finalizar este apanhado de conceitos básicos de grafo com algumas peças mais de terminologia: um *clique* em G é um subgrafo completo. Um *conjunto independente* em G é um subgrafo induzido que não tem arestas, ou seja, um subconjunto do conjunto de vértices tal que nenhum par de vértices é conectado por uma aresta de G. Um grafo é uma *floresta* se ele não contém quaisquer ciclos. Uma *árvore* é uma floresta conexa. Finalmente, um grafo $G = (V, E)$ é *bipartido* se é isomorfo a um subgrafo de um grafo bipartido completo, ou seja, se seu conjunto de vértices pode ser escrito como uma união $V = V_1 \cup V_2$ de dois conjuntos independentes.

Referências

[1] N. G. DE BRUIJN & P. ERDŐS: *On a combinatorial problem*, Proc. Kon. Ned. Akad. Wetensch. 51 (1948), 1277-1279.

[2] H. S. M. COXETER: *A problem of collinear points*, Amer. Math. Monthly 55 (1948), 26-28 (contém a demonstração de Kelly).

[3] P. ERDŐS: *Problem 4065 – Three point collinearity*, Amer. Math. Monthly 51 (1944), 169-171 (contém a demonstração de Gallai).

[4] R. L. GRAHAM & H. O. POLLAK: *On the addressing problem for loop switching*, Bell System Tech. J. 50 (1971), 2495-2519.

[5] B. GREEN & T. TAO: *On sets defining few ordinary lines*, Discrete Compt. Geometry 50 (2013), 409-468.

[6] J. J. SYLVESTER: *Mathematical Question 11851*, The Educational Times 46 (1893), 156.

[7] H. TVERBBERG: *On the decomposition of K_n into complete bipartite graphs*, J. Graph Theory 6 (1982), 493-494.

CAPÍTULO 12
O PROBLEMA DA INCLINAÇÃO

Por conta própria – antes que você leia mais adiante –, tente construir configurações de pontos no plano que determinem "relativamente poucas" inclinações. Para isso assumimos, claro, que os $n \geq 3$ pontos não ficam todos sobre uma reta. Recorde do Capítulo 11, sobre "retas no plano", o teorema de Erdős e de Bruijn: os n pontos irão determinar, no mínimo, n retas diferentes. Mas é claro que muitas dessas retas podem ser paralelas e, assim, determinar a mesma inclinação.

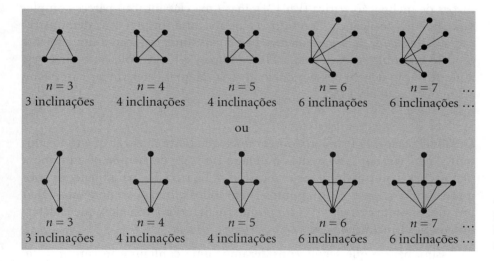

Algumas experiências para n pequeno provavelmente irão levá-lo a uma sequência como as duas mostradas aqui.

Depois de algumas tentativas para encontrar configurações com menos inclinações, você pode conjecturar – como fez Scott em 1970 – o seguinte teorema:

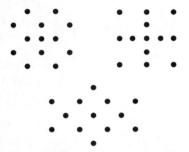

Três belos exemplos esporádicos do catálogo de Jamison-Hill

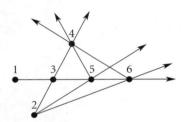

Esta configuração com $n = 6$ pontos determina $t = 6$ inclinações diferentes

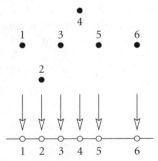

Aqui, uma direção inicial vertical fornece $\pi_0 = 123456$

Teorema. *Se $n \geq 3$ pontos no plano não ficam sobre uma reta única, então eles determinam no mínimo $n - 1$ inclinações diferentes, onde a igualdade é possível somente se n é ímpar e $n \geq 5$.*

Nossos exemplos na página anterior – os desenhos representam as primeiras poucas configurações em duas sequências infinitas de exemplos – mostram que o teorema na forma em que foi enunciado é *o melhor possível*: para qualquer $n \geq 5$ ímpar, existe uma configuração com n pontos que determina exatamente $n - 1$ inclinações diferentes, e, para qualquer $n \geq 3$, temos uma configuração com n inclinações.

Contudo, as configurações que desenhamos anteriormente não são nem de perto as únicas. Por exemplo, Jamison e Hill descreveram quatro famílias infinitas de configurações, cada uma formada por configurações com um número ímpar n de pontos que determinam $n - 1$ inclinações ("configurações de inclinação crítica"). Além disso, eles listaram 102 exemplos "esporádicos" que não parecem se enquadrar numa família infinita, muitos deles encontrados através de exaustivas buscas com computadores.

A sabedoria convencional poderia dizer que problemas de extremos tendem a ser muito difíceis de resolver exatamente se as configurações extremas são tão diversas e irregulares. De fato, há muito a ser dito acerca das configurações de inclinação crítica (ver [2]), mas uma classificação parece completamente fora de alcance. Contudo, o teorema anterior tem uma demonstração simples, com dois ingredientes principais: uma redução a um eficiente modelo combinatório, devida a Eli Goodman e Ricky Pollack, e uma bela argumentação dentro desse modelo através da qual Peter Ungar completou a demonstração em 1982.

Demonstração. (1) Primeiro, observamos que basta mostrar que todo conjunto "par" com $n = 2m$ pontos no plano ($m \geq 2$) determina no mínimo n inclinações. Isso é assim porque o caso $n = 3$ é trivial e, para qualquer conjunto com $n = 2m + 1 \geq 5$ pontos (nem todos alinhados), podemos achar um subconjunto com $n - 1 = 2m$ pontos, nem todos alinhados, que já determinam $n - 1$ inclinações.

Assim, para o que segue, consideramos uma configuração com $n = 2m$ pontos no plano que determinam $t \geq 2$ inclinações diferentes.

(2) O modelo combinatório é obtido construindo-se uma sequência periódica de permutações. Para isso, começamos com alguma direção no plano que não seja uma das inclinações da configuração e numeramos os pontos 1, ..., n na ordem em que aparecem na projeção unidimensional nessa direção. Assim, a permutação $\pi_0 = 123\ldots n$ representa a ordem dos pontos para nossa direção inicial.

O problema da inclinação

Em seguida, faça a direção descrever um movimento anti-horário e observe como a projeção e sua permutação mudam. Mudanças na ordem dos pontos projetados aparecem exatamente quando a direção passa sobre uma das inclinações da configuração.

Mas as mudanças estão longe de ser aleatórias ou arbitrárias: fazendo uma rotação de 180° na direção, obtemos uma sequência de permutações

$$\pi_0 \to \pi_1 \to \pi_2 \to \ldots \to \pi_{t-1} \to \pi_t$$

que tem as seguintes propriedades especiais:

- A sequência começa com $\pi_0 = 123\ldots n$ e termina com $\pi_t = n\ldots 321$.

- O comprimento t da sequência é o número de inclinações da configuração de pontos.

- No decorrer da sequência, cada par $i < j$ é trocado exatamente uma vez. Isso significa que, ao ir de $\pi_0 = 123\ldots n$ para $\pi_t = n\ldots 321$, somente subsequências *crescentes* são revertidas.

- Cada movimento consiste na reversão de uma ou mais subsequências disjuntas crescentes (correspondendo a uma ou mais retas que têm a direção com a qual passamos nesse ponto).

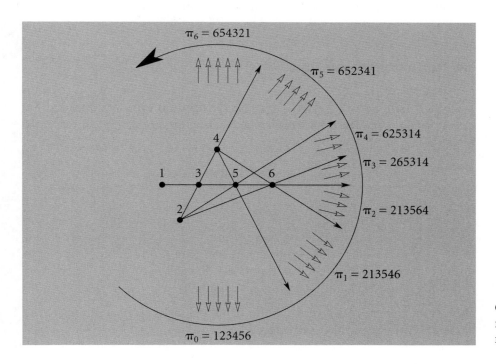

Obtendo a sequência de permutações para o nosso pequeno exemplo

Continuando o movimento circular em volta da configuração, pode-se ver a sequência como parte de uma sequência de permutações que é periódica e infinita nos dois sentidos:

$$\to \pi_{-1} \to \pi_0 \to \ldots \to \pi_t \to \pi_{t+1} \to \ldots \to \pi_{2t} \to \ldots,$$

onde π_{i+t} é o reverso de π_i para todo i e, assim, $\pi_{i+2t} = \pi_i$ para todo $i \in \mathbb{Z}$.

Vamos mostrar que *toda* sequência com as propriedades anteriores (e $t \geq 2$) tem que ter comprimento $t \geq n$.

(3) A chave da demonstração é dividir cada permutação em uma "metade esquerda" e uma "metade direita", de tamanho igual $m = \frac{n}{2}$, e contar os algarismos que cruzam a *barreira* imaginária entre a metade esquerda e a metade direita.

Chamemos $\pi_i \to \pi_{i+1}$ de *movimento atravessante* se uma das subsequências que ele reverte envolve algarismos de ambos os lados da barreira. O movimento atravessante tem *ordem d* se ele move $2d$ algarismos através da barreira, isto é, se a sequência de atravessamento tem exatamente d algarismos num lado e, no mínimo, d algarismos no outro lado. Assim, em nosso exemplo,

$$\pi_2 = 2\underline{13{:}56}4 \longrightarrow 2\overline{65{:}31}4 = \pi_3$$

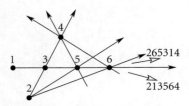

Um movimento atravessante

é um movimento atravessante de ordem $d = 2$ (ele move 1, 3, 5, 6 através da barreira, que marcamos com ":"),

$$6\underline{52{:}34}1 \longrightarrow 6\overline{54{:}32}1$$

é atravessante de ordem $d = 1$, enquanto que, por exemplo,

$$6\underline{25{:}31}\underline{4} \longrightarrow 6\overline{52}{:}3\overline{41}$$

não é um movimento atravessante.

No decorrer da sequência $\pi_0 \to \pi_1 \to \ldots \to \pi_t$, cada um dos algarismos 1, 2, ..., n tem que atravessar a barreira no mínimo uma vez. Isso implica que, se $d_1, d_2, \ldots, d_c$ denotam as ordens dos c movimentos atravessantes, então temos

$$\sum_{i=1}^{c} 2d_i = \#\{\text{algarismos que atravessam a barreira}\} \geq n.$$

Isso também implica que temos no mínimo dois movimentos atravessantes, uma vez que um movimento atravessante com $2d_i = n$ ocorre somente se todos os pontos estão sobre uma reta, isto é, para $t = 1$. Geometricamente, um movimento atravessante corresponde à direção de uma reta da configuração que tem menos que m pontos em cada lado.

(4) Um *movimento é tangente* quando reverte alguma sequência adjacente à barreira central, mas não a atravessa. Por exemplo,

$$\pi_4 = 6\underline{25}{:}3\underline{14} \longrightarrow 6\overline{52}{:}3\overline{41} = \pi_5$$

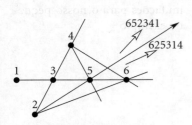

Um movimento tangente

é um movimento tangente. Geometricamente, um movimento tangente corresponde à inclinação de uma reta da configuração que tem exatamente m pontos num lado e, consequentemente, no máximo $m - 2$ pontos no outro lado.

O problema da inclinação

Movimentos que não são nem tangentes nem atravessantes serão chamados de *movimentos ordinários*. Um exemplo para isso é

$$\pi_1 = 213:5\underline{46} \longrightarrow 213:5\overline{64} = \pi_2.$$

Assim, todo movimento ou é atravessante, ou tangente, ou ordinário, e podemos usar as letras A, T, O para denotar os tipos de movimentos. $A(d)$ denotará o movimento atravessante de ordem d. Assim, para nosso pequeno exemplo, obtemos

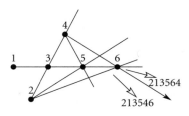

Um movimento ordinário

$$\pi_0 \xrightarrow{T} \pi_1 \xrightarrow{O} \pi_2 \xrightarrow{A(2)} \pi_3 \xrightarrow{O} \pi_4 \xrightarrow{T} \pi_5 \xrightarrow{A(1)} \pi_6,$$

ou, de maneira mais curta, podemos registrar essa sequência como T, O, $A(2)$, O, T, $A(1)$.

(5) Para completar a demonstração, precisamos destes dois fatos:

- *Entre quaisquer dois movimentos atravessantes, existe no mínimo um movimento tangente.*

- *Entre qualquer movimento atravessante de ordem d e o próximo movimento tangente, existem no mínimo d − 1 movimentos ordinários.*

De fato, depois de um movimento atravessante de ordem d, a barreira está contida em uma subsequência decrescente simétrica de comprimento $2d$, com d algarismos em cada lado da barreira. Para o próximo movimento atravessante, a barreira central tem que ser trazida para dentro de uma subsequência crescente de comprimento no mínimo 2. Mas somente movimentos tangentes afetam o fato de a barreira estar ou não em uma subsequência crescente. Isso fornece o primeiro fato. Para o segundo fato, observe que com cada movimento ordinário (revertendo algumas subsequências *crescentes*) a cadeia decrescente de ordem $2d$ pode ser encurtada por somente um algarismo em cada lado. E, enquanto a cadeia decrescente tiver pelo menos 4 algarismos, o movimento tangente será impossível. Isso fornece o segundo fato.

Se construirmos a sequência de permutações começando com a mesma projeção inicial, mas usando uma rotação horária, então obteremos a sequência inversa de permutações. Assim, a sequência que já registramos também tem que satisfazer o oposto de nosso segundo fato, a saber:

- *Entre um movimento tangente e o próximo movimento atravessante, de ordem d, existem no mínimo d − 1 movimentos ordinários.*

(6) O esquema T-O-A da sequência infinita de permutações, conforme deduzida em (2), é obtido repetindo-se inúmeras vezes o esquema T-O-A de comprimento t da sequência $\pi_0 \to \ldots \to \pi_t$. Assim, com os fatos de (5), vemos que, na sequência infinita de movimentos, cada movimento atravessante de ordem d é imerso em um esquema T-O-A do tipo

$$T,\underbrace{O,O,\ldots O,}_{\geq d-1} A(d), \underbrace{O,O,\ldots O,}_{\geq d-1} \qquad (*)$$

de comprimento $1 + (d - 1) + 1 + (d - 1) = 2d$.

Na sequência infinita, podemos considerar um segmento finito de comprimento t que começa com um movimento tangente. Esse segmento consiste em subsequências do tipo (*) mais, possivelmente, T extras inseridos. Isso implica que seu comprimento t satisfaz

$$t \geq \sum_{i=1}^{c} 2d_i \geq n,$$

o que completa a demonstração.

Referências

[1] J. E. Goodman & R. Pollack: *A combinatorial perspective on some problems in geometry*, Congressus Numerantium 32 (1981), 383-394.

[2] R. E. Jamison & D. Hill: *A catalogue of slope-critical configurations*, Congressus Numerantium 40 (1983), 101-125.

[3] P. R. Scott: *On the sets of directions determined by n points*, Amer. Math. Monthly 77 (1970), 502-505.

[4] P. Ungar: *2N noncollinear points determine at least 2N directions*, J. Combinatorial Theory Ser. A 33 (1982), 343-347.

CAPÍTULO 13
TRÊS APLICAÇÕES DA FÓRMULA DE EULER

Um grafo é *planar* se ele pode ser desenhado no plano $\mathbb{R}^2$ sem arestas que se cortam (ou, equivalentemente, na esfera bidimensional S^2). Falamos de um grafo *plano* se tal desenho já é dado e fixado. Qualquer um de tais desenhos decompõe o plano ou a esfera num número finito de regiões conexas, incluindo a região externa (não limitada), as quais recebem o nome de *faces*. A fórmula de Euler exibe uma bonita relação entre o número de vértices, arestas e faces válida para qualquer grafo plano. Euler mencionou esse resultado pela primeira vez em uma carta a seu amigo Goldbach, em 1750, mas ele não tinha uma demonstração completa na época. Entre as muitas demonstrações da fórmula de Euler, apresentamos uma bela e "autodual" que se obtém sem indução. Ela remonta ao livro *Geometrie der Lage*, de von Staudt, datado de 1847.

Leonhard Euler

Fórmula de Euler. *Se G é um grafo plano conexo com n vértices, e arestas e f faces, então*
$$n - e + f = 2.$$

Demonstração. Seja $T \subseteq E$ o conjunto de arestas de uma árvore geradora para G, ou seja, de um subgrafo minimal que conecta todos os vértices de G. Esse grafo não contém um ciclo por causa da hipótese de minimalidade.

Agora, precisamos do *grafo dual* G^* de G: para construí-lo, coloque um vértice no interior de cada face de G e conecte dois desses vértices de G^* por arestas que correspondem a arestas de fronteira comuns entre as faces correspondentes. Se existem várias arestas de fronteira comuns, então desenhamos várias arestas de conexão no grafo dual. (Assim, G^* pode ter arestas múltiplas mesmo se o grafo original G for simples.)

Considere a coleção $T^* \subseteq E^*$ de arestas no grafo dual que corresponde a arestas em $E \setminus T$.

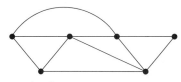

Grafo plano G: $n = 6$, $e = 10$, $f = 6$

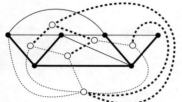

Árvores geradoras duais em G e em G^*

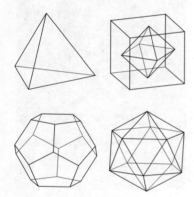

Os cinco sólidos platônicos

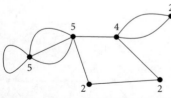

Aqui o grau é escrito perto de cada vértice. Contando os vértices de cada grau, obtemos $n_2 = 3$, $n_3 = 0$, $n_4 = 1$, $n_5 = 2$

As arestas em T^* conectam todas as faces, uma vez que T não contém um ciclo; mas T^* também não contém um ciclo porque, de outra forma, ele iria separar alguns vértices de G dentro do ciclo de vértices fora dele (e isso não pode acontecer, uma vez que T é um subgrafo gerador, e as arestas de T e de T^* não se cortam). Assim, T^* é uma árvore geradora para G^*.

Para toda árvore, o número de vértices é uma unidade maior do que o número de arestas. Para ver isso, escolha um vértice para ser a raiz e direcione todas as arestas "apontando para longe da raiz": isso fornece uma bijeção entre os vértices que não são raízes e as arestas, associando cada aresta com o vértice para o qual ele aponta. Aplicado à árvore T, esse processo fornece $n = e_T + 1$, enquanto que, para a árvore T^*, ele fornece $f = e_{T^*} + 1$. Somando ambas as equações, obtemos $n + f = (e_T + 1) + (e_{T^*} + 1) = e + 2$. □

A fórmula de Euler produz, assim, uma forte conclusão *numérica* a partir de uma situação *geométrico-topológica*: o número de vértices, arestas e faces de um grafo finito G satisfaz $n - e + f = 2$ sempre que o grafo está *ou pode estar* desenhado no plano ou sobre uma esfera.

Muitas consequências bem conhecidas e clássicas podem ser deduzidas da fórmula de Euler. Entre elas estão a classificação dos poliedros regulares convexos (os sólidos platônicos), o fato de K_5 e $K_{3,3}$ não serem planares (ver a seguir) e o teorema das cinco cores, que afirma que todo mapa planar pode ser colorido com, no máximo, cinco cores, de forma que quaisquer dois países adjacentes não tenham a mesma cor. Mas, para isso, temos uma demonstração bem melhor, que nem mesmo precisa da fórmula de Euler – ver o Capítulo 38.

Neste capítulo, foram coletadas três outras belas demonstrações que têm a fórmula de Euler no seu âmago. As duas primeiras – uma demonstração do teorema de Sylvester-Gallai e um teorema sobre configurações de pontos com duas cores – usam a fórmula de Euler numa inteligente combinação com outras relações aritméticas entre parâmetros básicos de grafo. Vamos primeiro examinar esses parâmetros.

O *grau* de um vértice é o número de arestas que terminam no vértice, com os laços contando em dobro. Denotemos por n_i o número de vértices de grau i em G. Contando os vértices de acordo com seus graus, obtemos

$$n = n_0 + n_1 + n_2 + n_3 + \ldots \tag{1}$$

Por outro lado, toda aresta tem duas extremidades, de forma que ela contribui com 2 para a soma de todos os graus, e obtemos

$$2e = n_1 + 2n_2 + 3n_3 + 4n_4 + \ldots \tag{2}$$

Você pode interpretar essa identidade como contar de dois modos as extremidades das arestas, ou seja, as incidências aresta-vértice. O *grau médio* $\bar{d}$ dos vértices é, portanto,

$$\bar{d} = \frac{2e}{n}.$$

Três aplicações da fórmula de Euler 113

Em seguida, contamos as faces de um grafo plano de acordo com seus números de lados: uma *k-face* é uma face limitada por *k* arestas (em que uma aresta com os dois lados delimitando a mesma região tem que ser contada duas vezes!). Seja f_k o número de *k*-faces. Contando todas as faces, encontramos

$$f = f_1 + f_2 + f_3 + f_4 + \ldots \tag{3}$$

Contando as arestas de acordo com as faces das quais elas são lados, obtemos

$$2e = f_1 + 2f_2 + 3f_3 + 4f_4 + \ldots \tag{4}$$

Como antes, podemos interpretar isso como uma contagem dupla das incidências aresta-face. Observe que o número médio de lados de faces é dado por

$$\overline{f} = \frac{2e}{f}.$$

Vamos deduzir rapidamente disso – junto com a fórmula de Euler – que o grafo completo K_5 e o grafo bipartido completo $K_{3,3}$ não são planares. Para um hipotético desenho plano de K_5, calculamos $n = 5$, $e = \binom{5}{2} = 10$ e, assim, $f = e + 2 - n = 7$ e $\overline{f} = \frac{2e}{f} = \frac{20}{7} < 3$. Mas, se o número médio de lados é menor que 3, então a imersão teria uma face com no máximo dois lados, o que não pode ser.

Analogamente, para $K_{3,3}$ obtemos $n = 6$, $e = 9$ e $f = e + 2 - n = 5$ e, desse modo, $\overline{f} = \frac{2e}{f} = \frac{18}{5} < 4$, o que não pode acontecer, uma vez que $K_{3,3}$ é simples e bipartido, de forma que todos os seus ciclos têm comprimento pelo menos 4.

Claro que não é coincidência que as equações (3) e (4) para os f_i sejam tão parecidas com as equações (1) e (2) para os n_i. Elas são transformadas umas nas outras através da construção dual $G \to G^*$ explicada anteriormente.

A partir das identidades de contagem dupla, obtemos as seguintes consequências "locais" da fórmula de Euler.

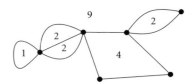

O número de arestas está escrito em cada região. Contando as faces com um número dado de arestas, temos $f_1 = 1$, $f_2 = 3$, $f_4 = 1$, $f_9 = 1$, e $f_i = 0$, nos outros casos

K_5 desenhado com um cruzamento

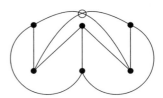

$K_{3,3}$ desenhado com um cruzamento

Proposição. *Seja G um grafo plano simples qualquer com n > 2 vértices. Então:*

(A) *G tem no máximo $3n - 6$ arestas;*

(B) *G tem um vértice de grau no máximo 5;*

(C) *se as arestas de G são de duas cores, existe um vértice de G com no máximo duas mudanças de cor na ordem cíclica das arestas em volta do vértice.*

Demonstração. Para cada uma das três asserções, podemos assumir que *G* é conexo.

(A) Toda face tem no mínimo 3 lados (uma vez que *G* é simples), de forma

que (3) e (4) fornecem
$$f = f_3 + f_4 + f_5 + \ldots$$
e
$$2e = 3f_3 + 4f_4 + 5f_5 + \ldots$$
e, assim, $2e - 3f \geq 0$. A fórmula de Euler agora nos dá
$$3n - 6 = 3e - 3f \geq e.$$
(B) Pela parte (A), o grau médio $\bar{d}$ satisfaz
$$\bar{d} = \frac{2e}{n} \leq \frac{6n-12}{n} < 6.$$
Assim, deve existir um vértice de grau no máximo 5.

(C) Seja c o número de cantos em que ocorrem mudanças de cor. Supondo que a afirmação seja falsa, temos $c \geq 4n$ cantos com mudanças de cor, uma vez que, em todo vértice, existe um número par de mudanças. Agora, toda face com $2k$ ou $2k + 1$ lados tem no máximo $2k$ cantos assim, de forma que concluímos que

$$\begin{aligned} 4n \leq c &\leq 2f_3 + 4f_4 + 4f_5 + 6f_6 + 6f_7 + 8f_8 + \ldots \\ &\leq 2f_3 + 4f_4 + 6f_5 + 8f_6 + 10f_7 + \ldots \\ &= 2(3f_3 + 4f_4 + 5f_5 + 6f_6 + 7f_7 + \ldots) \\ &\quad - 4(f_3 + f_4 + f_5 + f_6 + f_7 + \ldots) \\ &= 4e - 4f, \end{aligned}$$

usando (3) e (4) outra vez. Então, temos que $e \geq n + f$, contradizendo novamente a fórmula de Euler. □

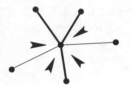

As setas apontam para os cantos com mudanças de cor

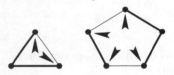

1. O teorema de Sylvester-Gallai revisitado

Foi observado primeiro por Norman Steenrod, ao que parece, que a parte (B) da proposição fornece uma demonstração surpreendentemente simples do teorema de Sylvester-Gallai (ver Capítulo 11).

O teorema de Sylvester-Gallai. *Dado qualquer conjunto de $n \geq 3$ pontos no plano, nem todos alinhados, sempre existe uma reta que contém exatamente dois dos pontos.*

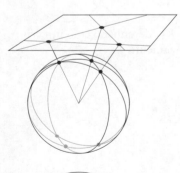

Demonstração. (Sylvester-Gallai via Euler)

Se mergulhamos o plano $\mathbb{R}^2$ em $\mathbb{R}^3$ perto da esfera unitária S^2 conforme indicado na figura ao lado, então todo ponto em $\mathbb{R}^2$ corresponde a um par de pontos antípodas sobre S^2, e as retas em $\mathbb{R}^2$ correspondem a grandes círculos sobre S^2. Assim, o teorema de Sylvester-Gallai corresponde ao seguinte:

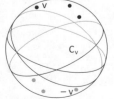

Dado qualquer conjunto de n ≥ 3 pares de pontos antípodas sobre a esfera, nem todos em um grande círculo, sempre existe um grande círculo que contém exatamente dois dos pares antípodas.

Agora vamos dualizar, trocando cada par de pontos antípodas pelo grande círculo correspondente na esfera. Ou seja, em vez de pontos $\pm v \in S^2$, consideramos os círculos ortogonais dados por $C_v := \{x \in S^2 : \langle x, v \rangle = 0\}$. (Esse C_v será o equador se considerarmos v como o polo norte da esfera.) Então, o problema de Sylvester-Gallai nos pede para demonstrar:

Dada qualquer coleção de n ≥ 3 grandes círculos sobre S^2, nem todos eles passando por um ponto, sempre existe um ponto que fica exatamente sobre dois dos grandes círculos.

Mas o arranjo de grandes círculos fornece um grafo plano simples sobre S^2, cujos vértices são os pontos de interseção de dois dos grandes círculos, os quais dividem os grandes círculos em arestas. Todos os graus dos vértices são pares, e eles são no mínimo quatro – por construção. Assim, a parte (B) da proposição fornece a existência de um vértice de grau 4. Aí está! □

2. Retas monocromáticas

A demonstração que veremos a seguir do parente "colorido" do teorema de Sylvester-Gallai é devida a Don Chakerian.

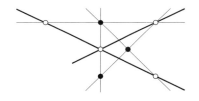

Teorema. *Dada qualquer configuração finita de pontos "pretos" e "brancos" no plano, nem todos alinhados, sempre existe uma reta "monocromática": uma reta que contém pelo menos dois pontos de uma cor e nenhum ponto da outra cor.*

Demonstração. Como fizemos no problema de Sylvester-Gallai, transferimos o problema para a esfera unitária e o dualizamos nela. Então, devemos demonstrar que:

Dada qualquer coleção de grandes círculos "pretos" e "brancos" sobre a esfera unitária, nem todos passando por um ponto, sempre existe um ponto de interseção que fica apenas em grandes círculos brancos ou somente em grandes círculos pretos.

Agora, a resposta (positiva) fica clara pela parte (C) da proposição, uma vez que, em todo vértice onde os grandes círculos de cores diferentes se interceptam, sempre teremos pelo menos quatro cantos com mudanças de sinal. □

3. Teorema de Pick

O teorema de Pick, de 1899, é um resultado belo e surpreendente por si só, mas ele também é uma consequência "clássica" da fórmula de Euler. Para o que se segue, chamemos um polígono convexo $P \subseteq \mathbb{R}^2$ de *elementar* se seus vértices são inteiros (ou seja, se estão no *reticulado* $\mathbb{Z}^2$), mas se ele não contém mais nenhum ponto do reticulado.

Lema. *Todo triângulo elementar $\Delta = \text{conv}\{p_0, p_1, p_2\} \subseteq \mathbb{R}^2$ tem área $A(\Delta) = \frac{1}{2}$.*

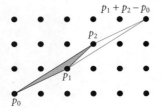

Demonstração. Tanto o paralelogramo P com vértices $p_0, p_1, p_2, p_1 + p_2 - p_0$ quanto o reticulado $\mathbb{Z}^2$ são simétricos com respeito à aplicação

$$\sigma : x \mapsto p_1 + p_2 - x,$$

que é a reflexão com relação ao centro do segmento de p_1 a p_2. Assim, o paralelogramo $P = \Delta \cup \sigma(\Delta)$ também é elementar, e seus transladados por inteiros ladrilham o plano. Consequentemente, $\{p_1 - p_0, p_2 - p_0\}$ é uma base do reticulado $\mathbb{Z}^2$, tem determinante ± 1, P é um paralelogramo de área 1, e Δ tem área $\frac{1}{2}$. (Para uma explicação desses termos, veja o quadro abaixo.) □

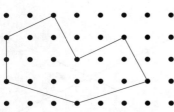

$n_{\text{int}} = 11, n_{bd} = 8$, então $A = 14$

Teorema. *A área de qualquer polígono (não necessariamente convexo) $Q \subseteq \mathbb{R}^2$ com vértices inteiros é dada por*

$$A(Q) = n_{\text{int}} + \frac{1}{2} n_{bd} - 1,$$

onde n_{int} e n_{bd} são os números de pontos inteiros no interior e na fronteira de Q, respectivamente.

Bases do reticulado

Uma *base* de $\mathbb{Z}^2$ é um par de vetores linearmente independentes e_1, e_2 tais que

$$\mathbb{Z}^2 = \{\lambda_1 e_1 + \lambda_2 e_2 : \lambda_1, \lambda_2 \in \mathbb{Z}\}.$$

Sejam $e_1 = \binom{a}{b}$ e $e_2 = \binom{c}{d}$. Então a área do paralelogramo gerado por e_1 e e_2 é dada por $A(e_1, e_2) = |\det(e_1, e_2)| = |\det\binom{a\ c}{b\ d}|$. Se $f_1 = \binom{r}{s}$ e $f_2 = \binom{t}{u}$ é outra base, então existe uma matriz $\mathbb{Z}$ inversível Q com $\binom{r\ t}{s\ u} = \binom{a\ c}{b\ d}Q$.

Uma vez que $QQ^{-1} = \binom{1\ 0}{0\ 1}$, e os determinantes são inteiros, segue que $|\det Q| = 1$ e, consequentemente, $|\det(f_1, f_2)| = |\det(e_1, e_2)|$. Portanto, todos os paralelogramos-base têm a mesma área 1, uma vez que $A(\binom{1}{0}, \binom{0}{1}) = 1$.

Demonstração. Todo polígono desse tipo pode ser triangulado usando-se todos os pontos n_{int} do reticulado no interior de Q, e todos os pontos n_{bd} do reticulado na fronteira de Q. (Isso não é muito óbvio, em particular se Q não precisar ser convexo, mas o argumento dado no Capítulo 39 sobre o problema da galeria de arte demonstra isso.) Agora, interpretamos a triangulação como sendo um grafo plano que subdivide o plano em uma face não limitada mais $f-1$ triângulos de área $\frac{1}{2}$, de forma que

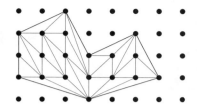

$$A(Q) = \frac{1}{2}(f-1).$$

Todo triângulo tem três lados, onde cada uma das e_{int} arestas interiores delimita dois triângulos, enquanto cada uma das e_{bd} arestas da fronteira aparecem em um único triângulo. Então, $3(f-1) = 2e_{int} + e_{bd}$ e, assim, $f = 2(e-f) - e_{bd} + 3$. Também, existe o mesmo número de arestas e vértices de fronteira, $e_{bd} = n_{bd}$. Esses dois fatos, juntamente com a fórmula de Euler, fornecem

$$\begin{aligned} f &= 2(e-f) - e_{bd} + 3 \\ &= 2(n-2) - n_{bd} + 3 = 2n_{int} + n_{bd} - 1, \end{aligned}$$

e, assim,

$$A(Q) = \frac{1}{2}(f-1) = n_{int} + \frac{1}{2}n_{bd} - 1. \qquad \square$$

Referências

[1] G. D. CHAKERIAN: *Sylvester's problem on collinear points and a relative*, Amer. Math. Monthly 77 (1970), 164-167.

[2] D. EPPSTEIN: *Nineteen proofs os Euler's formula: V − E + F = 2*, em: The Geometry Junkyard, http://www.ics.edu/~eppsteim/junkyard/euler/.

[3] G. PICK: *Geometrisches zur Zahlenlehre*, Sitzungsberichte Lotos (Prag), Natur-med. Verein für Böhmen 19, 311-319.

[4] G. K. C. VON STAUDT: *Geometrie der Lage*, Verlag der Fr. Korn'schen Buchhandlung, Nürnberg, 1847.

[5] N. E. STEENROD: *Solution 4065/Editorial Note*, Amer. Math. Monthly 51 (1944), 170-171.

CAPÍTULO 14
TEOREMA DA RIGIDEZ DE CAUCHY

Um famoso resultado que depende da fórmula de Euler (especificamente da parte (C) da proposição do capítulo anterior) é o teorema da rigidez de Cauchy para poliedros tridimensionais.

Para as noções de congruência e equivalência combinatória que são usadas no que segue, remetemos o leitor ao apêndice sobre polítopos e poliedros no capítulo sobre o terceiro problema de Hilbert (ver página 90).

> **Teorema.** *Se dois poliedros convexos tridimensionais P e P' são combinatoriamente equivalentes com as faces correspondentes congruentes, então os ângulos entre os pares de faces adjacentes correspondentes também são iguais (e, assim, P é congruente a P').*

Augustin Cauchy

A ilustração ao lado mostra dois poliedros tridimensionais combinatoriamente equivalentes tais que suas faces correspondentes são congruentes. Mas eles não são congruentes, e somente um deles é convexo. Assim, a hipótese da convexidade é essencial para o teorema de Cauchy!

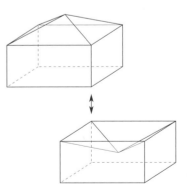

Demonstração. O que segue é essencialmente a demonstração original de Cauchy. Suponha que são dados dois poliedros convexos P e P' com faces congruentes. Colorimos as arestas de P da seguinte forma: uma aresta é preta (ou "positiva") se o ângulo interior correspondente entre as duas faces adjacentes é maior em P' do que em P; ela será branca (ou "negativa") se o ângulo correspondente for menor em P' do que em P.

As arestas pretas e brancas de P formam, juntas, um grafo plano bicolorido na superfície de P, que, por projeção radial, supondo que a origem está no interior de P, podemos transferir para a superfície da esfera unitária. Se P e P' tiverem ângulos entre faces correspondentes distintos, então o grafo é não vazio. Usando a parte (C) da proposição do capítulo anterior, encontramos que existe um vértice p adjacente a pelo menos uma aresta preta ou branca, tal que existem, no máximo, duas mudanças entre arestas pretas e brancas (na ordem cíclica).

Agora, interceptamos P com uma pequena esfera S_ε (de raio ε) centrada no vértice p, e interceptamos P' com uma esfera S'_ε de mesmo raio ε, centrada no vértice correspondente p'. Encontramos em S_ε e S'_ε polígonos convexos esféricos Q e Q' tais que os arcos correspondentes têm os mesmos comprimentos, por causa da congruência das faces de P e P', e uma vez que o mesmo raio ε foi escolhido.

Agora, marcamos com + os ângulos de Q para os quais o ângulo correspondente em Q' é maior, e com – os ângulos cujo ângulo correspondente de Q' é menor. Ou seja, quando nos movemos de Q para Q', os ângulos + são "abertos" e os ângulos – são "fechados", enquanto que todos os comprimentos laterais e ângulos não marcados ficam constantes.

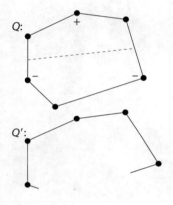

Pela nossa escolha de p, sabemos que *algum* sinal + ou – ocorre, e que em ordem cíclica existem no máximo duas mudanças +/–. Se somente um tipo de sinal ocorre, então o lema abaixo dá uma contradição, dizendo que uma aresta deve mudar seu comprimento. Se ambos os tipos de sinal ocorrem, então (uma vez que só há duas mudanças de sinal) existe uma "linha de separação" que conecta os pontos médios das duas arestas e separa todos os sinais + dos sinais –. Novamente, temos uma contradição pelo lema abaixo, uma vez que a linha de separação não pode ser, ao mesmo tempo, mais longa e mais curta em Q' do que em Q. □

Lema do braço de Cauchy.

Se Q e Q' são polígonos convexos de n lados (planos ou esféricos), rotulados como na figura,

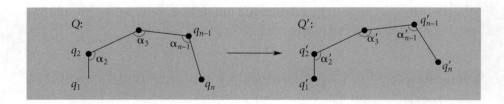

tais que $\overline{q_i q_{i+1}} = \overline{q'_i q'_{i+1}}$ vale para os comprimentos das arestas correspondentes para $1 \leq i \leq n-1$, e $\alpha_i \leq \alpha'_i$ vale para os tamanhos dos ângulos correspondentes para $2 \leq i \leq n-1$, então o comprimento da aresta que "está faltando" satisfaz

$$\overline{q_1 q_n} \leq \overline{q'_1 q'_n},$$

com a igualdade valendo se e somente se $\alpha_i = \alpha'_i$ vale para todo i.

Teorema da rigidez de Cauchy

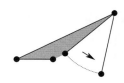

É interessante observar que a demonstração original de Cauchy desse lema era falsa: um movimento contínuo que abre ângulos e mantém os comprimentos dos lados fixados pode destruir a convexidade – veja a figura! Por outro lado, tanto o lema quanto a demonstração dele dada aqui, de uma carta de I. J. Schoenberg para S. K. Zaremba, são válidos tanto para polígonos planos quanto para esféricos.

Demonstração. Usamos indução em n. O caso $n = 3$ é fácil: se, em um triângulo, aumentamos o ângulo γ entre dois lados de comprimentos fixados a e b, então o comprimento c do lado oposto também aumenta. Analiticamente, isso segue da lei do cosseno

$$c^2 = a^2 + b^2 - 2ab \cos \gamma$$

no caso plano, e do resultado análogo

$$\cos c = \cos a \cos b + \operatorname{sen} a \operatorname{sen} b \cos \gamma$$

na trigonometria esférica. Aqui, os comprimentos a, b e c são medidos sobre a superfície de uma esfera de raio 1 e, assim, têm valores no intervalo $[0, \pi]$.

Agora, seja $n \geq 4$. Se, para algum $i \in \{2, \ldots, n-1\}$, tivermos $\alpha_i = \alpha_i'$, então o vértice correspondente pode ser cancelado pela introdução da diagonal de q_{i-1} até q_{i+1}, respectivamente de q_{i-1}' até q_{i+1}', com $\overline{q_{i-1}q_{i+1}} = \overline{q_{i-1}'q_{i+1}'}$, de forma que, por indução, a demonstração está completa. Assim, podemos supor que $\alpha_i < \alpha_i'$ para $2 \leq i \leq n-1$.

Agora, produzimos um novo polígono Q^* a partir de Q substituindo α_{n-1} pelo maior ângulo possível $\alpha_{n-1}^* \leq \alpha_{n-1}'$ que mantém Q^* convexo. Para isso, substituímos q_n por q_n^*, mantendo todos os outros q_i, comprimentos das arestas e ângulos de Q.

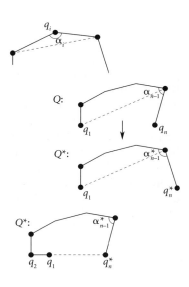

Se, de fato, pudermos escolher $\alpha_{n-1}^* = \alpha_{n-1}'$ mantendo Q^* convexo, então obtemos $\overline{q_1 q_n} < \overline{q_1 q_n^*} \leq \overline{q_1' q_n'}$, usando o caso $n = 3$ para o primeiro passo e a indução anterior para o segundo passo.

Caso contrário, depois de um movimento não trivial que fornece

$$\overline{q_1 q_n^*} > \overline{q_1 q_n} \quad (1)$$

ficamos "emperrados" numa situação em que q_1, q_2 e q_n^* são colineares, com

$$\overline{q_2 q_1} + \overline{q_1 q_n^*} = \overline{q_2 q_n^*}. \quad (2)$$

Agora, comparamos esse Q^* com Q' e encontramos

$$\overline{q_2 q_n^*} \leq \overline{q_2' q_n'} \quad (3)$$

por indução em n (ignorando o vértice q_1 respectivamente q_1'). Assim, obtemos

$$\overline{q_1' q_n'} \overset{(*)}{\geq} \overline{q_2' q_n'} - \overline{q_1' q_2'} \overset{(3)}{\geq} \overline{q_2 q_n^*} - \overline{q_1 q_2} \overset{(2)}{=} \overline{q_1 q_n^*} \overset{(1)}{\geq} \overline{q_1 q_n},$$

onde (*) é apenas a desigualdade triangular e todas as outras relações já foram deduzidas. □

Vimos um exemplo que mostra que o teorema de Cauchy não é verdadeiro para poliedros *não convexos*. O aspecto especial desse exemplo é, obviamente, que um "empurrão" não contínuo leva um poliedro ao outro, mantendo suas faces congruentes, enquanto os ângulos diedrais "dão um salto". Podemos perguntar mais:

> *Poderia existir, para algum poliedro não convexo, uma deformação contínua que mantivesse as faces planas e congruentes?*

Conjecturou-se que nenhuma superfície triangulada, convexa ou não, admite tal movimento. Dessa forma, foi uma grande surpresa quando, em 1977 – mais de 160 anos depois do trabalho de Cauchy –, Robert Connelly apresentou contraexemplos: esferas trianguladas fechadas mergulhadas em $\mathbb{R}^3$ (sem autointerseções) que são flexíveis, com um movimento contínuo que mantém constante todos os comprimentos de arestas e, assim, mantém as faces triangulares congruentes.

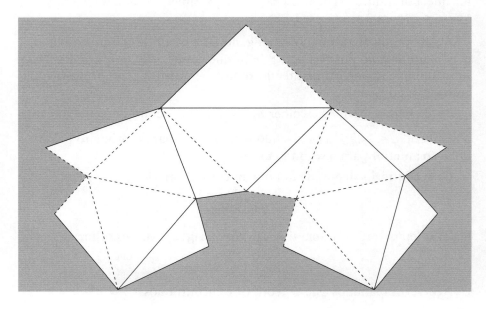

Um belo exemplo de uma superfície flexível construído por Klaus Steffen: as linhas pontilhadas representam as arestas não convexas nesse modelo de papel "recortado". Dobre as linhas normais como "montanhas" e as linhas pontilhadas como "vales". As arestas no modelo têm comprimentos 5, 10, 11, 12 e 17 unidades.

A teoria da rigidez de superfícies tem ainda mais surpresas estocadas: Idjad Sabitov conseguiu demonstrar que, quando qualquer dessas superfícies flexíveis se move, o *volume* que ela delimita deve ser constante. A demonstração dele também é muito bonita em seu uso de maquinaria algébrica de polinômios e determinantes (fora do escopo deste livro).

Referências

[1] A. CAUCHY: *Sur les polygones et les polyèdres, seconde mémoire*, J. École Polytechnique XVIe Cahier, Tome IX (1813), 87; Œuvres Complètes, IIe Série, Vol. 1, Paris, 1905, 226-38.

[2] R. CONNELLY: *A counterexample to the rigidity conjecture for polyhedra*, Inst. Haut. Etud. Sci. Publ. Math. 47 (1978), 333-338.

[3] R. CONNELLY: *The rigidity of polyhedral surfaces*, Mathematics Magazine 52 (1979), 275-283.

[4] I. KH. SABITOV: *The volume as a metric invariant of polyhedra*, Descrete Comput. Geometry 20 (1998), 404-425.

[5] J. SCHOENBERG & S. K. ZAREMBA: *On Cauchy's lemma concerning convex polygons*, Canadian J. Math. 19 (1967), 1062-1071.

CAPÍTULO 15
ANÉIS BORROMEANOS NÃO EXISTEM

Os "anéis borromeanos" – três anéis dispostos de modo que quaisquer dois deles não estejam entrelaçados, mas que a configuração não possa ser separada sem quebrar um dos anéis – formam um símbolo artístico clássico, o qual aparece no brasão de armas da família aristocrática Borromeo desde meados do século XV.

Os anéis borromeanos também são uma das "figuras impossíveis" mais tentadoras e enigmáticas da matemática. Eles podem ser facilmente construídos como objetos geométricos de modo que dois dos anéis sejam círculos perfeitos de mesmo tamanho; entretanto, parece que o terceiro anel será representado, na melhor das hipóteses, por uma elipse. Assim, é natural perguntar:

> *Os anéis borromeanos podem ser construídos a partir de três círculos perfeitos?*

Como objeto matemático, os anéis borromeanos fazem parte da teoria dos nós e entrelaçamentos que liga de forma muito atraente a geometria, a topologia e a combinatória. Todos temos uma imagem geométrica de como os nós (curvas fechadas no espaço) e os entrelaçamentos (combinações de diversas destas curvas) parecem, e podemos desenhá-los no plano. Também temos noções intuitivas de quando dois nós ou entrelaçamentos são "os mesmos" (equivalentes), quando um nó ou entrelaçamento é "trivial", quando dois círculos estão entrelaçados etc.: o apêndice deste capítulo fornece uma revisão dos termos e definições essenciais, incluindo o fato de que dois diagramas apresentam o mesmo entrelaçamento ou nó se e somente se eles puderem ser transformados um no outro por uma sequência finita de "movimentos de Reidemeister".

A teoria dos nós como conhecemos hoje teve início em 1867, quando o físico William Thompson, conhecido atualmente como Lord Kelvin, apresentou sua "teoria dos vórtices", de acordo com a qual os átomos poderiam ser explicados como nós no fundo de "éter" do universo. A teoria de Kelvin foi imensamente popular na época e levou a esforços consideráveis na enumeração e na classificação de nós e entrelaçamentos. O colega e coautor de Kelvin, o físico escocês Peter Guthrie Tait, publicou as primeiras tabelas de nós em 1876. Ele mostrou e discutiu os seguintes entrelaçamentos:

Nesta figura, o número 15 mostra os anéis borromeanos, enquanto o número 18 é um entrelaçamento aparentemente diferente que, entretanto, compartilha das mesmas características: ele consiste de três curvas fechadas que não estão entrelaçadas par a par, enquanto que o diagrama todo parece não ser possível de separar, ele representa um entrelaçamento não trivial.

Tait de fato afirmou que os entrelaçamentos número 15 e número 18 não eram equivalentes, aparentemente com base na hipótese de que qualquer diagrama *alternante* de um entrelaçamento (no qual, ao longo de cada curva, os cruzamentos por baixo e por cima se alternam) tem um número mínimo de cruzamentos entre todos os diagramas possíveis. Esta antiga "conjectura de Tait" foi demonstrada mais de cem anos depois, por Thistlethwaite, Kauffman e Murasugi, em 1987. (Os exemplos número 16 e 17 de Tait têm apenas uma componente, portanto são nós. Todos os quatro exemplos caem em uma família maior que foi descrita e estudada como entrelaçamentos *Turk's head*.[1]

Em 1892, o geômetra Hermann Brunn introduziu uma família de objetos muito mais geral conhecida atualmente por *entrelaçamentos brunnianos*: entrelaçamentos com k componentes nos quais qualquer subcoleção com $k-1$ componentes é trivial. Os entrelaçamentos de Tait número 15 (os anéis borromeanos) e o número 18 são exemplos.

De volta aos anéis borromeanos: eles de fato *não podem* ser construídos a partir de três círculos perfeitos. A primeira demonstração disso apareceu em 1987 em um longo artigo de geometria diferencial de Michael F. Freedman e Richard Skora. Sua bela ideia geométrica, "obter filmes de cúpulas esféricas",

---

[1] Literalmente traduzido como entrelaçamentos "cabeça de turco", em referência a um dos nós dessa classe, que lembra um turbante amarrado (N.T.).

é muito poderosa: ela resolve não apenas o problema dos anéis borromeanos, como mostra que qualquer entrelaçamento brunniano construído a partir de círculos perfeitos é trivial. Ela também pode ser generalizada para entrelaçamentos formados por k-esferas no espaço de dimensão $2k + 1$. Nossa apresentação tem base em uma curta observação não publicada de Ian Agol, "Circle links".

Teorema 1. *Se um entrelaçamento consiste de círculos perfeitos disjuntos não entrelaçados par a par, então o entrelaçamento é trivial.*

Demonstração. Movendo cada um dos círculos só um pouco, podemos supor que eles estejam em planos distintos, sem que dois dos planos sejam paralelos e de modo que nenhum dos planos gerados por um dos círculos contenha o centro de um segundo círculo. (Este primeiro passo preparatório não é necessário, mas ele simplifica bastante algumas partes posteriores da demonstração.)

Existem diversas maneiras diferentes de definir o que significa dois círculos disjuntos de $\mathbb{R}^3$ estarem *entrelaçados*. Vamos usar aqui o seguinte: dois círculos estão entrelaçados se um deles intercepta (e não apenas toca) o disco gerado pelo outro exatamente uma vez.

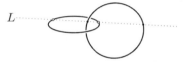

Dois círculos entrelaçados

Considere os círculos $C, C' \subseteq \mathbb{R}^3$, sejam D, D' os discos planos que eles delimitam e H, H' os planos que eles geram. Se C' intercepta o disco D em um ponto, então este ponto está tanto em $D \subseteq H$ quanto em $C' \subseteq D' \subseteq H'$, de modo que, em particular, está na interseção dos planos H e H', que é uma reta, $L := H \cap H'$. Como esta reta está no plano H e contém um ponto no interior do disco D, ela intercepta C em exatamente dois pontos. O círculo C' intercepta o plano H uma vez no interior de D, de forma que deve haver um segundo ponto de interseção, que está novamente na reta L, mas fora de D.

Concluímos que há dois pares de pontos de interseção dados por $C \cap L$ e $C' \cap L$ e estes dois pares se alternam na reta L. Em particular, vemos que nesta situação também C intercepta o disco D' em um ponto.

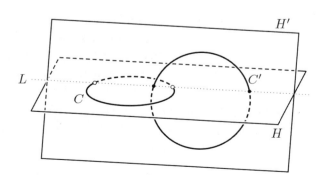

Acontece que esta "propriedade alternante" caracteriza os círculos entrelaçados: se dois círculos C, C' não estão entrelaçados, então um deles não atinge (ou apenas toca) o disco gerado pelo outro. Neste caso, encontramos menos de quatro pontos de $C \cup C'$ na reta L, ou os quatro pontos não se alternam.

Agora, para a demonstração do teorema, tomamos uma configuração de n círculos em $\mathbb{R}^3$ na qual quaisquer dois deles não estão entrelaçados, e construímos *cúpulas esféricas* sobre os discos gerados pelos círculos. Isso acarreta um passo ousado na quarta dimensão, já que adicionamos uma coordenada extra. Não se preocupe com a forma de visualizar isso – no final olharemos para estas funções de cúpulas definidas em retas, de modo que os argumentos poderão ser visualizados e verificados em diagramas planos.

As cúpulas esféricas são construídas da seguinte maneira: para qualquer círculo $C \subseteq \mathbb{R}^3$ com centro c e raio r, existe um hemisfério bidimensional $S \subseteq \mathbb{R}^4$, que pode ser obtido como o grafo

$$\{(x, h(x)) \in \mathbb{R}^3 \times \mathbb{R} : x \in D\}$$

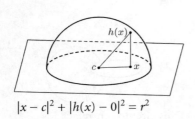

$|x - c|^2 + |h(x) - 0|^2 = r^2$

da função

$$h : D \to \mathbb{R}, \quad h(x) := \sqrt{r^2 - |x - c|^2}$$

no disco fechado D gerado pelo círculo C. A cúpula S é *ortogonal acima* de D no seguinte sentido: se a projetarmos em $\mathbb{R}^3$ pela projeção ortogonal $\pi : \mathbb{R}^4 \to \mathbb{R}^3$, $(x, t) \mapsto x$, que "esquece a última coordenada", então a imagem da cúpula será o disco D.

Afirmação. *Se dois círculos disjuntos C, $C' \subseteq \mathbb{R}^3$ não estão entrelaçados, então suas cúpulas esféricas S, $S' \subseteq \mathbb{R}^3 \times \mathbb{R}$ não se interceptam.*

Demonstração da afirmação. Demonstraremos que se as cúpulas S, S' acima dos discos D, D' gerados por dois discos disjuntos C, $C' \subseteq \mathbb{R}^3$ se interceptam, então os círculos estão entrelaçados. Para isso, seja (x_0, t_0) um ponto na interseção $S \cap S'$. Como (x_0, t_0) está em S, obtemos $x_0 \in D$. Analogamente, como (x_0, t_0) está em S', obtemos $x_0 \in D'$. Portanto, x_0 está na reta L, e também está em $D \cap D'$, em que ambas as "funções levantamento" h e h' estão definidas.

As funções levantamento h, h' descrevem cúpulas esféricas definidas em D, respectivamente D'. Restritas à reta L, as funções h e h' definem semicírculos perfeitos, com domínios de definição $D \cap L$, respectivamente $D' \cap L$. (Este é o ponto crucial da demonstração: acima de uma elipse não é possível construir uma cúpula cujas restrições sejam semicírculos.)

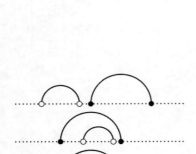

Os semicírculos acima de L se interceptam se e somente se suas extremidades se alternam na reta L

Como os semicírculos acima de $D \cap L$, $D' \cap L$ respectivamente, se interceptam, seus pares de extremidades $S \cap L$ e $S' \cap L$ se alternam em L, como ilustrado na margem. Portanto, os círculos C e C' estão entrelaçados. Isto termina a demonstração da afirmação.

Voltemos à configuração de círculos perfeitos disjuntos em $\mathbb{R}^3$ na qual quaisquer dois não estão entrelaçados. A ideia brilhante de Freedman e Skora foi usar as cúpulas disjuntas garantidas pela afirmação para construir um "filme" que *nos mostra* como separar os círculos no entrelaçamento por um movimento contínuo. Para isso, identificamos o espaço $\mathbb{R}^3$ original, que contém o entrelaçamento, com a fatia $\mathbb{R}^3 \times \{0\}$ do espaço $\mathbb{R}^3 \times \mathbb{R}$ que contém as cúpulas: ou seja, a coordenada extra t é interpretada como tempo, e começamos nosso filme em $t = 0$ com o entrelaçamento original. Se agora aumentarmos continuamente a quarta coordenada (tempo), então o que veremos nas fatias temporais $\mathbb{R}^3 \times \{t\}$ é um filme no qual cada um dos círculos se contrai para um ponto e então desaparece.

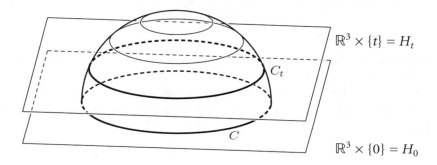

Aqui está uma observação-chave: enquanto neste filme um círculo se contrai, *o centro do círculo e o plano gerado por ele não mudam*. Além disso, os círculos continuam disjuntos, já que as cúpulas são disjuntas pela afirmação e, portanto, quaisquer dois dos círculos continuam não entrelaçados.

Podemos parar a contração para cada círculo em algum instante no qual o círculo está tão pequeno que não mais intercepta um plano gerado por qualquer um dos outros círculos. Além disso, também o disco gerado por este pequeno círculo não interceptará qualquer um dos outros círculos planos – nem em um instante de tempo no qual paramos sua contração, nem em qualquer instante posterior.

Assim, o filme acabará com todos os círculos tão contraídos que eles têm discos geradores disjuntos: os círculos estão completamente separados e, portanto, este entrelaçamento é trivial.

Em particular, acabamos de demonstrar que qualquer entrelaçamento brunniano construído de círculos perfeitos pode ser separado em um movimento que mantém os círculos perfeitos ao longo do processo. Entretanto, permanece um problema em aberto saber se cada um dos círculos poderia manter seu tamanho em um destes filmes.

Com o Teorema 1, estabelecemos que os anéis borromeanos não podem ser construídos por círculos perfeitos – supondo que saibamos que os anéis borromeanos formam um entrelaçamento não trivial. Sabemos isso? Não é de modo algum fácil demonstrar rigorosamente que *qualquer* nó ou entrelaçamento é não trivial... Entretanto, o eminente pesquisador em teoria dos nós Ralph Fox inventou um método surpreendentemente simples para fazer isso – dizem que ele o projetou "como um esforço para tornar o assunto acessível a todo mundo" quando ensinava teoria dos nós para alunos de graduação no Haverford College em 1956. O primeiro traço de publicação que pode ser encontrado é um exercício de um livro-texto de teoria dos nós, de 1963, de Crowell e Fox. Trinta anos depois, Ollie Nanyes observou que o método de Fox também resolvia o problema dos anéis borromeanos.

> **Teorema 2.** *Os anéis borromeanos não são triviais e eles também não são equivalentes ao entrelaçamento número 18 de Tait.*

A relação de cruzamento

Demonstração. Para todo $n \geq 2$, uma *n-rotulação de Fox* de um diagrama de entrelaçamento rotula cada arco do diagrama por um inteiro módulo n, de modo que em cada cruzamento os dois inteiros a e c dos arcos que acabam no cruzamento e o rótulo b do arco que passa por cima satisfazem a *relação de cruzamento*

$$a + c \equiv 2b \pmod{n}$$

Cada diagrama de entrelaçamento possui n *n-rotulações triviais*, cada uma das quais usa o mesmo rótulo para todos os arcos do diagrama, de modo que estamos interessados nas rotulações não triviais, que usam pelo menos dois rótulos. Por exemplo, qualquer entrelaçamento que consiste de duas partes disjuntas "bem afastadas" no plano tem pelo menos n^2 n-rotulações de Fox diferentes. Vamos agora observar um fato crucial:

Afirmação. *Se dois diagramas representam entrelaçamentos equivalentes, então eles têm o mesmo número de n-rotulações de Fox.*

Como explicado no apêndice deste capítulo, os diagramas para entrelaçamentos equivalentes estão ligados por deformações contínuas e uma sequência finita de movimentos de Reidemeister de tipos I, II e III; de forma que tudo o que precisamos verificar é que os movimentos de Reidemeister não mudam o número de n-rotulações de Fox. Isto fica claro nos esboços a seguir, nos quais em cada um dos desenhos separados todas as relações entre os rótulos dos diferentes arcos estão determinadas pelas relações de cruzamento:

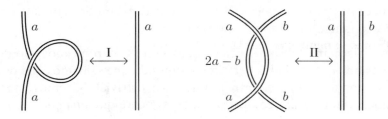

Anéis borromeanos não existem

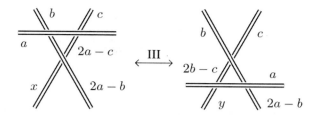

Em particular, para rótulos arbitrários a, b e c, nos movimentos de Reidemeister de tipo III as relações de cruzamento acabam nos forçando a colocar os rótulos

$$x \equiv 2(2a - b) - (2a - c) \equiv c + 2a - 2b$$

antes do movimento e

$$y \equiv 2a - (2b - c) \equiv c + 2a - 2b$$

depois do movimento. Isso estabelece a veracidade da afirmação!

Agora, temos simplesmente que contar as rotulações. As observações interessantes ocorrerão para $n \geq 3$ ímpar.

Para os *anéis borromeanos* afirmamos que todas as n-rotulações de Fox são triviais se $n \geq 3$ for ímpar: se no diagrama-padrão dos anéis borromeanos os arcos externos forem rotulados a, b e c (como esboçado na margem), então os cruzamentos externos forçarão os arcos internos a terem os rótulo $2b - a$, $2c - b$ e $2a - c$, e nos cruzamentos internos do diagrama precisaremos que

$$2(2b - a) \equiv c + (2a - c),\ 2(2c - b) \equiv a + (2b - a),\ 2(2a - c) \equiv b + (2c - b),$$

ou seja, $4a \equiv 4b \equiv 4c$ e, portanto, $a \equiv b \equiv c \pmod{n}$, já que n é ímpar. (Para todo $n \geq 2$ par, existem rotulações não triviais.) Em particular, os anéis borromeanos têm apenas as 3-rotulações e as 5-rotulações de Fox triviais.

Para o *entrelaçamento de Tait número 18*, um cálculo bem parecido, com os rótulos a, b, c, d, e e f associados aos arcos externos, leva aos rótulos internos $2a - b$, $2b - c$, $2c - d$ etc., e então finalmente às condições

$$a - d \equiv 4(b - c),\ b - e \equiv 4(c - d),\ c - f \equiv 4(d - e),\ \ldots \pmod{n}.$$

Para $n = 3$, isto fornece $a - b + c - d \equiv 0$, $b - c + d - e \equiv 0$ etc., e deduzimos rapidamente que $a \equiv b \equiv \cdots \equiv f$, de modo que novamente existem apenas as 3-rotulações triviais.

Entretanto, para $n = 5$ vemos que precisamos resolver as equações $a + b \equiv c + d$, $b + c \equiv d + e$ etc., e isso nos leva às soluções com $a \equiv c \equiv e$ e $b \equiv d \equiv f$ arbitrários (e nenhuma outra). Assim, existem $5^2 = 25$ 5-rotulações de Fox para este entrelaçamento.

O *entrelaçamento trivial com três componentes* tem n^3 n-rotulações de Fox, ou seja, tem 27 3-rotulações de Fox e 125 5-rotulações de Fox.

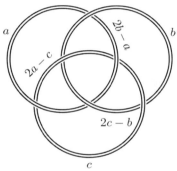

Rótulos para os anéis borromeanos

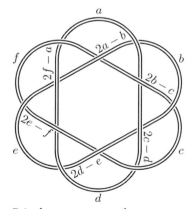

Rótulos para o entrelaçamento de Tait número 18

Assim, os anéis borromeanos, o entrelaçamento de Tait número 18 e o entrelaçamento com três componentes têm números diferentes de 5-rotulações de Fox (5, 25 e 125, respectivamente) e, portanto, não são entrelaçamentos equivalentes. □

Apêndice: noções básicas de nós e entrelaçamentos

Os topologistas definem um *nó* como a imagem de um mergulho contínuo de um círculo em $\mathbb{R}^3$; um geômetra diferencial poderia adicionar que não estamos interessados em nós "selvagens", mas apenas nos "domesticados", que são curvas lisas. Um *entrelaçamento* é obtido por um mergulho liso de uma união disjunta de círculos disjuntos, conhecidos como *componentes* do entrelaçamento. Nós e entrelaçamentos também podem ser tratados como objetos combinatórios, já que uma projeção qualquer de um nó ou entrelaçamento liso em um plano ao longo de uma direção suficientemente "genérica" leva a uma representação por um *diagrama*, ou seja, um desenho do nó ou entrelaçamento por curvas lisas no plano com apenas um número finito de cruzamentos, nos quais exatamente duas partes diferentes do nó ou entrelaçamento se cruzam – e onde indicamos um cruzamento por cima ou por baixo de uma forma parecida com a "*trompe l'œil*".[2]

Quando dois nós ou dois entrelaçamentos são os mesmos? Topologicamente, definimos dois entrelaçamentos L e L' como *equivalentes* se existir um homeomorfismo que preserve a orientação entre $(\mathbb{R}^3, L)$ e $(\mathbb{R}^3, L')$, ou seja, uma aplicação contínua e bijetora $h: \mathbb{R}^3 \to \mathbb{R}^3$ com uma inversa contínua tal que $h(L) = L'$. Geometricamente, podemos descrever isto como uma deformação contínua do espaço que move L sobre L'. Tais deformações podem ser difíceis de descrever e analisar, mas em 1926 Kurt Reidemeister demonstrou uma caracterização combinatória muito útil: dois diagramas desenhados no plano descrevem nós ou entrelaçamentos equivalentes se e somente se um puder ser obtido do outro por deformações contínuas e um número finito de operações locais conhecidas atualmente como *movimentos de Reidemeister* de tipos I, II e III.

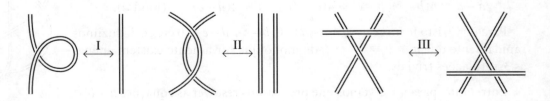

A parte "se" do teorema de Reidemeister é bastante óbvia. Para a direção "somente se" estudam-se deformações lisas de L em L', para as quais também

---
[2]Ilusão de ótica (N.T.).

se exige que as direções e curvaturas ao longo das curvas variem continuamente. Se mantivermos então uma projeção de uma "posição geral" em um plano, isto nos dará uma deformação contínua de um diagrama no outro apenas com um número finito de movimentos do tipo de Reidemeister no caminho.

Um nó é *trivial* se ele for equivalente a um círculo perfeito (geométrico) no $\mathbb{R}^3$, ou equivalentemente, se ele admitir um disco gerador cujo interior é disjunto do nó. De modo mais geral, um entrelaçamento com k componentes é *trivial* se ele for equivalente ao entrelaçamento formado por k círculos "bem afastados" que têm círculos geradores disjuntos.

Referências

[1] H. Brunn: *Über Verkettung*, Sitzungsberichte der Bayerischen Akad. Wiss. Math.-Phys. Klasse 22 (1892), 77-90.

[2] M. Epple: *Die Entstehung der Knotentheorie*, Vieweg, Braunschweig/Wiesbaden, 1999.

[3] R. H. Fox: *A quick trip through knot theory*, in: "Topology of 3-manifolds and Related Topics" (M. K. Fort, ed.), Prentice-Hall Inc.,1962, p. 120-167.

[4] M. Freedman & R. Skora: *Strange actions on groups of spheres*, J. Differential Geometry 25 (1987), 75-98.

[5] O. Nanyes: *An elementry proof that the Borromean rings are nonsplittable*, Amer. Math. Manthly 100 (1993), 786-789.

[6] K. Reidemeister: *Elementare Begründung der Knotentheory*, Abh. Math. Sem. Univ. Hamburg 5 (1926), 24-32.

[7] P. G. Tait: *On knots*, Transactions Royal Soc. Edinbusgh 28 (1876-77), 145-190.

CAPÍTULO 16
SIMPLEXOS QUE SE TOCAM

> *Quantos simplexos d-dimensionais podem ser posicionados em $\mathbb{R}^d$ de forma que se toquem dois a dois, isto é, tal que as interseções de quaisquer dois deles sejam $(d-1)$-dimensionais?*

Essa é uma questão velha e muito natural. Vamos chamar de $f(d)$ a resposta a esse problema e registrar que $f(1) = 2$, o que é trivial. Para $d = 2$, a configuração com quatro triângulos na margem mostra que $f(2) \geq 4$. Não existe nenhuma configuração similar com cinco triângulos, porque daí a construção do grafo dual, que para nosso exemplo com quatro triângulos fornece um desenho plano de K_4, daria uma imersão plana de K_5, que é impossível (ver página 109). Assim, temos

$$f(2) = 4.$$

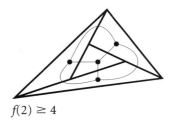

$f(2) \geq 4$

Em três dimensões, $f(3) \geq 8$ é bem fácil de ver. Para isso, usamos a configuração de oito triângulos representada à direita. Os quatro triângulos sombreados são unidos a algum ponto x abaixo do "plano de desenho", o que resulta em quatro tetraedros que tocam o plano por baixo. Analogamente, os quatro triângulos brancos são unidos a algum ponto y acima do plano de desenho. Assim, obtemos uma configuração de oito tetraedros em $\mathbb{R}^3$ que se tocam, ou seja, $f(3) \geq 8$.

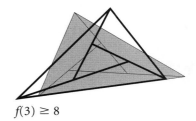

$f(3) \geq 8$

Em 1965, Baston escreveu um livro demonstrando que $f(3) \leq 9$ e, em 1991, custou a Zaks um outro livro para estabelecer que

$$f(3) = 8.$$

Com $f(1) = 2$; $f(2) = 4$ e $f(3) = 8$, não é necessário muita inspiração para chegarmos à seguinte conjectura, proposta primeiramente por Bagemihl, em 1956.

Conjectura. *O número máximo de d-simplexos que se tocam dois a dois em uma configuração em $\mathbb{R}^d$ é*

$$f(d) = 2^d.$$

O limitante inferior, $f(d) \geq 2^d$, é fácil de verificar "se o fizermos direito". Isso equivale a um uso pesado de transformações afins de coordenadas e a uma indução na dimensão para verificar o seguinte resultado mais forte, devido a Joseph Zaks [4].

"Simplexos que se tocam"

Teorema 1. *Para todo $d \geq 2$, existe uma família de 2^d d-simplexos que se tocam dois a dois em $\mathbb{R}^d$ junto com uma reta transversal que atinge o interior de cada um deles.*

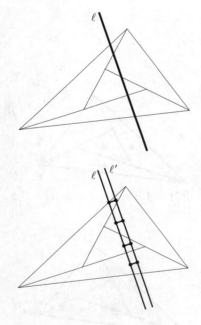

Demonstração. Para $d = 2$ a família de quatro triângulos que consideramos anteriormente realmente tem tal reta transversal. Consideramos agora qualquer configuração d-dimensional de simplexos que se tocam que tenha uma reta transversal ℓ. Qualquer reta paralela próxima ℓ' também é uma reta transversal. Se escolhermos ℓ e ℓ' suficientemente próximas e paralelas, então cada um dos simplexos contém um intervalo de conexão ortogonal (o mais curto) entre as duas retas. Apenas uma parte limitada das retas ℓ e ℓ' está contida nos simplexos da configuração, e podemos adicionar dois segmentos de conexão no lado de fora da configuração, de forma que o retângulo gerado pelas duas retas de conexão do lado de fora (isto é, a envoltória convexa delas) contém todos os outros segmentos de conexão. Assim, colocamos uma "escada" tal que cada um dos simplexos da configuração tem um dos degraus da escada em seu interior, enquanto as quatro extremidades da escada estão do lado de fora da configuração.

Agora, o passo principal é fazer uma transformação de coordenadas (afim) que mapeie $\mathbb{R}^d$ em $\mathbb{R}^d$ e leve o retângulo gerado pela escada para o retângulo (meio quadrado) dado por

$$R^1 = \{(x_1, x_2, 0, \ldots, 0)^T : -1 \leq x_1 \leq 0; -1 \leq x_2 \leq 1\},$$

conforme mostrado na figura ao lado.

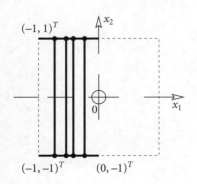

Assim, a configuração obtida de simplexos que se tocam $\sum^1$ em $\mathbb{R}^d$ tem o eixo x_1 como uma reta transversal e está colocada de forma que cada um dos simplexos contém um segmento

$$S^1(\alpha) = \{(\alpha, x_2, 0, \ldots, 0)^T : -1 \leq x_2 \leq 1\}$$

em seu interior (para algum α, com $-1 < \alpha < 0$), enquanto a origem 0 está do lado de fora de todos os simplexos.

Agora, produzimos uma segunda cópia dessa configuração, refletindo a primeira no hiperplano dado por $x_1 = x_2$. Essa segunda configuração tem o eixo x_2 como uma reta transversal, e cada simplexo contém um segmento

$$S^2(\beta) = \{(x_1, \beta, 0, ..., 0)^T : -1 \leq x_1 \leq 1\}$$

em seu interior, com $-1 < \beta < 0$. Mas, cada segmento $S^1(\alpha)$ intercepta cada segmento $S^2(\beta)$ e, assim, o interior de cada simplexo de $\sum^1$ intercepta cada simplexo de $\sum^2$ em seu interior. Assim, se adicionarmos uma $(d+1)$-ésima coordenada x_{d+1} e tomarmos $\sum$ como sendo

$$\{\text{conv}(P_i \cup \{-e_{d+1}\}) : P_i \in \sum^1\} \cup \{\text{conv}(P_j \cup \{e_{d+1}\}) : P_j \in \sum^2\},$$

então conseguiremos uma configuração de $(d+1)$-simplexos que se tocam em $\mathbb{R}^{d+1}$. Além disso, a antidiagonal

$$A = \{(x, -x, 0, ..., 0)^T : x \in \mathbb{R}\} \subseteq \mathbb{R}^d$$

intercepta todos os segmentos $S^1(\alpha)$ e $S^2(\beta)$. Podemos "inclina-la" um pouco e obter a reta

$$L_\varepsilon = \{(x, -x, 0, ..., 0, \varepsilon x)^T : x \in \mathbb{R}\} \subseteq \mathbb{R}^{d+1},$$

que, para todo $\varepsilon > 0$ suficientemente pequeno, intercepta todos os simplexos de $\sum$. Isso completa nosso passo da indução. □

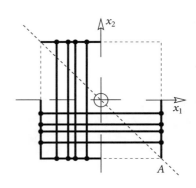

Em contraste com esse limitante inferior exponencial, limitantes superiores bons são difíceis de conseguir. Um argumento indutivo ingênuo (considerando separadamente todos os hiperplanos numa configuração com toques) fornece apenas

$$f(d) \leq \frac{2}{3}(d+1)!,$$

e isso está muito longe do limitante inferior do Teorema 1. Contudo, Micha Perles encontrou a seguinte demonstração "mágica" para um limitante muito melhor.

Teorema 2. *Para todo $d \geq 1$, temos que $f(d) < 2^{d+1}$.*

Demonstração. Dada uma configuração de r simplexos de dimensão d que se tocam, $P_1, P_2, ..., P_r$ em $\mathbb{R}^d$, primeiro enumere os diferentes hiperplanos $H_1, H_2, ..., H_s$ gerados pelas faces dos P_i e, para cada um deles, escolha arbitrariamente um lado positivo H_i^+, chamando o outro lado de H_i^-.

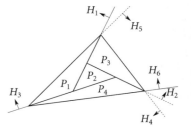

Por exemplo, para a configuração bidimensional de $r = 4$ triângulos (representados ao lado), encontramos $s = 6$ hiperplanos (que são retas para $d = 2$).

A partir desses dados, construímos a *matriz B*, uma matriz $r \times s$ com elementos em $\{+1, -1, 0\}$, como segue:

$$B_{ij} := \begin{cases} +1 & \text{se } P_i \text{ tem uma face em } H_j \text{ e } P_i \subseteq H_j^+, \\ -1 & \text{se } P_i \text{ tem uma face em } H_j \text{ e } P_i \subseteq H_j^-, \\ 0 & \text{se } P_i \text{ não tem uma face em } H_j. \end{cases}$$

Por exemplo, a configuração bidimensional anterior dá origem à matriz

$$B = \begin{pmatrix} 1 & 0 & 1 & 0 & 1 & 0 \\ -1 & -1 & 1 & 0 & 0 & 0 \\ -1 & 1 & 0 & 1 & 0 & 0 \\ 0 & -1 & -1 & 0 & 0 & 1 \end{pmatrix}.$$

Vale a pena registrar três propriedades da matriz B. Primeiro, uma vez que cada d-simplexo tem $d + 1$ faces, encontramos que cada coluna de B tem exatamente $d + 1$ elementos não nulos e, assim, tem exatamente $s - (d + 1)$ elementos nulos. Segundo, estamos lidando com uma configuração de simplexos que se tocam dois a dois e, assim, para cada par de linhas, obtemos uma coluna na qual uma linha tem um elemento $+1$, enquanto o elemento na outra linha é -1. Ou seja, as linhas são diferentes *mesmo que nós desconsideremos seus elementos zero*. Terceiro, as linhas de B "representam" os simplexos P_i, via

$$P_i = \bigcap_{j: B_{ij}=1} H_j^+ \cap \bigcap_{j: B_{ij}=-1} H_j^-. \tag{$\star$}$$

Agora, deduzimos de B uma nova matriz C, na qual cada linha de B é substituída por todos os vetores-linha que se puder gerar a partir dela trocando-se todos os zeros por $+1$ ou -1. Como cada linha de B tem $s - d - 1$ zeros, e B tem r linhas, a matriz C tem $2^{s-d-1}r$ linhas.

Para o caso do nosso exemplo, essa matriz C seria uma matriz 32×6 que começa com

$$C = \left(\begin{array}{cccccc} 1 & 1 & 1 & 1 & 1 & 1 \\ 1 & 1 & 1 & 1 & 1 & -1 \\ 1 & 1 & 1 & -1 & 1 & 1 \\ 1 & 1 & 1 & -1 & 1 & -1 \\ 1 & -1 & 1 & 1 & 1 & 1 \\ 1 & -1 & 1 & 1 & 1 & -1 \\ 1 & -1 & 1 & -1 & 1 & 1 \\ 1 & -1 & 1 & -1 & 1 & -1 \\ \hline -1 & -1 & 1 & 1 & 1 & 1 \\ -1 & -1 & 1 & 1 & 1 & -1 \\ \vdots & \vdots & \vdots & \vdots & \vdots & \vdots \end{array} \right),$$

em que as primeiras oito linhas de C são obtidas da primeira linha de B, as segundas oito linhas vêm da segunda linha de B etc.

A questão agora é que todas as linhas de C são diferentes: se duas linhas são obtidas da mesma linha de B, então elas são diferentes, pois seus zeros foram substituídos de maneira diferente; se elas são obtidas de linhas diferentes de B, então elas diferem, não importando como os zeros foram substituídos. Mas as linhas de C são vetores ± 1 de comprimento s, e existem somente 2^s deles que são diferentes. Assim, uma vez que as linhas de C são distintas, C pode ter no máximo 2^s linhas, isto é, $2^{s-d-1}r \le 2^s$.

Contudo, nem todos os vetores ± 1 possíveis aparecem em C, o que resulta em uma desigualdade estrita $2^{s-d-1}r < 2^s$ e, portanto, $r < 2^{d+1}$. Para ver isso, observamos que cada linha de C representa uma intersecção de semiespaços – exatamente como antes para as linhas de B, através da fórmula (*). Essa interseção é um subconjunto do simplexo P_i, que foi dado pela linha correspondente de B. Vamos tomar um ponto $x \in \mathbb{R}^d$ que não fica em nenhum dos hiperplanos H_j, nem em qualquer dos simplexos P_i. A partir desse x, construímos um vetor ± 1 que registra, para cada j, se $x \in H_j^+$ ou $x \in H_j^-$. Esse vetor ± 1 não ocorre em C porque sua interseção no semiespaço, de acordo com (*), contém x e, assim, não está contido em nenhum simplexo P_i. □

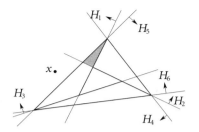

A primeira linha da matriz C representa o triângulo sombreado, enquanto que a segunda linha corresponde a uma interseção vazia dos semiespaços. O ponto x leva ao vetor

$$(1\ -1\ \ 1\ \ 1\ -1\ \ 1)$$

que não aparece na matriz C.

Referências

[1] F. BAGEMIHL: *A conjecture concerning neighboring tetrahedra*, Amer. Math. Monthly 63 (1956) 328-329.

[2] V. J. D. BASTON: *Some Properties of Polyhedra in Euclidean Space*, Pergamon Press, Oxford, 1965.

[3] M. A. PERLES: *At most 2^{d+1} neighborly simplices in E^d*; Annals of Discrete Math. 20 (1984), 253-254.

[4] J. ZAKS: *Neighborly families of 2^d d-simplices in E^d*, Geometriae Dedicata 11 (1981), 279-296.

[5] J. ZAKS: *No nine neighborly tetrahedra exist*, Memoirs Amer. Math. Soc. 447, Vol. 91, 1991.

CAPÍTULO 17
TODO CONJUNTO GRANDE DE PONTOS TEM UM ÂNGULO OBTUSO

Por volta de 1950, Paul Erdős conjecturou que todo conjunto de mais de 2^d pontos em $\mathbb{R}^d$ determina pelo menos um *ângulo obtuso*, isto é, um ângulo que é estritamente maior do que $\frac{\pi}{2}$. Em outras palavras, qualquer conjunto de pontos em $\mathbb{R}^d$ que tenha somente ângulos agudos (incluindo ângulos retos) tem tamanho no máximo 2^d. Esse problema foi proposto como uma "questão que vale prêmio" pela Sociedade Matemática Holandesa – mas foram recebidas soluções apenas para $d = 2$ e para $d = 3$.

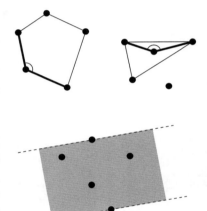

Para $d = 2$, o problema é fácil: os cinco pontos podem determinar um pentágono convexo, que sempre tem um ângulo obtuso (de fato, pelo menos um ângulo de no mínimo 108°). Caso contrário, temos um ponto contido na envoltória convexa de outros três que formam um triângulo. Mas esse ponto "vê" as três arestas de um triângulo em três ângulos que somam 360°, de forma que um dos ângulos é de no mínimo 120°. (O segundo caso também inclui situações em que temos três pontos numa reta e, assim, um ângulo de 180°).

De modo independente, Victor Klee perguntou poucos anos mais tarde – e Erdős espalhou a questão – quão grande poderia ser um conjunto em $\mathbb{R}^d$ e ainda ter a seguinte "propriedade de antipodalidade": para *quaisquer* dois pontos no conjunto existe uma faixa (limitada por dois hiperplanos paralelos) que contém o conjunto de pontos e que tem os dois pontos escolhidos em lados diferentes da sua fronteira.

Então, em 1962, Ludwig Danzer e Branko Grünbaum resolveram ambos os problemas de um golpe só: eles "sanduicharam" ambos os tamanhos máximos numa cadeia de desigualdades, que começa e termina em 2^d. Assim, a resposta é 2^d tanto para o problema de Erdős quanto para o de Klee.

No que segue, consideramos conjuntos (finitos) $S \subseteq \mathbb{R}^d$ de pontos, suas envoltórias convexas conv(S) e polítopos convexos gerais $Q \subseteq \mathbb{R}^d$. (Veja o apêndice sobre polítopos na página 90 para os conceitos básicos). Supomos que esses conjuntos têm a dimensão completa d, isto é, eles não estão contidos num hiperplano. Dois conjuntos convexos *se tocam* se eles têm pelo menos um ponto de fronteira comum, enquanto que seus interiores não se interceptam. Para qualquer conjunto $Q \subseteq \mathbb{R}^d$ e qualquer vetor $s \in \mathbb{R}^d$, denotamos por $Q + s$ a imagem de Q pela translação que move 0 para s. Analogamente, $Q - s$ é o transladado obtido pela aplicação que move s para a origem.

Não se sinta intimidado: este capítulo é uma excursão à geometria d-dimensional, mas os argumentos no que vem a seguir não exigem qualquer "intuição em alta dimensão", uma vez que eles todos podem ser seguidos, visualizados (e, assim, compreendidos) em três dimensões, ou mesmo no plano. Daí, nossas figuras irão ilustrar a demonstração para $d = 2$ (onde um "hiperplano" é apenas uma reta) e você pode imaginar as figuras para $d = 3$ (onde um "hiperplano" é um plano).

Teorema 1. *Para cada d, tem-se a seguinte cadeia de desigualdades:*

$$2^d \stackrel{(1)}{\leq} \max\left\{\#S \mid S \subseteq \mathbb{R}^d,\ \sphericalangle(s_i,s_j,s_k) \leq \tfrac{\pi}{2}\ \text{para cada}\ \{s_i,s_j,s_k\} \subseteq S\right\}$$

$$\stackrel{(2)}{\leq} \max\left\{\#S \;\middle|\; \begin{array}{l} S \subseteq \mathbb{R}^d\ \text{tal que para quaisquer dois pontos}\ \{s_i,s_j\} \subseteq S \\ \text{existe uma faixa}\ S(i,j)\ \text{que contém}\ S,\ \text{com}\ s_i\ \text{e}\ s_j\ \text{nos} \\ \text{hiperplanos de fronteira paralelos de}\ S(i,j) \end{array}\right\}$$

$$\stackrel{(3)}{=} \max\left\{\#S \;\middle|\; \begin{array}{l} S \subseteq \mathbb{R}^d\ \text{tal que os transladados}\ P - s_i,\ s_i \in S,\ \text{da} \\ \text{envoltória convexa}\ P := \text{conv}(S)\ \text{se interceptam num} \\ \text{ponto comum, mas tocando-se apenas} \end{array}\right\}$$

$$\stackrel{(4)}{\leq} \max\left\{\#S \;\middle|\; \begin{array}{l} S \subseteq \mathbb{R}^d\ \text{tal que os transladados}\ Q + s_i\ \text{de algum polítopo} \\ \text{convexo}\ d\text{-dimensional}\ Q \subseteq \mathbb{R}^d\ \text{tocam-se dois a dois} \end{array}\right\}$$

$$\stackrel{(5)}{=} \max\left\{\#S \;\middle|\; \begin{array}{l} S \subseteq \mathbb{R}^d\ \text{tal que os transladados}\ Q + s_i\ \text{de algum polítopo} \\ \text{convexo}\ d\text{-dimensional centralmente simétrico}\ Q^* \subseteq \mathbb{R}^d \\ \text{tocam-se dois a dois} \end{array}\right\}$$

$$\stackrel{(6)}{\leq} 2^d$$

Demonstração. Temos seis afirmações (igualdades e desigualdades) para verificar. Mãos à obra, então.

(1) Seja $S := \{0,1\}^d$ o conjunto de vértices do cubo unitário padrão em $\mathbb{R}^d$ e escolha $s_i, s_j, s_k \in S$. Por simetria, podemos supor que $s_j = 0$ é o vetor nulo. Daí, o ângulo pode ser calculado por

$$\cos\sphericalangle(s_i,s_j,s_k) = \frac{\langle s_i, s_k \rangle}{|s_i||s_k|}$$

que é, claramente, não negativo. Assim, S é um conjunto com $|S| = 2^d$ que não possui ângulos obtusos.

(2) Se S não contém ângulos obtusos, então para quaisquer $s_i, s_j \in S$ podemos definir $H_{ij} + s_i$ e $H_{ij} + s_j$ como sendo os hiperplanos paralelos que passam por s_i, respectivamente s_j, que são ortogonais à aresta $[s_i, s_j]$. Aqui, $H_{ij} = \{x \in \mathbb{R}^d : <x, s_i - s_j> = 0\}$ é o hiperplano *passando pela origem* que é ortogonal à reta que passa por s_i e s_j, e $H_{ij} + s_j = \{x + s_j : x \in H_{ij}\}$ é o transladado de H_{ij} que passa por s_j etc. Daí, a faixa entre $H_{ij} + s_i$ e $H_{ij} + s_j$ consiste, além de s_i e s_j, exatamente em todos os pontos $x \in \mathbb{R}^d$ tais que os ângulos $\triangleleft(s_i, s_j, x)$ e $\triangleleft(s_j, s_i, x)$ são não obtusos. Assim, a faixa contém todo o S.

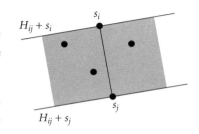

(3) P está contido no semiespaço de $H_{ij} + s_j$ que contém s_i se e somente se $P - s_j$ está contido no semiespaço de H_{ij} que contém $s_i - s_j$: a propriedade "um objeto está contido em um semiespaço" não será destruída se transladarmos tanto o objeto quanto o semiespaço pela mesma quantidade (mais especificamente, por $-s_j$). Analogamente, P está contido no semiespaço de $H_{ij} + s_i$ que contém s_j se e somente se $P - s_i$ está contido no semiespaço de H_{ij} que contém $s_j - s_i$.

Juntando ambas as afirmações, obtemos que o polítopo P está contido na faixa entre $H_{ij} + s_i$ e $H_{ij} + s_j$ se e somente se $P - s_i$ e $P - s_j$ ficam em semiespaços diferentes em relação ao hiperplano H_{ij}. Essa correspondência é ilustrada pelo esboço na margem.

Além disso, de $s_i \in P = \text{conv}(S)$, obtemos que a origem 0 está contida em todos os transladados $P - s_i$ ($s_i \in S$). Assim, vemos que os conjuntos $P - s_i$ se interceptam todos em 0, mas eles apenas se tocam: os interiores deles são disjuntos dois a dois, uma vez que ficam em lados opostos dos hiperplanos correspondentes H_{ij}.

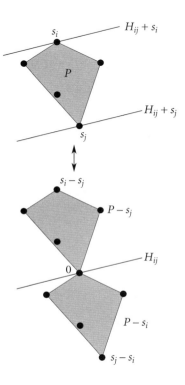

(4) Isso conseguimos de graça: "os transladados devem se tocar dois a dois" é uma condição mais fraca do que "elas se interceptam em um ponto comum, mas se tocam somente". Analogamente, podemos relaxar as condições tomando P como um d-polítopo convexo arbitrário em $\mathbb{R}^d$. Além disso, podemos trocar S por $-S$.

(5) Aqui, "$\geq$" é trivial, mas essa não é a direção interessante para nós. Precisamos começar com uma configuração $S \subseteq \mathbb{R}^d$ e um d-polítopo arbitrário $Q \subseteq \mathbb{R}^d$ tal que os transladados $Q + s_i$ ($s_i \in S$) tocam-se dois a dois. Afirmamos que, nessa situação, podemos usar

$$Q^\star := \left\{\tfrac{1}{2}(x-y) \in \mathbb{R}^d : x, y \in Q\right\}$$

em vez de Q. Mas isso não é difícil de ver: primeiro, $Q^\star$ é d-dimensional, convexo e centralmente simétrico. Pode-se verificar que $Q^\star$ é um polítopo (seus vértices são da forma $\tfrac{1}{2}(q_i - q_j)$, para vértices q_i, q_j de Q), mas isso não é importante para nós.

Agora, vamos mostrar que $Q + s_i$ e $Q + s_j$ tocam-se *se e somente se* $Q^* + s_i$ e $Q^* + s_j$ se tocam. Para isso, observamos, nos passos de Minkowski, que

$$(Q^* + s_i) \cap (Q^* + s_j) \neq \varnothing$$
$$\Leftrightarrow \exists q_i', q_i'', q_j', q_j'' \in Q : \tfrac{1}{2}(q_i' - q_i'') + s_i = \tfrac{1}{2}(q_j' - q_j'') + s_j$$
$$\Leftrightarrow \exists q_i', q_i'', q_j', q_j'' \in Q : \tfrac{1}{2}(q_i' + q_j'') + s_i = \tfrac{1}{2}(q_j' + q_i'') + s_j$$
$$\Leftrightarrow \exists q_i, q_j \in Q : q_i + s_i = q_j + s_j$$
$$\Leftrightarrow (Q + s_i) \cap (Q + s_j) \neq \varnothing,$$

onde na terceira (e crucial) equivalência "⇔" usamos que todo $q \in Q$ pode ser escrito como $q = \tfrac{1}{2}(q + q)$ para obter "⇐"; e que Q é convexo e, assim, $\tfrac{1}{2}(q_i' + q_j''), \tfrac{1}{2}(q_j' + q_i'') \in Q$ para ver "⇒".

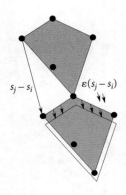

Assim, a passagem de Q para Q^* (conhecida como *simetrização de Minkowski*) preserva a propriedade de que dois transladados $Q + s_i$ e $Q + s_j$ se interceptam. Isto é, acabamos de mostrar que, para qualquer conjunto convexo Q, dois transladados $Q + s_i$ e $Q + s_j$ se interceptam se e somente se os transladados $Q^* + s_i$ e $Q^* + s_j$ se interceptam.

A seguinte caracterização mostra que a simetrização de Minkowski também preserva a propriedade de que dois transladados se tocam:

$Q + s_i$ e $Q + s_j$ *se tocam se e somente se eles se interceptam e*

$Q + s_i$ e $Q + s_j + \varepsilon(s_j - s_i)$ *não se interceptam, qualquer que seja $\varepsilon > 0$.*

(6) Assuma que $Q^* + s_i$ e $Q^* + s_j$ se tocam. Para cada ponto de interseção

$$x \in (Q^* + s_i) \cap (Q^* + s_j)$$

temos

$$x - s_i \in Q^* \quad \text{e} \quad x - s_j \in Q^*;$$

assim, uma vez que Q^* é centralmente simétrico,

$$s_i - x = -(x - s_i) \in Q^*$$

e, daí, como Q^* é convexo,

$$\tfrac{1}{2}(s_i - s_j) = \tfrac{1}{2}((x - s_j) + (s_i - x)) \in Q^*.$$

Concluímos que $\tfrac{1}{2}(s_i + s_j)$ está contido em $Q^* + s_j$ para todo i. Consequentemente, para $P := \text{conv}(S)$, obtemos

$$P_j := \tfrac{1}{2}(P + s_j) = \text{conv}\left\{\tfrac{1}{2}(s_i + s_j) : s_i \in S\right\} \subseteq Q^* + s_j,$$

o que implica que os conjuntos $P_j = \tfrac{1}{2}(P + s_j)$ só podem tocar-se.

Finalmente, os conjuntos P_j estão contidos em P porque todos os pontos s_i, s_j e $\frac{1}{2}(s_i + s_j)$ estão em P, pois P é convexo. Mas os P_j são apenas transladados em escalas menores de P, contidos em P. O fator de escala é $\frac{1}{2}$, o que implica que

$$\operatorname{vol}(P_j) = \frac{1}{2^d} \operatorname{vol}(P),$$

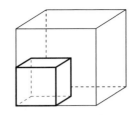

Fator de escala $\frac{1}{2}$,
$\operatorname{vol}(P_j) = \frac{1}{8} \operatorname{vol}(P)$

uma vez que estamos lidando com conjuntos d-dimensionais. Isso significa que no máximo 2^d conjuntos P_j cabem em P e, daí, $|S| \leq 2^d$.

Isso completa nossa demonstração: a cadeia de desigualdades está fechada. □

... mas isso não é o fim da história. Danzer e Grünbaum propuseram a seguinte questão natural:

> *O que acontecerá se exigirmos que todos os ângulos sejam **agudos** em vez de apenas não obtusos; ou seja, se os ângulos retos forem proibidos?*

Eles construíram configurações de $2d - 1$ pontos em $\mathbb{R}^d$ apenas com ângulos agudos, conjecturando que isso poderia ser o melhor possível. Grünbaum demonstrou que isso é de fato verdade para $d \leq 3$. Mas, vinte e um anos mais tarde, em 1983, Paul Erdős e Zoltan Füredi mostraram que a conjectura era falsa – deveras dramaticamente, se a dimensão for alta! A demonstração deles é um grande exemplo do poder dos argumentos probabilísticos; veja o Capítulo 44 para uma introdução ao "método probabilístico". Nossa versão da demonstração usa uma leve melhoria na escolha dos parâmetros, devido ao nosso leitor David Bevan.

Teorema 2. *Para cada $d \geq 2$, existe um conjunto $S \subseteq \{0, 1\}^d$ de $2 \left\lfloor \frac{\sqrt{6}}{9} \left(\frac{2}{\sqrt{3}}\right)^d \right\rfloor$ pontos em $\mathbb{R}^d$ (vértices do d-cubo unitário) que determinam somente ângulos agudos. Em particular, em dimensão $d = 34$ existe um conjunto de $72 > 2 \cdot 34 - 1$ pontos com ângulos agudos somente.*

Demonstração. Faça $m := \left\lfloor \frac{\sqrt{6}}{9} \left(\frac{2}{\sqrt{3}}\right)^d \right\rfloor$ e fixe $3m$ vetores

$$x(1), x(2), \ldots, x(3m) \in \{0, 1\}^d$$

escolhendo todas as suas coordenadas independente e aleatoriamente como 0 ou 1, com probabilidade $\frac{1}{2}$ para cada alternativa. (Para isso, você pode jogar uma moeda perfeita $3md$ vezes; contudo, se d é grande, você logo ficará entediado com isso.)

Já vimos anteriormente que todos os ângulos determinados por vetores 0/1 são não obtusos. Três vetores $x(i)$, $x(j)$, $x(k)$ determinam um ângulo reto com ápice $x(j)$ se e somente se o produto escalar $\langle x(i) - x(j), x(k) - x(j)\rangle$ se anula, isto é, se tivermos

$$x(i)_\ell - x(j)_\ell = 0 \quad \text{ou} \quad x(k)_\ell - x(j)_\ell = 0 \quad \text{para cada coordenada } \ell.$$

Chamamos (i, j, k) de uma *má tripla* quando isso acontece. (Se $x(i) = x(j)$ ou $x(j) = x(k)$, então o ângulo não está definido, mas também aí a tripla (i, j, k) é certamente má.)

A probabilidade de que uma tripla específica seja má é exatamente $\left(\frac{3}{4}\right)^d$: de fato, ela será boa se e somente se, para uma das d coordenadas ℓ obtivermos

$$\text{ou } x(i)_\ell = x(k)_\ell = 0, \quad x(j)_\ell = 1,$$
$$\text{ou } x(i)_\ell = x(k)_\ell = 1, \quad x(j)_\ell = 0.$$

Isso nos deixa com seis opções más, de oito igualmente prováveis, e uma tripla será má se e somente se uma das opções más (com probabilidade $\left(\frac{3}{4}\right)$) ocorre para cada uma das d coordenadas.

O número de triplas que temos que considerar é $3\binom{3m}{3}$, pois existem $\binom{3m}{3}$ conjuntos de três vetores e, para cada um deles, existem três escolhas para o ápice. Claro que as probabilidades de que várias triplas sejam más não são independentes: mas a *linearidade do valor esperado* (que é o que você obtém ao pegar a média de todas as seleções possíveis; veja o apêndice) fornece que o número *esperado* de más triplas é exatamente $3\binom{3m}{3}\left(\frac{3}{4}\right)^d$. Isso quer dizer que – e esse é o ponto no qual o método da probabilidade mostra sua força – existe *alguma* escolha dos $3m$ vetores tal que existem no máximo $3\binom{3m}{3}\left(\frac{3}{4}\right)^d$ más triplas, onde

$$3\binom{3m}{3}\left(\tfrac{3}{4}\right)^d < 3\frac{(3m)^3}{6}\left(\tfrac{3}{4}\right)^d = m^3\left(\tfrac{9}{\sqrt{6}}\right)^2\left(\tfrac{3}{4}\right)^d \leq m,$$

pela escolha de m.

Porém, se não houver mais do que m más triplas, então podemos remover m dos $3m$ vetores $x(i)$ de tal maneira que os $2m$ vetores remanescentes não contenham uma má tripla, isto é, eles determinam apenas ângulos agudos. □

A "construção probabilística" de um conjunto grande de pontos 0/1 sem ângulos retos pode ser facilmente implementado, usando um gerador de números aleatórios para "jogar a moeda". David Bevan construiu assim um conjunto de 31 pontos em dimensão $d = 15$ que determina apenas ângulos agudos.

Apêndice: três ferramentas da probabilidade

Aqui, juntamos três ferramentas básicas da teoria de probabilidade discreta, que irão surgir várias vezes: variáveis aleatórias, linearidade do valor esperado e desigualdade de Markov.

Seja (Ω, p) um *espaço de probabilidade* finito, isto é, Ω é um conjunto finito e $p = \text{Prob}$ é uma aplicação de Ω no intervalo $[0, 1]$, com $\sum_{\omega \in \Omega} p(\omega) = 1$. Uma *variável aleatória* X em Ω é uma aplicação $X : \Omega \to \mathbb{R}$. Definimos um espaço de probabilidade no conjunto imagem $X(\Omega)$ fazendo $p(X = x) := \sum_{X(\omega)=x} p(\omega)$. Um exemplo simples seria o de um dado não viciado (todas as $p(\omega) = \frac{1}{6}$) com $X =$ "o número de cima quando o dado é jogado".

O *valor esperado* EX de X é a média a ser esperada, isto é,

$$EX = \sum_{\omega \in \Omega} p(\omega) X(\omega).$$

Suponha agora que X e Y sejam duas variáveis aleatórias em Ω, então a soma $X + Y$ é de novo uma variável aleatória, e obtemos

$$E(X+Y) = \sum_\omega p(\omega)(X(\omega)+Y(\omega))$$
$$= \sum_\omega p(\omega)X(\omega) + \sum_\omega p(\omega)Y(\omega) = EX + EY.$$

Claramente, isso pode ser estendido a qualquer combinação linear finita de variáveis aleatórias – isso é o que é chamado de *linearidade do valor esperado*. Observe que ela não precisa da hipótese de que as variáveis aleatórias têm que ser "independentes" em qualquer sentido!

Nossa terceira ferramenta diz respeito a variáveis aleatórias X que assumem apenas valores não negativos, denotadas resumidamente por $X \geq 0$. Seja

$$\text{Prob}(X \geq a) = \sum_{\omega : X(\omega) \geq a} p(\omega)$$

a probabilidade de que X seja pelo menos tão grande quanto algum $a > 0$. Então

$$EX = \sum_{\omega : X(\omega) \geq a} p(\omega)X(\omega) + \sum_{\omega : X(\omega) < a} p(\omega)X(\omega) \geq a \sum_{\omega : X(\omega) \geq a} p(\omega),$$

e acabamos de demonstrar a *desigualdade de Markov*

$$\text{Prob}(X \geq a) \leq \frac{EX}{a}.$$

Referências

[1] L. Danzer & B. Grünbaum: *Über zwei Probleme bezüglich konvexer Körper von P. Erdős und von V. L. Klee*, Math. Zeitschrift 79 (1962), 95-99.

[2] P. Erdős & Z. Füredi: *The greatest angle among n points in the d-dimensional Euclidean space*. Annals of Discrete Mathematics 17 (1983), 275-283.

[3] H. Minkowski: *Dichteste gitterförmige Lagerung kongruenter Körper*, Nachrichten Ges. Wiss. Göttingen, Math.-Phys. Klasse, 1904, 311-355.

CAPÍTULO 18
CONJECTURA DE BORSUK

O artigo de Karol Borsuk de 1933, "Three theorems on the n-dimensional euclidean sphere" ("Três teoremas sobre a esfera euclidiana n-dimensional"), é famoso por conter um resultado importante (conjecturado por Stanislaw Ulam), conhecido agora como o teorema de Borsuk-Ulam:

> *Toda aplicação contínua $f: S^d \to \mathbb{R}^d$ mapeia dois pontos antipodais da esfera S^d no mesmo ponto em $\mathbb{R}^d$.*

Veremos todo o poder deste teorema em uma aplicação à teoria dos grafos no Capítulo 42. O artigo é famoso também por causa de um problema proposto no seu final, que se tornou conhecido como a conjectura de Borsuk:

> *Todo conjunto $S \subseteq \mathbb{R}^d$ com diâmetro limitado $diam(S) > 0$ pode ser particionado em no máximo $d + 1$ conjuntos de diâmetros menores?*

Karol Borsuk

O limitante $d + 1$ é o melhor possível: se S é um simplexo regular d-dimensional, ou apenas o conjunto de seus $d + 1$ vértices, então nenhuma parte de uma partição redutora de diâmetro pode conter mais do que um dos vértices do simplexo. Se $f(d)$ denota o menor número tal que todo conjunto limitado $S \subseteq \mathbb{R}^d$ tem uma partição redutora de diâmetro em $f(d)$ partes, então o exemplo de um simplexo regular estabelece que $f(d) \geq d + 1$.

A conjectura de Borsuk foi demonstrada no caso em que S é uma esfera (pelo próprio Borsuk), para corpos lisos S (usando o teorema de Borsuk-Ulam), para $d \leq 3$, ... mas a conjectura geral permanece em aberto. O melhor limitante superior disponível para $f(d)$ foi estabelecido por Oded Schramm, que mostrou que

$$f(d) \leq (1{,}23)^d$$

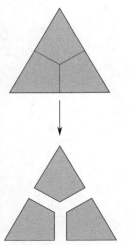

Qualquer d-simplexo pode ser partido em $d + 1$ peças, cada uma delas de diâmetro menor.

para todo d suficientemente grande. Essa estimativa parece bastante fraca comparada com a conjectura "$f(d) = d + 1$", mas de repente ela pareceu razoável, quando Jeff Kahn e Gil Kalai "refutaram" dramaticamente a conjectura de Borsuk em 1993. Sessenta anos depois do artigo de Borsuk, Kahn e Kalai demonstraram que

$$f(d) \geq (1{,}2)^{\sqrt{d}}$$

vale para d suficientemente grande, fazendo um uso judicioso do método geométrico combinatório de Peter Frankl e Richard Wilson.

Uma versão para O Livro da demonstração de Kahn-Kalai foi apresentada por A. Nilli: breve e autossuficiente, ela fornece um contra exemplo explícito para a conjectura de Borsuk em dimensão $d = 946$. Apresentamos aqui uma modificação dessa demonstração, devida a Andrei M. Raigorodskii e a Bernulf Weißbach, que reduz a dimensão para $d = 561$, e até mesmo para $d = 560$. O "recorde" atual é $d = 65$, alcançado por Andriy V. Bondarenko em 2014, usando um novo método envolvendo grafos especiais. Na verdade, ele mostrou que $f(d) > d + 1$ é válido para $d \geq 65$. Seu método, entretanto, não fornece um limitante inferior exponencial em d.

A. Nilli

Teorema. *Seja $q = p^m$ uma potência prima, $n := 4q - 2$, e $d := \binom{n}{2} = (2q-1)(4q-3)$. Então, existe um conjunto $S \subseteq \{+1, -1\}^d$ de 2^{n-2} pontos em $\mathbb{R}^d$ tal que toda partição de S, cujas partes têm diâmetros menores do que S, tem no mínimo*

$$\frac{2^{n-2}}{\sum_{i=0}^{q-2} \binom{n-1}{i}}$$

partes. Para $q = 9$, isso implica que a conjectura de Borsuk é falsa em dimensão $d = 561$. Além disto, $f(d) > (1{,}2)^{\sqrt{d}}$ vale para todo d suficientemente grande.

Demonstração. A construção do conjunto S se dá em quatro passos.

(1) Seja q uma potência prima, faça $n = 4q - 2$, e seja

$$Q := \{x \in \{+1, -1\}^n : x_1 = 1, \#\{i : x_i = -1\} \text{ é par}\}$$

Esse Q é um conjunto de 2^{n-2} vetores em $\mathbb{R}^n$. Veremos que $\langle x, y \rangle \equiv 2 \pmod{4}$ se verifica para todos os vetores $x, y \in Q$. Iremos chamar x, y de *quase-ortogonais* se $|\langle x, y \rangle| = 2$. Demonstraremos que qualquer subconjunto $Q' \subseteq Q$ que não contenha vetores quase-ortogonais tem que ser "pequeno": $|Q'| \leq \sum_{i=0}^{q-2} \binom{n-1}{i}$.

Conjectura de Borsuk

> **Vetores, matrizes e produtos escalares**
>
> Em nossa notação, todos os vetores $x, y, \ldots$ são vetores-colunas; os vetores transpostos $x^T, y^T, \ldots$ são portanto vetores-linhas. O produto matricial xx^T é uma matriz de posto 1, com $(xx^T)_{ij} = x_i x_j$.
>
> Se x, y são vetores-colunas, então seu produto escalar é
> $$\langle x, y \rangle = \sum_i x_i y_i = x^T y.$$
>
> Também vamos precisar de produtos escalares para matrizes $X, Y \in \mathbb{R}^{n \times n}$, que podem ser interpretadas como vetores de comprimento n^2 e, assim, o produto escalar delas é
> $$\langle X, Y \rangle := \sum_{i,j} x_{ij} y_{ij}.$$

$$x = \begin{pmatrix} 1 \\ -1 \\ -1 \\ 1 \\ -1 \end{pmatrix} \Rightarrow$$

$$x^T = \begin{pmatrix} 1 & -1 & -1 & 1 & -1 \end{pmatrix}$$

$$xx^T = \begin{pmatrix} 1 & -1 & -1 & 1 & -1 \\ -1 & 1 & 1 & -1 & 1 \\ -1 & 1 & 1 & -1 & 1 \\ 1 & -1 & -1 & 1 & -1 \\ -1 & 1 & 1 & -1 & 1 \end{pmatrix}$$

(**2**) A partir de Q, construímos o conjunto
$$R := \{xx^T : x \in Q\}$$
de 2^{n-2} matrizes $n \times n$ simétricas de posto 1, que interpretamos como sendo vetores com n^2 componentes, $R \subseteq \mathbb{R}^{n^2}$. Vamos mostrar que existem somente ângulos agudos entre esses vetores: eles têm produtos escalares positivos, que são pelo menos 4. Além disso, se $R' \subseteq R$ não contém dois vetores com produto escalar mínimo 4, então $|R'|$ é "pequeno": $|R'| \leq \sum_{i=0}^{q-2} \binom{n-1}{i}$.

(**3**) A partir de R, obtemos o conjunto de pontos em $\mathbb{R}^{\binom{n}{2}}$ cujas coordenadas são os elementos subdiagonais das matrizes correspondentes:
$$S := \{(xx^T)_{i>j} : xx^T \in R\}.$$

Outra vez, S consiste em 2^{n-2} pontos. A distância maximal entre estes pontos é obtida precisamente para os vetores quase-ortogonais $x, y \in Q$. Concluímos que um subconjunto $S' \subseteq S$ de diâmetro menor do que S deve ser "pequeno": $|S'| \leq \sum_{i=0}^{q-2} \binom{n-1}{i}$.

(**4**) Estimativas: de (**3**), vemos que é necessário, no mínimo,
$$g(q) := \frac{2^{4q-4}}{\sum_{i=0}^{q-2} \binom{4q-2}{i}}$$
partes em toda partição de S redutora de diâmetro. Assim,
$$f(d) \geq \max\{g(q), d+1\} \quad \text{para} \quad d = (2q-1)(4q-3).$$

Consequentemente, sempre que temos $g(q) > (2q-1)(4q-3) + 1$, então temos um contraexemplo para a conjectura de Borsuk em dimensão $d = (2q-1)(4q-3)$.

Vamos calcular a seguir que $g(9) > 562$, o que fornece o contraexemplo em dimensão $d = 561$, e que

$$g(q) > \frac{e}{64q^2}\left(\frac{27}{16}\right)^q,$$

que fornece o limitante assintótico $f(d) > (1{,}2)^{\sqrt{d}}$ para d suficientemente grande.

Detalhes para (1): Comecemos com algumas inofensivas considerações de divisibilidade.

Lema. *A função $P(z) := \binom{z-2}{q-2}$ é um polinômio de grau $q-2$. Ela fornece valores inteiros para todos os inteiros z. O inteiro $P(z)$ é divisível por p se e somente se z não é congruente a 0 ou 1 módulo q.*

Demonstração. Para isso, escrevemos o coeficiente binomial como

$$P(z) = \binom{z-2}{q-2} = \frac{(z-2)(z-3)\ldots(z-q+1)}{(q-2)(q-3)\ldots\ldots 2\cdot 1} \qquad (*)$$

Afirmação. Se $a \equiv b \not\equiv 0 \pmod{q}$, então a e b têm o mesmo número de fatores p.

Demonstração. Temos que $a = b + sp^m$, onde b não é divisível por $p^m = q$.
Assim, toda potência p^k que divide b satisfaz $k < m$, e portanto ela também divide a. O enunciado é simétrico em a e b.

e comparamos o número de fatores p no denominador e no numerador. O denominador tem o mesmo número de fatores p que $(q-2)!$, ou que $(q-1)!$, uma vez que $q-1$ não é divisível por p. De fato, pela afirmação na margem, obtemos um inteiro com o mesmo número de fatores p se tomarmos *qualquer* produto de $q-1$ inteiros, um de cada classe de restos não nulos módulo q.

Agora, se z é congruente a 0 ou $1 \pmod{q}$, então o numerador também é desse tipo: todos os fatores no produto são de diferentes classes de restos, e as únicas classes que não ocorrem são a classe zero (os múltiplos de q) e a classe de -1 ou $+1$, mas nem $+1$ nem -1 são divisíveis por p. Assim, o denominador e o numerador têm o mesmo número de fatores p, e daí o quociente não é divisível por p.

Por outro lado, se $z \not\equiv 0, 1 \pmod{q}$, então o numerador de $(*)$ contém um fator que é divisível por $q = p^m$. Ao mesmo tempo, o produto não tem fatores de duas classes de restos adjacentes não nulas: uma delas representa números que não têm fatores p de forma alguma, e a outra tem menos fatores p que $q = p^m$. Daí, existem mais fatores p no numerador do que no denominador, e o quociente é divisível por p. □

Agora, consideramos um subconjunto arbitrário $Q' \subseteq Q$ que não contém nenhum par de vetores quase-ortogonais. Queremos demonstrar que Q' tem que ser "pequeno".

Afirmação 1. *Se x, y são vetores distintos de Q, então $\frac{1}{4}(\langle x, y\rangle + 2)$ é um número inteiro no intervalo*

$$-(q-2) \leq \frac{1}{4}(\langle x,y\rangle + 2) \leq q-1.$$

Ambos x e y têm um número par de componentes -1, de forma que o número de componentes nas quais x e y diferem também é par. Assim,

$$\langle x, y\rangle = (4q-2) - 2\#\{i : x_i \neq y_i\} \equiv -2 \pmod{4}$$

para todo $x, y \in Q$, ou seja, $\frac{1}{4}(\langle x, y\rangle + 2)$ é um inteiro.

A partir de $x, y \in \{+1, -1\}^{4q-2}$, verificamos que $-(4q-2) \leq \langle x, y\rangle \leq 4q-2$, ou seja, $-(q-1) \leq \frac{1}{4}(\langle x, y\rangle + 2) \leq q$. A igualdade nunca se verifica para o limitante inferior, uma vez que $x_1 = y_1 = 1$ implica que $x \neq -y$. A igualdade se verifica para o limitante superior somente se $x = y$.

Afirmação 2. *Para qualquer $y \in Q'$, o polinômio em n variáveis $x_1, \ldots, x_n$ de grau $q - 2$ dado por*

$$F_y(x) := P\left(\frac{1}{4}(\langle x, y\rangle + 2)\right) = \binom{\frac{1}{4}(\langle x, y\rangle + 2) - 2}{q-2}$$

satisfaz que $F_y(x)$ é divisível por p para todo $x \in Q' \setminus \{y\}$, mas não para $x = y$.

A representação por um coeficiente binomial mostra que $F_y(x)$ é um polinômio com valores inteiros. Para $x = y$, obtemos o valor $F_y(x) = 1$. Para $x \neq y$, o lema fornece que $F_y(x)$ não é divisível por p se e somente se $\frac{1}{4}(\langle x, y\rangle + 2)$ é congruente a 0 ou 1 (mod q). Pela Afirmação 1, isso ocorre somente se $\frac{1}{4}(\langle x, y\rangle + 2)$ é 0 ou 1, isto é, se $\langle x, y\rangle \in \{-2, +2\}$. Assim, x e y devem ser quase-ortogonais para isso, o que contradiz a definição de Q'.

Afirmação 3. *O mesmo é verdadeiro para os polinômios $\overline{F}_y(x)$ nas $n-1$ variáveis $x_2, \ldots, x_n$ que são obtidas como segue: expanda $F_y(x)$ em monômios, remova a variável x_1 e reduza todas as potências mais altas das outras variáveis, pondo $x_1 = 1$, e $x_i^2 = 1$ para $i > 1$. Os polinômios $\overline{F}_y(x)$ têm grau no máximo $q - 2$.*

Todos os vetores $x \in Q \subseteq \{+1, -1\}^n$ satisfazem $x_1 = 1$ e $x_i^2 = 1$. Assim, as substituições não mudam os valores dos polinômios no conjunto Q. Elas também não aumentam o grau, de forma que $\overline{F}_y(x)$ tem grau no máximo $q - 2$.

Afirmação 4. *Não existe relação linear (com coeficientes racionais) entre os polinômios $\overline{F}_y(x)$, isto é, os polinômios $\overline{F}_y(x)$, $y \in Q'$, são linearmente independentes sobre o corpo $\mathbb{Q}$. Em particular, eles são distintos.*

Suponha que existe uma relação da forma $\sum_{y \in Q'} \alpha_y \overline{F}_y(x) = 0$ tal que nem todos os coeficientes α_y sejam zero. Depois de uma multiplicação por um escalar conveniente, podemos supor que todos os coeficientes são inteiros, mas nem todos eles são divisíveis por p. Mas então, para todo $y \in Q'$, o cálculo em $x := y$ fornece que $\alpha_y \overline{F}_y(y)$ é divisível por p e, portanto, α_y também é, uma vez que $\overline{F}_y(y)$ não o é.

Afirmação 5. $|Q'|$ *é limitado pelo número de monômios sem quadrados, de grau no máximo $q - 2$, em $n - 1$ variáveis, que é $\sum_{i=0}^{q-2} \binom{n-1}{i}$.*

Por construção, os polinômios $\overline{F}_y$ são livres de quadrados: nenhum de seus monômios contém uma variável com grau maior que 1. Assim, cada $\overline{F}_y(x)$ é uma combinação linear de monômios sem quadrados de grau no máximo $q - 2$ em $n - 1$ variáveis $x_2, \ldots, x_n$. Uma vez que os polinômios $\overline{F}_y(x)$ são linearmente independentes, o número deles (que é $|Q'|$) não pode ser maior do que o número de monômios em questão.

Detalhes para (2): A primeira coluna de xx^T é x. Assim, para $x \in Q$ distintos, obtemos matrizes distintas $M(x) := xx^T$. Interpretamos essas matrizes como vetores de comprimento n^2 com componentes $x_i x_j$. Um cálculo simples

$$\langle M(x), M(y) \rangle = \sum_{i=1}^{n} \sum_{j=1}^{n} (x_i x_j)(y_i y_j)$$

$$= \left(\sum_{i=1}^{n} x_i y_i \right) \left(\sum_{j=1}^{n} x_j y_j \right) = \langle x, y \rangle^2 \geq 4$$

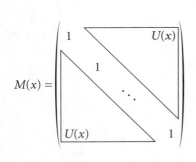

$$M(x) = \begin{pmatrix} 1 & & & U(x) \\ & 1 & & \\ & & \ddots & \\ U(x) & & & 1 \end{pmatrix}$$

mostra que o produto escalar de $M(x)$ e $M(y)$ é minimizado se e somente se $x, y \in Q$ são quase-ortogonais.

Detalhes para (3): Denote por $U(x) \in \{+1, -1\}^d$ o vetor de todos os elementos subdiagonais de $M(x)$. Uma vez que $M(x) = xx^T$ é simétrica com os valores da diagonal $+1$, vemos que $M(x) \neq M(y)$ implica $U(x) \neq U(y)$. Além disso,

$$4 \leq \langle M(x), M(y) \rangle = 2 \langle U(x), U(y) \rangle + n,$$

ou seja,

$$\langle U(x), U(y) \rangle \geq -\frac{n}{2} + 2,$$

Conjectura de Borsuk

com igualdade se e somente se x e y são quase-ortogonais. Uma vez que todos os vetores $U(x) \in S$ têm o mesmo comprimento $\sqrt{\langle U(x), U(x) \rangle} = \sqrt{\binom{n}{2}}$, isso significa que a distância máxima entre pontos $U(x), U(y) \in S$ é atingida exatamente quando x e y são quase-ortogonais.

Detalhes para (4): Para $q = 9$, temos $g(9) \approx 758{,}31$, que é maior que $d + 1 = \binom{34}{2} + 1 = 562$.

Para obter um limitante geral para d grande, usamos a monotonicidade e a unimodalidade dos coeficientes binomiais e as estimativas $n! > e(\frac{n}{e})^n$ e $n! < en(\frac{n}{e})^n$ (ver apêndice do Capítulo 2) e deduzimos que

$$\sum_{i=0}^{q-2}\binom{4q-3}{i} < q\binom{4q}{q} = q\frac{(4q)!}{q!(3q)!} < q\frac{e4q(\frac{4q}{e})^{4q}}{e(\frac{q}{e})^q e(\frac{3q}{e})^{3q}} = \frac{4q^2}{e}\left(\frac{256}{27}\right)^q.$$

Assim, concluímos que

$$f(d) \geq g(q) = \frac{2^{4q-4}}{\displaystyle\sum_{i=0}^{q-2}\binom{4q-3}{i}} > \frac{e}{64q^2}\left(\frac{27}{16}\right)^q.$$

A partir disso, com

$$d = (2q-1)(4q-3) = 5q^2 + (q-3)(3q-1) \geq 5q^2 \quad \text{para} \quad q \geq 3,$$

$$q = \frac{5}{8} + \sqrt{\frac{d}{8} + \frac{1}{64}} > \sqrt{\frac{d}{8}}, \quad \text{e} \quad \left(\frac{27}{16}\right)^{\sqrt{\frac{1}{8}}} > 1{,}2032,$$

obtemos

$$f(d) > \frac{e}{13d}(1{,}2032)^{\sqrt{d}} > (1{,}2)^{\sqrt{d}} \quad \text{para todo } d \text{ suficientemente grande.}$$

Obtemos um contraexemplo de dimensão 560 observando que, para $q = 9$, o quociente $g(q) \approx 758$ é *muito maior* do que a dimensão $d(q) = 561$. Por causa disso, obtemos ainda um contraexemplo de dimensão 560 tomando somente os "três quartos" dos pontos em S que satisfazem $x_{21} + x_{31} + x_{32} = -1$.

Sabemos que a conjectura de Borsuk é verdadeira para $d \leq 3$, mas ela ainda não foi verificada para qualquer dimensão maior. Em contraste com isso, ela *é* verdadeira até $d = 8$ se nos restringimos a subconjuntos $S \subseteq \{1, -1\}^d$, como construído até aqui (ver [9]). De qualquer modo, é bem possível que possam ser encontrados contraexemplos em dimensões razoavelmente pequenas

Referências

[1] A. V. Bondarenko: *On Borsuk's conjecture for two-distance sets*, Discrete Comput. Geometry 51 (2014), 509–515.

[2] K. Borsuk: *Drei Sätze über die n-dimensionale euklidische Sphäre*, Fundamenta Math. 20 (1933), 177-190.

[3] P. Frankl & R. Wilson: *Intersection theorems with geometric consequences*, Combinatorica 1 (1981), 259-286.

[4] J. Kahn & G. Kalai: *A counterexample to Borsuk's conjecture*, Bulletin Amer. Math. Soc. 29 (1993), 60-62.

[5] A. Nilli: *On Borsuk's problem, in*: "Jerusalem Combinatorics '93" (H. Barcelo and G. Kalai, eds.), Contemporary Mathematics 178, Amer. Math. Soc., 1994, 209-210.

[6] A. M. Raigorodskii: *On the dimension in Borsuk's problem*, Russian Math. Surveys (6) 52 (1997), 1324-1325.

[7] O. Schramm: *Illuminating sets of constant width*, Mathematika 35 (1988), 180-199.

[8] B. Weissbach: *Sets with large Borsuk number*, Beiträge zur Algebra und Geometrie/Contributions to Algebra and Geometry 41 (2000), 417-423.

[9] G. M. Ziegler: *Coloring Hamming graphs, optimal binary codes, and the 0/1-Borsuk problem in low dimensions*, Lecture Notes in Computer Science 2122, Springer-Verlag, 2001, 164-175.

Análise

19
Conjuntos, funções e a hipótese do contínuo *159*
20
Em louvor às desigualdades *177*
21
Teorema fundamental da álgebra *187*
22
Um quadrado e um número ímpar de triângulos *191*
23
Um teorema de Pólya sobre polinômios *201*
24
Sobre um lema de Littlewood e Offord *209*
25
Cotangente e o truque de Herglotz *213*
26
O problema da agulha de Buffon *219*

"O hotel de férias de Hilbert à beira-mar"

CAPÍTULO 19
CONJUNTOS, FUNÇÕES E A HIPÓTESE DO CONTÍNUO

A teoria dos conjuntos, criada por Georg Cantor na segunda metade do século XIX, transformou a matemática profundamente. A matemática dos dias modernos é impensável sem o conceito de um conjunto, ou, como David Hilbert colocou: "Ninguém nos retirará do paraíso (da teoria dos conjuntos) que Cantor criou para nós".

Um dos conceitos básicos de Cantor foi a noção de *tamanho* ou *cardinalidade* de um conjunto M, denotado por $|M|$. Para conjuntos finitos, isso não apresenta dificuldade: apenas contamos o número de elementos e dizemos que M é um n-conjunto ou tem cardinalidade n, se M contém precisamente n elementos. Assim, dois conjuntos finitos M e N têm tamanhos iguais, $|M| = |N|$, se contêm o mesmo número de elementos.

Georg Cantor

Para levar essa noção de tamanhos *iguais* para conjuntos infinitos, usamos o seguinte e sugestivo experimento mental para conjuntos finitos. Suponha que um certo número de pessoas sobe em um ônibus. Quando diremos que o número de pessoas é o mesmo que o número de assentos disponíveis? Simplesmente, deixando todo mundo se sentar. Se todos encontram um assento e nenhum assento fica desocupado, assim e somente assim os dois conjuntos (o das pessoas e o dos assentos) têm o mesmo número. Em outras palavras, os dois tamanhos serão os mesmos se existir uma *bijeção* de um conjunto no outro.

Esta é, portanto, nossa definição: dois conjuntos arbitrários M e N (finitos ou infinitos) são ditos de *mesmo tamanho* ou de *mesma cardinalidade* se e somente se existe uma bijeção de M em N. Claramente, essa noção de tamanhos iguais é uma relação de equivalência, e podemos assim associar um número, chamado *número cardinal*, a toda classe de conjuntos de tamanhos iguais. Por exemplo, obtemos para os conjuntos finitos os números cardinais $0, 1, 2, \ldots, n, \ldots$ onde n representa a classe dos n-conjuntos, e, em particular, 0 representa o *conjunto vazio* $\emptyset$. Salientamos ainda o fato óbvio de que um subconjunto próprio de um conjunto finito M invariavelmente tem tamanho menor do que M.

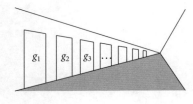

A teoria torna-se bastante interessante (e acentuadamente não intuitiva) quando nos voltamos para os conjuntos infinitos. Considere o conjunto $\mathbb{N} = \{1, 2, 3, \ldots\}$ dos números naturais. Dizemos que um conjunto M é *enumerável* se ele pode ser colocado em correspondência binumérica com $\mathbb{N}$. Em outras palavras, M é *enumerável* se podemos listar os elementos de M como $m_1, m_2, m_3, \ldots$. Mas, agora, um fenômeno estranho ocorre. Suponha que acrescentamos a $\mathbb{N}$ um novo elemento x. Então $\mathbb{N} \cup \{x\}$ ainda é enumerável e, consequentemente, tem mesmo tamanho que $\mathbb{N}$!

Esse fato é deliciosamente ilustrado pelo "hotel de Hilbert". Suponha que um hotel tenha uma quantidade enumerável de quartos, numerados 1, 2, 3, …, com o hóspede g_i ocupando o quarto i; então o hotel está sem vagas. Agora, um novo hóspede x chega e pede um quarto, ao que o gerente do hotel lhe diz: "Sinto muito, mas todos os quartos estão ocupados". E o recém-chegado diz: "Sem problemas, apenas mude o hóspede g_1 para o quarto 2, g_2 para o quarto 3, o g_3 para o quarto 4, e assim por diante, e eu então ocuparei o quarto 1". Para surpresa do gerente (que não era matemático), isso funciona; ele pode ainda acomodar todos os hóspedes mais o recém-chegado x!

Agora, está claro que ele também pode acomodar um outro hóspede, y, e ainda outro, z, e assim por diante. Em particular, convém notar que, em constraste com os conjuntos finitos, pode muito bem acontecer de um subconjunto próprio de um conjunto *infinito* M ter o mesmo tamanho que M. De fato, como veremos, essa é uma caracterização do infinito: um conjunto é infinito se e somente se ele tem o mesmo tamanho que algum subconjunto próprio.

Vamos deixar de lado o hotel de Hilbert e dar uma olhada em nossos familiares conjuntos de números. O conjunto $\mathbb{Z}$ dos inteiros também é enumerável, uma vez que podemos enumerar $\mathbb{Z}$ na forma $\mathbb{Z} = \{0, 1, -1, 2, -2, 3, -3, \ldots\}$. O que pode ser mais surpreendente é que o conjunto $\mathbb{Q}$ dos números racionais também pode ser enumerado de modo parecido.

Teorema 1. *O conjunto $\mathbb{Q}$ dos números racionais é enumerável.*

Demonstração. Listando o conjunto $\mathbb{Q}^+$ dos racionais positivos como sugerido na figura na margem, mas omitindo números já encontrados, vemos que $\mathbb{Q}^+$ é enumerável, e, consequentemente, $\mathbb{Q}$ também é, listando 0 no começo e $-\frac{p}{q}$ logo depois de $\frac{p}{q}$. Com essa listagem,

$$\mathbb{Q} = \left\{0, 1, -1, 2, -2, \frac{1}{2}, -\frac{1}{2}, \frac{1}{3}, -\frac{1}{3}, 3, -3, 4, -4, \frac{3}{2}, -\frac{3}{2}, \ldots\right\} \qquad \square$$

Outra maneira de interpretar a figura está na seguinte afirmação:

A união enumerável de conjuntos enumeráveis M_n também é enumerável.

De fato, faça $M_n = \{a_{n1}, a_{n2}, a_{n3}, \ldots\}$ e liste

$$\bigcup_{n=1}^{\infty} M_n = \{a_{11}, a_{21}, a_{12}, a_{13}, a_{22}, a_{31}, a_{41}, a_{32}, a_{23}, a_{14}, \ldots\}$$

exatamente como antes.

Vamos contemplar um pouco mais a enumeração de Cantor dos racionais positivos. Olhando a figura, obtemos a sequência

$$\tfrac{1}{1}, \tfrac{2}{1}, \tfrac{1}{2}, \tfrac{1}{3}, \tfrac{2}{2}, \tfrac{3}{1}, \tfrac{4}{1}, \tfrac{3}{2}, \tfrac{2}{3}, \tfrac{1}{4}, \tfrac{1}{5}, \tfrac{2}{4}, \tfrac{3}{3}, \tfrac{4}{2}, \tfrac{5}{1}, \ldots$$

e então precisamos cortar as duplicações tais como $\tfrac{2}{2} = \tfrac{1}{1}$ ou $\tfrac{2}{4} = \tfrac{1}{2}$.

Mas existe uma listagem que é ainda mais elegante e sistemática, e que não contém nenhuma duplicação – descoberta bem recentemente por Neil Calkin e Herbert Wilf. Sua nova listagem começa como a seguir:

$$\tfrac{1}{1}, \tfrac{1}{2}, \tfrac{2}{1}, \tfrac{1}{3}, \tfrac{3}{2}, \tfrac{2}{3}, \tfrac{3}{1}, \tfrac{1}{4}, \tfrac{4}{3}, \tfrac{3}{5}, \tfrac{5}{2}, \tfrac{2}{5}, \tfrac{5}{3}, \tfrac{3}{4}, \tfrac{4}{1}, \ldots$$

Aqui, o denominador do enésimo número racional é igual ao numerador do $(n+1)$-ésimo número. Em outras palavras, a enésima fração é $b(n)/b(n+1)$, em que $(b(n))_{n \geq 0}$ é a sequência que começa com:

$$(1, 1, 2, 1, 3, 2, 3, 1, 4, 3, 5, 2, 5, 3, 4, 1, 5, \ldots)$$

Esta sequência foi inicialmente estudada por um matemático alemão, Moritz Abraham Stern, em um artigo de 1858, e se tornou conhecida como a "série diatômica de Stern".

Como obtemos esta sequência e, portanto, a listagem de Calkin-Wilf das frações positivas? Considere a seguinte árvore binária na margem. Observamos imediatamente sua regra recursiva:

- $\tfrac{1}{1}$ está no topo da árvore, e
- todo nó $\tfrac{i}{j}$ tem dois filhos: o filho à esquerda é $\tfrac{i}{i+j}$ e o filho à direita é $\tfrac{i+j}{j}$.

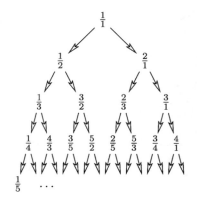

Podemos facilmente verificar as quatro propriedades a seguir:

(1) Todas as frações da árvore estão reduzidas, ou seja, se $\tfrac{r}{s}$ aparece na árvore, então r e s são relativamente primos.

Isto vale para o topo $\tfrac{1}{1}$, e então usamos indução para baixo. Se r e s são relativamente primos, então tanto r e $r+s$ quanto s e $r+s$ também são.

(2) Toda fração reduzida $\tfrac{r}{s} > 0$ aparece na árvore.

Usamos indução na soma $r + s$. O menor valor é $r + s = 2$, ou seja, $\tfrac{r}{s} = \tfrac{1}{1}$, e isto aparece no topo. Se $r > s$, então $\tfrac{r-s}{s}$ aparece na árvore por indução, e assim obtemos $\frac{r}{s}$ como seu filho à direita. Analogamente, se $r < s$, então $\frac{r}{s-r}$ aparece, que tem $\frac{r}{s}$ como seu filho à esquerda.

(3) Toda fração reduzida aparece exatamente uma vez.

O argumento é parecido. Se $\frac{r}{s}$ aparece mais do que uma vez, então $r \neq s$, já que cada nó na árvore exceto o topo é da forma $\frac{i}{i+j} < 1$ ou $\frac{i+j}{j} > 1$. Mas se $r > s$ ou $s > r$, então argumentamos por indução como antes.

Portanto, todo racional positivo aparece exatamente uma vez em nossa árvore, e podemos escrevê-los listando os números nível a nível da esquerda para a direita. Isto fornece exatamente o segmento inicial mostrado anteriormente.

(4) O denominador da enésima fração em nossa listagem é igual ao numerador da $(n+1)$-ésima.

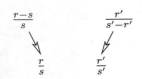

Isto certamente é verdade para $n = 0$ ou quando a enésima fração for um filho à esquerda. Suponha que o enésimo número $\frac{r}{s}$ seja um filho à direita. Se $\frac{r}{s}$ estiver na fronteira à direita, então $s = 1$ e o sucessor estará na fronteira à esquerda e terá o numerador 1. Finalmente, se $\frac{r}{s}$ for um ponto interior e $\frac{r'}{s'}$ for a próxima fração em nossa sequência, então $\frac{r}{s}$ é o filho à direita de $\frac{r-s}{s}$, $\frac{r'}{s'}$ é o filho à esquerda de $\frac{r'}{s'-r'}$ e, por indução, o denominador de $\frac{r-s}{s}$ é o numerador de $\frac{r'}{s'-r'}$, de modo que obtemos $s = r'$.

Bem, isto é legal, mas ainda tem mais por vir. Existem duas perguntas naturais:

- A sequência $(b(n))_{n \geq 0}$ tem um significado? Ou seja, $b(n)$ conta algo simples?
- Dado $\frac{r}{s}$, existe alguma maneira fácil de determinar seu sucessor na listagem?

Para responder a primeira questão, nós verificamos que o nó $b(n)/b(n+1)$ tem os dois filhos $b(2n+1)/b(2n+2)$ e $b(2n+2)/b(2n+3)$. Pela disposição da árvore, obtemos as seguintes recursões

$$b(2n+1) = b(n) \quad \text{e} \quad b(2n+2) = b(n) + b(n+1) \qquad (1)$$

Fazendo $b(0) = 1$, a sequência $(b(n))_{n \geq 0}$ está completamente determinada por (1).

Então, existe uma "boa" sequência "conhecida" que obedece a mesma recursão? Sim, existe. Sabemos que qualquer número n pode ser escrito de modo único como uma soma de potências de 2 distintas – esta é a representação binária usual de n. Uma representação *hiperbinária* de n é uma representação de n como uma soma de potências de 2, na qual cada potência 2^k aparece no máximo duas vezes. Seja $h(n)$ o número de tais representações de n. Convidamos você a verificar que a sequência $h(n)$ obedece a recursão (1) e isto fornece $b(n) = h(n)$ para todo n.

Por exemplo, $h(6) = 3$, com as representações hiperbinárias
$6 = 4 + 2$
$6 = 4 + 1 + 1$
$6 = 2 + 2 + 1 + 1$.

Incidentalmente, demonstramos um fato surpreendente: seja $\frac{r}{s}$ uma fração reduzida, existe precisamente um inteiro n com $r = h(n)$ e $s = h(n+1)$.

Vamos considerar a segunda questão. Temos em nossa árvore

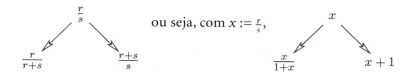

ou seja, com $x := \frac{r}{s}$,

Usamos isso para gerar uma árvore binária infinita ainda maior (sem raiz) da seguinte maneira:

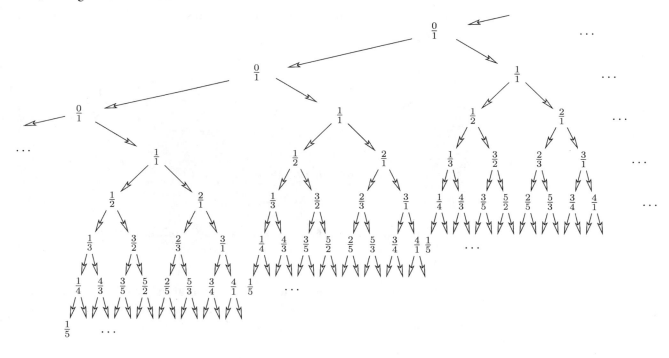

Nesta árvore, todas as linhas são iguais, e todas mostram a listagem de Calkin-Wilf dos racionais positivos (começando com uma $\frac{0}{1}$ adicional).

Então, como passamos de um racional para o próximo? Para responder isso, primeiro registramos que para todo racional x seu filho à direita é $x + 1$, seu neto à direita é $x + 2$ e então seu k-ésimo descendente à direita é $x + k$. Analogamente, o filho à direita de x é $\frac{x}{1+x}$, cujo filho à direita é $\frac{x}{1+2x}$, e assim por diante: o k-ésimo descendente de x à esquerda é $\frac{x}{1+kx}$.

Agora, para descobrir como passar de $\frac{r}{s} = x$ para o "próximo" racional $f(x)$ na listagem, precisamos analisar a situação descrita na margem. De fato, se considerarmos qualquer número racional não negativo x em nossa árvore binária infinita, então ele é o k-ésimo descendente à direita do filho à

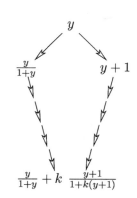

esquerda de algum racional $y \geq 0$ (para algum $k \geq 0$), enquanto que $f(x)$ é dado como o k-ésimo descendente à esquerda do filho à direita do mesmo y. Assim, usando as fórmulas para k-ésimo descendente à direita e k-ésimo descendente à esquerda, obtemos

$$x = \frac{y}{1+y} + k,$$

como afirmado na figura na margem. Aqui, $k = \lfloor x \rfloor$ é a parte inteira de x, enquanto que $\frac{y}{1+y} = \{x\}$ é a parte fracionária. E disto obtemos

$$f(x) = \frac{y+1}{1+k(y+1)} = \frac{1}{\frac{1}{y+1}+k} = \frac{1}{k+1-\frac{y}{y+1}} = \frac{1}{\lfloor x \rfloor + 1 - \{x\}}.$$

Assim, obtivemos uma bela fórmula para o sucessor $f(x)$ de x, descoberta primeiro por Moshe Newman:

> A função
> $$x \mapsto f(x) = \frac{1}{\lfloor x \rfloor + 1 - \{x\}}$$
> gera a sequência de Calkin-Wilf
> $$\tfrac{1}{1} \mapsto \tfrac{1}{2} \mapsto \tfrac{2}{1} \mapsto \tfrac{1}{3} \mapsto \tfrac{3}{2} \mapsto \tfrac{2}{3} \mapsto \tfrac{3}{1} \mapsto \tfrac{1}{4} \mapsto \tfrac{4}{3} \mapsto \cdots$$
> que contém cada número racional positivo exatamente uma vez.

A forma de Calkin-Wilf-Newman de enumerar os racionais positivos tem diversas propriedades adicionais notáveis. Por exemplo, pode-se pedir uma forma rápida de determinar a enésima fração na sequência, digamos, para $n = 10^6$. Aqui está ela:

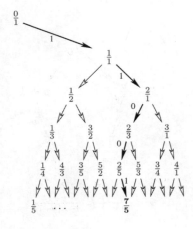

> Para encontrar a enésima fração na sequência de Calkin-Wilf, expresse n como um número binário $n = (b_k b_{k-1} \ldots b_1 b_0)_2$ e então siga o caminho na árvore de Calkin-Wilf que é determinado por seus dígitos, começando em $\frac{s}{t} = \frac{0}{1}$. Aqui, $b_i = 1$ significa "pegue o filho à direita", ou seja, "some o denominador ao numerador", enquanto que $b_i = 0$ significa "pegue o filho à esquerda", ou seja, "some o numerador ao denominador".

A figura na margem mostra o caminho resultante para $n = 25 = (11001)_2$: assim, o 25º número na sequência de Calkin-Wilf é $\tfrac{7}{5}$. O leitor poderia descobrir rapidamente um esquema que, dada a representação binária de uma fração $\frac{s}{t}$, calcula sua posição na sequência de Calkin-Wilf.

Conjuntos, funções e a hipótese do contínuo

Vamos nos voltar para números reais $\mathbb{R}$. Eles são também enumeráveis? Não, não são, e a maneira como isso é mostrado – o *método da diagonalização* de Cantor – não somente é de fundamental importância para toda a teoria dos conjuntos, como também certamente pertence aO Livro como um raro lampejo de genialidade.

Teorema 2. *O conjunto $\mathbb{R}$ dos números reais não é enumerável.*

Demonstração. Qualquer subconjunto N de um conjunto enumerável $M = \{m_1, m_2, m_3, \ldots\}$ é, *no máximo, enumerável* (ou seja, finito ou enumerável). De fato, basta listar os elementos de N do modo como eles aparecem em M. De acordo com isso, se pudermos encontrar um subconjunto de $\mathbb{R}$ que não é enumerável, então, *a fortiori*, $\mathbb{R}$ não pode ser enumerável. O subconjunto M de $\mathbb{R}$ que queremos examinar é o intervalo $(0, 1]$ de todos os números reais positivos r com $0 < r \leq 1$. Suponha, ao contrário, que M é enumerável, e seja $M = \{r_1, r_2, r_3, \ldots\}$ uma listagem dos elementos de M. Escrevemos r_n como sua única expansão decimal *infinita* sem uma sequência infinita de zeros no fim:

$$r_n = 0{,}a_{n1}a_{n2}a_{n3}\ldots,$$

onde $a_{ni} \in \{0, 1, \ldots, 9\}$ para todo n e i. Por exemplo, $0{,}7 = 0{,}6999\ldots$

Considere agora o esquema duplamente infinito

$$r_1 = 0{,}a_{11}a_{12}a_{13}\ldots$$
$$r_2 = 0{,}a_{21}a_{22}a_{23}\ldots$$
$$\vdots \quad \vdots$$
$$r_n = 0{,}a_{n1}a_{n2}a_{n3}\ldots$$
$$\vdots \quad \vdots$$

Para todo n, escolha b_n como sendo o menor elemento em $\{1, 2\}$ que seja diferente de a_{nn}. Então $b = 0{,}b_1b_2b_3 \ldots b_n \ldots$ é um número real em nosso conjunto M e, consequentemente, deve ter um índice, digamos, $b = r_k$. Mas isso não pode ser, visto que b_k é diferente de a_{kk}. E aí está a demonstração completa! □

Vamos ficar com os números reais por um momento. Observamos que os quatro tipos de intervalo $(0, 1)$, $(0, 1]$, $[0, 1)$ e $[0, 1]$ têm todos o mesmo tamanho. Como um exemplo, verifiquemos que $(0, 1]$ e $(0, 1)$ têm cardinalidades iguais. A aplicação $f : (0, 1] \to (0, 1)$, $x \mapsto y$ definida por

$$y := \begin{cases} \frac{3}{2} - x & \text{para} \quad \frac{1}{2} < x \leq 1, \\ \frac{3}{4} - x & \text{para} \quad \frac{1}{4} < x \leq \frac{1}{2}, \\ \frac{3}{8} - x & \text{para} \quad \frac{1}{8} < x \leq \frac{1}{4}, \\ \vdots & \end{cases}$$

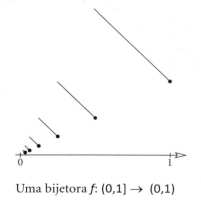

Uma bijetora $f: (0,1] \to (0,1)$

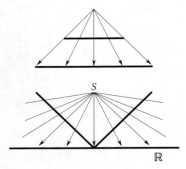

resolve o problema. De fato, a aplicação é bijetora, uma vez que a imagem de y na primeira linha é $\frac{1}{2} \leq y < 1$, na segunda linha é $\frac{1}{4} \leq y < \frac{1}{2}$, na terceira linha é $\frac{1}{8} \leq y < \frac{1}{4}$, e assim por diante.

A seguir, obtemos que *quaisquer* dois intervalos (de comprimento finito > 0) têm tamanhos iguais, considerando a projeção central como na figura. Mais que isso: também é verdade que todo intervalo (de comprimento > 0) tem o mesmo tamanho que a reta $\mathbb{R}$ inteira. Para ver isso, olhe intervalo aberto (0, 1) dobrado e projete-o sobre $\mathbb{R}$ a partir do centro S.

Dessa forma, concluindo, temos que qualquer intervalo de comprimento > 0 aberto, semiaberto, fechado (finito ou infinito), tem o mesmo tamanho, e denotamos essa cardinalidade por c, de *continuum* (um nome que às vezes é usado para o intervalo [0, 1]).

Pensando bem, pode até ser esperado que intervalos de comprimentos finitos e infinitos tenham o mesmo tamanho, mas aqui está um fato que é absolutamente contraintuitivo.

Teorema 3. *O conjunto $\mathbb{R}^2$ de todos os pares ordenados de números reais (ou seja, o plano real) tem o mesmo tamanho que $\mathbb{R}$.*

Este teorema, de 1878, é devido a Cantor, bem como a ideia de combinar a expansão decimal de dois reais em uma só. A variante do método de método de Cantor que iremos apresentar é novamente d'O Livro. Abraham Fraenkel atribui o truque, que leva diretamente a uma bijeção, a Julius König.

Demonstração. Basta demonstrar que o conjunto de todos os pares ordenados (x, y), $0 < x, y \leq 1$, pode ser mapeado bijetivamente sobre (0, 1]. Considere o par (x, y) e escreva x, y em suas expansões decimais como no seguinte exemplo:

$$x = \quad 0{,}3 \quad\quad 01 \quad\quad 2 \quad\quad 007 \quad\quad 08 \quad\quad \ldots$$
$$y = \quad 0{,}009 \quad\quad 2 \quad\quad 05 \quad\quad 1 \quad\quad 0008 \quad\quad \ldots$$

Observe que separamos os dígitos de x e y em grupos indo sempre para o próximo dígito não nulo, inclusive. Agora, associamos a (x, y) o número $z \in (0, 1]$ escrevendo o primeiro grupo do x, depois disso o primeiro grupo do y, em seguida o segundo grupo do x, e assim por diante. Então, em nosso exemplo, obtemos

$$z = 0{,}3 \ 009 \ 01 \ 2 \ 2 \ 05 \ 007 \ 1 \ 08 \ 0008 \ldots$$

Uma vez que nem x nem y exibem somente zeros a partir de um certo ponto, percebemos que a expressão para z é novamente uma expansão decimal sem fim. Reciprocamente, da expansão de z podemos imediatamente obter a pré-imagem (x, y), e a aplicação é bijetora – fim da demonstração. □

Como $(x, y) \mapsto x + iy$ é uma bijeção de $\mathbb{R}^2$ sobre os números complexos $\mathbb{C}$, concluímos que $|\mathbb{C}| = |\mathbb{R}| = c$. Por que o resultado $|\mathbb{R}^2| = |\mathbb{R}|$ é tão inesperado? Porque ele vai contra nossa intuição de *dimensão*. Ele diz que o plano bidimensional $\mathbb{R}^2$ (e, em geral, por indução, o espaço n-dimensional $\mathbb{R}^n$) pode ser mapeado bijetivamene sobre a reta unidimensional $\mathbb{R}$. Assim, dimensão não é em geral preservada por aplicações bijetoras. Se, contudo, exigirmos que a aplicação e sua inversa sejam contínuas, então a dimensão será preservada, como foi demonstrado pela primeira vez por Luitzen Brouwer.

Vamos um pouco mais longe. Até aqui, temos a noção de tamanhos iguais. Quando iremos dizer que M é no máximo tão grande quanto N? As aplicações fornecem novamente a chave para a questão. Dizemos que o número cardinal **m** é *menor do que ou igual a* **n** se, para conjuntos M e N com $|M| = $ **m**, $|N| = $ **n**, existir uma *injeção* de M em N. Claramente, a relação **m** $\leq$ **n** é independente dos conjuntos representativos M e N escolhidos. Para conjuntos finitos, isso corresponde de novo à nossa noção intuitiva. Um conjunto com m elementos é no máximo tão grande quanto um conjunto com n elementos se e somente se $m \leq n$.

Agora, deparamos com um problema básico. Nós certamente gostaríamos que as propriedades usuais relativas às desigualdades também valessem para os números cardinais. Mas isso é verdadeiro para cardinais infinitos? Em particular, é verdade que **m** $\leq$ **n**, **n** $\leq$ **m** implica **m** $=$ **n**?

A resposta afirmativa a esta pergunta é fornecida pelo famoso teorema de Cantor-Bernstein que Cantor anunciou em 1883. A primeira demonstração completa foi apresentada por Felix Bernstein no seminário de Cantor de 1897. Demonstrações posteriores foram dadas por Richard Dedekind, Ernst Zermelo e outros. Nossa demonstração é devida a Julius König (1906).

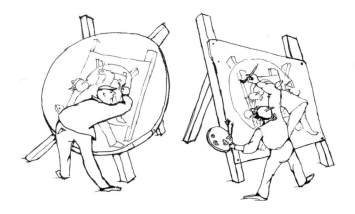

"*Cantor e Bernstein pintando*"

Teorema 4. *Se cada um dos dois conjuntos M e N podem ser mapeados injetivamente no outro, então existe uma bijeção de M em N, ou seja, $|M| = |N|$.*

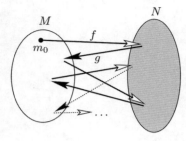

Demonstração. Podemos certamente supor que M e N são disjuntos – senão, simplesmente substituímos N por uma nova cópia.

Agora, f e g mapeiam para frente e para trás entre os elementos de M e os de N. Uma maneira de tornar esta situação potencialmente confusa em algo perfeitamente claro e ordenado é enfileirar os elementos de $M \cup N$ em cadeias de elementos: tome um elemento arbitrário, digamos $m_0 \in M$, e a partir dele gere uma cadeia de elementos aplicando f, então g, depois f de novo, então g e assim por diante. Esta cadeia pode se fechar (este é o Caso 1) se neste processo chegarmos novamente a m_0, ou pode continuar com elementos distintos indefinidamente. (A primeira "duplicação" na cadeia não pode ser um elemento diferente de m_0, pela injetividade.)

Se a cadeia continuar indefinidamente, então tentamos segui-la para trás: de m_0 para $g^{-1}(m_0)$ se m_0 estiver na imagem de g, então para $f^{-1}(g^{-1}(m_0))$ se $g^{-1}(m_0)$ estiver na imagem de f e assim por diante. Mais três casos podem ocorrer aqui: o processo de seguir a cadeia para trás pode continuar indefinidamente (Caso 2), ela pode parar em um elemento de M que não esteja na imagem de g (Caso 3), ou ela pode parar em um elemento de N que não esteja na imagem de f (Caso 4).

Assim, $M \cup N$ se divide perfeitamente em quatro tipos de cadeia, cujos elementos podem ser rotulados de tal forma que uma bijeção é dada de modo simples por $F : m_i \mapsto n_i$. Verificamos isso nos quatro casos separadamente:

Caso 1. Ciclos finitos de $2k + 2$ elementos distintos ($k \geq 0$)

$$m_0 \xrightarrow{f} n_0 \xrightarrow{g} m_1 \xrightarrow{f} \cdots m_k \xrightarrow{f} n_k$$
(com g retornando de n_k a m_0)

Caso 2. Cadeias infinitas de elementos distintos para os dois lados

$$\cdots \longrightarrow m_0 \xrightarrow{f} n_0 \xrightarrow{g} m_1 \xrightarrow{f} n_1 \xrightarrow{g} m_2 \xrightarrow{f} \cdots$$

Caso 3. Cadeias infinitas de elementos distintos para um lado que começam no elemento $m_0 \in M \setminus g(N)$

$$m_0 \xrightarrow{f} n_0 \xrightarrow{g} m_1 \xrightarrow{f} n_1 \xrightarrow{g} m_2 \xrightarrow{f} \cdots$$

Caso 4. Cadeias infinitas de elementos distintos para um lado que começam no elemento $n_0 \in N \setminus f(M)$

$$n_0 \xrightarrow{g} m_0 \xrightarrow{f} n_1 \xrightarrow{g} m_1 \xrightarrow{f} \cdots$$

E quanto às outras relações governando as desigualdades? Como de costume, fazemos $\mathfrak{m} < \mathfrak{n}$ se $\mathfrak{m} \leq \mathfrak{n}$, mas $\mathfrak{m} \neq \mathfrak{n}$. Acabamos de ver que, para quaisquer dois cardinais $\mathfrak{m}$ e $\mathfrak{n}$, no máximo uma das três possibilidades se verifica:

$$\mathfrak{m} < \mathfrak{n}, \quad \mathfrak{m} = \mathfrak{n}, \quad \mathfrak{m} > \mathfrak{n},$$

e segue, da teoria de números cardinais, que, de fato, precisamente uma relação é verdadeira (veja o apêndice deste capítulo, Proposição 2). Além disso, o teorema de Cantor-Bernstein nos diz que a relação < é transitiva, ou seja, $\mathfrak{m} < \mathfrak{n}$ e $\mathfrak{n} < \mathfrak{p}$ implicam $\mathfrak{m} < \mathfrak{p}$. Dessa forma, as cardinalidades estão dispostas em ordem linear começando com os cardinais finitos 0, 1, 2, 3, …. Invocando o sistema usual de axiomas de Zermelo-Fraenkel, facilmente obtemos que qualquer conjunto infinito M contém um subconjunto enumerável. De fato, M contém um elemento, digamos m_1. O conjunto $M \setminus \{m_1\}$ é não vazio (pois é infinito) e, por conseguinte, contém um elemento m_2. Considerando $M \setminus \{m_1, m_2\}$, inferimos a existência de m_3, e assim por diante. Dessa forma, o tamanho de um conjunto enumerável é o menor cardinal infinito, normalmente denotado por $\aleph_0$ (lê-se "aleph zero").

"*O menor cardinal infinito*"[1]

Como um corolário de $\aleph_0 \leq \mathfrak{m}$ para qualquer cardinal infinito $\mathfrak{m}$, podemos imediatamente demonstrar o "hotel de Hilbert" para qualquer número cardinal infinito $\mathfrak{m}$, ou seja, temos que $|M \cup \{x\}| = |M|$ para qualquer conjunto infinito M. De fato, M contém um subconjunto $N = \{m_1, m_2, m_3, …\}$. Agora, leve x em m_1, m_1 em m_2, e assim por diante, mantendo os elementos de $M \setminus N$ fixados. Isso nos dá a bijeção desejada.

Com isso, provamos também um resultado anunciado anteriormente: *qualquer conjunto infinito tem o mesmo tamanho que algum subconjunto próprio seu.*

Como outra consequência do teorema de Cantor-Bernstein, podemos demonstrar que o conjunto $\mathcal{P}(\mathbb{N})$ de todos os subconjuntos de $\mathbb{N}$ tem cardinalidade c. Como observado anteriormente, basta mostrar que $|\mathcal{P}(\mathbb{N}) \setminus \{\varnothing\}| = |(0,1]|$. Um exemplo de uma aplicação injetora é

$$f : \mathcal{P}(\mathbb{N}) \setminus \{\varnothing\} \to (0,1],$$
$$A \mapsto \sum_{i \in A} 10^{-i},$$

enquanto que

$$g : (0,1] \to \mathcal{P}(\mathbb{N}) \setminus \{\varnothing\},$$
$$0,b_1 b_2 b_3 \ldots \mapsto \{b_i 10^i : i \in \mathbb{N}\}$$

define uma injeção na outra direção.

Até agora, conhecemos os números cardinais 0, 1, 2, …, $\aleph_0$ e, além disso, sabemos que a cardinalidade c de $\mathbb{R}$ é maior do que $\aleph_0$. A passagem de $\mathbb{Q}$ com $|\mathbb{Q}| = \aleph_0$ para $\mathbb{R}$, com $|\mathbb{R}| = c$, imediatamente sugere a próxima questão:

Será que $c = |\mathbb{R}|$ é o próximo número cardinal infinito depois de $\aleph_0$?

Agora, claro que temos o problema de saber se *existe* um próximo número cardinal maior ou, em outras palavras, se $\aleph_1$ tem mesmo algum significado. Ele tem – e a demonstração disso está esboçada no apêndice deste capítulo.

---

[1]Em inglês, *cardinal* significa também cardeal (N.T.).

A afirmação $c = \aleph_1$ ficou conhecida como a *hipótese do contínuo*. A questão da veracidade da hipótese do contínuo apresentou-se por muitas décadas como um dos desafios supremos da matemática. A resposta, finalmente dada por Kurt Gödel e Paul Cohen, nos leva ao limite do pensamento lógico. Eles mostraram que a afirmação $c = \aleph_1$ é *independente* do sistema de axiomas de Zermelo-Fraenkel, da mesma forma que o axioma das retas paralelas é independente dos outros axiomas da geometria euclidiana. Existem modelos em que $c = \aleph_1$ é verdadeiro, e há outros modelos da teoria dos conjuntos em que $c \neq \aleph_1$ é verdadeiro.

À luz desse fato, é bastante interessante perguntar se existem outras condições (da análise, digamos) equivalentes à hipótese do contínuo. De fato, é natural procurar um exemplo na análise, já que historicamente a primeira aplicação substancial da teoria dos conjuntos de Cantor ocorreu na análise, especificamente na teoria das funções complexas. No que segue, queremos apresentar um destes exemplos e sua solução, extremamente elegante e simples, dada por Paul Erdős. Em 1962, John E. Wetzel, um jovem instrutor na Universidade de Illinois, fez a seguinte pergunta:

> *Seja $\{f_\alpha\}$ uma família de funções analíticas, distintas duas a duas, definidas no corpo dos números complexos tal que, para cada $z \in \mathbb{C}$, o conjunto dos valores $\{f_\alpha(z)\}$ é enumerável (ou seja, é finito ou enumerável); vamos chamar essa propriedade (P_0).*
>
> *Pode-se afirmar, então, que a própria família é no máximo enumerável?*

Logo depois, Erdős mostrou que, surpreendentemente, a resposta depende da hipótese do contínuo.

Teorema 5. *Se $c > \aleph_1$, então toda família $\{f_\alpha\}$ satisfazendo (P_0) é enumerável. Se, por outro lado, $c = \aleph_1$, então existe alguma família $\{f_\alpha\}$ com a propriedade (P_0) com cardinalidade c.*

Para a demonstração, precisamos de alguns fatos básicos a respeito dos números cardinais e ordinais. Para os leitores que não estão familiarizados com esses conceitos, este capítulo tem um apêndice onde foram coletados todos os resultados necessários.

Demonstração. Suponha primeiro que $c > \aleph_1$. Mostraremos que, para qualquer família $\{f_\alpha\}$ de tamanho $\aleph_1$ de funções analíticas, existe um número complexo z_0 tal que *todos* os $\aleph_1$ valores $f_\alpha(z_0)$ são distintos. Consequentemente, se uma família de funções satisfaz (P_0), então ela deve ser enumerável.

Para ver isso, fazemos uso de nosso conhecimento dos números ordinais. Primeiro, colocamos uma boa ordem na família $\{f_\alpha\}$ de acordo com o número ordinal inicial ω_1 de $\aleph_1$. Isso significa, pela Proposição 1 do apêndice, que o conjunto de índices percorre todos os números ordinais α que são menores do que ω_1. Em seguida, mostramos que o conjunto dos pares (α, β), $\alpha < \beta < \omega_1$, tem tamanho $\aleph_1$. Uma vez que qualquer $\beta < \omega_1$ é um ordinal enumerável, o conjunto de pares (α, β), $\alpha < \beta$ é enumerável para todo β fixado. Tomando a união sobre todos os β (dentre a quantidade $\aleph_1$ de elementos), obtemos, da Proposição 6 do apêndice, que o conjunto de todos os pares (α, β), $\alpha < \beta$ tem tamanho $\aleph_1$.

Considere agora, para qualquer par $\alpha < \beta$, o conjunto

$$S(\alpha, \beta) = \{z \in \mathbb{C} : f_\alpha(z) = f_\beta(z)\}.$$

Afirmamos que cada conjunto $S(\alpha, \beta)$ é enumerável. Para verificar isso, considere os círculos C_k de raio $k = 1, 2, 3, \ldots$ centrados na origem do plano complexo. Se f_α e f_β coincidem num número infinito de pontos em algum C_k, então f_α and f_β são idênticos por causa de um resultado bem conhecido das funções analíticas. Daí, f_α e f_β coincidem somente num número finito de pontos em cada C_k e, por isso, no máximo num número enumerável de pontos no total. Agora, colocamos

$$S := \bigcup_{\alpha < \beta} S(\alpha, \beta).$$

Novamente, pela Proposição 6, obtemos que S tem tamanho $\aleph_1$, pois cada conjunto $S(\alpha, \beta)$ é enumerável. E aqui está o final: porque, como sabemos, $\mathbb{C}$ tem tamanho c, e c é maior do que $\aleph_1$ por hipótese, então existe um número complexo z_0 que não está em S e, para esse z_0, todos os $\aleph_1$ valores $f_\alpha(z_0)$ são distintos.

A seguir, supomos $c = \aleph_1$. Considere o conjunto $D \subseteq C$ dos números complexos $p + iq$ com partes real e imaginária racionais. Uma vez que para cada p o conjunto $\{p + iq : q \in \mathbb{Q}\}$ é enumerável, obtemos que D é enumerável. Além disso, D é um conjunto *denso* em $\mathbb{C}$: todo disco aberto no plano complexo contém algum ponto de D. Seja $\{z_\alpha : 0 \leq \alpha < \omega_1\}$ uma boa ordem de $\mathbb{C}$. Vamos agora construir uma família $\{f_\beta : 0 \leq \beta < \omega_1\}$ de $\aleph_1$ funções analíticas distintas tais que

$$f_\beta(z_\alpha) \in D \quad \text{sempre que} \quad \alpha < \beta. \tag{1}$$

Qualquer família assim satisfaz a condição (P_0). De fato, cada ponto $z \in \mathbb{C}$ tem algum índice, digamos, $z = z_\alpha$. Agora, para todo $\beta > \alpha$, os valores $\{f_\beta(z_\alpha)\}$ pertencem ao conjunto *enumerável* D. Uma vez que α é um número ordinal enumerável, as funções f_β com $\beta \leq \alpha$ contribuirão com no máximo mais uma quantidade enumerável de valores $f_\beta(z_\alpha)$, de forma que o conjunto de todos os valores $\{f_\beta(z)\}$ é, da mesma maneira, no máximo enumerável. Consequentemente, se pudermos construir uma família $\{f_\beta\}$ satisfazendo (1), então a segunda parte do teorema estará demonstrada.

A construção de $\{f_\beta\}$ é feita por indução transfinita. Para f_0 podemos tomar qualquer função analítica, por exemplo $f_0 = $ constante. Suponha que f_β

já tenha sido construída para todo $\beta < \gamma$. Uma vez que γ é um ordinal enumerável, podemos reordenar $\{f_\beta : 0 \leq \beta < \gamma\}$ em uma sequência $g_1, g_2, g_3, \ldots$. O mesmo reordenamento de $\{z_\alpha : 0 \leq \alpha < \gamma\}$ fornece uma sequência $w_1, w_2, w_3, \ldots$. Construiremos agora uma função f_γ satisfazendo, para cada n, as condições

$$f_\gamma(w_n) \in D \quad \text{e} \quad f_\gamma(w_n) \neq g_n(w_n). \tag{2}$$

A segunda condição irá garantir que todas as funções f_γ ($0 \leq \gamma < \omega_1$) são distintas, e a primeira condição é justamente (1), implicando (P_0) por causa de nossa argumentação anterior. Observe que a condição $f_\gamma(w_n) \neq g_n(w_n)$ é, uma vez mais, um argumento de diagonalização.

Para construir f_γ, escrevemos

$$f_\gamma(z) := \varepsilon_0 + \varepsilon_1(z - w_1) + \varepsilon_2(z - w_1)(z - w_2)$$
$$+ \varepsilon_3(z - w_1)(z - w_2)(z - w_3) + \ldots$$

Se γ é um ordinal finito, então f_γ é um polinômio e, portanto, analítico, e podemos certamente escolher números ε_i tais que (2) seja satisfeita. Agora, suponha que γ é um ordinal enumerável, então

$$f_\gamma(z) = \sum_{n=0}^{\infty} \varepsilon_n (z - w_1) \cdots (z - w_n). \tag{3}$$

Observe que os valores de ε_m ($m \geq n$) não têm influência no valor $f_\gamma(w_n)$, de modo que podemos escolher os ε_n passo a passo. Se a sequência (ε_n) converge para 0 de maneira suficientemente rápida, então (3) define uma função analítica. Finalmente, uma vez que D é um conjunto denso, podemos escolher essa sequência (ε_n) de modo que f_γ atenda às exigências de (2), e a demonstração está completa. □

Apêndice: sobre os números cardinais e ordinais

Vamos primeiro discutir a questão de existir, para cada número cardinal dado, um próximo maior. Para começar, mostraremos que, para todo número cardinal $\mathfrak{m}$, sempre existe um número cardinal $\mathfrak{n}$ maior do que $\mathfrak{m}$. Para isso, usaremos novamente uma versão do método da diagonalização de Cantor.

Seja M um conjunto. Então, afirmamos que o conjunto $\mathcal{P}(M)$ *de todos os subconjuntos* de M tem um tamanho maior do que M. Fazendo $m \in M$ corresponder a $\{m\} \in \mathcal{P}(M)$, vemos que M pode ser mapeado bijetivamente sobre um subconjunto de $\mathcal{P}(M)$, o que implica $|M| \leq |\mathcal{P}(M)|$, por definição. Falta mostrar que $\mathcal{P}(M)$ *não pode* ser mapeado bijetivamente sobre um subconjunto de M. Suponha, por absurdo, que $\varphi : N \to \mathcal{P}(M)$ é uma bijeção de $N \subseteq M$ sobre $\mathcal{P}(M)$. Considere o subconjunto $U \subseteq N$ de todos os elementos

"*Uma lenda conta que Santo Agostinho, andando pela praia, contemplando o infinito, viu uma criança que tentava esvaziar o oceano com uma concha...*"

de N que *não* estão contidos em suas imagens por φ, ou seja, $U = \{m \in N : m \notin \varphi(m)\}$. Uma vez que φ é uma bijeção, existe $u \in N$ com $\varphi(u) = U$. Agora, ou $u \in U$ ou $u \notin U$, mas ambas as alternativas são impossíveis! De fato, se $u \in U$, então $u \notin \varphi(u) = U$ pela definição de U, e se $u \notin U = \varphi(u)$, então $u \in U$, o que é uma contradição.

Muito provavelmente o leitor já viu esse argumento antes. É o velho enigma do barbeiro: "Um barbeiro é o homem que faz a barba de todos os homens que não fazem a própria barba. Será que o barbeiro faz sua própria barba?"

Para nos aprofundar na teoria, introduzimos outro grande conceito devido a Cantor: conjuntos ordenados e números ordinais. Um conjunto M é *ordenado* por $<$ se a relação $<$ é transitiva e se, para quaisquer dois elementos distintos a e b de M, ou temos $a < b$ ou $b < a$. Por exemplo, podemos ordenar $\mathbb{N}$ de maneira usual de acordo com a magnitude, $\mathbb{N} = \{1, 2, 3, 4, ...\}$, mas, é claro, também podemos ordenar $\mathbb{N}$ do outro jeito, $\mathbb{N} = \{..., 4, 3, 2, 1\}$, ou $\mathbb{N} = \{1, 3, 5, ..., 2, 4, 6, ...\}$, listando primeiro os números ímpares e depois os números pares.

Aqui está o conceito inovador. Um conjunto ordenado M é chamado de *bem-ordenado* se todo subconjunto não vazio de M tem um primeiro elemento. Assim, a primeira e a terceira ordenações de $\mathbb{N}$ anteriores são bem-ordenadas, mas a segunda ordenação não é. O fundamental *teorema da boa ordenação*, consequência dos axiomas (incluindo o axioma da escolha), agora afirma que *todo* conjunto M admite uma boa ordenação. De agora em diante, somente consideraremos conjuntos imbuídos de uma boa ordenação.

Vamos dizer que dois conjuntos bem-ordenados M e N são *similares* (ou do *mesmo* tipo de ordem) se existe uma bijeção φ de M sobre N que respeite a ordenação; ou seja, $m <_M n$ implica $\varphi(m) <_N \varphi(n)$. Observe que cada conjunto ordenado que é similar a um conjunto bem-ordenado é também bem-ordenado.

Claramente, similaridade é uma relação de equivalência, e podemos então falar de um *número ordinal* α pertencendo a uma classe de conjuntos similares. Para conjuntos finitos, quaisquer duas ordenações são boas ordenações similares, e usamos novamente o número ordinal n para a classe dos conjuntos com n elementos. Observe que, por definição, dois conjuntos similares têm a mesma cardinalidade. Daí, faz sentido falar da *cardinalidade* $|\alpha|$ de um número ordinal α. Observe ainda que qualquer subconjunto de um conjunto bem-ordenado é também bem-ordenado pela ordenação induzida.

Assim como fizemos para números cardinais, vamos agora comparar números ordinais. Seja M um conjunto bem-ordenado, $m \in M$, então $M_m = \{x \in M : x < m\}$ é chamado de *segmento (inicial)* de M determinado por m; N é um segmento de M se $N = M_m$ para algum m. Assim, em particular, M_m é o conjunto vazio quando m é o primeiro elemento de M. Agora, sejam μ e ν os números ordinais dos conjuntos bem-ordenados M e N. Dizemos que μ é *menor* do que ν, $\mu < \nu$ se M é similar a um segmento de N. De novo, te-

Os conjuntos bem-ordenados
$\mathbb{N} = \{1, 2, 3, ...\}$ e
$\mathbb{N} = \{1, 3, 5, ..., 2, 4, 6, ...\}$
não são similares: a primeira ordenação tem somente um elemento sem um predecessor imediato, enquanto que a segunda possui dois.

O número ordinal de {1, 2, 3, ...} é menor que o número ordinal de {1, 3, 5, ..., 2, 4, 6, ...}.

mos a lei transitiva na qual $\mu < \nu$, $\nu < \pi$ implica $\mu < \pi$, uma vez que sob um mapeamento de similaridade um segmento é mapeado sobre um segmento.

Claramente, para conjuntos finitos, $m < n$ corresponde ao significado usual. Denotemos por ω o número ordinal de $\mathbb{N} = \{1, 2, 3, 4, ...\}$ ordenado de acordo com a magnitude. Considerando o segmento $\mathbb{N}_{n+1}$, encontramos $n < \omega$ para qualquer n finito. Em seguida, vemos que $\omega \leq \alpha$ vale para qualquer número ordinal infinito α. De fato, se o conjunto bem-ordenado infinito M tem número ordinal α, então M contém um primeiro elemento m_1, o conjunto $M \setminus \{m_1\}$ contém um primeiro elemento m_2, $M \setminus \{m_1, m_2\}$ contém um primeiro elemento m_3. Continuando dessa maneira, produzimos a sequência $m_1 < m_2 < m_3 < ...$ em M. Se $M = \{m_1, m_2, m_3, ...\}$, então M é similar a $\mathbb{N}$ e, consequentemente, $\alpha = \omega$. Se, por outro lado, $M \setminus \{m_1, m_2, ...\}$ é não vazio, então contém um primeiro elemento m, e concluímos que $\mathbb{N}$ é similar ao segmento M_m, ou seja, $\omega < \alpha$ por definição.

Agora, enunciamos (sem as demonstrações, as quais não são difíceis) três resultados básicos sobre os números ordinais. O primeiro diz que qualquer número ordinal μ tem um conjunto bem-ordenado representativo "padrão" W_μ.

Proposição 1. *Seja μ um número ordinal e denotemos por W_μ o conjunto dos números ordinais menores do que μ. Então vale o seguinte:*

(i) *Os elementos de W_μ são comparáveis dois a dois.*

(ii) *Se ordenarmos W_μ de acordo com a magnitude, então W_μ será bem-ordenado e terá número ordinal μ.*

Proposição 2. *Quaisquer dois números ordinais μ e ν satisfazem precisamente uma das relações $\mu < \nu$, $\mu = \nu$ ou $\mu > \nu$.*

Proposição 3. *Todo conjunto de números ordinais (ordenados de acordo com a magnitude) é bem-ordenado.*

Após essa excursão aos números ordinais, vamos voltar aos números cardinais. Seja $\mathfrak{m}$ um número cardinal, e denotemos por $O_\mathfrak{m}$ o conjunto de todos os números ordinais μ com $|\mu| = \mathfrak{m}$. Pela Proposição 3, existe um *menor* número ordinal $\omega_\mathfrak{m}$ em $O_\mathfrak{m}$, o qual chamamos de *número ordinal inicial* de $\mathfrak{m}$. Como exemplo, ω é o número ordinal inicial de $\aleph_0$.

Com essas preparações, podemos agora demonstrar um resultado básico para este capítulo.

Proposição 4. *Para todo número cardinal $\mathfrak{m}$ existe um próximo número cardinal maior definido.*

Conjuntos, funções e a hipótese do contínuo

Demonstração. Já sabemos que existe algum número cardinal $\mathfrak{n}$ maior. Considere agora o conjunto $\mathcal{K}$ de todos os números cardinais maiores do que $\mathfrak{m}$ e no máximo tão grandes quanto $\mathfrak{n}$. Associamos a cada $\mathfrak{p} \in \mathcal{K}$ seu número ordinal inicial $\omega_\mathfrak{p}$. Entre esses números iniciais, existe um que é o menor (Proposição 3), e o número cardinal correspondente é, por conseguinte, o menor em $\mathcal{K}$ e, assim, é o procurado próximo número cardinal maior depois de $\mathfrak{m}$. □

Proposição 5. *Suponha que o conjunto infinito M tenha cardinalidade $\mathfrak{m}$, e que M seja bem ordenado de acordo com o número ordinal inicial $\omega_\mathfrak{m}$. Então, M não tem último elemento.*

Demonstração. De fato, se M tivesse um último elemento m, então o segmento M_m teria um número ordinal $\mu < \omega_\mathfrak{m}$ com $|\mu| = \mathfrak{m}$, contradizendo a definição de $\omega_\mathfrak{m}$. □

O que precisamos, finalmente, é de um considerável fortalecimento do resultado de que a união de uma quantidade enumerável de conjuntos enumeráveis é também enumerável. No resultado seguinte, consideramos famílias *arbitrárias* de conjuntos enumeráveis.

Proposição 6. *Suponha que $\{A_\alpha\}$ é uma família de tamanho $\mathfrak{m}$ de conjuntos enumeráveis A_α, onde $\mathfrak{m}$ é um cardinal infinito. Então, a união $\bigcup_\alpha A_\alpha$ tem no máximo tamanho $\mathfrak{m}$.*

Demonstração. Podemos supor que os conjuntos A_α são disjuntos dois a dois, uma vez que isso só poderá aumentar o tamanho da união. Seja M com $|M| = \mathfrak{m}$ o conjunto de índices, e façamos uma boa ordenação dele de acordo com o número ordinal inicial $\omega_\mathfrak{m}$. Agora, trocamos cada $\alpha \in M$ por um conjunto enumerável $B_\alpha = \{b_{\alpha 1} = \alpha, b_{\alpha 2}, b_{\alpha 3}, \ldots\}$, ordenado de acordo com ω, e chamamos o novo conjunto de $\widetilde{M}$. Então $\widetilde{M}$ é também um conjunto bem-ordenado colocando-se $b_{\alpha i} < b_{\beta j}$ para $\alpha < \beta$ e $b_{\alpha i} < b_{\alpha j}$ para $i < j$. Seja $\widetilde{\mu}$ o número ordinal de $\widetilde{M}$. Uma vez que M é um subconjunto de $\widetilde{M}$, temos que $\mu \leq \widetilde{\mu}$, devido a um argumento anterior. Se $\mu = \widetilde{\mu}$, então M é similar a $\widetilde{M}$, e se $\mu < \widetilde{\mu}$, então M é similar a um segmento de $\widetilde{M}$. Agora, uma vez que a ordenação $\omega_\mathfrak{m}$ de M não tem último elemento (Proposição 5), vemos que M é, em ambos os casos, similar à união de conjuntos enumeráveis B_β e, portanto, de mesma cardinalidade.

O resto é fácil. Seja $\varphi : \cup B_\beta \to M$ uma bijeção, e suponha que $\varphi(B_\beta) = \{\alpha_1, \alpha_2, \alpha_3, \ldots\}$. Troque cada α_i por $A_{\alpha i}$ e considere a união $\cup A_{\alpha i}$. Uma vez que $\cup A_{\alpha i}$ é a união de uma quantidade *enumerável* de conjuntos enumeráveis (e portanto enumerável), vemos que B_β tem o mesmo tamanho que $\cup A_{\alpha i}$. Em outras palavras, existe uma bijeção de B_β para $\cup A_{\alpha i}$, para todo β, e, consequentemente, uma bijeção ψ de $\cup B_\beta$ para $\cup A_\alpha$. Mas agora, $\psi \varphi^{-1}$ dá a bijeção desejada de M para $\cup A_\alpha$ e, assim, $|\cup A_\alpha| = \mathfrak{m}$. □

Referências

[1] L. E. J. BROUWER: *Beweis der Invarianz der Dimensionszahl*, Math. Annalen 70 (1911), 161-165.

[2] N. CALKIN & H. WILF: *Recounting the rationals*, Amer. Math. Monthly 107 (2000), 360-363.

[3] G. CANTOR: *Ein Beitrag zur Mannigfaltigkeitslehre*, Journal für die reine und angewandte Mathematik 84 (1878), 242-258.

[4] P. COHEN: *Set Theory and the Continuum Hypothesis*, W. A. Benjamin, New York, 1966.

[5] P. ERDŐS: *An interpolation problem associated with the continuum hypothesis*, Michigan Math. J. 11 (1964), 9-10.

[6] E. KAMKE: *Theory of Sets*, Dover Books, 1950.

[7] M. A. STERN: *Ueber eine zahlentheoretische Funktion*, Journal für die reine und angewandte Mathematik 55 (1858), 193-220.

"Infinitamente mais cardinais"

CAPÍTULO 20
EM LOUVOR ÀS DESIGUALDADES

A análise está repleta de desigualdades, como está testemunhado, por exemplo, pelo famoso livro *Inequalities*, de Hardy, Littlewood e Pólya. Vamos selecionar duas das desigualdades mais básicas, com duas aplicações cada, e vamos escutar uma conversa de George Pólya, ele mesmo um grande defensor d'O Livro, sobre o que ele considera as demonstrações mais apropriadas.

Nossa primeira desigualdade é atribuída por vezes a Cauchy, a Schwarz e/ou a Buniakowski:

Teorema I (Desigualdade de Cauchy-Schwarz)

Seja $\langle a, b \rangle$ um produto interno num espaço vetorial V real (com a norma $|a|^2 := \langle a, b \rangle$). Então
$$\langle a, b \rangle^2 \leq |a|^2 |b|^2$$
vale para todos os vetores $a, b \in V$, com a igualdade ocorrendo se e somente se a e b são linearmente dependentes.

Demonstração. A seguinte demonstração (folclórica) é provavelmente a mais curta. Considere a função quadrática
$$|xa + b|^2 = x^2 |a|^2 + 2x \langle a, b \rangle + |b|^2$$
na variável x. Podemos supor que $a \neq 0$. Se $b = \lambda a$, então claramente $\langle a, b \rangle^2 = |a|^2 |b|^2$. Se, por outro lado, a e b são linearmente independentes, então $|xa + b|^2 > 0$ para todo x e, assim, o discriminante $\langle a, b \rangle^2 - |a|^2 |b|^2$ é menor do que 0. □

Nosso segundo exemplo é a *desigualdade das médias harmônica, geométrica e aritmética*:

Teorema II (Médias harmônica, geométrica e aritmética)

Sejam $a_1, \ldots, a_n$ números reais positivos. Então

$$\frac{n}{\frac{1}{a_1}+\ldots+\frac{1}{a_n}} \leq \sqrt[n]{a_1 a_2 \ldots a_n} \leq \frac{a_1+\ldots+a_n}{n},$$

com igualdade, em ambos os casos, se e somente se todos os a_i são iguais.

Demonstração. A seguinte bela demonstração por indução não padrão é atribuída a Cauchy (ver [7]). Seja $P(n)$ a afirmação na segunda desigualdade, escrita na forma

$$a_1 a_2 \ldots a_n \leq \left(\frac{a_1+\ldots+a_n}{n}\right)^n.$$

Para $n = 2$, temos $a_1 a_2 \leq (\frac{a_1+a_2}{2})^2 \Leftrightarrow (a_1 - a_2)^2 \geq 0$, o que é verdade. Agora, prosseguimos com os dois passos seguintes:

(A) $P(n) \Rightarrow P(n-1)$;

(B) $P(n)$ e $P(2) \Rightarrow P(2n)$,

que claramente implicarão no resultado completo.

Para demonstrar (A), faça $A := \sum_{k=1}^{n-1} \frac{a_k}{n-1}$, então

$$\left(\prod_{k=1}^{n-1} a_k\right) A \stackrel{P(n)}{\leq} \left(\frac{\sum_{k=1}^{n-1} a_k + A}{n}\right)^n = \left(\frac{(n-1)A + A}{n}\right)^n = A^n$$

e, consequentemente, $\prod_{k=1}^{n-1} a_k \leq A^{n-1} = \left(\frac{\sum_{k=1}^{n-1} a_k}{n-1}\right)^{n-1}$.

Para **(B)**, vemos que

$$\prod_{k=1}^{2n} a_k = \left(\prod_{k=1}^{n} a_k\right)\left(\prod_{k=n+1}^{2n} a_k\right) \stackrel{P(n)}{\leq} \left(\sum_{k=1}^{n} \frac{a_k}{n}\right)^n \left(\sum_{k=n+1}^{2n} \frac{a_k}{n}\right)^n$$

$$\stackrel{P(2)}{\leq} \left(\frac{\sum_{k=1}^{2n} \frac{a_k}{n}}{2}\right)^{2n} = \left(\frac{\sum_{k=1}^{2n} a_k}{2n}\right)^{2n}$$

A condição para a igualdade é deduzida de forma igualmente simples.

A desigualdade da esquerda, entre as médias harmônica e geométrica, segue agora considerando-se $\frac{1}{a_1}, \ldots, \frac{1}{a_n}$. □

Em louvor às desigualdades

Outra demonstração. Das muitas outras demonstrações da desigualdade das médias aritmética-geométrica (a monografia [2] lista mais de 50), vamos selecionar uma, particularmente memorável, devida a Horst Alzer. Na verdade, a demonstração fornece a desigualdade mais forte

$$a_1^{p_1} a_2^{p_2} \ldots a_n^{p_n} \leq p_1 a_1 + p_2 a_2 + \ldots + p_n a_n$$

para quaisquer números positivos $a_1, \ldots, a_n, p_1, \ldots, p_n$ com $\sum_{i=1}^{n} p_i = 1$. Denotamos a expressão do lado esquerdo por G e a do lado direito por A. Podemos supor que $a_1 \leq \ldots \leq a_n$. Claramente, $a_1 \leq G \leq a_n$, de forma que deve existir algum k com $a_k \leq G \leq a_{k+1}$. Segue que

$$\sum_{i=1}^{k} p_i \int_{a_i}^{G} \left(\frac{1}{t} - \frac{1}{G}\right) dt + \sum_{i=k+1}^{n} p_i \int_{G}^{a_i} \left(\frac{1}{G} - \frac{1}{t}\right) dt \geq 0, \qquad (1)$$

uma vez que todos os integrandos são ≥ 0.

Reescrevendo (1), obtemos

$$\sum_{i=1}^{n} p_i \int_{G}^{a_i} \frac{1}{G} dt \geq \sum_{i=1}^{n} p_i \int_{G}^{a_i} \frac{1}{t} dt,$$

em que o lado esquerdo é igual a

$$\sum_{i=1}^{n} p_i \frac{a_i - G}{G} = \frac{A}{G} - 1,$$

enquanto o lado direito é

$$\sum_{i=1}^{n} p_i (\log a_i - \log G) = \log \prod_{i=1}^{n} a_i^{p_i} - \log G = 0.$$

Concluímos que $\frac{A}{G} - 1 \geq 0$, o que é $A \geq G$. No caso da igualdade, todas as integrais em (1) devem ser 0, o que implica $a_1 = \ldots = a_n = G$. □

Ainda mais uma demonstração. Existe mais uma bela demonstração comunicada a nós por Michael D. Hirschhorn. Ela usa a desigualdade de Bernoulli, que diz que

$$(1 + t)^{n+1} \geq 1 + (n+1)t \quad \text{para} \quad t \geq -1 \quad \text{real}.$$

Suponha que $a_1, a_2, \ldots, a_{n+1} > 0$ e faça

$$t = \frac{\frac{a_1 + \ldots + a_{n+1}}{n+1}}{\frac{a_1 + \ldots + a_n}{n}} - 1.$$

Por Bernoulli,

$$\left(\frac{\frac{a_1+\ldots+a_{n+1}}{n+1}}{\frac{a_1+\ldots+a_n}{n}}\right)^{n+1} \geq 1+(n+1)\left(\frac{\frac{a_1+\ldots+a_{n+1}}{n+1}}{\frac{a_1+\ldots+a_n}{n}}-1\right)$$

$$=1+n\frac{a_1+\ldots+a_{n+1}}{a_1+\ldots+a_n}-(n+1)$$

$$=\frac{n\,a_{n+1}}{a_1+\ldots+a_n},$$

que se traduz em

$$\left(\frac{a_1+\ldots+a_{n+1}}{n+1}\right)^{n+1} \geq a_{n+1}\left(\frac{a_1+\ldots+a_n}{n}\right)^n,$$

e a desigualdade das médias aritmética-geométrica segue por indução. □

Nossa primeira aplicação é um bonito resultado de Laguerre (ver [7]) a respeito da localização das raízes de polinômios.

Teorema 1. *Suponha que todas as raízes do polinômio $x^n + a_{n-1}x^{n-1} + \ldots + a_0$ sejam reais. Então, as raízes pertencem ao intervalo de extremidades*

$$-\frac{a_{n-1}}{n} \pm \frac{n-1}{n}\sqrt{a_{n-1}^2 - \frac{2n}{n-1}a_{n-2}}.$$

Demonstração. Seja y uma das raízes e $y_1, \ldots, y_{n-1}$ as outras. Então, o polinômio deverá ser $(x-y)(x-y_1)\ldots(x-y_{n-1})$. Assim, pela comparação de coeficientes,

$$-a_{n-1} = y + y_1 + \ldots + y_{n-1},$$
$$a_{n-2} = y(y_1 + \ldots + y_{n-1}) + \sum_{i<j} y_i y_j,$$

e, daí,

$$a_{n-1}^2 - 2a_{n-2} - y^2 = \sum_{i=1}^{n-1} y_i^2.$$

Pela desigualdade de Cauchy aplicada a $(y_1, \ldots, y_{n-1})$ e $(1, \ldots, 1)$,

$$(a_{n-1}+y)^2 = (y_1+y_2+\ldots+y_{n-1})^2$$
$$\leq (n-1)\sum_{i=1}^{n-1} y_i^2 = (n-1)\left(a_{n-1}^2 - 2a_{n-2} - y^2\right),$$

ou

$$y^2 + \frac{2a_{n-1}}{n}y + \frac{2(n-1)}{n}a_{n-2} - \frac{n-2}{n}a_{n-1}^2 \leq 0.$$

Assim, y (e portanto todos os y_i) estão entre as duas raízes da função quadrática, e essas raízes são nossos limitantes. □

Para nossa segunda aplicação, começamos com uma bem conhecida propriedade elementar da parábola. Considere a parábola descrita por $f(x) = 1 - x^2$ entre $x = -1$ e $x = 1$. Associamos a $f(x)$ o *triângulo tangencial* e o *retângulo tangencial*, como na figura.

Obtemos que a área sombreada

$$A = \int_{-1}^{1}(1 - x^2)dx$$

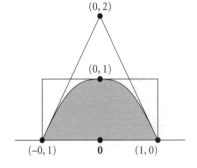

é igual a $\frac{4}{3}$, e as áreas T e R do triângulo e do retângulo são ambas iguais a 2. Assim, $\frac{T}{A} = \frac{3}{2}$ e $\frac{R}{A} = \frac{3}{2}$.

Num belo artigo, Paul Erdős e Tibor Gallai perguntaram o que acontece quando $f(x)$ é um polinômio real de grau n arbitrário com $f(x) > 0$ para $-1 < x < 1$, e $f(-1) = f(1) = 0$. A área A é então $\int_{-1}^{1} f(x)dx$. Suponha que $f(x)$ assume em $(-1, 1)$ seu valor máximo em b, então $R = 2f(b)$. Calculando as tangentes em -1 e em 1, prontamente se vê que (ver o quadro abaixo)

$$T = \frac{2f'(1)f'(-1)}{f'(1) - f'(-1)}, \tag{2}$$

respectivamente $T = 0$ para $f'(1) = f'(-1) = 0$.

O triângulo tangencial

A área T do triângulo tangencial é precisamente y_0, onde (x_0, y_0) é o ponto de intersecção das duas tangentes. As equações dessas tangentes são $y = f'(-1)(x + 1)$ e $y = f'(1)(x - 1)$, de onde

$$x_0 = \frac{f'(1) + f'(-1)}{f'(1) - f'(-1)}$$

e, assim,

$$y_0 = f'(1)\left[\frac{f'(1) + f'(-1)}{f'(1) - f'(-1)} - 1\right] = 2\frac{f'(1)f'(-1)}{f'(1) - f'(-1)}.$$

Em geral, não há limitantes triviais para $\frac{T}{A}$ e $\frac{R}{A}$. Para ver isto, tome $f(x) = 1 - x^{2n}$. Então, $T = 2n$, $A = \frac{4n}{2n+1}$ e, assim, $\frac{T}{A} > n$. De modo parecido, $R = 2$ e $\frac{R}{A} = \frac{2n+1}{2n}$, que tende a 1 quando n tende a infinito.

Mas, como Erdős e Gallai mostraram, no caso de polinômios que têm somente raízes reais, tais limitantes realmente existem.

Teorema 2. *Seja $f(x)$ um polinômio real de grau $n \geq 2$ com raízes reais somente, tal que $f(x) > 0$ para $-1 < x < 1$ e $f(-1) = f(1) = 0$. Então,*

$$\frac{2}{3}T \leq A \leq \frac{2}{3}R$$

e a igualdade vale em ambos os casos somente para $n = 2$.

Erdős e Gallai estabeleceram esse resultado com uma intrincada demonstração por indução. Na resenha desse artigo, que apareceu na primeira página do primeiro exemplar da *Mathematical Reviews*, em 1940, George Pólya explicou como a primeira desigualdade também poderia ser demonstrada usando-se a desigualdade das médias aritmética e geométrica – um bonito exemplo de uma resenha consciencioso e, ao mesmo tempo, uma demonstrações apropriada para O Livro.

Demonstração de $\frac{2}{3}T \leq A$. Uma vez que $f(x)$ tem somente raízes reais, e nenhuma delas no intervalo aberto $(-1, 1)$, ela pode ser escrita – exceto por algum fator constante, positivo, que se cancela no fim – na forma

$$f(x) = (1-x^2)\prod_i (\alpha_i - x)\prod_j (\beta_j + x), \tag{3}$$

com $\alpha_i \geq 1, \beta_j \geq 1$. Daí

$$A = \int_{-1}^{1} (1-x^2)\prod_i (\alpha_i - x)\prod_j (\beta_j + x)dx.$$

Fazendo a substituição $x \mapsto -x$, encontramos que também

$$A = \int_{-1}^{1} (1-x^2)\prod_i (\alpha_i + x)\prod_j (\beta_j - x)dx$$

e, daí, pela desigualdade das médias aritmética e geométrica (observe que todos os fatores são ≥ 0),

$$A = \int_{-1}^{1} \frac{1}{2}\left[(1-x^2)\prod_i (\alpha_i - x)\prod_j (\beta_j + x) + (1-x^2)\prod_i (\alpha_i + x)\prod_j (\beta_j - x) + \right]dx$$

$$\geq \int_{-1}^{1}(1-x^2)\left[\prod_i(\alpha_i^2-x^2)\prod_j(\beta_j^2-x^2)\right]^{1/2}dx$$

$$\geq \int_{-1}^{1}(1-x^2)\left[\prod_i(\alpha_i^2-1)\prod_j(\beta_j^2-1)\right]^{1/2}dx$$

$$=\frac{4}{3}\left[\prod_i(\alpha_i^2-1)\prod_j(\beta_j^2-1)\right]^{1/2}.$$

Vamos calcular $f'(1)$ e $f'(-1)$. (Podemos supor que $f'(-1), f'(1) \neq 0$, uma vez que, caso contrário, $T = 0$ e a desigualdade $\frac{2}{3}T \leq A$ passa a ser trivial.) Por (3), vemos que

$$f'(1)=-2\prod_i(\alpha_i-1)\prod_j(\beta_j+1),$$

e, de forma similar,

$$f'(-1)=2\prod_i(\alpha_i+1)\prod_j(\beta_j-1).$$

Daí, concluímos que

$$A \geq \frac{2}{3}\bigl(-f'(1)f'(-1)\bigr)^{1/2}.$$

Aplicando agora a desigualdade das médias harmônica e geométrica para $-f'(1)$ e $f'(-1)$, chegamos, através de (2), à conclusão

$$A \geq \frac{2}{3}\frac{2}{\frac{1}{-f'(1)}+\frac{1}{f'(-1)}}=\frac{4}{3}\frac{f'(1)f'(-1)}{f'(1)-f'(-1)}=\frac{2}{3}T,$$

que é o que queríamos mostrar. Analisando o caso de igualdade em todas as nossas desigualdades, o leitor poderá facilmente suprir a última afirmação do teorema. □

O leitor está convidado a pesquisar novas demonstrações igualmente inspiradas para a segunda desigualdade do Teorema 2.

Bem, análise são desigualdades no fim das contas, mas aqui está um exemplo, vindo da teoria de grafos, em que o uso de desigualdades aparece de maneira inesperada. No Capítulo 40, discutiremos o teorema de Turán. No caso mais simples, ele assume a seguinte forma:

Teorema 3. *Suponha que G seja um grafo com n vértices sem triângulos. Então G tem, no máximo, $\frac{n^2}{4}$ arestas, e a igualdade vale somente quando n é par e G é o grafo completo bipartido $K_{n/2,n/2}$.*

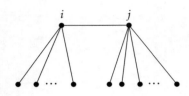

Primeira demonstração. Esta demonstração, usando a desigualdade de Cauchy, é devida a Mantel. Seja $V = \{1, \ldots, n\}$ o conjunto dos vértices e E o conjunto de arestas de G. Por d_i estaremos denotando o grau de i, de forma que $\sum_{i \in V} d_i = 2|E|$ (ver página 222 no capítulo de contagens duplas). Suponha que ij seja uma aresta. Uma vez que G não possui triângulos, obtemos que $d_i + d_j \leq n$, pois nenhum vértice é vizinho a ambos, i e j.

Segue que

$$\sum_{ij \in E}(d_i + d_j) \leq n|E|.$$

Observe que d_i aparece exatamente d_i vezes na soma, de forma que obtemos

$$n|E| \geq \sum_{ij \in E}(d_i + d_j) = \sum_{i \in V} d_i^2,$$

e, daí, com a desigualdade de Cauchy aplicada aos vetores $(d_1, \ldots, d_n)$ e $(1, \ldots, 1)$,

$$n|E| \geq \sum_{i \in V} d_i^2 \geq \frac{(\Sigma d_i)^2}{n} = \frac{4|E|^2}{n}$$

e daí segue o resultado. No caso de igualdade, encontramos que $d_i = d_j$ para todo i, j e, mais ainda, $d_i = \frac{n}{2}$ (uma vez que $d_i + d_j = n$). Uma vez que G não tem triângulos, conclui-se imediatamente a partir disso que $G = K_{n/2,n/2}$. □

Segunda demonstração. A seguinte demonstração do Teorema 3, usando a desigualdade das médias aritmética e geométrica, é uma demonstração folclórica d'O Livro. Seja α o tamanho de um maior conjunto independente A, e ponha $\beta = n - \alpha$. Uma vez que G não tem triângulos, os vizinhos de um vértice i formam um conjunto independente, e inferimos que $d_i \leq \alpha$ para todo i.

O conjunto $B = V \setminus A$ de tamanho β encontra toda aresta de G. Contando as arestas de G de acordo com seus vértices em B, obtemos que $|E| \leq \sum_{i \in B} d_i$. A desigualdade das médias aritmética e geométrica agora fornece

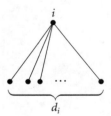

$$|E| \leq \sum_{i \in B} d_i \leq \alpha\beta \leq \left(\frac{\alpha + \beta}{2}\right)^2 = \frac{n^2}{4},$$

e novamente o caso de igualdade pode ser tratado com facilidade. □

Referências

[1] H. Alzer: *A proof of the arithmetic mean-geometric mean inequality*, Amer. Math. Monthly 103 (1996), 585.

[2] P. S. Bullen, D. S. Mitrinovics & P. M. Vasić: *Means and their Inequalities*, Reidel, Dordrecht, 1988.

[3] P. Erdős & T. Grünwald: *On polynomials with only real roots*, Annals Math. 40 (1939), 537-548.

[4] G. H. Hardy, J. E. Littlewood & G. Pólya: *Inequalities*, Cambridge University Press, Cambridge, 1952.

[5] W. Mantel: *Problem 28*, Wiskundige Opgaven 10 (1906), 60-61.

[6] G. Pólya: *Review of [3]*, Mathematical Reviews 1 (1940), 1.

[7] G. Pólya & G. Szegő: *Problems and Theorems in Analysis*, Vol. 1, Springer-Verlag, Berlim Heidelberg New York, 1972/78; reimpressão de 1998.

CAPÍTULO 21
TEOREMA FUNDAMENTAL DA ÁLGEBRA

> *Todo polinômio não constante com coeficientes complexos tem pelo menos uma raiz no corpo dos números complexos.*

Tem sido comentado que o "teorema fundamental da álgebra" não é de fato fundamental, que ele não é necessariamente um teorema já que algumas vezes serve como uma definição, e que em sua forma clássica não é um resultado da álgebra, mas da análise.

Gauss chamou este teorema, para o qual deu quatro demonstrações diferentes, de "teorema fundamental das equações algébricas". Ele é, sem sombra de dúvidas, uma das pedras fundamentais na história da matemática. Como Reinhold Remmert escreve em sua revisão pertinente: "Foi a possibilidade de demonstrar este teorema no domínio complexo, mais do que qualquer outra coisa, que pavimentou o caminho para um reconhecimento geral dos números complexos".

Alguns dos maiores nomes contribuíram para o assunto, de Gauss e Cauchy a Liouville e Laplace. Um artigo de Netto e Le Vavasseur lista perto de uma centena de demonstrações. A demonstração que apresentamos é uma das mais elegantes e certamente a mais curta. Ela segue um argumento de d'Alembert e Argand e usa apenas algumas propriedades elementares de polinômios e números complexos. Somos gratos a France Dacar e a Tord Sjödin pela versão aprimorada da demonstração. Essencialmente o mesmo argumento aparece também nos artigos de Fefferman [3] e Redheffer [5], e sem dúvida em alguns outros.

Precisamos de três fatos que são apreendidos em um curso de primeiro ano de cálculo.

(A) Polinômios são funções contínuas.

(B) Qualquer número complexo de valor absoluto 1 tem uma m-ésima raiz da unidade para todo $m \geq 1$.

(C) Princípio do mínimo de Cauchy: uma função contínua a valores reais f em um conjunto compacto S assume um mínimo em S.

Jean Le Rond d'Alembert

Agora, seja $p(z) = \sum_{k=0}^{n} c_k z^k$ um polinômio complexo de grau $n \geq 1$. Como primeiro e decisivo passo, demonstramos o que é chamado às vezes de lema de d'Alembert e às vezes de desigualdade de Argand.

Lema. *Se $p(a) \neq 0$, então todo disco D em torno de a contém um ponto interior b com $|p(b)| < |p(a)|$.*

Demonstração. Afirmamos primeiro que sem perda de generalidade podemos supor que $a = 0$ e $p(a) = 1$. De fato, se este não fosse o caso, então definiríamos um outro polinômio $q(z) := \frac{p(z+a)}{p(a)}$, o qual satisfaz $q(0) = 1$. Suponha agora que todo disco D de raio R em torno da origem contém um ponto b com $|q(b)| < 1$. Então o disco D_a de raio R em torno do ponto a contém o ponto $a + b$ tal que $|p(a + b)| < |p(a)|$, como afirmado.

Podemos então supor que $p(z) = 1 + c_1 z + c_2 z^2 + \cdots + c_n z^n$, e tomando $m \geq 1$ como o menor índice com $c_m \neq 0$, podemos escrever $p(z)$ na forma

$$p(z) = 1 + c_m z^m + z^{m+1}(c_{m+1} + \cdots + c_n z^{n-m-1}) = 1 + c_m z^m + r(z).$$

No primeiro passo, encontramos $0 < \rho < 1$ tal que

$$|r(z)| < |c_m z^m| < 1 \quad \text{para todo} \quad 0 < |z| \leq \rho. \tag{1}$$

Para obter a primeira desigualdade, observamos que para $|z| < 1$

$$|r(z)| \leq |z|^{m+1}(|c_{m+1}| + \cdots + |c_n|) < |c_m||z^m| = |c_m z^m|,$$

desde que

$$0 < |z| < \frac{|c_m|}{|c_{m+1}| + \cdots + |c_n|} =: \rho_1.$$

A segunda desigualdade vale se $|z| < |c_m|^{-\frac{1}{n}} =: \rho_2$; logo podemos concluir que (1) vale para todo ρ com $0 < \rho < \min\{\rho_1, \rho_2, 1\}$.

Chegamos ao nosso segundo ingrediente, as raízes m-ésimas da unidade. Fixe uma constante ρ como em (1) com $\rho < R$, em que R é o raio do disco D em torno de $a = 0$. Seja ζ uma m-ésima raiz de $\frac{-\bar{c}_m}{|c_m|}$, em que $\bar{c}_m$ é o complexo conjugado de c_m e faça $b := \rho \zeta$. Afirmamos que b é um ponto procurado em D com $|p(b)| < 1$. Em primeiro lugar, b está em D já que $|b| = \rho < R$, e, além disso, por $|c_m|^2 = c_m \bar{c}_m$, temos

$$c_m b^m = -c_m \rho^m \frac{\bar{c}_m}{|c_m|} = -|c_m|\rho^m.$$

Olhando para (1), temos $|r(b)| < |c_m b^m| = |c_m|\rho^m < 1$ e, portanto,

$$|p(b)| \leq |1 + c_m b^m| + |r(b)| = 1 - |c_m|\rho^m + |r(b)| < 1,$$

e acabamos. □

O resto é fácil. Claramente, $p(z)z^{-n}$ tende ao coeficiente dominante c_n de $p(z)$ quando $|z|$ tente a infinito. Portanto, $|p(z)|$ também tende a infinito quando $|z| \to \infty$. Consequentemente, existe um $R_1 > 0$ tal que $|p(z)| > |p(0)|$ para todos os pontos do círculo $\{z : |z| = R_1\}$. Além disso, nosso terceiro fato (C) nos diz que no conjunto compacto $D_1 = \{z : |z| \leq R_1\}$ a função contínua a valores reais $|p(z)|$ atinge um valor mínimo em algum ponto z_0. Como $|p(z)| > |p(0)|$ para z na fronteira de D_1, z_0 deve estar no interior. Mas pelo lema de d'Alembert, este valor mínimo $|p(z_0)|$ deve ser 0 – e aí está a demonstração completa.

Referências

[1] J. D'ALEMBERT: *Recherches sur le calcul integral*, Histoire de l'Académie Royale des Sciences et Belles Lettres (1746), 182-224.

[2] R. ARGAND: *Réflexions sur la nouvelle théorie d'analyse*, Annales de Mathématiques 5 (1814), 197-209.

[3] C. FEFFERMAN: *An easy proof of the fundamental theorem of algebra*, Amer. Math. Monthly 74 (1967), 854-855.

[4] E. NETTO & R. LEVAVASSEUR: *Les fonctions rationelles*, Enc. Sciences Math. Pures Appl. I 2 (1907), 1-232.

[5] R. M. REDHEFFER: *What! Another note just on the fundamental theorem of algebra*? Amer. Math. Monthly 71 (1964), 180-185.

[6] R. REMMERT: *The fundamental theorem of algebra*, Capítulo 4 em: "Numbers" (H. D. Ebbinghaus et al., eds.), Graduate Texts in Mathematics 123, Springer, New York, 1991.

"O que houve agora?"
"Bem, estou carregando 100 demonstrações do teorema fundamental da álgebra"

"Demonstrações d'O Livro: uma do teorema fundamental da álgebra, uma de reciprocidade quadrática!"

CAPÍTULO 22
UM QUADRADO E UM NÚMERO ÍMPAR DE TRIÂNGULOS

Suponha que queremos desmembrar um quadrado em n triângulos de mesma área. Quando n é par, isto é conseguido de modo simples. Por exemplo, você poderia dividir os lados horizontais em $\frac{n}{2}$ segmentos de mesmo comprimento e desenhar a diagonal em cada um dos $\frac{n}{2}$ retângulos:

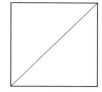 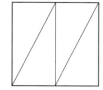 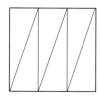 ...

Mas suponha agora que n é ímpar. Já para $n = 3$ isto causa problemas e, depois de algumas tentativas, você provavelmente pensará que talvez isto não seja possível. Vamos então enunciar o problema geral:

> *É possível desmembrar um quadrado em um número ímpar n de triângulos de áreas iguais?*

Agora, isto parece uma pergunta clássica de geometria euclidiana e poder-se-ia imaginar que a resposta certamente seria conhecida há muito tempo (senão desde os gregos). Mas quando Fred Richman e John Thomas popularizaram o problema na década de 1960 eles descobriram para sua surpresa que ninguém conhecia a resposta ou uma referência onde isso tenha sido discutido.

Bem, a resposta é "não" tanto para $n = 3$ quanto para qualquer n ímpar. Mas como demonstrar um resultado como este? Por mudança de escala podemos, é claro, nos restringir a um quadrado unitário com vértices $(0, 0)$, $(1, 0)$, $(0, 1)$, $(1, 1)$. Qualquer argumento deve, portanto, de algum modo usar o fato de que a área dos triângulos no desmembramento é $\frac{1}{n}$, em que n é ím-

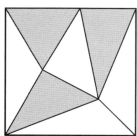

Existem desmembramentos do quadrado em um número ímpar de triângulos cujas áreas são *quase* iguais.

par. A seguinte demonstração, devida a Paul Monsky, com trabalho inicial de John Thomas, é um golpe de gênio e totalmente inesperada: ela usa uma ferramenta algébrica, valorações, para construir uma coloração impressionante do plano e combina isso com alguns raciocínios combinatórios elegantes e admiravelmente simples. E ainda mais: até o momento, nenhuma outra demonstração é conhecida!

Antes de enunciarmos o teorema, vamos preparar o terreno através de um estudo rápido das valorações. Todo mundo está familiarizado com a função valor absoluto $|x|$ nos racionais $\mathbb{Q}$ (ou nos reais $\mathbb{R}$). Ela leva $\mathbb{Q}$ aos reais não negativos de modo que para todo x e y,

(i) $|x| = 0$ se e somente se $x = 0$,

(ii) $|xy| = |x||y|$, e

(iii) $|x + y| \leq |x| + |y|$ (desigualdade triangular).

A desigualdade triangular transforma $\mathbb{R}$ em um espaço métrico e dá origem às noções familiares de convergência. Foi uma grande descoberta por volta de 1900 que, além do valor absoluto, existem outras "funções valores" naturais em $\mathbb{Q}$ que satisfazem as condições (i) a (iii).

Seja p um número primo. Qualquer número racional $r \neq 0$ pode ser escrito de modo único na forma

$$r = p^k \frac{a}{b}, \qquad k \in \mathbb{Z}, \tag{1}$$

em que a e $b > 0$ são relativamente primos a p. Defina o *valor p-ádico*

$$|r|_p := p^{-k}, \qquad |0|_p = 0. \tag{2}$$

Exemplo: $\left|\frac{3}{4}\right|_2 = 4$, $\left|\frac{6}{7}\right|_2 = |2|_2 = \frac{1}{2}$, e $\left|\frac{3}{4} + \frac{6}{7}\right|_2 = \left|\frac{45}{28}\right|_2 = \left|\frac{1}{4} \cdot \frac{45}{7}\right|_2 = 4 = \max\left\{\left|\frac{3}{4}\right|_2, \left|\frac{6}{7}\right|_2\right\}$.

As condições (i) e (ii) estão obviamente satisfeitas e para (iii) obtemos a desigualdade ainda mais forte

(iii′) $|x + y|_p \leq \max\{|x|_p, |y|_p\}$ (a propriedade não arquimediana).

De fato, seja $r = p^k \frac{a}{b}$ e $s = p^\ell \frac{c}{d}$, em que podemos supor que $k \geq \ell$, ou seja, $|r|_p = p^{-k} \leq p^{-\ell} = |s|_p$. Então, obtemos

$$|r+s|_p = \left| p^k \frac{a}{b} + p^\ell \frac{c}{d} \right|_p = \left| p^\ell \left(p^{k-\ell} \frac{a}{b} + \frac{c}{d} \right) \right|_p$$

$$= p^{-\ell} \left| \frac{p^{k-\ell} ad + bc}{bd} \right|_p \leq p^{-\ell} = \max\{|r|_p, |s|_p\},$$

já que o denominador bd é relativamente primo a p. Também vemos disso que

(iv) $|x + y|_p = \max\{|x|_p, |y|_p\}$ sempre que $|x|_p \neq |y|_p$,

mas demonstraremos abaixo que esta propriedade é, de modo bem geral, consequência de (iii'). Qualquer função $v : K \to \mathbb{R}_{\geq 0}$ em um corpo K que satisfaça

(i) $v(x) = 0$ se e somente se $x = 0$,

(ii) $v(xy) = v(x)v(y)$, e

(iii') $v(x + y) \leq \max\{v(x), v(y)\}$ (propriedade não arquimediana)

para todo $x, y \in K$ é chamada de *valoração real não arquimediana* em K.

Para tal valoração v, temos que $v(1) = v(1)v(1)$, e portanto $v(1) = 1$; e $1 = v(1) = v((-1)(-1)) = [v(-1)]^2$ de modo que $v(-1) = 1$. Assim, de (ii) obtemos $v(-x) = v(x)$ para todo x e $v(x^{-1}) = v(x)^{-1}$ para $x \neq 0$.

Todo corpo tem uma valoração *trivial* que leva todo elemento não nulo a 1, e se v é uma valoração não arquimediana real, então v^t também é, para todo número real positivo t. Assim, para $\mathbb{Q}$, temos as valorizações p-ádicas e suas potências, e um famoso teorema de Ostrowski afirma que qualquer valoração não arquimediana real não trivial em $\mathbb{Q}$ é desta forma.

Como prometido, vamos verificar que a importante propriedade

(iv) $v(x + y) = \max\{v(x), v(y)\}$ se $v(x) \neq v(y)$

vale para toda valoração não arquimediana. De fato, suponha que temos $v(x) < v(y)$. Então,

$$\begin{aligned} v(y) = v((x+y) - x) &\leq \max\{v(x+y), v(x)\} = v(x+y) \\ &\leq \max\{v(x), v(y)\} = v(y) \end{aligned}$$

em que (iii') fornece as desigualdades, a primeira igualdade está clara e as outras duas seguem de $v(x) < v(y)$. Assim, $v(x + y) = v(y) = \max\{v(x), v(y)\}$. A bela abordagem de Monsky para o problema do desmembramento do quadrado usava uma extensão da valoração 2-ádica $|x|_2$ a uma valoração v de $\mathbb{R}$, onde "extensão" significa que exigimos $v(x) = |x|_2$ sempre que x está em $\mathbb{Q}$. Tal extensão não arquimediana real existe, mas isso não é um acontecimento-padrão da álgebra. No que vem a seguir, apresentamos o argumento de Monsky em uma versão devida a Hendrik Lenstra que exige muito menos; ela necessita apenas de uma valoração v que tome valores em um "grupo ordenado" arbitrário, não necessariamente $(\mathbb{R}_{>0}, \cdot, <)$, tal que $v(\frac{1}{2}) > 1$. A definição e a existência de tal valoração serão fornecidas no apêndice deste capítulo.

A propriedade (iv) junto com $v(-x) = v(x)$ também implica que $v(a \pm b_1 \pm b_2 \pm \cdots \pm b\ell) = v(a)$ se $v(a) > v(b_i)$ para todo i.

Aqui, observamos apenas que qualquer valoração com $v(\frac{1}{2}) > 1$ satisfaz $v(\frac{1}{n}) = 1$ para inteiros ímpares n. De fato, $v(\frac{1}{2}) > 1$ significa que $v(2) < 1$ e, assim, $v(2k) < 1$ por (iii') e por indução em k. Disto obtemos $v(2k + 1) = 1$ de (iv) e, então, $v(\frac{1}{2k+1}) = 1$ novamente de (ii).

Teorema de Monsky. *Não é possível desmembrar um quadrado em um número ímpar de triângulos de áreas iguais.*

Demonstração. No que vem a seguir, construímos três colorações específicas do plano com propriedades surpreendentes. Uma delas é que a área de qualquer triângulo cujos vértices têm três cores diferentes — os quais serão chamados a seguir de *triângulos arco-íris* — tem um valor v maior do que 1, de modo que a área não pode ser $\frac{1}{n}$ para n ímpar. E então verificaremos que qualquer desmembramento do quadrado unitário deve conter um destes triângulos arco-íris, e a demonstração estará completa.

A coloração dos pontos (x, y) do plano real será construída olhando para os elementos da tripla $(x, y, 1)$ que tem valor máximo pela valoração v. Este máximo pode ocorrer uma, duas ou mesmo três vezes. A cor (azul ou verde ou vermelha) vai registrar a coordenada de $(x, y, 1)$ na qual o valor máximo de v ocorreu primeiro:

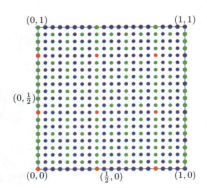

$$(x, y) \text{ é colorido de} \begin{cases} \text{azul} & \text{se } v(x) \geq v(y), \ v(x) \geq v(1), \\ \text{verde} & \text{se } v(x) < v(y), \ v(y) \geq v(1), \\ \text{vermelho} & \text{se } v(x) < v(1), \ v(y) < v(1). \end{cases}$$

Isto associa uma única cor a cada ponto do plano. A figura na margem mostra a cor para cada ponto no quadrado unitário cujas coordenadas são frações da forma $\frac{k}{20}$.

A afirmação a seguir é o primeiro passo da demonstração.

Lema 1. *Para qualquer ponto azul $p_b = (x_b, y_b)$, ponto verde $p_g = (x_g, y_g)$ e ponto vermelho $p_r = (x_r, y_r)$, o valor v do determinante*

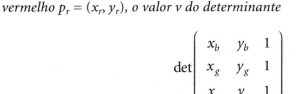

é pelo menos 1.

Demonstração. O determinante é a soma de seis termos. Um deles é o produto dos elementos da diagonal principal, $x_b y_g 1$. Pela construção da coloração, cada um dos elementos da diagonal comparados com os outros elementos da linha tem um valor v máximo, de modo que comparando com o último elemento de cada linha (que é 1) obtemos

$$v(x_b y_g 1) = v(x_b)v(y_g)v(1) \geq v(1)v(1)v(1) = 1.$$

Qualquer uma das outras cinco parcelas do determinante é o produto de três elementos da matriz, um de cada linha (com um sinal que, como sabemos, é irrelevante para o valor v). Ele pega pelo menos um elemento abaixo da diagonal principal, cujo valor v é estritamente menor que o do elemento da diagonal na mesma linha, e pelo menos um elemento da matriz acima da diagonal, cujo valor v não é maior que o do elemento da diagonal na mesma linha. Então, todas as outras cinco parcelas do determinante tem um valor v que é estritamente menor que o da parcela correspondente à diagonal principal. Assim, pela propriedade (iv) da valoração não arquimediana, encontramos que o valor v do determinante é dado pela parcela correspondente à diagonal principal,

$$v\left(\det\begin{pmatrix} x_b & y_b & 1 \\ x_g & y_g & 1 \\ x_r & y_r & 1 \end{pmatrix}\right) = v(x_b y_g 1) \geq 1. \qquad \square$$

Corolário. *Qualquer reta do plano recebe no máximo duas cores diferentes. A área de um triângulo arco-íris não pode ser 0 e não pode ser $\frac{1}{n}$ para n ímpar.*

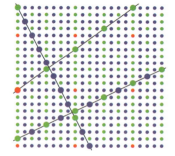

Demonstração. A área do triângulo com vértices em um ponto azul p_b, um ponto verde p_g e um ponto vermelho p_r é o valor absoluto de

$$\tfrac{1}{2}\bigl((x_b - x_r)(y_g - y_r) - (x_g - x_r)(y_b - y_r)\bigr),$$

o qual, a menos do sinal, é a metade do determinante do Lema 1.

Os três pontos não podem estar na mesma reta, uma vez que o determinante não pode ser 0, já que $v(0) = 0$. A área do triângulo não pode ser $\frac{1}{n}$, uma vez que neste caso obteríamos $\pm\frac{2}{n}$ para o determinante, de onde

$$v\bigl(\pm\tfrac{2}{n}\bigr) = v\bigl(\tfrac{1}{2}\bigr)^{-1} v\bigl(\tfrac{1}{n}\bigr) < 1$$

já que $v(\tfrac{1}{2}) > 1$ e $v(\tfrac{1}{n}) = 1$, o que contradiz o Lema 1. $\qquad \square$

E por que construímos esta coloração? Porque agora vamos mostrar que em *qualquer* desmembramento do quadrado unitário $S = [0, 1]^2$ em triângulos (de mesmo tamanho ou não!) deve sempre existir um triângulo arco-íris, o qual, de acordo com o corolário, não pode ter área $\frac{1}{n}$ para n ímpar. Assim, o lema a seguir completará a demonstração do teorema de Monsky.

Lema 2. *Todo desmembramento do quadrado unitário $S = [0, 1]^2$ em um número finito de triângulos contém um número ímpar de triângulos arco-íris e, assim, pelo menos um deles.*

Demonstração. O seguinte argumento de contagem é verdadeiramente inspirado. A ideia é devida a Emanuel Sperner e reaparecerá no "Lema de Sperner" no Capítulo 27.

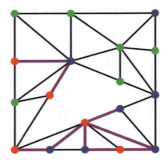

Considere os segmentos entre os vértices vizinhos em um dado desmembramento. O segmento será chamado de *segmento vermelho-azul* se uma das extremidades for vermelha e a outra, azul. Por exemplo, na figura os segmentos vermelho-azuis estão desenhados em roxo.

Fazemos duas observações, usando repetidamente o fato do corolário de que em qualquer reta podem apenas existir pontos de no máximo duas cores.

(A) A linha de baixo do quadrado contém um número *ímpar* de segmentos vermelho-azuis, uma vez que $(0, 0)$ é vermelho e $(1, 0)$ é azul e todos os vértices entre eles são azuis ou vermelhos. Assim, na ida da extremidade vermelha para a extremidade azul da parte de baixo do quadrado, deve existir um número ímpar de mudanças entre vermelho e azul. Os outros segmentos da fronteira do quadrado não contêm segmentos vermelho-azuis.

(B) Se um triângulo T tem no máximo duas cores em seus vértices, então ele tem um número *par* de segmentos vermelho-azuis em sua fronteira. Entretanto, todo triângulo arco-íris tem um número *ímpar* de segmentos vermelho-azuis em sua fronteira.

De fato, existe um número ímpar de segmentos vermelho-azuis entre um vértice vermelho e um vértice azul de um triângulo, mas um número par (se houver algum) entre quaisquer vértices com uma combinação de cores diferente. Assim, um triângulo arco-íris tem um número ímpar de segmentos vermelho-azuis em sua fronteira, enquanto qualquer outro triângulo tem um número par (dois ou zero) de pares de vértices com a combinação de cores vermelha e azul.

Agora, vamos contar os segmentos vermelho-azuis na fronteira somados sobre todos os triângulos do desmembramento. Como todo segmento vermelho-azul no interior do quadrado é contado duas vezes e existe um número ímpar na fronteira de S, esta contagem é ímpar. Assim, concluímos de (**B**) que deve haver um número ímpar de triângulos arco-íris. □

Apêndice: estendendo valorações

Não é de modo algum óbvio que uma extensão de uma valoração não arquimediana real de um corpo para um maior seja sempre possível. Mas isso pode ser feito, não só de $\mathbb{Q}$ para $\mathbb{R}$, mas em geral de qualquer corpo K para um corpo L que contém K. (Isto é conhecido como "teorema de Chevalley"; ver, por exemplo, o livro de Jacobson [1].)

No que segue, estabeleceremos muito menos – mas o suficiente para nossa aplicação aos desmembramentos ímpares. De fato, em nossa demonstração do teorema de Monsky não usamos a adição para os valores de $v : \mathbb{R} \to \mathbb{R}_{\geq 0}$; usamos apenas a multiplicação e a ordem em $\mathbb{R}_{\geq 0}$. Então, para nosso argumento é suficiente que todos os valores não nulos de v estejam em um *grupo abeliano ordenado* $(G, \cdot, <)$ (escrito na forma multiplicativa). Ou seja, os elementos de G estão linearmente ordenados, e $a < b$ em G implica que $ac < bc$ para quaisquer $a, b, c \in G$. Como supusemos que o grupo está escrito na forma multiplicativa, o elemento neutro de G é denotado por 1. Para a definição de uma valoração, nós juntamos um elemento especial 0, com o entendimento que $0 \notin G$, $0a = 0$ e $0 < a$ são válidos para todo $a \in G$. É claro que o exemplo primordial de um grupo abeliano ordenado é $(\mathbb{R}_{>0}, \cdot, <)$ com a ordem linear usual e o exemplo primordial para $\{0\} \cup G$ é $(\mathbb{R}_{\geq 0}, \cdot)$.

Definição. Seja K um corpo. Uma *valoração não arquimediana* v com valores em um grupo abeliano G é uma função $v : K \to \{0\} \cup G$ com

(i) $v(x) = 0 \Leftrightarrow x = 0$,

(ii) $v(xy) = v(x)v(y)$,

(iii') $v(x + y) \leq \max\{v(x), v(y)\}$, e

(iv) $v(x + y) = \max\{v(x), v(y)\}$ sempre que $v(x) \neq v(y)$

para todo $x, y \in K$.

A quarta condição nesta descrição é, novamente, consequência das três primeiras. E entre as consequências simples salientamos que se $v(x) < 1$, $x \neq 0$ então $v(x^{-1}) = v(x)^{-1} > 1$.

Então, aqui está o que iremos demonstrar:

Teorema. *O corpo dos números reais $\mathbb{R}$ tem uma valoração não arquimediana a um grupo abeliano ordenado*

$$v : \mathbb{R} \to \{0\} \cup G$$

tal que $v(\frac{1}{2}) > 1$.

Demonstração. Primeiro, relacionaremos qualquer valoração de um corpo a um subanel do corpo. (Todos os subanéis que consideraremos contêm 1.) Suponha que $v : K \to \{0\} \cup G$ seja uma valoração; seja

$$R := \{x \in K : v(x) \leq 1\}, \qquad U := \{x \in K : v(x) = 1\}.$$

É imediato que R é um subanel de K, chamado de *anel de valoração* correspondente a v. Além disso, $v(xx^{-1}) = v(1) = 1$ implica que $v(x) = 1$ se e somente se $v(x^{-1}) = 1$. Assim, U é o conjunto das unidades (elementos inversíveis) de R. Em particular, U é um subgrupo de $K^\times$, em que denotamos por $K^\times := K \setminus \{0\}$ o grupo multiplicativo de K. Finalmente, com $R^{-1} := \{x^{-1} : x \neq 0\}$ temos que $K = R \cup R^{-1}$. De fato, se $x \notin R$ então $v(x) > 1$ e, portanto, $v(x^{-1}) < 1$ e $x^{-1} \in R$. A propriedade $K = R \cup R^{-1}$ já caracteriza todos os anéis de valoração possíveis em um dado corpo.

Lema. *Um subanel próprio $R \subseteq K$ é um anel de valoração correspondente a alguma valoração v em algum grupo ordenado G se e somente se $K = R \cup R^{-1}$.*

Demonstração. Nós já vimos uma direção. Suponha agora que $K = R \cup R^{-1}$. Como poderíamos construir o grupo G? Se $v : K \to \{0\} \cup G$ é uma valoração correspondente a R, então $v(x) < v(y)$ vale se e somente se $v(xy^{-1}) < 1$, ou seja, se e somente se $xy^{-1} \in R \setminus U$. Além disso, $v(x) = v(y)$ se e somente se $xy^{-1} \in U$, ou $xU = yU$ como classes laterais no grupo quociente $K^\times/U$.

Portanto, a maneira natural de prosseguir é a seguinte. Tome o grupo quociente $G := K^\times/U$ e defina uma relação de ordem em G colocando

$$xU < yU :\Leftrightarrow xy^{-1} \in R \setminus U.$$

É um bom exercício verificar que isto de fato torna G um grupo ordenado. A função $v : K \to \{0\} \cup G$ é então definida da forma mais natural:

$$v(0) := 0, \quad \text{e} \quad v(x) := xU \quad \text{para} \quad x \neq 0.$$

É fácil verificar as condições (i) a (iii′) para v e que R é o anel de valoração correspondente a v.

Para demonstrar o teorema, basta encontrar um anel de valoração $B \subseteq \mathbb{R}$ tal que $\frac{1}{2} \notin B$.

Afirmação. *Qualquer subanel maximal por inclusão $B \subseteq \mathbb{R}$ com a propriedade $\frac{1}{2} \notin B$ é um anel de valoração.*

$\mathbb{Z} \subseteq \mathbb{R}$ é um destes subanéis com $\frac{1}{2} \notin \mathbb{Z}$, mas ele não é maximal.

Primeiro, deveríamos talvez observar que existe um subanel *maximal* $B \subseteq \mathbb{R}$ com a propriedade $\frac{1}{2} \notin B$. Isto não é completamente trivial – mas consequência de uma aplicação rotineira do lema de Zorn, que está revisado no quadro. De fato, se tivermos uma cadeia ascendente de subanéis $B_i \subseteq \mathbb{R}$ que não contêm $\frac{1}{2}$, então esta cadeia tem um limitante superior, dado pela união de todos os subanéis B_i, que novamente é um subanel e não contém $\frac{1}{2}$.

> **Lema de Zorn**
>
> O lema de Zorn é de importância fundamental na álgebra e em outras partes da matemática quando se quer construir estruturas maximais. Também desempenha um papel decisivo na fundamentação lógica da matemática.
>
> **Lema.** *Suponha que* $P_\leq$ *seja um conjunto parcialmente ordenado com a propriedade que toda cadeia ascendente* $(a_i)_\leq$ *tenha um limitante superior b, tal que* $a_i \leq b$ *para todo i. Então* $P_\leq$ *contém um elemento maximal M, no sentido de que não existe* $c \in P$ *com* $M < c$.

Para demonstrar a Afirmação, vamos supor que $B \subseteq \mathbb{R}$ seja um subanel maximal que não contenha $\frac{1}{2}$. Se B não for um anel de valoração, então existe algum elemento $\alpha \in \mathbb{R} \setminus (B \cup B^{-1})$. Denotemos por $B[\alpha]$ o subanel gerado por $B \cup \alpha$, ou seja, o conjunto de todos os números reais que podem ser escritos como polinômios em α com coeficientes em B. Seja $2B \subseteq B$ o subconjunto de todos os elementos da forma $2b$, para $b \in B$. Agora, $2B$ é um subconjunto de B, de modo que temos $2B[\alpha] \subseteq B[\alpha]$ e $2B[\alpha^{-1}] \subseteq B[\alpha^{-1}]$. Se tivéssemos $2B[\alpha] \neq B[\alpha]$ ou $2B[\alpha^{-1}] \neq B[\alpha^{-1}]$, então, pelo fato de que $1 \in B$, isto implicaria que $\frac{1}{2} \notin B[\alpha]$ respectivamente $\frac{1}{2} \notin B[\alpha^{-1}]$, contrariando a maximalidade de $B \subseteq \mathbb{R}$ como um subanel que não contém $\frac{1}{2}$.

Assim, obtemos que $2B[\alpha] = B[\alpha]$ e $2B[\alpha^{-1}] = B[\alpha^{-1}]$. Isto implica que $1 \in B$ pode ser escrito na forma

$$1 = 2u_0 + 2u_1\alpha + \cdots + 2u_m\alpha^m \quad \text{com} \quad u_i \in B, \tag{1}$$

e, analogamente,

$$1 = 2v_0 + 2v_1\alpha^{-1} + \cdots + 2v_n\alpha^{-n} \quad \text{com} \quad v_i \in B, \tag{2}$$

o que, depois de multiplicar por α^n e de subtrair $2v_0\alpha^n$ de ambos os lados, fornece

$$(1 - 2v_0)\alpha^n = 2v_1\alpha^{n-1} + \cdots + 2v_{n-1}\alpha + 2v_n. \tag{3}$$

Vamos supor que estas representações foram escolhidas de modo que m e n sejam os menores possíveis. Podemos também supor que $m \geq n$, caso contrário trocaríamos α e α^{-1}, e (1) e (2).

Agora, multiplique (1) por $1 - 2v_0$ e some $2v_0$ em ambos os lados da equação para obter

$$1 = 2(u_0(1-2v_0) + v_0) + 2u_1(1-2v_0)\alpha + \cdots + 2u_m(1-2v_0)\alpha^m.$$

Mas se nesta equação substituirmos o termo $(1 - 2v_0)\alpha^m$ pela expressão dada na equação (3) multiplicada por α^{m-n}, então isto resultaria em uma equação que expressa $1 \in B$ como um polinômio em $2B[\alpha]$ de grau no máximo $m - 1$. Isto contradiz a minimalidade de m e conclui a demonstração da Afirmação. □

Referências

[1] N. Jacobson: *Lectures in Abstract Algebra, Part III: Theory of Fields and Galois Theory*, Graduate Texts in Mathematics 32, Springer, New York, 1975.

[2] P. Monski: *On dividing a square into triangles*, Amer. Math. Monthly 77 (1970), 161-164.

[3] F. Richman & J. Thomas: *Problem 5471*, Amer. Math. Monthly 74 (1967), 329.

[4] S. K. Stein & S. Szabó: *Algebra and Tiling: Homomorphisms in the Service of Geometry*, Carus Math. Monographs 25, MAA, Washington DC 1994.

[5] J. Thomas: *A dissection problem*, Math. Magazine 41 (1968), 187-190.

CAPÍTULO 23
UM TEOREMA DE PÓLYA SOBRE POLINÔMIOS

Entre as muitas contribuições de Pólya para a análise, a seguinte sempre foi a favorita de Erdős, tanto pelo surpreendente resultado como pela beleza de sua demonstração. Suponha que

$$f(z) = z^n + b_{n-1} z^{n-1} + \ldots + b_0$$

seja um polinômio complexo de grau $n \geq 1$ com coeficiente dominante 1. Associe $f(z)$ ao conjunto

$$\mathcal{C} := \{z \in \mathbb{C} : |f(z)| \leq 2\},$$

ou seja, $\mathcal{C}$ é o conjunto dos pontos levados por f ao círculo de raio 2 e centro na origem do plano complexo. Assim, para $n = 1$, o domínio $\mathcal{C}$ é apenas um disco de diâmetro 4.

Por meio de um argumento surpreendentemente simples, Pólya revelou a seguinte bela propriedade desse conjunto $\mathcal{C}$:

George Pólya

> Tome qualquer reta L no plano complexo e considere a projeção ortogonal $\mathcal{C}_L$ do conjunto $\mathcal{C}$ sobre L. Então, o comprimento total de qualquer tal projeção nunca excede 4.

O que queremos dizer com o comprimento total da projeção $\mathcal{C}_L$ ser no máximo 4? Veremos que $\mathcal{C}_L$ é uma união finita de intervalos disjuntos $I_1, \ldots, I_t$, e a condição significa que $\ell(I_1) + \ldots + \ell(I_t) \leq 4$, onde $\ell(I_j)$ é o comprimento usual de um intervalo.

Fazendo uma rotação no plano, vemos que é suficiente considerar o caso em que L é o eixo real do plano complexo. Com esses comentários em mente, vamos enunciar o resultado de Pólya.

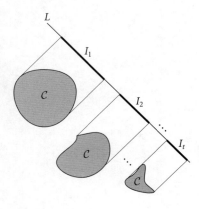

Teorema 1. *Seja f(z) um polinômio complexo de grau no mínimo 1 e coeficiente dominante 1. Faça $\mathcal{C} = \{z \in \mathbb{C} : |f(z)| \leq 2\}$ e seja $\mathcal{R}$ a projeção ortogonal de $\mathcal{C}$ sobre o eixo real. Então existem intervalos $I_1, \ldots, I_n$ na reta real que, juntos, cobrem $\mathcal{R}$ e satisfazem*

$$\ell(I_1) + \ldots + \ell(I_t) \leq 4.$$

Claro que o limitante 4 no teorema é atingido em $n = 1$. Para melhor sentir o problema, vamos olhar o polinômio $f(z) = z^2 - 2$, que também atinge o limitante 4. Se $z = x + iy$ é um número complexo, então x é sua projeção ortogonal sobre a reta real. Daí,

$$\mathcal{R} = \{x \in \mathbb{R} : x + iy \in \mathcal{C} \text{ para algum } y\}.$$

Você poderá demonstrar facilmente que, para $f(z) = z^2 - 2$, temos $x + iy \in \mathcal{C}$ se e somente se

$$(x^2 + y^2)^2 \leq 4(x^2 - y^2).$$

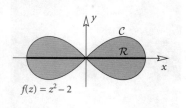

Segue que $x^4 \leq (x^2 + y^2)^2 \leq 4x^2$, e assim $x^2 \leq 4$, ou seja, $|x| \leq 2$. Por outro lado, qualquer $z = x \in \mathbb{R}$ com $|x| \leq 2$ satisfaz $|z^2 - 2| \leq 2$, e obtemos que $\mathcal{R}$ é precisamente o intervalo $[-2, 2]$ de comprimento 4.

Como um primeiro passo na direção da demonstração, escreva $f(z) = (z - c_1) \cdots (z - c_n)$ com $c_k = a_k + ib_k$ e considere o polinômio *real* $p(x) = (x - a_1) \cdots (x - a_n)$.

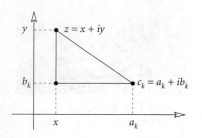

Seja $z = x + iy \in \mathcal{C}$, então, pelo teorema de Pitágoras,

$$|x - a_k|^2 + |y - b_k|^2 = |z - c_k|^2$$

e, daí, $|x - a_k| \leq |z - c_k|$ para todo k, isto é,

$$|p(x)| = |x - a_1| \cdots |x - a_n| \leq |z - c_1| \cdots |z - c_n| = |f(z)| \leq 2.$$

Assim, obtemos que $\mathcal{R}$ está contido no conjunto $\mathcal{P} = \{x \in \mathbb{R} : |p(x)| \leq 2\}$ e, se pudermos mostrar que esse último conjunto é recoberto por intervalos de comprimento total no máximo 4, então teremos terminado. Dessa forma, nosso Teorema 1, o principal, será uma consequência do seguinte resultado.

Teorema 2. *Seja p(x) um polinômio real de grau $n \geq 1$ com coeficiente dominante 1 e todas as raízes reais. Então, o conjunto $\mathcal{P} = \{x \in \mathbb{R} : |p(x)| \leq 2\}$ pode ser recoberto por intervalos de comprimento total no máximo 4.*

Como Pólya mostra em seu artigo [2], o Teorema 2 é, por sua vez, uma consequência do seguinte famoso resultado devido a Chebyshev. Para tornar este capítulo autônomo, incluímos uma demonstração no apêndice (seguindo a bela exposição de Pólya e Szegő).

Teorema de Chebyshev.

Seja p(x) um polinômio real de grau n ≥ 1 com coeficiente dominante 1. Então

$$\max_{-1 \leq x \leq 1} |p(x)| \geq \frac{1}{2^{n-1}}.$$

Observe inicialmente a seguinte consequência imediata.

Corolário. *Seja p(x) um polinômio real de grau n ≥ 1 com coeficiente principal 1, e suponha que |p(x)| ≤ 2 para todo x no intervalo [a, b]. Então b − a ≤ 4.*

Demonstração. Considere a substituição $y = \frac{2}{b-a}(x-a) - 1$. Ela leva o intervalo [a, b] do eixo x ao intervalo [−1, 1] do eixo y. O polinômio correspondente

$$q(y) = p\left(\frac{b-a}{2}(y+1) + a\right)$$

tem coeficiente principal $(\frac{b-a}{2})^n$ e satisfaz

$$\max_{-1 \leq y \leq 1} |q(y)| = \max_{a \leq x \leq b} |p(x)|.$$

Pelo teorema de Chebyshev, deduzimos

$$2 \geq \max_{a \leq x \leq b} |p(x)| \geq \left(\frac{b-a}{2}\right)^n \frac{1}{2^{n-1}} = 2\left(\frac{b-a}{4}\right)^n$$

e, assim, b − a ≤ 4, como queríamos. □

Pavnuty Chebyshev em um selo soviético de 1946

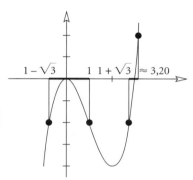

Para o polinômio $p(x) = x^2(x-3)$, obtemos
$\mathcal{P} = [1 - \sqrt{3}, 1] \cup [1 + \sqrt{3}, \approx 3, 2]$.

Esse corolário já nos deixa bastante perto do enunciado do Teorema 2. Se o conjunto $\mathcal{P} = \{x : |p(x)| \leq 2\}$ é um *intervalo*, então o comprimento de $\mathcal{P}$ é no máximo 4. O conjunto $\mathcal{P}$ pode, contudo, não ser um intervalo, como no exemplo mostrado na figura, onde $\mathcal{P}$ consiste em dois intervalos.

O que podemos dizer sobre $\mathcal{P}$? Uma vez que p(x) é uma função contínua, sabemos que $\mathcal{P}$ é a união de intervalos fechados disjuntos $I_1, I_2, \ldots$, e que p(x) assume o valor 2 ou −2 em cada extremidade de um intervalo I_j. Isso implica que existe apenas um número finito de intervalos $I_1, \ldots, I_t$, uma vez que p(x) pode assumir qualquer valor somente por um número finito de vezes.

A maravilhosa ideia de Pólya foi construir um outro polinômio $\tilde{p}(x)$ de grau n, outra vez com coeficiente dominante 1, tal que $\tilde{\mathcal{P}} = \{x : |\tilde{p}(x)| \leq 2\}$ seja um intervalo de comprimento no mínimo $\ell(I_1) + \ldots + \ell(I_t)$. O corolário demonstra então que $\ell(I_1) + \ldots + \ell(I_t) \leq \ell(\tilde{\mathcal{P}}) \leq 4$, e finalizamos.

Demonstração do Teorema 2. Vamos considerar $p(x) = (x - a_1) \cdots (x - a_n)$, com $\mathcal{P} = \{x \in \mathbb{R} : |p(x)| \leq 2\} = I_1 \cup \ldots \cup I_t$, em que arranjamos os intervalos I_j de forma que I_1 é o que está mais à esquerda e I_t o mais à direita. Primeiro, afirmamos que qualquer intervalo I_j contém uma raiz de p(x). Sabemos que p(x) assume os valores 2 ou −2 nas extremidades de I_j. Se um valor é 2 e o outro −2, então certamente existe uma raiz em I_j. Dessa forma, assuma que p(x) = 2 em ambas as extremidades (o caso −2 é análogo). Suponha que

$b \in I_j$ é um ponto onde $p(x)$ assume seu mínimo em I_j. Então $p'(b) = 0$ e $p''(b) \geq 0$. Se $p''(b) = 0$, então b é uma raiz múltipla de $p'(x)$ e, portanto, uma raiz de $p(x)$, conforme o Fato 1 do quadro na próxima página. Se, por outro lado, $p''(b) > 0$, então deduzimos que $p(b) \leq 0$ a partir do Fato 2 no mesmo quadro. Consequentemente, ou $p(b) = 0$, e temos nossa raiz, ou $p(b) < 0$, e obtemos uma raiz no intervalo que vai de b até uma das extremidades de I_j.

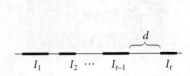

Eis a ideia final da demonstração. Sejam $I_1, \ldots, I_t$ os intervalos como dados anteriormente, e suponha que o intervalo mais à direita I_t contém m raízes de $p(x)$, contadas suas multiplicidades. Se $m = n$, então I_t é o único intervalo (pelo que acabamos de demonstrar), e a demonstração está completa. Dessa forma, suponha que $m < n$, e seja d a distância entre I_{t-1} e I_t, como na figura. Sejam $b_1, \ldots, b_m$ as raízes de $p(x)$ que se encontram em I_t e $c_1, \ldots c_{n-m}$ as raízes restantes. Escrevemos agora $p(x) = q(x)r(x)$, onde $q(x) = (x - b_1) \cdots (x - b_m)$ e $r(x) = (x - c_1) \cdots (x - c_{n-m})$, e colocamos $p_1(x) = q(x + d)r(x)$. O polinômio $p_1(x)$ também tem grau n e coeficiente principal 1. Para $x \in I_1 \cup \ldots \cup I_{t-1}$, temos $|x + d - b_i| < |x - b_i|$ para todos os i, e daí $|q(x + d)| < |q(x)|$. Segue que

$$|p_1(x)| \leq |p(x)| \leq 2 \quad \text{para} \quad x \in I_1 \cup \ldots \cup I_{t-1}.$$

Se, por outro lado, $x \in I_t$, então encontramos que $|r(x - d)| \leq |r(x)|$ e, assim,

$$|p_1(x - d)| = |q(x)||r(x - d)| \leq |p(x)| \leq 2,$$

o que significa que $I_t - d \subseteq \mathcal{P}_1 = \{x : |p_1(x)| \leq 2\}$.

Resumindo, vemos que $\mathcal{P}_1$ contém $I_1 \cup \ldots \cup I_{t-1} \cup (I_t - d)$ e, portanto, tem comprimento total tão grande quanto o de $\mathcal{P}$. Note agora que, com a passagem de $p(x)$ para $p_1(x)$, os intervalos I_{t-1} e I_t-d combinam-se num único intervalo. Concluímos que os intervalos $J_1, \ldots, J_s$ de $p_1(x)$ que formam $\mathcal{P}_1$ têm comprimento total no mínimo $\ell(I_1) + \ldots + \ell(I_t)$, e que o intervalo mais à direita J_s contém mais do que m raízes de $p_1(x)$. Repetindo esse procedimento no máximo $t - 1$ vezes, chegamos finalmente a um polinômio $\tilde{p}(x)$ com $\tilde{\mathcal{P}} = \{x : |\tilde{p}(x)| \leq 2\}$ sendo um intervalo de comprimento $\ell(\tilde{\mathcal{P}}) \geq \ell(I_1) + \ldots \ell(I_t)$, e a demonstração está completa. □

Dois fatos acerca de polinômios com raízes reais

Seja $p(x)$ um polinômio não constante com raízes reais somente.

Fato 1. *Se b é uma raiz múltipla de $p'(x)$, então b também é uma raiz de $p(x)$.*

Demonstração. Sejam $b_1 < \ldots < b_r$ as raízes de $p(x)$ com multiplicidades $s_1, \ldots, s_r$, $\sum_{j=1}^{r} s_j = n$. A partir de $p(x) = (x-b_j)^{s_j} h(x)$, inferimos que b_j é uma raiz de $p'(x)$ se $s_j \geq 2$, e a multiplicidade de b_j em $p'(x)$ é $s_j - 1$. Além disso, existe uma raiz de $p'(x)$ entre b_1 e b_2, uma outra raiz entre b_2 e b_3, ..., e uma entre b_{r-1} e b_r, e todas essas raízes devem ser simples, uma vez que $\sum_{j=1}^{r}(s_j - 1) + (r-1)$ já dá o grau $n-1$ de $p'(x)$. Consequentemente, as raízes *múltiplas* de $p'(x)$ podem ocorrer somente dentre as raízes de $p(x)$. □

Fato 2. *Temos que $p'(x)^2 \geq p(x)p''(x)$ para todo $x \in \mathbb{R}$.*

Demonstração. Se $x = a_i$ é uma raiz de $p(x)$, então não há nada a demonstrar. Suponha então que x não é uma raiz. A regra da derivada do produto fornece

$$p'(x) = \sum_{k=1}^{n} \frac{p(x)}{x-a_k} \quad \text{ou seja} \quad \frac{p'(x)}{p(x)} = \sum_{k=1}^{n} \frac{1}{x-a_k}.$$

Derivando isso novamente, obtemos

$$\frac{p''(x)p(x) - p'(x)^2}{p(x)^2} = -\sum_{k=1}^{n} \frac{1}{(x-a_k)^2} < 0. \qquad \square$$

Apêndice: Teorema de Chebyshev

Teorema. *Seja $p(x)$ um polinômio real de grau $n \geq 1$ com coeficiente dominante 1. Então*

$$\max_{-1 \leq x \leq 1} |p(x)| \geq \frac{1}{2^{n-1}}.$$

Antes de começar, vamos olhar alguns exemplos nos quais temos igualdade. A figura ao lado mostra os gráficos de polinômios de graus 1, 2 e 3, onde temos igualdade em cada caso. De fato, veremos que para todo grau existe precisamente um polinômio onde temos a igualdade no teorema de Chebyshev.

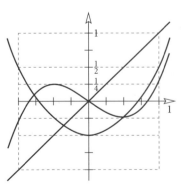

Os polinômios $p_1(x) = x$, $p_2(x) = x^2 - \frac{1}{2}$ e $p_3(x) = x^3 - \frac{3}{4}x$ atingem a igualdade no teorema de Chebyshev.

Demonstração. Considere um polinômio real $p(x) = x^n + a_{n-1}x^{n-1} + \ldots + a_0$ com coeficiente dominante 1. Uma vez que estamos interessados no intervalo $-1 \leq x \leq 1$, colocamos $x = \cos \vartheta$ e denotamos por $g(\vartheta) := p(\cos \vartheta)$ o polinômio resultante em cos ϑ,

$$g(\vartheta) = (\cos \vartheta)^n + a_{n-1}(\cos \vartheta)^{n-1} + \ldots + a_0. \qquad (1)$$

A demonstração prossegue agora nos dois passos seguintes, que são ambos resultados clássicos e muito interessantes por si só.

(A) Expressamos $g(\vartheta)$ como um assim chamado *polinômio em cosseno*, ou seja, um polinômio da forma

$$g(\vartheta) = b_n \cos n\vartheta + b_{n-1} \cos(n-1)\vartheta + \ldots + b_1 \cos\vartheta + b_0, \qquad (2)$$

com $b_k \in \mathbb{R}$, e mostramos que seu coeficiente dominante é $b_n = \frac{1}{2^{n-1}}$.

(B) Dado qualquer polinômio em cosseno $h(\vartheta)$ de ordem n (significando que λ_n é o mais alto coeficiente não nulo)

$$h(\vartheta) = \lambda_n \cos n\vartheta + \lambda_{n-1} \cos(n-1)\vartheta + \ldots + \lambda_0, \qquad (3)$$

mostramos que $|\lambda_n| \leq \max|h(\vartheta)|$, o que, quando aplicado a $g(\vartheta)$, demonstrará o teorema.

Demonstração de (A). Para passar de (1) para a representação (2), temos que expressar todas as potências $(\cos \vartheta)^k$ como polinômios em cossenos. Por exemplo, o teorema da adição para cossenos dá

$$\cos 2\vartheta = \cos^2 \vartheta - \text{sen}^2 \vartheta = 2\cos^2 \vartheta - 1,$$

de forma que $\cos^2 \vartheta = \frac{1}{2}\cos 2\vartheta + \frac{1}{2}$. Para fazer isso para uma potência arbitrária $(\cos \vartheta)^k$, recorremos aos números complexos, através da relação $e^{ix} = \cos x + i \,\text{sen}\, x$. Os e^{ix} são os números complexos de valor absoluto 1 (ver o quadro sobre os números complexos na página 51). Em particular, isso fornece

$$e^{in\vartheta} = \cos n\vartheta + i \,\text{sen}\, n\vartheta. \qquad (4)$$

Por outro lado,

$$e^{in\vartheta} = (e^{i\vartheta})^n = (\cos \vartheta + i \,\text{sen}\, \vartheta)^n. \qquad (5)$$

Igualando as partes reais e imaginárias em (4) e (5), obtemos, por meio de $i^{4\ell+2} = -1$, $i^{4\ell} = 1$ e $\text{sen}^2 \theta = 1 - \cos^2 \theta$

$$\cos n\vartheta = \sum_{\ell \geq 0} \binom{n}{4\ell}(\cos \vartheta)^{n-4\ell}(1-\cos^2 \vartheta)^{2\ell}$$

$$- \sum_{\ell \geq 0} \binom{n}{4\ell+2}(\cos \vartheta)^{n-4\ell-2}(1-\cos^2 \vartheta)^{2\ell+1}. \qquad (6)$$

Concluímos que $\cos n\vartheta$ é um polinômio em $\cos \vartheta$,

$$\cos n\vartheta = c_n(\cos \vartheta)^n + c_{n-1}(\cos \vartheta)^{n-1} + \cdots + c_0. \qquad (7)$$

De (6) obtemos, para o coeficiente mais alto,

$$c_n = \sum_{\ell \geq 0} \binom{n}{4\ell} + \sum_{\ell \geq 0} \binom{n}{4\ell+2} = 2^{n-1}.$$

Agora, invertemos nosso argumento. Supondo por indução que, para $k < n$, $(\cos \vartheta)^k$ pode ser expresso como um polinômio em cosseno de ordem k, inferimos de (7) que $(\cos \vartheta)^n$ pode ser escrito como um polinômio em cosseno de ordem n com coeficiente dominante $b_n = \frac{1}{2^{n-1}}$. □

$\sum_{k \geq 0} \binom{n}{2k} = 2^{n-1}$ vale para $n > 0$: todo subconjunto de $\{1, 2, \ldots, n-1\}$ fornece um subconjunto de tamanho par de $\{1, 2, \ldots, n\}$ se juntarmos o elemento n "quando necessário".

Demonstração de (B). Seja $h(\vartheta)$ um polinômio em cosseno de ordem n como em (3), e suponha, sem perda de generalidade, que $\lambda_n > 0$. Fazemos agora $m(\vartheta) := \lambda_n \cos n\vartheta$ e encontramos que

$$m(\tfrac{k}{n}\pi) = (-1)^k \lambda_n \quad \text{para} \quad k = 0, 1, \ldots, n.$$

Suponha, para uma demonstração por absurdo, que $|h(\vartheta)| < \lambda_n$. Então

$$m(\tfrac{k}{n}\pi) - h(\tfrac{k}{n}\pi) = (-1)^k \lambda_n - h(\tfrac{k}{n}\pi)$$

é positivo para k par e negativo para k ímpar no intervalo $0 \leq k \leq n$. Concluímos que $m(\vartheta) - h(\vartheta)$ tem pelo menos n raízes no intervalo $[0, \pi]$. Mas isso não pode ocorrer, uma vez que $m(\vartheta) - h(\vartheta)$ é um polinômio em cosseno de ordem $n - 1$ e, portanto, tem no máximo $n - 1$ raízes.

A demonstração de (B) e, portanto, do teorema de Chebyshev está completa. □

O leitor mais animado está agora convidado a completar a análise, mostrando que $g_n(\vartheta) := \frac{1}{2^{n-1}} \cos n\vartheta$ é o *único* polinômio em cosseno de ordem n com coeficiente dominante 1 que realiza a igualdade $\max|g(\vartheta)| = \frac{1}{2^{n-1}}$.

Os polinômios $T_n(x) = \cos n\vartheta$, $x = \cos \vartheta$, são chamados de *polinômios de Chebyshev* (de primeira espécie); assim, $\frac{1}{2^{n-1}} T_n(x)$ é o único polinômio mônico de grau n no qual a igualdade se verifica no teorema de Chebyshev.

Referências

[1] P. L. Cebycev: *Œuvres*, Vol. I, Acad. Imperiale des Sciences, St. Petersburg, 1899, pp. 387-469.

[2] G. Pólya: *Beitrag zur Verallgemeinerung des Verzerrungssatzes auf mehrfach zusammenhängenden Gebieten*, Sitzungsber. Preuss. Akad. Wiss. Berlin (1928), 228-232; Collected Papers Vol. I, MIT Press, 1974, 347-351.

[3] G. Pólia & G. Szegő: *Problems and Theorems in Analysis, Vol. II*, Springer-Verlag, Berlin Heidelberg New York 1976; reimpressão de 1998.

CAPÍTULO 24
SOBRE UM LEMA DE LITTLEWOOD E OFFORD

Em seu trabalho sobre a distribuição de raízes de equações algébricas, Littlewood e Offord demonstraram em 1943 o seguinte resultado:

Sejam $a_1, a_2, \ldots, a_n$ números complexos com $|a_i| \geq 1$ para todo i, e consideremos as 2^n combinações lineares $\sum_{i=1}^n \varepsilon_i a_i$ com $\varepsilon_i \in \{1, -1\}$. Então o número de somas $\sum_{i=1}^n \varepsilon_i a_i$, que pertencem ao interior de qualquer círculo de raio 1, não é maior do que

$$c \frac{2^n}{\sqrt{n}} \log n \qquad \text{para alguma constante} \qquad c > 0.$$

John E. Littlewood

Poucos anos mais tarde, Paul Erdős melhorou essa estimativa ao eliminar o termo $\log n$, mas, o que é mais interessante, ele mostrou ser esta, de fato, uma consequência simples do teorema de Sperner (ver página 237).

Para termos uma ideia de sua argumentação, vamos olhar o caso em que todos os a_i são reais. Podemos assumir que todos os a_i são positivos (fazendo a mudança de a_i para $-a_i$ e de ε_i para $-\varepsilon_i$ sempre que $a_i < 0$). Agora, suponha que um conjunto de combinações $\sum \varepsilon_i a_i$ esteja no interior de um intervalo de comprimento 2. Seja $N = \{1, 2, \ldots, n\}$ o conjunto dos índices. Para todo $\sum \varepsilon_i a_i$ colocamos $I := \{i \in N : \varepsilon_i = 1\}$. Agora, se $I \subsetneq I'$ para dois de tais conjuntos, então concluímos que

$$\sum \varepsilon_i' a_i - \sum \varepsilon_i a_i = 2 \sum_{i \in I' \setminus I} a_i \geq 2,$$

o que é uma contradição. Consequentemente, os conjuntos I formam uma anticadeia, e concluímos, do teorema de Sperner, que existem no máximo $\binom{n}{\lfloor n/2 \rfloor}$ tais combinações. Pela fórmula de Stirling (ver página 24), temos

$$\binom{n}{\lfloor n/2 \rfloor} \leq c \frac{2^n}{\sqrt{n}} \qquad \text{para algum} \qquad c > 0.$$

Teorema de Sperner
Qualquer anticadeia de subconjuntos de um conjunto com n elementos tem tamanho, no máximo, $\binom{n}{\lfloor n/2 \rfloor}$.

Para n par e todo $a_i = 1$, obtemos $\binom{n}{\lfloor n/2 \rfloor}$ combinações $\sum_{i=1}^{n} \varepsilon_i a_i$ cuja soma é 0. Olhando o intervalo $(-1, 1)$, encontramos, assim, que o número binomial dá o limitante *exato*.

No mesmo artigo, Erdős conjecturou que $\binom{n}{\lfloor n/2 \rfloor}$ era o limitante correto para números complexos também (ele conseguiu somente demonstrar $c2^n n^{-1/2}$ para algum c), e que, na verdade, o mesmo limitante é válido para vetores a_1, ..., a_n com $|a_i| \geq 1$ num espaço de Hilbert real, quando o círculo de raio 1 é trocado por uma bola aberta de raio 1.

Erdős estava certo, mas passaram-se vinte anos até que Gyula Katona e Daniel Kleitman, independentemente, descobrissem uma demonstração no caso dos números complexos (ou, o que dá na mesma, para o plano $\mathbb{R}^2$). Suas demonstrações usaram explicitamente a bidimensionalidade do plano, e não estava nada claro como elas poderiam ser estendidas para os espaços vetoriais reais de dimensão finita.

Mas então, em 1970, Kleitman demonstrou a conjectura completa para espaços de Hilbert com um argumento de simplicidade arrebatadora. Na verdade, ele demonstrou ainda mais. Seu argumento é um precioso exemplo do que podemos fazer quando encontramos a hipótese de indução certa.

Uma palavra de conforto para todos os leitores que não estejam familiarizados com a noção de um espaço de Hilbert: nós na verdade não precisamos de espaços de Hilbert gerais. Uma vez que lidamos apenas com um número finito de vetores a_i, é suficiente considerar o espaço real $\mathbb{R}^d$ com o produto escalar usual. Aqui está o resultado de Kleitman.

> **Teorema.** *Sejam a_1, ..., a_n vetores em $\mathbb{R}^d$, cada um de comprimento no mínimo 1, e sejam R_1, ..., R_k regiões abertas de $\mathbb{R}^d$, em que $|x - y| < 2$ para quaisquer x, y que pertençam à mesma região R_i.*
>
> *Então, o número das combinações lineares $\sum_{i=1}^{n} \varepsilon_i a_i$, $\varepsilon_i \in \{1, -1\}$, que podem estar na união $\cup_i R_i$ das regiões é, no máximo, a soma dos k maiores coeficientes binomiais $\binom{n}{j}$.*
>
> *Em particular, obtemos o limitante $\binom{n}{\lfloor n/2 \rfloor}$ para $k = 1$.*

Antes de nos voltarmos para a demonstração, note que o limitante é exato para

$$a_1 = \ldots = a_n = a = (1, 0, \ldots, 0)^T.$$

De fato, para n par, obtemos $\binom{n}{\lfloor n/2 \rfloor}$ somas iguais a 0, $\binom{n}{\lfloor n/2-1 \rfloor}$ somas iguais a $(-2)a$, $\binom{n}{\lfloor n/2+1 \rfloor}$ somas iguais a $2a$, e assim por diante. Escolhendo bolas de raio 1 centradas em

$$-2\left\lfloor \frac{k-1}{2} \right\rfloor a, \quad \ldots \quad (-2)a, \quad 0, \quad 2a, \quad \ldots \quad 2\left\lfloor \frac{k-1}{2} \right\rfloor a,$$

obtemos

$$\binom{n}{\lfloor\frac{n-k+1}{2}\rfloor}+\ldots+\binom{n}{\frac{n-2}{2}}+\binom{n}{\frac{n}{2}}+\binom{n}{\frac{n+2}{2}}+\ldots+\binom{n}{\lfloor\frac{n+k-1}{2}\rfloor}$$

somas pertencentes a essas k bolas, e essa é nossa expressão prometida, uma vez que os maiores coeficientes binomiais estão em volta do central (ver página 25). Um raciocínio parecido funciona no caso de n ímpar.

Demonstração. Podemos supor, sem perda de generalidade, que as regiões R_i são disjuntas, e faremos isso de agora em diante. A chave para a demonstração é a recursão dos coeficientes binomiais, que nos diz como os maiores coeficientes binomiais de n e $n-1$ estão relacionados. Se fizermos $r = \lfloor\frac{n-k+1}{2}\rfloor$, $s = \lfloor\frac{n+k-1}{2}\rfloor$, então $\binom{n}{r}, \binom{n}{r+i}, \ldots, \binom{n}{s}$ são os k maiores coeficientes binomiais para n. A recursão $\binom{n}{i} = \binom{n-1}{i} + \binom{n-1}{i-1}$ implica

$$\sum_{i=r}^{s}\binom{n}{i} = \sum_{i=r}^{s}\binom{n-1}{i} + \sum_{i=r}^{s}\binom{n-1}{i-1}$$
$$= \sum_{i=r}^{s}\binom{n-1}{i} + \sum_{i=r-1}^{s}\binom{n-1}{i} \qquad (1)$$
$$= \sum_{i=r-1}^{s}\binom{n-1}{i} + \sum_{i=r}^{s-1}\binom{n-1}{i},$$

e um cálculo fácil mostra que a primeira somatória adiciona os $k+1$ maiores coeficientes binomiais $\binom{n-1}{i}$, e a segunda somatória, os $k-1$ maiores.

A demonstração de Kleitman prossegue por indução em n, sendo o caso $n = 1$ trivial. À luz de (1), precisamos apenas mostrar para o passo da indução que as combinações lineares de $a_1, \ldots, a_n$ que estão em k regiões disjuntas podem ser levadas *bijetivamente* sobre combinações $a_1, \ldots, a_{n-1}$ que estão em $k+1$ ou $k-1$ regiões.

Afirmação. *Ao menos uma das regiões transladadas $R_j - a_n$ é disjunta de todas as regiões transladadas $R_1 + a_n, \ldots, R_k + a_n$.*

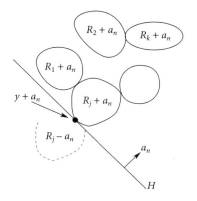

Para demonstrar isso, considere o hiperplano $H = \{x : \langle a_n, x\rangle = c\}$ ortogonal a a_n, que contém todas as transladadas $R_i + a_n$ no lado que é dado por $\langle a_n, x\rangle \geq c$, e que toca o fecho de alguma região, digamos $R_j + a_n$. Tal hiperplano existe, uma vez que as regiões são limitadas. Agora, $|x - y| < 2$ vale para qualquer $x \in R_j$ e y no fecho de R_j, uma vez que R_j é aberto. Queremos mostrar que $R_j - a_n$ está no outro lado de H. Suponha, pelo contrário, que $\langle a_n, x - a_n\rangle \geq c$ para algum $x \in R_j$, isto é, $\langle a_n, x\rangle \geq |a_n|^2 + c$.

Seja $y + a_n$ um ponto onde H toca $R_j + a_n$. Então, y está no fecho de R_j, e $\langle a_n, y + a_n \rangle = c$, ou seja, $\langle a_n, -y \rangle = |a_n|^2 - c$. Consequentemente,

$$\langle a_n, x - y \rangle \geq 2|a_n|^2,$$

e inferimos da desigualdade de Cauchy-Schwarz que

$$2|a_n|^2 \leq \langle a_n, x - y \rangle \leq |a_n||x - y|,$$

e, assim, (com $|a_n| \geq 1$) obtemos $2 \leq 2|a_n| \leq |x - y|$, o que é uma contradição.

O resto é fácil. Classificamos as combinações $\sum \varepsilon_i a_i$ que venham a pertencer a $R_1 \cup \ldots \cup R_k$ como a seguir. Na Classe 1, colocamos todos os $\sum_{i=1}^{n} \varepsilon_i a_i$ com $\varepsilon_n = -1$ e todos os $\sum_{i=1}^{n} \varepsilon_i a_i$ com $\varepsilon_n = 1$ que pertencem a R_j, e, na Classe 2, jogamos as combinações restantes $\sum_{i=1}^{n} \varepsilon_i a_i$ com $\varepsilon_n = 1$, que não estão em R_j. Segue que as combinções $\sum_{i=1}^{n-1} \varepsilon_i a_i$ correspondentes à Classe 1 estão nas regiões disjuntas $R_1 + a_n, \ldots, R_k + a_n$ e $R_j - a_n$, e as combinações $\sum_{i=1}^{n-1} \varepsilon_i a_i$ correspondentes à Classe 2 estão nas regiões disjuntas $R_1 - a_n, \ldots, R_k - a_n$, sem $R_j - a_n$. Por indução, a Classe 1 contém no máximo $\sum_{i=r-1}^{s} \binom{n-1}{i}$ combinações, enquanto que a Classe 2 contém no máximo $\sum_{i=r}^{s-1} \binom{n-1}{i}$ combinações – e isso é, por (1), a demonstração completa, vinda diretamente d'O Livro. □

Referências

[1] P. ERDŐS: *On a lemma of Littlewood and Offord*, Bulletim Amer. Math. Soc. 51 (1945), 898-902.

[2] G. KATONA: *On a conjecture of Erdős and a stronger form of Sperner's theorem*, Studia Sci. Math. Hungar. 1 (1966), 59-63.

[3] D. KLEITMAN: *On a lemma of Littlewood and Offord on the distribution of certain sums*, Math. Zeitschrift 90 (1965), 251-259.

[4] D. KLEITMAN: *On a lemma of Littlewood and Offord on the distributions of linear combinations of vectors*, Advances Math. 5 (1970), 155-157.

[5] J. E. LITTLEWOOD & A. C. OFFORD: *On the number of real roots of a random algebraic equation III*, Mat. USSR Sb. 12 (1943), 277-285.

CAPÍTULO 25
COTANGENTE E O TRUQUE DE HERGLOTZ

Qual é a fórmula mais interessante envolvendo funções elementares? Em seu belo artigo [2], cuja exposição seguimos de perto, Jürgen Elstrodt indicou como um primeiro candidato a expansão em frações parciais da função cotangente:

$$\pi \cotg \pi x = \frac{1}{x} + \sum_{n=1}^{\infty}\left(\frac{1}{x+n} + \frac{1}{x-n}\right) \quad (x \in \mathbb{R} \setminus \mathbb{Z}).$$

Essa fórmula elegante foi demonstrada por Euler no §178 de seu *Introductio in Analysin Infinitorum*, de 1748, e com certeza figura entre suas realizações mais preciosas. Podemos também escrevê-la ainda mais elegantemente como

$$\pi \cotg \pi x = \lim_{N \to \infty} \sum_{n=-N}^{N} \frac{1}{x+n}, \qquad (1)$$

Gustav Herglotz

mas devemos observar que o cálculo da soma $\sum_{n \in \mathbb{Z}} \frac{1}{x+n}$ é um pouco perigoso, uma vez que a somatória converge condicionalmente apenas, de forma que seu valor depende da ordem "correta" da soma.

Deduziremos (1) através de um argumento de simplicidade chocante, atribuído a Gustav Herglotz – o "truque de Herglotz". Para começar, vamos colocar

$$f(x) := \pi \cotg \pi x, \qquad g(x) := \lim_{N \to \infty} \sum_{n=-N}^{N} \frac{1}{x+n}$$

e tentar deduzir suficientes propriedades comuns dessas funções para ver no fim das contas que elas devem coincidir...

(A) As funções f e g estão definidas para todos os valores não inteiros e são contínuas aí.

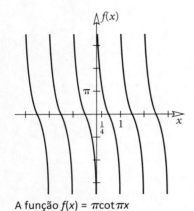

A função $f(x) = \pi\cot \pi x$

Para a função cotangente $f(x) = \pi\cotg \pi x = \pi\frac{\cos \pi x}{\sen \pi x}$, isso está claro (ver figura ao lado). Para $g(x)$, primeiro usamos a identidade $\frac{1}{x+n} + \frac{1}{x-n} = -\frac{2x}{n^2-x^2}$ para reescrever a fórmula de Euler como

$$\pi\cotg \pi x = \frac{1}{x} - \sum_{n=1}^{\infty} \frac{2x}{n^2 - x^2}. \qquad (2)$$

Assim, para (A) temos que demonstrar que, para todo $x \notin \mathbb{Z}$, a série

$$\sum_{n=1}^{\infty} \frac{1}{n^2 - x^2}$$

converge uniformemente numa vizinhança de x.

Para isso, não temos nenhum problema com o primeiro termo, para $n = 1$, ou com os termos em que $2n - 1 \leq x^2$, uma vez que existe apenas um número finito deles. Por outro lado, para $n \geq 2$ e $2n - 1 > x^2$, ou seja, $n^2 - x^2 > (n-1)^2 > 0$, os somandos são limitados por

$$0 < \frac{1}{n^2 - x^2} < \frac{1}{(n-1)^2},$$

e este limitante não somente é verdadeiro para o próprio x mas também para valores numa vizinhança de x. Finalmente, o fato de $\sum \frac{1}{(n-1)^2}$ convergir (para $\frac{\pi^2}{6}$, ver página 73) prové a convergência uniforme necessária para a demonstração de (A).

(B) Tanto f quanto g são *periódicas* de período 1, isto é, $f(x+1) = f(x)$ e $g(x+1) = g(x)$ são válidas para todo $x \in \mathbb{R} \setminus \mathbb{Z}$.

Uma vez que a cotangente tem período π, obtemos que f tem período 1 (ver outra vez a figura anterior). Para g, argumentamos como segue. Seja

$$g_N(x) := \sum_{n=-N}^{N} \frac{1}{x+n},$$

então

$$g_N(x+1) = \sum_{n=-N}^{N} \frac{1}{x+1+n} = \sum_{n=-N+1}^{N+1} \frac{1}{x+n}$$

$$= g_{N-1}(x) + \frac{1}{x+N} + \frac{1}{x+N+1}.$$

Daí, $g(x+1) = \lim_{N \to \infty} g_N(x+1) = \lim_{N \to \infty} g_{N-1}(x) = g(x)$.

(C) Tanto f quanto g são funções *ímpares*, isto é, temos $f(-x) = -f(x)$ e $g(-x) = -g(x)$ para todo $x \in \mathbb{R} \setminus \mathbb{Z}$.

Obviamente, a função f tem essa propriedade e, para g, temos apenas que observar que $g_N(-x) = -g_N(x)$.

Os dois últimos fatos constituem o truque de Herglotz: primeiro, mostramos que f e g satisfazem a mesma equação funcional e, depois, mostramos que $h := f - g$ pode ser continuamente estendida para todo $\mathbb{R}$.

(D) As duas funções f e g satisfazem a mesma equação funcional: $f(\frac{x}{2}) + f(\frac{x+1}{2}) = 2f(x)$ e $g(\frac{x}{2}) + g(\frac{x+1}{2}) = 2g(x)$.

Para $f(x)$, isso resulta dos teoremas de adição para as funções seno e cosseno:

$$f\left(\frac{x}{2}\right) + f\left(\frac{x+1}{2}\right) = \pi \left[\frac{\cos\frac{\pi x}{2}}{\sin\frac{\pi x}{2}} - \frac{\sin\frac{\pi x}{2}}{\cos\frac{\pi x}{2}}\right]$$

$$= 2\pi \frac{\cos\left(\frac{\pi x}{2} + \frac{\pi x}{2}\right)}{\sin\left(\frac{\pi x}{2} + \frac{\pi x}{2}\right)} = 2f(x).$$

Teoremas de adição:
sen $(x + y)$ = sen x cos y + cos x sen y
cos $(x + y)$ = cos x cos y − sen x sen y
$\Rightarrow$ sen$(x + \frac{\pi}{2})$ = cos x
cos$(x + \frac{\pi}{2})$ = −sen x
sen x = 2 sen $\frac{x}{2}$ cos $\frac{x}{2}$
cos x = cos$^2 \frac{x}{2}$ − sen$^2 \frac{x}{2}$

A equação funcional para g segue de

$$g_N\left(\frac{x}{2}\right) + g_N\left(\frac{x+1}{2}\right) = 2g_{2N}(x) + \frac{2}{x + 2N + 1}.$$

o que, por sua vez, segue de

$$\frac{1}{\frac{x}{2} + n} + \frac{1}{\frac{x+1}{2} + n} = 2\left(\frac{1}{x + 2n} + \frac{1}{x + 2n + 1}\right).$$

Agora, vamos olhar para

$$h(x) = f(x) - g(x) = \pi \cot \pi x - \left(\frac{1}{x} - \sum_{n=1}^{\infty} \frac{2x}{n^2 - x^2}\right). \qquad (3)$$

Até agora, sabemos que h é uma função contínua em $\mathbb{R} \setminus \mathbb{Z}$ que satisfaz as propriedades (B), (C), (D). O que acontece nos valores inteiros? Das expansões em séries de seno e cosseno, ou aplicando a regra de l'Hospital duas vezes, obtemos

$\cos x = 1 - \frac{x^2}{2!} + \frac{x^4}{4!} - \frac{x^6}{6!} \pm \ldots$
sen $x = x - \frac{x^3}{3!} + \frac{x^5}{5!} - \frac{x^7}{7!} \pm \ldots$

$$\lim_{x \to 0}\left(\cot x - \frac{1}{x}\right) = \lim_{x \to 0} \frac{x \cos x - \sin x}{x \sin x} = 0$$

e, daí, também

$$\lim_{x \to 0}\left(\pi \cot \pi x - \frac{1}{x}\right) = 0.$$

Mas, uma vez que a última soma $\sum_{n=1}^{\infty} \frac{2x}{n^2 - x^2}$ em (3) converge para 0 quando $x \to 0$, temos de fato que $\lim_{x \to 0} h(x) = 0$ e, assim, pela periodicidade,

$$\lim_{x \to n} h(x) = 0 \qquad \text{para todo} \quad n \in \mathbb{Z}.$$

Em resumo, acabamos de mostrar o seguinte:

(E) Fazendo $h(x) := 0$ para $x \in \mathbb{Z}$, h torna-se uma função contínua em todo $\mathbb{R}$ que possui as propriedades dadas em (B), (C) e (D).

Estamos prontos para o *coup de grâce*. Uma vez que h é uma função contínua e periódica, ela possui um máximo m. Seja x_0 um ponto em $[0, 1]$ com $h(x_0) = m$. Segue de **(D)** que

$$h\left(\frac{x_0}{2}\right) + h\left(\frac{x_0+1}{2}\right) = 2m,$$

e daí que $h(\frac{x_0}{2}) := m$. Iterando, vem que $h(\frac{x_0}{2^n}) = m$ para todo n e, assim, $h(0) = m$ pela continuidade. Mas $h(0) = 0$ e, portanto, $m = 0$, ou seja, $h(x) \leq 0$ para todo $x \in \mathbb{R}$. Como $h(x)$ é uma função *ímpar*, $h(x) < 0$ é impossível e, consequentemente, $h(x) = 0$ para todo $x \in \mathbb{R}$, ficando assim demonstrado o teorema de Euler. □

Uma grande quantidade de corolários pode ser deduzida de (1). O mais famoso deles diz respeito a valores da função zeta de Riemann nos inteiros positivos pares (ver o apêndice do Capítulo 9),

$$\zeta(2k) = \sum_{n=1}^{\infty} \frac{1}{n^{2k}} \qquad (k \in \mathbb{N}). \tag{4}$$

Assim, para terminar nossa história, vamos ver como Euler – poucos anos mais tarde, em 1755 – tratou as séries (4). Comecemos com a fórmula (2): multiplicando (2) por x e pondo $y = \pi x$, obtemos para $|y| < \pi$:

$$y \cot y = 1 - 2\sum_{n=1}^{\infty} \frac{y^2}{\pi^2 n^2 - y^2}$$

$$= 1 - 2\sum_{n=1}^{\infty} \frac{y^2}{\pi^2 n^2} \frac{1}{1-\left(\frac{y}{\pi n}\right)^2}.$$

Como o último fator é a soma de uma série geométrica, segue que

$$y \cot y = 1 - 2\sum_{n=1}^{\infty} \sum_{k=1}^{\infty} \left(\frac{y}{\pi n}\right)^{2k}$$

$$= 1 - 2\sum_{k=1}^{\infty} \left(\frac{1}{\pi^{2k}} \sum_{n=1}^{\infty} \frac{1}{n^{2k}}\right) y^{2k},$$

e acabamos de demonstrar o notável resultado:

Para todo $k \in \mathbb{N}$, o coeficiente de y^{2k} na expansão em série de potências de $y \cot y$ é igual a

$$[y^{2k}] y \cot y = -\frac{2}{\pi^{2k}} \sum_{n=1}^{\infty} \frac{1}{n^{2k}} = -\frac{2}{\pi^{2k}} \zeta(2k). \tag{5}$$

Existe outra maneira, talvez bem mais "canônica", de obter uma expansão em série de $y \cot y$. Sabemos, da análise, que $e^{iy} = \cos y + i \operatorname{sen} y$ e, assim,

$$\cos y = \frac{e^{iy} + e^{-iy}}{2}, \qquad \operatorname{sen} y = \frac{e^{iy} - e^{-iy}}{2i},$$

o que fornece

$$y \cot g\, y = iy \frac{e^{iy} + e^{-iy}}{e^{iy} - e^{-iy}} = iy \frac{e^{2iy} + 1}{e^{2iy} - 1}.$$

Agora, substituímos $z = 2iy$, e obtemos

$$y \cot g\, y = \frac{z}{2} \frac{e^z + 1}{e^z - 1} = \frac{z}{2} + \frac{z}{e^z - 1}. \tag{6}$$

Assim, tudo o que precisamos é de uma expansão em série de potências da função $\frac{z}{e^z - 1}$; observe que essa função é definida e contínua em todo $\mathbb{R}$ (para $z = 0$ use a série de potências da função exponencial ou, alternativamente, a regra de l'Hospital, que fornece o valor 1). Escrevemos

$$\frac{z}{e^z - 1} =: \sum_{n \geq 0} B_n \frac{z^n}{n!}. \tag{7}$$

Os coeficientes B_n são conhecidos como os *números de Bernoulli*. O termo do lado esquerdo de (6) é uma função *par* (isto é, $f(z) = f(-z)$) e, assim, vemos que $B_n = 0$ para $n \geq 3$ ímpar, enquanto $B_1 = -\frac{1}{2}$ corresponde ao termo $\frac{z}{2}$ em (6).

De

$$\left(\sum_{n \geq 0} B_n \frac{z^n}{n!} \right)(e^z - 1) = \left(\sum_{n \geq 0} B_n \frac{z^n}{n!} \right)\left(\sum_{n \geq 1} \frac{z^n}{n!} \right) = z$$

obtemos, comparando os coeficientes de z^n:

$$\sum_{k=0}^{n-1} \frac{B_k}{k!(n-k)!} = \begin{cases} 1 & \text{para } n = 1, \\ 0 & \text{para } n \neq 1. \end{cases} \tag{8}$$

Podemos calcular os números de Bernoulli recursivamente a partir de (8). O valor $n = 1$ dá $B_0 = 1$, $n = 2$ dá $\frac{B_0}{2} + B_1 = 0$, isto é, $B_1 = -\frac{1}{2}$, e assim por diante.

n	0	1	2	3	4	5	6	7	8
B_n	1	$-\frac{1}{2}$	$\frac{1}{6}$	0	$-\frac{1}{30}$	0	$\frac{1}{42}$	0	$-\frac{1}{30}$

Alguns dos primeiros números de Bernoulli.

Agora, estamos praticamente no fim: a combinação de (6) e (7) fornece

$$y \cot g\, y = \sum_{k=0}^{\infty} B_{2k} \frac{(2iy)^{2k}}{(2k)!} = \sum_{k=0}^{\infty} \frac{(-1)^k 2^{2k} B_{2k}}{(2k)!} y^{2k},$$

e aí vem, com (5), a fórmula de Euler para $\zeta(2k)$:

$$\sum_{n=1}^{\infty}\frac{1}{n^{2k}}=\frac{(-1)^{k-1}2^{2k-1}B_{2k}}{(2k)!}\pi^{2k} \qquad (k\in\mathbb{N}). \qquad (9)$$

Agora, olhando para nossa tabela dos números de Bernoulli, obtemos mais uma vez a soma $\sum\frac{1}{n^2}=\frac{\pi^2}{6}$ do Capítulo 9, e mais ainda:

$$\sum_{n=1}^{\infty}\frac{1}{n^4}=\frac{\pi^4}{90}, \quad \sum_{n=1}^{\infty}\frac{1}{n^6}=\frac{\pi^6}{945}, \quad \sum_{n=1}^{\infty}\frac{1}{n^8}=\frac{\pi^8}{9450},$$

$$\sum_{n=1}^{\infty}\frac{1}{n^{10}}=\frac{\pi^{10}}{93555}, \quad \sum_{n=1}^{\infty}\frac{1}{n^{12}}=\frac{691\pi^{12}}{638512875}, \quad \ldots$$

O número de Bernoulli $B_{10}=\frac{5}{66}$ que nos dá $\zeta(10)$ parece bastante inofensivo, mas o próximo valor, $B_{12}=-\frac{691}{2730}$, necessário para $\zeta(12)$, contém o fator primo grande 691 no numerador. Euler tinha primeiro calculado alguns valores $\zeta(2k)$ sem perceber a conexão com os números de Bernoulli. Foi somente o aspecto do estranho número primo 691 que o colocou na trilha certa.

Incidentalmente, uma vez que $\zeta(2k)$ converge para 1 quando $k \to \infty$, a equação (9) nos diz que os números $|B_{2k}|$ crescem muito rápido – algo que não fica claro pelos primeiros valores.

Em contraste com tudo isso, sabe-se muito pouco sobre os valores da função zeta de Riemann para inteiros ímpares $k \geq 3$; ver página 83.

Página 131 de *Introductio in Analysin Infinitorum*, de Euler, 1748

Referências

[1] S. Bochner: *Book review of "Gesammelte Schriften" by Gustav Herglotz*, Bulletin Amer. Math. Soc. 1 (1979), 1020-1022.

[2] J. Elstrodt: *Partialbruchzerlegung des Kotangens, Herglotz-Trick und die Weierstraßsche stetige, nirgends differenzierbare Funktion*, Math. Semesterberichte 45 (1998), 207-220.

[3] L. Euler: *Introductio in Analysin Infinitorum*, Tomus Primus, Lausanne, 1748; Opera Omnia, Ser. 1, Vol. 8. Em inglês: Introduction to Analysis of the Infinite, Book I (traduzido por J. D. Blanton), Springer-Verlag, New York, 1988.

[4] L. Euler: *Institutiones calculi differentialis cum ejus usu in analysi finitorum ac doctrina serierum*, Petersburg, 1755; Opera Omnia, Ser. 1, Vol. 10.

CAPÍTULO 26
O PROBLEMA DA AGULHA DE BUFFON

Um nobre francês chamado Georges Louis Leclerc, o Conde de Buffon, formulou o seguinte problema em 1777:

> *Suponha que você deixe cair uma pequena agulha num papel com pauta – qual será, então, a probabilidade de ela cair numa posição tal que cruze uma das linhas?*

A probabilidade depende da distância d entre as linhas do papel pautado, e depende do comprimento ℓ da agulha que deixamos cair – ou melhor, depende somente da razão $\frac{\ell}{d}$. Uma agulha *curta* para os nossos propósitos é uma de comprimento $\ell \leq d$. Em outras palavras, uma agulha curta é uma que não possa cruzar duas linhas ao mesmo tempo (e virá a tocar duas linhas somente com probabilidade zero). A resposta ao problema de Buffon pode vir como uma surpresa: ela envolve o número π.

O Conde de Buffon

Teorema ("O problema da agulha de Buffon")

Se deixarmos uma agulha curta, de comprimento ℓ, cair sobre papel pautado, com linhas igualmente espaçadas por uma distância $d \geq \ell$, então a probabilidade de que a agulha venha a cair numa posição em que cruza uma das linhas é exatamente

$$p = \frac{2}{\pi}\frac{\ell}{d}.$$

O resultado significa que, a partir de uma experiência, podemos obter valores aproximados para π: se você deixar cair uma agulha N vezes e obtiver uma resposta positiva (uma interseção) em P casos, então $\frac{P}{N}$ deverá ser aproximadamente igual a $\frac{2}{\pi}\frac{\ell}{d}$, isto é, π poderia ser aproximado por $\frac{2\ell N}{dP}$.

O teste mais extensivo (e exaustivo) foi, talvez, realizado por Lazzarini, em 1901, que, segundo consta, até mesmo construiu uma máquina para deixar cair um palito 3408 vezes (com $\frac{\ell}{d} = \frac{5}{6}$). Ele observou que o palito cruzou a linha 1808 vezes, resultando na aproximação $\pi \approx 2 \cdot \frac{5}{6} \cdot \frac{3408}{1808} = 3{,}1415929\ldots$, que é correta para seis dígitos de π, e muito boa para ser verdade! (Os valores que Lazzarini escolheu levaram diretamente à bem-conhecida aproximação $\pi \approx \frac{355}{113}$; ver página 70. Isso explica as escolhas mais do que suspeitas de 3408 e $\frac{5}{6}$, em que $\frac{5}{6} \cdot 3408$ é um múltiplo de 355. Ver [5] para uma discussão da fraude de Lazzarini.)

O problema da agulha pode ser resolvido através do cálculo de uma integral. Faremos isso a seguir e, através do mesmo método, resolveremos também o problema para uma agulha longa. Mas a demonstração d'O Livro, apresentada por E. Barbier em 1860, não precisa de integrais, apenas deixa cair uma agulha diferente…

Se você deixar cair *qualquer* agulha, curta ou longa, então o valor esperado do número de cruzamentos será

$$E = p_1 + 2p_2 + 3p_3 + \ldots$$

onde p_1 é a probabilidade de a agulha cair com exatamente um cruzamento, p_2 é a probabilidade de obtermos exatamente dois cruzamentos, p_3 é a probabilidade de três cruzamentos etc. A probabilidade de obtermos no mínimo um cruzamento, que é o que o problema de Buffon pede, dessa forma é

$$p = p_1 + p_2 + p_3 + \ldots$$

(Eventos nos quais a agulha venha a cair exatamente sobre uma linha, ou com uma das extremidades sobre uma das linhas, têm probabilidade zero – de maneira que eles podem ser ignorados em nossa discussão.)

Por outro lado, se a agulha é *curta*, então a probabilidade de mais de um cruzamento é zero, $p_2 = p_3 = \ldots = 0$ e, assim, obtemos $E = p$: a probabilidade que estamos procurando é precisamente o valor esperado do número de cruzamentos. Essa reformulação é extremamente útil, pois agora podemos usar a linearidade do valor esperado (ver página 143). De fato, vamos escrever $E(\ell)$ para o número esperado de cruzamentos que será produzido ao se deixar cair uma agulha reta de comprimento ℓ. Se esse comprimento for $\ell = x + y$, e considerarmos separadamente a "parte dianteira", de comprimento x, e a "parte traseira", de comprimento y, da agulha, então obtemos

$$E(x + y) = E(x) + E(y),$$

uma vez que os cruzamentos produzidos sempre são apenas aqueles produzidos pela parte dianteira, mais aqueles da parte traseira.

Por indução em n, essa "equação funcional" implica que $E(nx) = nE(x)$ para todo $n \in \mathbb{N}$, e então que $mE(\frac{n}{m}x) = E(m\frac{n}{m}x) = E(nx) = nE(x)$, de forma que $E(rx) = rE(x)$ vale para todo $r \in \mathbb{Q}$ *racional*. Além disso, $E(x)$ é claramente monótona em $x \geq 0$, de onde obtemos que $E(x) = cx$ para todo $x \geq 0$, em que $c = E(1)$ é alguma constante.

Mas qual é a constante?

Para isso, usamos agulhas de formas diferentes. De fato, vamos deixar cair uma agulha "poligonal", de comprimento total ℓ, que consiste em pedaços retos. Então, o número de cruzamentos que ela produz é (com probabilidade 1) igual à soma dos números de cruzamentos produzidos por seus pedaços retos. Consequentemente, o valor esperado do número de cruzamentos é, de novo,

$$E = c\ell,$$

pela linearidade do valor esperado. (Para isso, não é nem mesmo importante saber se os pedaços retos são ligados de forma rígida ou flexível!)

A chave para a solução de Barbier do problema da agulha de Buffon é considerar uma agulha que seja um círculo perfeito C, de diâmetro d, que tem comprimento $x = d\pi$. Tal agulha, se largada sobre um papel pautado, produz exatamente duas interseções, sempre!

O círculo pode ser aproximado por polígonos. Imagine que, junto com a agulha circular C, estamos deixando cair um polígono inscrito P_n, assim como também um polígono circunscrito P^n. Toda linha que intercepta P_n também interceptará C e, se uma linha intercepta C, então ela também atinge P^n. Assim, os números de interseções esperados satisfazem

$$E(P_n) \leq E(C) \leq E(P^n).$$

Agora, ambos P_n e P^n são polígonos, de forma que o número de cruzamentos que podemos esperar é "c vezes comprimento" para ambos, enquanto que, para C, ele é 2, de modo que

$$c\ell(P_n) \leq 2 \leq c\ell(P^n). \qquad (1)$$

Ambos P_n e P^n aproximam C quando $n \to \infty$. Em particular,

$$\lim_{n\to\infty} \ell(P_n) = d\pi = \lim_{n\to\infty} \ell(P^n),$$

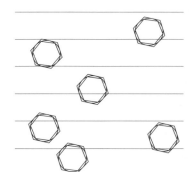

e assim, para $n \to \infty$, inferimos de (1) que

$$cd\pi \leq 2 \leq cd\pi,$$

o que dá $c = \frac{2}{\pi}\frac{1}{d}$. □

Mas *poderíamos* também ter feito a demonstração através do cálculo! O truque para se obter uma integral "fácil" é primeiro considerar a inclinação da agulha; digamos que ela caia com um ângulo α da horizontal, em que α está no intervalo $0 \leq \alpha \leq \frac{\pi}{2}$. (Vamos ignorar o caso no qual a agulha caia com inclinação negativa, uma vez que esse caso é simétrico ao caso da inclinação positiva, e produz a mesma probabilidade.) Uma agulha que caia com ângulo α tem altura $\ell \operatorname{sen} \alpha$, e a probabilidade de que tal agulha não cruze nenhuma das linhas horizontais de distância d é igual a $\frac{\ell \operatorname{sen} \alpha}{d}$. Assim, obtemos a probabilidade fazendo a média sobre todos os ângulos α possíveis:

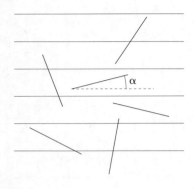

$$p = \frac{2}{\pi}\int_0^{\pi/2} \frac{\ell \operatorname{sen}\alpha}{d}d\alpha = \frac{2}{\pi}\frac{\ell}{d}[-\cos\alpha]_0^{\pi/2} = \frac{2}{\pi}\frac{\ell}{d}.$$

Para uma agulha longa, obtemos a mesma probabilidade $\frac{\ell\operatorname{sen}\alpha}{d}$ desde que $\ell \operatorname{sen}\alpha \leq d$, ou seja, no intervalo $0 \leq \alpha \leq \operatorname{arcsen}\frac{d}{\ell}$. Contudo, para ângulos α maiores, a agulha *tem que* cruzar uma linha, de forma que a probabilidade é 1. Consequentemente, calculamos

$$p = \frac{2}{\pi}\left(\int_0^{\operatorname{arcsen}(d/\ell)} \frac{\ell \operatorname{sen}\alpha}{d}d\alpha + \int_{\operatorname{arcsen}(d/\ell)}^{\pi/2} 1\,d\alpha\right)$$

$$= \frac{2}{\pi}\left(\frac{\ell}{d}\left[-\cos\alpha\right]_0^{\operatorname{arcsen}(d/\ell)} + \left(\frac{\pi}{2} - \operatorname{arcsen}\frac{d}{\ell}\right)\right)$$

$$= 1 + \frac{2}{\pi}\left(\frac{\ell}{d}\left(1 - \sqrt{1 - \frac{d^2}{\ell^2}}\right) - \operatorname{arcsen}\frac{d}{\ell}\right)$$

para $\ell \geq d$.

Assim, a resposta não é tão bonita para uma agulha mais comprida, mas ela nos fornece um bom exercício: mostrar ("só por segurança") que a fórmula fornece $\frac{2}{\pi}$ para $\ell = d$, que ela é estritamente crescente em ℓ, e que tende a 1 quando $\ell \to \infty$.

Referências

[1] E. BARBIER: *Note sur le problème de l'aiguille et le jeu du joint couvert*, J. Mathématiques Pures et Appliquées (2) 5 (1860), 273-286.

[2] L. BERGGREN, J. BORWEIN & P. BORWEIN, Eds.: *Pi: A Source Book*, Springer-Verlag, New York, 1997.

[3] G. L. LECLERC, CONDE DE BUFFON: *Essai d'arithmétique morale*, Apêndice de "Histoire naturelle générale et particulière", Vol. 4, 1777.

[4] D. A. KLAIN & G.-C. ROTA: *Introduction to Geometric Probability*, "Lezioni Lincee", Cambrigde University Press, 1997.

[5] T. H. O'BEIRNE: *Puzzles and Paradoxes*, Oxford University Press, Londres, 1965.

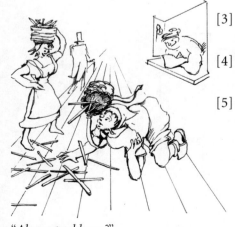

"Algum problema?"

Combinatória

27
A casa de pombos e a contagem dupla 225
28
Recobrimento por retângulos 239
29
Três teoremas famosos sobre conjuntos finitos 245
30
Embaralhando cartas 251
31
Caminhos reticulados e determinantes 263
32
Fórmula de Cayley para o número de árvores 269
33
Identidades *versus* bijeções 277
34
O problema finito de Kakeya 283
35
Completando quadrados latinos 289

"Um melancólico quadrado latino"

CAPÍTULO 27
A CASA DE POMBOS E A CONTAGEM DUPLA

Alguns princípios matemáticos, tais como os dois do título deste capítulo, são tão óbvios que você pode pensar que produziriam somente resultados igualmente óbvios. Para convencê-lo de que "as coisas não são necessariamente assim", vamos ilustrar esses princípios com dois exemplos que foram sugeridos por Paul Erdős para serem incluídos n'O Livro. Encontraremos exemplos deles também em capítulos posteriores.

> **O princípio da casa de pombos**
> *Se n objetos são colocados em r caixas, sendo r < n, então pelo menos uma das caixas contém mais do que um objeto.*

"As casas de pombos, sob a perspectiva de um pássaro"[1]

Bem, de fato isso é óbvio e não há nada a demonstrar. Na linguagem das aplicações, nosso princípio ficaria assim: sejam N e R dois conjuntos finitos com

$$|N| = n > r = |R|,$$

e seja $f: N \to R$ uma aplicação. Então, existe algum $a \in R$ para o qual $|f^{-1}(a)| \geq 2$. Podemos ainda enunciar uma desigualdade mais forte: existe algum $a \in R$ com

$$\left|f^{-1}(a)\right| \geq \left\lceil \frac{n}{r} \right\rceil. \qquad (1)$$

De fato, de outra forma teríamos $|f^{-1}(a)| < \frac{n}{r}$ para todo a e, consequentemente, $n = \sum_{a \in R} |f^{-1}(a)| < \sum_{a \in R} r \frac{n}{r} = n$, o que não pode acontecer.

---
[1] Em inglês, "escaninho" é *pigeon-hole*, as aberturas dos pombais (N.T.).

1. Números

Afirmação. *Considere os números 1, 2, 3, ..., 2n e tome quaisquer n + 1 deles. Então, existem dois entre esses n + 1 números que são relativamente primos.*

Novamente, isso é óbvio. Deve haver dois números cuja diferença é igual a 1 e que, portanto, são relativamente primos.

Mas vamos agora inverter a condição.

Afirmação. *Suponha novamente que $A \subseteq \{1, 2, ..., 2n\}$, com $|A| = n + 1$. Então, sempre existem dois números em A tais que um divide o outro.*

Isso não é assim tão claro. Conforme Erdős nos contou, ele propôs essa questão ao jovem Lajos Pósa durante um jantar e, quando acabaram de comer, Lajos tinha a resposta. Essa questão acabou se tornando uma das favoritas de Erdős para "iniciação" à matemática. A solução (afirmativa) provém do princípio da casa de pombos. Escreva cada número $a \in A$ na forma $a = 2^k m$, sendo m um número ímpar entre 1 e $2n - 1$. Uma vez que existem $n + 1$ números em A, mas somente n partes ímpares diferentes, devem existir dois números em A com a *mesma* parte ímpar. Em consequência, um é múltiplo do outro.

Ambos os resultados deixam de ser verdadeiros ao se trocar $n + 1$ por n: para isso, considere os conjuntos $\{2, 4, 6, ..., 2n\}$, respectivamente $\{n + 1, n + 2, ..., 2n\}$.

2. Sequências

Aqui está outro dos favoritos de Erdős, contido num artigo de Erdős e Szekeres sobre os problemas de Ramsey.

Afirmação. *Em qualquer sequência $a_1, a_2, ..., a_{mn+1}$ de $mn + 1$ números reais distintos, existe uma subsequência crescente*

$$a_{i_1} < a_{i_2} < ... < a_{i_{m+1}} \ (i_1 < i_2 < ... < i_{m+1})$$

de comprimento $m + 1$, ou uma subsequência decrescente

$$a_{j_1} > a_{j_2} > ... > a_{j_{n+1}} \ (j_1 < j_2 < ... < j_{n+1})$$

de comprimento $n + 1$, ou ambas.

O leitor pode se divertir demonstrando que, para mn números, o enunciado deixa de ser verdadeiro em geral.

Dessa vez, a aplicação do princípio da casa de pombos não é imediata. Para cada a_i, associe o número t_i que é o comprimento de uma *maior* subsequência *crescente* começando em a_i. Se $t_i \geq m + 1$ para algum i, então temos uma subsequência crescente de comprimento $m + 1$. Suponha então que $t_i \leq m$ para todo i. A função $f: a_i \mapsto t_i$ mapeando $\{a_1, ..., a_{mn+1}\}$ em $\{1, ..., m\}$ nos diz por (1) que existe algum $s \in \{1, ..., m\}$ tal que $f(a_i) = s$ para $\frac{mn}{m} + 1 = n + 1$

números a_i. Sejam $a_{j_1}, a_{j_2}, \ldots, a_{j_{n+1}}$ ($j_1 < \ldots < j_{n+1}$) esses números. Agora, olhe para dois números consecutivos $a_{j_i}, a_{j_{i+1}}$. Se $a_{j_i} < a_{j_{i+1}}$, então obteríamos uma subsequência crescente de comprimento s começando em $a_{j_{i+1}}$ e, consequentemente, $s + 1$ começando em a_{j_i}, o que não pode acontecer porque $f(a_{j_i}) = s$. Obtemos assim uma subsequência decrescente $a_{j_1} > a_{j_2} > \ldots > a_{j_{n+1}}$ de comprimento $n + 1$. □

Esse resultado, que soa simples, a respeito de subsequências monótonas tem uma consequência fortemente não óbvia na *dimensão de grafos*. Aqui, não precisamos da noção de dimensão para grafos gerais, mas somente para grafos completos K_n. Ela pode ser expressa da seguinte maneira. Seja $N = \{1, \ldots, n\}$, $n \geq 3$, e considere m permutações $\pi_1, \ldots, \pi_m$ de N. Dizemos que as permutações π_i *representam* K_n se, para cada três números distintos i, j, k, existe uma permutação π na qual k vem *depois* de ambos i e j. A dimensão de K_n é então o menor m para o qual existe uma representação $\pi_1, \ldots, \pi_m$.

Como exemplo, temos que $\dim(K_3) = 3$, pois cada um dos três números deve vir por último, como em $\pi_1 = (1, 2, 3)$, $\pi_2 = (2, 3, 1)$, $\pi_3 = (3, 1, 2)$. O que dizer de K_4? Observe primeiro que $\dim(K_n) \leq \dim(K_{n+1})$: apenas apague $n + 1$ numa representação de K_{n+1}. Então, $\dim(K_4) \geq 3$ e, de fato, $\dim(K_4) = 3$, tomando-se

$$\pi_1 = (1, 2, 3, 4), \quad \pi_2 = (2, 4, 3, 1), \quad \pi_3 = (1, 4, 3, 2).$$

Não é muito fácil demonstrar que $\dim(K_5) = 4$, mas então, surpreendentemente, a dimensão fica em 4 até $n = 12$, enquanto $\dim(K_{13}) = 5$. Assim, $\dim(K_n)$ parece ser uma função bastante maluca. Bem, ela não é! Com n tendendo a infinito, $\dim(K_n)$ é, de fato, uma função muito bem comportada – e a chave para se achar um limitante inferior é o princípio da casa de pombos. Afirmamos que

$$\dim(K_n) \geq \log_2 \log_2 n. \tag{2}$$

Uma vez que, conforme já vimos, $\dim(K_n)$ é uma função monótona em n, basta verificar (2) com $n = 2^{2^p} + 1$, ou seja, temos que mostrar que

$$\dim(K_n) \geq p + 1 \quad \text{para} \quad n = 2^{2^p} + 1.$$

Suponha, ao contrário, que $\dim(K_n) \leq p$, e sejam $\pi_1, \ldots, \pi_p$ permutações que representam $N = \{1, 2, \ldots, 2^{2^p} + 1\}$. Agora, usamos p vezes nosso resultado sobre subsequências monótonas. Existe em π_1 uma subsequência monótona A_1 de comprimento $2^{2^{p-1}} + 1$ (não vem ao caso se crescente ou decrescente). Olhe para esse conjunto A_1 em π_2. Usando nosso resultado novamente, acabaremos por encontrar uma subsequência monótona A_2 de A_1 em π_2, de comprimento $2^{2^{p-2}} + 1$, e A_2 também é claramente monótona em π_1. Continuando, acabaremos por encontrar uma subsequência A_p de tamanho $2^{2^0} + 1 = 3$, que é monótona em *todas* as permutações π_i. Seja $A_p = (a, b, c)$, então ou $a < b < c$ ou $a > b > c$ em *todas* as π_i. Mas isso não pode ocorrer, uma vez que existe uma permutação onde b vem depois de a e c. □

π_1 : 1 2 3 5 6 7 8 9 10 11 12 4
π_2 : 2 3 4 8 7 6 5 12 11 10 9 1
π_3 : 3 4 1 11 12 9 10 6 5 8 7 2
π_4 : 4 1 2 10 9 12 11 7 8 5 6 3

Estas quatro permutações representam K_{12}

dim(K_n) ≤ 4 ⟺ n ≤ 12
dim(K_n) ≤ 5 ⟺ n ≤ 81
dim(K_n) ≤ 6 ⟺ n ≤ 2646
dim(K_n) ≤ 7 ⟺ n ≤ 1422564

O crescimento assintótico correto foi fornecido por Joel Spencer (limitante superior) e por Füredi, Hajnal, Ködl e Trotter (limitante inferior):

$$\dim(K_n) = \log_2 \log_2 n + \left(\frac{1}{2} + o(1)\right) \log_2 \log_2 \log_2 n.$$

Mas essa não é a história inteira: em 1999, Morris e Hoşten encontraram um método que, em princípio, estabelece o valor *preciso* de dim(K_n). Usando o resultado deles e um computador, podemos obter os valores dados na margem. Isso é verdadeiramente assombroso! Apenas considere quantas permutações de tamanho 1422564 existem. Como alguém decide se 7 ou 8 delas são necessárias para representar $K_{1422564}$?

3. Somas

A bela aplicação do princípio da casa de pombos que vem a seguir é atribuída por Paul Erdős a Andrew Vázsonyi e Marta Sved:

Afirmação. *Suponha que nos são dados n inteiros $a_1, \ldots, a_n$, que não precisam ser distintos. Então, sempre existe um conjunto de números consecutivos a_{k+1}, $a_{k+2}, \ldots, a_\ell$ cuja soma $\sum_{i=k+1}^{\ell} a_i$ é um múltiplo de n.*

Para a demonstração, fazemos $N = \{0, 1, \ldots, n\}$ e $R = \{0, 1, \ldots, n-1\}$. Considere a aplicação $f: N \to R$, onde $f(m)$ é o resto da divisão de $a_1 + \ldots + a_m$ por n. Uma vez que $|N| = n + 1 > n = |R|$, segue que existem duas somas $a_1 + \ldots + a_k$, $a_1 + \ldots + a_\ell$ ($k < \ell$) com o mesmo resto, podendo a primeira ser a soma vazia, denotada por 0. Segue que

$$\sum_{i=k+1}^{\ell} a_i = \sum_{i=1}^{\ell} a_i - \sum_{i=1}^{k} a_i$$

tem resto 0 – fim da demonstração. □

Vamos para o segundo princípio: contando de duas maneiras. Com isso queremos dizer o seguinte:

> **Contagem dupla**
>
> *Suponha que temos dois conjuntos finitos, R e C, e um subconjunto S $\subseteq R \times C$. Dizemos que p e q são incidentes sempre que $(p, q) \in S$. Se r_p denota o número de elementos que são incidentes a $p \in R$ e c_q denota o número de elementos que são incidentes a $q \in C$, então*
>
> $$\sum_{p \in R} r_p = |S| = \sum_{q \in C} c_q. \qquad (3)$$

Novamente, não há nada para demonstrar. A primeira soma classifica os pares em S de acordo com o primeiro elemento, enquanto a segunda soma classifica os mesmos pares de acordo com o segundo elemento.

Existe uma maneira útil de ilustrar o conjunto S. Considere a matriz $A = (a_{pq})$, a *matriz de incidência* de S, cujas linhas e colunas de A estão indexadas pelos elementos de R e C, respectivamente, com

$$a_{pq} = \begin{cases} 1 & \text{se} \quad (p,q) \in S, \\ 0 & \text{se} \quad (p,q) \notin S. \end{cases}$$

Com este esquema, r_p é a soma da p-ésima linha de A, e c_q é a soma da q-ésima coluna. Portanto, a primeira soma em (3) adiciona os elementos de A (isto é, conta os 1 em S) por linha, e a segunda, soma por coluna.

O seguinte exemplo deve esclarecer essa correspondência. Seja $R = C = \{1, 2, \ldots, 8\}$, e $S = \{(i, j) : i \text{ divide } j\}$. Obtemos, então, a matriz da margem, que mostra somente os 1.

4. Números outra vez

Olhe para a tabela à direita. O número de uns na coluna j é precisamente o número de divisores de j; vamos denotar esse número por $t(j)$. Perguntemo-nos quão grande é o número $t(j)$ na *média* quando j vai de 1 até n. Assim, estamos perguntando pela quantidade

$$\bar{t}(n) = \frac{1}{n} \sum_{j=1}^{n} t(j).$$

R C	1	2	3	4	5	6	7	8
1	1	1	1	1	1	1	1	1
2		1		1		1		1
3			1			1		
4				1				1
5					1			
6						1		
7							1	
8								1

n	1	2	3	4	5	6	7	8
$\bar{t}(n)$	1	$\frac{3}{2}$	$\frac{5}{3}$	2	2	$\frac{7}{3}$	$\frac{16}{7}$	$\frac{5}{2}$

Alguns dos primeiros valores de $\bar{t}(n)$

Qual o tamanho de $\bar{t}(n)$ para n arbitrário? À primeira vista, isso parece sem esperança. Para números primos p, temos $t(p) = 2$, enquanto que, para 2^k, obtemos um número grande, $t(2^k) = k + 1$. Dessa forma, $t(n)$ é uma função que fica pulando loucamente e imaginamos que o mesmo é verdadeiro para $\bar{t}(n)$. Mas essa é uma suposição errada, pois o contrário é verdadeiro! Contando de duas maneiras, teremos uma resposta inesperada e simples.

Considere a matriz A (como acima) para os inteiros de 1 até n. Contando por colunas, obtemos $\sum_{j=1}^{n} t(j)$. Quantos 1 estão na linha i? Isso é bem fácil: os 1 correspondem aos múltiplos de i: $1i, 2i, \ldots$, e o último múltiplo que não excede n é $\lfloor \frac{n}{i} \rfloor i$. Daí, obtemos

$$\bar{t}(n) = \frac{1}{n} \sum_{j=1}^{n} t(j) = \frac{1}{n} \sum_{i=1}^{n} \left\lfloor \frac{n}{i} \right\rfloor \leq \frac{1}{n} \sum_{i=1}^{n} \frac{n}{i} = \sum_{i=1}^{n} \frac{1}{i},$$

onde o erro em cada somando, quando passando de $\lfloor \frac{n}{i} \rfloor$ para $\frac{n}{i}$, é menor do que 1. Agora, a última soma é o n-ésimo número harmônico H_n, de modo que obtemos $H_n - 1 < \bar{t}(n) \leq H_n$, e, junto com as estimativas na página 24 isto dá

$$\log n - 1 < H_n - 1 - \frac{1}{n} < \bar{t}(n) \leq H_n < \log n + 1.$$

Demonstramos assim o resultado surpreendente que, enquanto $t(n)$ é totalmente errática, a média $\bar{t}(n)$ se comporta lindamente: ela difere de log n por menos de 1.

5. Grafos

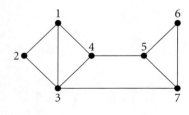

Seja G um grafo simples finito com conjunto de vértices V e conjunto de arestas E. Definimos no Capítulo 13 o *grau* $d(v)$ de um vértice v como sendo o número de arestas que têm v como vértice em uma de suas extremidades. No exemplo da figura, os vértices 1, 2, ..., 7 têm graus 3, 2, 4, 3, 3, 2, 3, respectivamente.

Quase todo livro de teoria de grafos começa com o seguinte resultado (que nós já encontramos nos Capítulos 13 e 20):

$$\sum_{v \in V} d(v) = 2|E|. \tag{4}$$

Para a demonstração, considere $S \subseteq V \times E$, onde S é o conjunto dos pares (v, e) tais que $v \in V$ é um vértice na extremidade de $e \in E$. Contando S de duas maneiras, dá, por um lado, $\sum_{v \in V} d(v)$, pois cada vértice contribui $d(v)$ na conta, e, por outro lado, $2|E|$, pois toda aresta tem duas extremidades. □

Não obstante a simplicidade que o resultado (4) aparenta, ele tem muitas consequências importantes, algumas das quais serão discutidas à medida que avançamos. Queremos destacar nesta seção a seguinte bela aplicação a um *problema de extremos* em grafos. Eis o problema:

Suponha que $G = (V, E)$ tenha n vértices e não contenha ciclo de comprimento 4 (denotado por C_4), ou seja, sem subgrafo ☐ *. Quantas arestas G pode ter no máximo?*

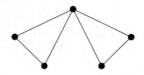

Como um exemplo, o grafo ao lado, com 5 vértices, não contém 4-ciclos e tem 6 arestas. O leitor pode mostrar facilmente que com 5 vértices o número máximo de arestas é 6, e que esse grafo é de fato o único grafo de 5 vértices com 6 arestas que não tem nenhum 4-ciclo.

Vamos atacar o problema geral. Seja G um grafo com n vértices sem nenhum 4-ciclo. Como anteriormente, denotamos por $d(u)$ o grau de u. Agora, contamos o seguinte conjunto S de duas maneiras: S é o conjunto dos pares $(u, \{v, w\})$, onde u é adjacente a v e a w, com $v \neq w$. Em outras palavras, contamos todas as ocorrências de

Somando sobre u, obtemos $|S| = \sum_{u \in V} \binom{d(u)}{2}$. Por outro lado, todo par $\{v, w\}$ tem no máximo um vizinho comum (pela condição C_4). Daí, $|S| \le \binom{n}{2}$, e concluímos que

$$\sum_{u \in V} \binom{d(u)}{2} \le \binom{n}{2}$$

ou

$$\sum_{u \in V} d(u)^2 \le n(n-1) + \sum_{u \in V} d(u). \tag{5}$$

Em seguida (e isso é bem típico para esse tipo de problema de extremos), aplicamos a desigualdade de Cauchy-Schwarz para os vetores $(d(u_1), \ldots, d(u_n))$ e $(1, 1, \ldots, 1)$, obtendo

$$\left(\sum_{u \in V} d(u)\right)^2 \le n \sum_{u \in V} d(u)^2,$$

e daí, por (5),

$$\left(\sum_{u \in V} d(u)\right)^2 \le n^2(n-1) + n \sum_{u \in V} d(u).$$

Invocando (4), encontramos

$$4|E|^2 \le n^2(n-1) + 2n|E|$$

ou

$$|E|^2 - \frac{n}{2}|E| - \frac{n^2(n-1)}{4} \le 0.$$

Resolvendo a equação quadrática correspondente, obtemos então o seguinte resultado de Istvan Reiman.

Teorema. *Se o grafo G com n vértices não contém 4-ciclos, então*

$$|E| \le \left\lfloor \frac{n}{4}\left(1 + \sqrt{4n-3}\right) \right\rfloor. \tag{6}$$

Para $n = 5$, isso dá $|E| \le 6$, e o grafo anterior mostra que a igualdade pode ocorrer.

Assim, a estratégia de contar de duas maneiras produziu, de um modo fácil, um limitante superior para o número de arestas. Mas quão boa é a estimativa (6) para o caso geral? O belo exemplo [2] [3] [6] a seguir mostra que ela é quase precisa. Como frequentemente ocorre em tais problemas, a geometria finita é que conduz o caminho.

Ao apresentar o exemplo, assumimos que o leitor esteja familiarizado com o corpo finito $\mathbb{Z}_p$ dos inteiros módulo um primo p (ver página 32). Considere o espaço vetorial tridimensional X sobre $\mathbb{Z}_p$. A partir de X, construímos o seguinte grafo G_p. Os vértices de G_p são os subespaços unidimensionais $[\mathbf{v}] :=$ gerado $_{\mathbb{Z}_p} \{\mathbf{v}\}, \mathbf{0} \neq \mathbf{v} \in X$, e ligamos dois de tais subespaços $[\mathbf{v}] \neq [\mathbf{w}]$ por meio de uma aresta se

$$\langle \mathbf{v}, \mathbf{w} \rangle = v_1 w_1 + v_2 w_2 + v_3 w_3 = 0.$$

Observe que não importa qual vetor $\neq \mathbf{0}$ tomamos do subespaço. Na linguagem da geometria, os vértices são os pontos do plano projetivo sobre $\mathbb{Z}_p$ e $[\mathbf{w}]$ é adjacente a $[\mathbf{v}]$ se $\mathbf{w}$ fica na *reta polar* de $\mathbf{v}$.

Como um exemplo, o grafo G_2 não tem 4-ciclos e contém 9 arestas, o que quase alcança o limitante 10 dado por (6). Queremos mostrar que isso é verdade para qualquer p primo.

Primeiro, vamos demonstrar que G_p satisfaz a condição C_4. Se $[\mathbf{u}]$ é um vizinho comum de $[\mathbf{v}]$ e $[\mathbf{w}]$, então $\mathbf{u}$ é uma solução do sistema de equações lineares

$$v_1 x + v_2 y + v_3 z = 0$$
$$w_1 x + w_2 y + w_3 z = 0.$$

Uma vez que $\mathbf{v}$ e $\mathbf{w}$ são linearmente independentes, inferimos que o espaço das soluções tem dimensão 1 e, consequentemente, que o vizinho comum $[\mathbf{u}]$ é único.

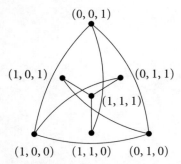

O grafo G_2: seus vértices são todas as sete triplas não nulas (x, y, z)

Em seguida, perguntamo-nos quantos vértices tem o grafo G_p. É contagem dupla outra vez. O espaço X contém $p^3 - 1$ vetores $\neq 0$. Como todo subespaço unidimensional contém $p - 1$ vetores $\neq 0$, inferimos que X tem $\frac{p^3-1}{p-1} = p^2 + p + 1$ subespaços unidimensionais, isto é, G_p tem $n = p^2 + p + 1$ vértices. Analogamente, qualquer subespaço bidimensional contém $p^2 - 1$ vetores $\neq 0$ e, daí, $\frac{p^2-1}{p-1} = p + 1$ subespaços unidimensionais.

Falta determinar o número de arestas em G_p, ou, o que é o mesmo por causa de (4), os graus. Pela construção de G_p, os vértices adjacentes a $[\mathbf{u}]$ são as soluções da equação

$$u_1 x + u_2 y + u_3 z = 0. \tag{7}$$

O espaço das soluções de (7) é um subespaço bidimensional e, consequentemente, existem $p + 1$ vértices adjacentes a $\mathbf{u}$. Mas cuidado, porque pode acontecer de o próprio $[\mathbf{u}]$ ser uma solução de (7). Nesse caso, existem apenas p vértices adjacentes a $[\mathbf{u}]$.

Em resumo, obtemos o seguinte resultado: se $\mathbf{u}$ fica na *cônica* dada por $x^2 + y^2 + z^2 = 0$, então $d([\mathbf{u}]) = p$ e, caso contrário, $d([\mathbf{u}]) = p + 1$. Dessa forma, falta achar o número de subespaços unidimensionais na cônica

$$x^2 + y^2 + z^2 = 0.$$

Vamos antecipar o resultado, o qual demonstraremos num instante.

Afirmação. *Há precisamente p^2 soluções (x, y, z) da equação $x^2 + y^2 + z^2 = 0$ e, consequentemente, precisamente $\frac{p^2-1}{p-1} = p + 1$ vértices em G_p de grau p.*

Com isso, completamos nossa análise de G_p. Existem $p + 1$ vértices de grau p, portanto $(p^2 + p + 1) - (p + 1) = p^2$ vértices de grau $p + 1$. Usando (4), obtemos

$$|E| = \frac{(p+1)p}{2} + \frac{p^2(p+1)}{2} = \frac{(p+1)^2 p}{2}$$

$$= \frac{(p+1)p}{4}(1+(2p+1)) = \frac{p^2+p}{4}\left(1+\sqrt{4p^2+4p+1}\right).$$

Colocando $n = p^2 + p + 1$, a última equação fica

$$|E| = \frac{n-1}{4}\left(1+\sqrt{4n-3}\right),$$

e vemos que isso quase coincide com (6).

Agora vamos à demonstração da afirmação. A seguinte argumentação é uma bela aplicação de álgebra linear envolvendo matrizes simétricas e seus autovalores. Vamos encontrar o mesmo método no Capítulo 43, o que não é coincidência: ambas as demonstrações são do mesmo artigo de Erdős, Rényi e Sós.

Tal como antes, vamos representar os subespaços unidimensionais de X por vetores $\mathbf{v}_1, \mathbf{v}_2, \ldots, \mathbf{v}_{p^2+p+1}$, linearmente independentes dois a dois. Analogamente, podemos representar os subespaços bidimensionais pelo *mesmo* conjunto de vetores, onde o subespaço correspondente a $\mathbf{u} = (u_1, u_2, u_3)$ é o conjunto de soluções da equação $u_1 x + u_2 y + u_3 z = 0$ como em (7). (Claro que esse é apenas o princípio da dualidade da álgebra linear.) Daí, por (7), um subespaço unidimensional, representado por $\mathbf{v}_i$, está contido no subespaço bidimensional, representado por $\mathbf{v}_j$, se e somente se $\langle \mathbf{v}_i, \mathbf{v}_j \rangle = 0$.

Considere agora a matriz $A = (a_{ij})$ de tamanho $(p^2 + p + 1) \times (p^2 + p + 1)$, definida como segue: as linhas e colunas de A correspondem a $\mathbf{v}_1, \ldots, \mathbf{v}_{p^2+p+1}$ (usamos a mesma numeração para linhas e colunas) com

$$a_{ij} := \begin{cases} 1 & \text{se } \langle \mathbf{v}_i, \mathbf{v}_j \rangle = 0, \\ 0 & \text{caso contrário.} \end{cases}$$

Assim, A é uma matriz real simétrica e temos $a_{ii} = 1$ se $\langle \mathbf{v}_i, \mathbf{v}_i \rangle = 0$, isto é, precisamente quando $\mathbf{v}_i$ fica na cônica $x^2 + y^2 + z^2 = 0$. Assim, tudo que falta mostrar é que

$$\text{traço } A = p + 1.$$

$$A = \begin{pmatrix} 0 & 1 & 1 & 1 & 0 & 0 & 0 \\ 1 & 0 & 1 & 0 & 1 & 0 & 0 \\ 1 & 1 & 0 & 0 & 0 & 1 & 0 \\ 1 & 0 & 0 & 1 & 0 & 0 & 1 \\ 0 & 1 & 0 & 0 & 1 & 0 & 1 \\ 0 & 0 & 1 & 0 & 0 & 1 & 1 \\ 0 & 0 & 0 & 1 & 1 & 1 & 0 \end{pmatrix}$$

A matriz para G_2

Da álgebra linear, sabemos que o traço é igual à soma dos autovalores. E aqui vem o truque: enquanto A parece complicada, a matriz A^2 é fácil de analisar. Salientamos dois fatos:

- Qualquer linha de A contém precisamente $p + 1$ uns. Isso implica que $p + 1$ é um autovalor de A, uma vez que $A\mathbf{1} = (p + 1)\mathbf{1}$, onde $\mathbf{1}$ é o vetor que consiste apenas de uns.

- Para quaisquer duas linhas distintas $\mathbf{v}_i$, $\mathbf{v}_j$ existe exatamente uma coluna com um 1 em ambas as linhas (a coluna correspondente ao único subespaço gerado por $\mathbf{v}_i$, $\mathbf{v}_j$).

Usando esses fatos, obtemos

$$A^2 = \begin{pmatrix} p+1 & 1 & \cdots & 1 \\ 1 & p+1 & & \vdots \\ \vdots & & \ddots & \\ 1 & \cdots & & p+1 \end{pmatrix} = pI + J,$$

onde I é a matriz identidade e J é a matriz formada só de uns. Agora, J tem o autovalor $p^2 + p + 1$ (de multiplicidade 1) e 0 (de multiplicidade $p^2 + p$). Consequentemente, A^2 tem os autovalores $p^2 + 2p + 1 = (p + 1)^2$ de multiplicidade 1 e p de multiplicidade $p^2 + p$. Como A é real e simétrica, e portanto diagonalizável, obtemos que A tem o autovalor $p + 1$ ou $-(p + 1)$ e $p^2 + p$ autovalores $\pm \sqrt{p}$. Do primeiro fato anterior, o primeiro autovalor deve ser $p + 1$. Suponha que $\sqrt{p}$ tem multiplicidade r, e $-\sqrt{p}$ multiplicidade s. Então,

$$\text{traço } A = (p + 1) + r\sqrt{p} - s\sqrt{p}.$$

Mas agora estamos feitos: uma vez que o traço é um número inteiro, devemos ter $r = s$, de forma que traço $A = p + 1$. □

6. Lema de Sperner

Em 1911, Luitzen Brouwer publicou seu famoso teorema do ponto fixo:

Toda função contínua $f : B^n \to B^n$, de uma bola n-dimensional para ela mesma, tem um ponto fixo (um ponto $x \in B^n$ tal que $f(x) = x$).

Para dimensão 1, ou seja, para um intervalo, isso segue facilmente do teorema do valor intermediário, mas, para dimensões maiores, a demonstração de Brouwer precisou de algumas ferramentas sofisticadas. Foi, portanto, uma grande surpresa quando, em 1928, o jovem Emanuel Sperner (com apenas 23 anos, na época) produziu um resultado simples em combinatória, do qual poderiam ser deduzidos tanto o teorema do ponto fixo de Brouwer quanto a invariância da dimensão sob aplicações contínuas bijetoras. E ainda mais: o engenhoso lema de Sperner está associado a uma demonstração igualmente bela – nada mais do que contagem dupla.

Discutiremos o lema de Sperner e o teorema de Brouwer como uma consequência, para o primeiro caso interessante, o de dimensão n = 2. O leitor não deverá ter dificuldade em estender as demonstrações para dimensões maiores (aplicando indução na dimensão).

Lema de Sperner.

Suponha que algum triângulo "grande", com vértices V_1, V_2, V_3, está triangulado (isto é, decomposto em um número finito de triângulos "pequenos", que se juntam aresta a aresta).

Suponha que os vértices da triangulação recebem "cores" do conjunto $\{1, 2, 3\}$, tal que V_i recebe a cor i (para cada i), e somente as cores i e j são usadas para os vértices ao longo da aresta que vai de V_i até V_j (para $i \neq j$), enquanto os vértices interiores são coloridos arbitrariamente com 1, 2 ou 3.

Então deve haver, na triangulação, um pequeno triângulo "tricolor" que tenha todas as três diferentes cores de vértice.

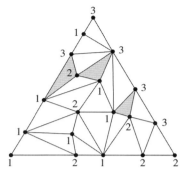

Os triângulos tricolores estão sombreados

Demonstração. Vamos demonstrar uma afirmação mais forte: o número de triângulos tricolores não somente é não nulo, como também é sempre *ímpar*.

Considere o grafo dual à triangulação, mas não tome todas as suas arestas – somente aquelas que cruzam uma aresta que tem vértices na extremidade com as cores (diferentes) 1 e 2. Assim, obtemos um "grafo dual parcial" que tem grau 1 em todos os vértices que correspondem a triângulos tricolores, grau 2 para todos os triângulos nos quais apenas as duas cores 1 e 2 aparecem, e grau 0 para triângulos que não têm uma ou ambas das cores 1 e 2. Assim, somente os triângulos tricolores correspondem a vértices de grau ímpar (de grau 1).

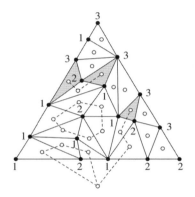

Contudo, o vértice do grafo dual que corresponde ao exterior da triangulação tem grau ímpar: de fato, ao longo da grande aresta que vai de V_1 para V_2, existe um número ímpar de mudanças entre 1 e 2. Assim, um número ímpar de arestas do grafo dual parcial cruza essa aresta grande, enquanto que as outras arestas grandes não podem ter ambos 1 e 2 ocorrendo como cores.

Agora, uma vez que o número de vértices ímpares em qualquer grafo finito é par (por causa da equação (4)), obtemos que é ímpar o número de triângulos pequenos com três cores diferentes (correspondendo a vértices interiores ímpares de nosso grafo dual). □

Com esse lema, fica fácil deduzir o teorema de Brouwer.

Demonstração do teorema do ponto fixo de Brouwer (para $n = 2$). Seja Δ o triângulo em $\mathbb{R}^3$ com vértices $e_1 = (1, 0, 0)$, $e_2 = (0, 1, 0)$ e $e_3 = (0, 0, 1)$. Basta demonstrar que toda aplicação contínua $f : \Delta \to \Delta$ tem um ponto fixo, uma vez que Δ é homeomorfo à bola bidimensional B_2.

Usamos $\delta(\mathcal{T})$ para denotar o comprimento máximo de uma aresta em uma triangulação $\mathcal{T}$. É fácil construir uma sequência infinita de triangulações $\mathcal{T}_1$, $\mathcal{T}_2$, ... de Δ tal que a sequência de diâmetros máximos $\delta(\mathcal{T}_k)$ converge para 0. Tal sequência pode ser obtida por construção explícita ou indutivamente, por exemplo tomando $\mathcal{T}_{k+1}$ como sendo a subdivisão baricêntrica de $\mathcal{T}_k$.

Para cada uma dessas triangulações, definimos uma 3-coloração de seus vértices v colocando $\lambda(v) := \min\{i : f(v)_i < v_i\}$, isto é, $\lambda(v)$ é o menor índice i tal que a i-ésima coordenada de $f(v) - v$ é negativa. Se este menor índice i não existir, então teremos encontrado um ponto fixo e terminamos: para ver isso, observe que todo $v \in \Delta$ fica no plano $x_1 + x_2 + x_3 = 1$; consequentemente, $\sum_i v_i = 1$. Assim, se $f(v) \neq v$, então no mínimo uma das coordenadas de $f(v) - v$ deve ser negativa (e no mínimo uma deve ser positiva).

Vamos verificar se essa coloração satisfaz as hipóteses do lema de Sperner. Primeiro, o vértice e_i deve receber a cor i, pois a única componente negativa possível de $f(e_i) - e_i$ é a i-ésima componente. Além disso, se v fica na aresta oposta a e_i, então $v_i = 0$, de forma que a i-ésima componente de $f(v) - v$ não pode ser negativa e, daí, v não recebe a cor i.

O lema de Sperner nos diz agora que em cada triangulação $\mathcal{T}_k$ existe um triângulo tricolor $\{v^{k:1}, v^{k:2}, v^{k:3}\}$ com $\lambda(v^{k:i}) = i$. A sequência de pontos $(v^{k:1})_{k \geq 1}$ não precisa convergir, mas, uma vez que o simplexo Δ é compacto, alguma subsequência tem um limite. Depois de trocar a sequência de triangulações $\mathcal{T}_k$ pela subsequência correspondente (que, por simplicidade, também denotamos por $\mathcal{T}_k$), podemos supor que $(v^{k:1})_k$ converge para um ponto $v \in \Delta$. Agora, a distância de $v^{k:2}$ e $v^{k:3}$ a $v^{k:1}$ é, no máximo, o comprimento da malha $\delta(\mathcal{T}_k)$, que converge para 0. Assim, as sequências $(v^{k:2})$ e $(v^{k:3})$ convergem para o *mesmo* ponto v.

Mas onde está $f(v)$? Sabemos que a primeira coordenada $f(v^{k:1})$ é menor do que $v^{k:1}$ para todo k. Agora, como f é contínua, obtemos que a primeira coordenada de $f(v)$ é menor ou igual à de v. O mesmo raciocínio funciona para a segunda e para a terceira coordenadas. Assim, nenhuma das coordenadas de $f(v) - v$ é positiva – e já vimos que isso contradiz a hipótese $f(v) \neq v$. □

Referências

[1] L. E. J. Brouwer: *Über Abbildungen von Mannigfaltigkeiten*, Math. Annalen 71 (1911), 97-115.

[2] W. G. Brown: *On graphs that do not contain a Thomsen graph*, Canadian Math. Bull. 9 (1966), 281-285.

[3] P. Erdős, A. Rényi & V. Sós: *On a problem of graph theory*, Studia Sci. Math. Hungar. 1 (1966), 215-235.

[4] P. Erdős & G. Szekeres: *A combinatorial problem in geometry*, Compositio Math. (1935), 463-470.

[5] S. Hoşten & W. D. Morris: *The order dimension of the complete graph*, Discrete Math. 201 (1999), 133-139.

[6] I. Reiman: *Über ein Problem von K. Zarankiewicz*, Acta Math. Acad. Sci. Hungar. 9 (1958), 269-273.

[7] J. Spencer: *Minimal scrambling sets of simple orders*, Acta Math. Acad. Sci. Hungar. 22 (1971), 349-353.

[8] E. Sperner: *Neuer Beweis für die Invarianz der Dimensionszahl und des Gebietes*, Abh. Math. Sem. Hamburg 6 (1928), 265-272.

[9] W. T. Trotter: *Combinatorics and Partially Ordered Sets: Dimension Theory*, John Hopkins University Press, Baltimore e Londres, 1992.

CAPÍTULO 28
RECOBRIMENTO POR RETÂNGULOS

Alguns teoremas matemáticos apresentam uma característica especial: o enunciado do teorema é elementar e fácil, mas demonstrá-lo pode se tornar uma tarefa atormentadora – a menos que você abra alguma porta mágica e tudo passe a ser claro e simples.

Um exemplo disso é o seguinte resultado, devido a Nicolaas de Bruijn:

> **Teorema.** *Sempre que um retângulo for recoberto por retângulos, todos com pelo menos um lado de comprimento inteiro, então o retângulo recoberto tem pelo menos um lado de comprimento inteiro.*

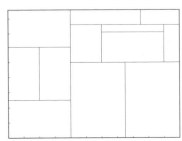

O retângulo grande tem lados 11 e 8,5

Estamos considerando o recobrimento de um retângulo grande R por retângulos $T_1, \ldots, T_m$ que têm, dois a dois, interiores disjuntos, como na figura à direita. Na verdade, de Bruijn demonstrou o seguinte resultado sobre a arrumação de cópias de um retângulo $a \times b$ em um retângulo $c \times d$, recobrindo-o: se a, b, c, d forem inteiros, então cada um de a e b deve dividir um dentre c e d. Isto é consequência de duas aplicações do teorema mais geral acima à figura dada, diminuída por uma mudança de escala primeiro por um fator $\frac{1}{a}$ e depois, por um fator $\frac{1}{b}$. Cada retângulo pequeno tem um lado igual a 1, e portanto $\frac{c}{a}$ ou $\frac{d}{a}$ deve ser um inteiro.

A primeira tentativa de quase todo mundo é a indução no número de retângulos pequenos. É possível fazer a indução funcionar, mas ela deve ser feita de forma muito cuidadosa, e não é a opção mais elegante que se pode sugerir. De fato, em um artigo encantador, Stan Wagon inspeciona nada menos do que quatorze demonstrações diferentes, das quais escolhemos três; nenhuma delas precisa de indução. A primeira demonstração, devida essencialmente ao próprio de Bruijn, usa um truque muito inteligente. A segunda demonstração, de Richard Rochberg e Sherman Stein, é uma versão discreta da primeira demonstração, o que a torna ainda mais simples. Mas a campeã pode ser a terceira demonstração, sugerida por Mike Paterson. Ela é, simplesmente, contagem de duas maneiras e é quase de uma linha.

No que segue, suporemos que o retângulo grande R está colocado paralelo aos eixos x e y, com $(0, 0)$ no canto esquerdo inferior. Portanto, os retângulos pequenos T_i também têm os lados paralelos aos eixos.

Primeira demonstração. Seja T um retângulo qualquer no plano, em que T se estende de a a b ao longo do eixo x e de c a d ao longo do eixo y. Aqui está o truque de de Bruijn. Considere a integral dupla sobre T,

$$\int_c^d \int_a^b e^{2\pi i(x+y)}\,dx\,dy. \tag{1}$$

Como

$$\int_c^d \int_a^b e^{2\pi i(x+y)}\,dx\,dy = \int_a^b e^{2\pi ix}\,dx \cdot \int_c^d e^{2\pi iy}\,dy,$$

segue que a integral (1) é 0 se e somente se pelo menos um dentre $\int_a^b e^{2\pi ix}dx$ e $\int_c^d e^{2\pi iy}dy$ é igual a zero.

O que iremos mostrar é que

$$\int_a^b e^{2\pi ix}dx = 0 \;\Leftrightarrow\; b-a \text{ é um inteiro.} \tag{2}$$

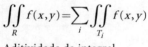
Aditividade da integral

$$\iint_R f(x,y) = \sum_i \iint_{T_i} f(x,y)$$

Mas então, teremos concluído! De fato, pela hipótese sobre o recobrimento, cada $\int_{T_i}$ é igual a zero, e, portanto, pela aditividade da integral, $\int_R = 0$ também, o que implica que R tem um lado inteiro.

Resta verificar (2). De

$$\int_a^b e^{2\pi ix}dx = \frac{1}{2\pi i}e^{2\pi ix}\bigg|_a^b = \frac{1}{2\pi i}(e^{2\pi ib} - e^{2\pi ia})$$

$$= \frac{e^{2\pi ia}}{2\pi i}(e^{2\pi i(b-a)} - 1),$$

concluímos que

$$\int_a^b e^{2\pi ix}dx = 0 \Leftrightarrow e^{2\pi i(b-a)} = 1.$$

De $e^{2\pi ix} = \cos 2\pi x + i\,\text{sen}\,2\pi x$, vemos que a última equação é, por sua vez, equivalente a

$$\cos 2\pi(b-a) = 1 \quad \text{e} \quad \text{sen}\,2\pi(b-a) = 0.$$

Já que $\cos x = 1$ vale se e somente se x é um múltiplo inteiro de 2π, devemos ter $b - a \in \mathbb{Z}$, e isto também implica que $\text{sen}\,2\pi(b-a) = 0$. □

Segunda demonstração. Pinte o plano como um tabuleiro de xadrez, com quadrados brancos/pretos de tamanho $\frac{1}{2} \times \frac{1}{2}$, começando com um quadrado preto em $(0,0)$.

Pela hipótese sobre o recobrimento, todo retângulo pequeno T_i deve receber uma mesma quantidade de preto e branco e, portanto, o retângulo grande R também contém a mesma quantidade de preto e branco.

Mas isto implica que R deve ter um lado inteiro, pois caso contrário ele poderia ser dividido em quatro partes, três das quais teriam a mesma quantidade de preto e branco, enquanto que a parte no canto direito superior não teria. De fato, se $x = a - \lfloor a \rfloor$, $y = b - \lfloor b \rfloor$, de modo que $0 < x, y < 1$, então a quantidade de preto é sempre maior do que a quantidade de branco.

Isto está ilustrado na figura na margem. □

A quantidade de preto no retângulo do canto é $\min(x, \frac{1}{2}) \cdot \min(y, \frac{1}{2}) + \max(x - \frac{1}{2}, 0) \cdot \max(y - \frac{1}{2}, 0)$ e isto é sempre maior do que $\frac{1}{2}xy$.

Terceira demonstração. Seja C o conjunto dos cantos do recobrimento para o qual ambas as coordenadas são inteiras (assim, por exemplo, $(0,0) \in C$) e seja T o conjunto dos retângulos pequenos. Forme um grafo bipartido G no conjunto de vértices $C \cup T$ ligando cada canto $c \in C$ a todos os retângulos pequenos dos quais ele é um canto. A hipótese implica que cada retângulo pequeno é ligada a 0, 2 ou 4 cantos em C, já que se um canto estiver em C, então o mesmo ocorre para a outra extremidade de qualquer lado inteiro. Agora olhe para C. Qualquer $c \in C$ que não seja um canto de R é ligado a um número *par* de retângulos pequenos, mas o vértice $(0,0)$ é ligado a apenas *um* retângulo pequeno. Como o número de vértices de grau ímpar em qualquer grafo finito é par (como acabamos de observar na página 227), deve haver outro $c \in C$ de grau ímpar, e c só pode ser um dos outros vértices de R – fim da demonstração. □

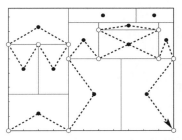

Aqui, o grafo bipartido G foi desenhado com os vértices em C brancos, os vértices em T pretos e as arestas pontilhadas.

Todas as três demonstrações podem ser facilmente adaptadas para fornecer uma versão n dimensional do resultado de de Bruijn: sempre que uma caixa n dimensional R for recoberta por caixas, todas as quais tiverem pelo menos um lado inteiro, então R terá um lado inteiro.

Entretanto, queremos manter nossa discussão no plano (neste capítulo) e olhar um "resultado companheiro" do resultado de de Bruijn, devido a Max Dehn (muitos anos antes), que soa bastante parecido, mas pede ideias diferentes.

Teorema. *Um retângulo pode ser recoberto por quadrados se e somente se a razão do comprimento de seus lados for um número racional.*

Metade do teorema é imediata. Suponha que o retângulo R tenha comprimento de lados α e β com $\frac{\alpha}{\beta} \in \mathbb{Q}$, ou seja, $\frac{\alpha}{\beta} = \frac{p}{q}$ em que $p, q \in \mathbb{N}$. Fazendo $s := \frac{\alpha}{p} = \frac{\beta}{q}$, podemos facilmente recobrir R com cópias do quadrado $s \times s$ como mostrado na margem.

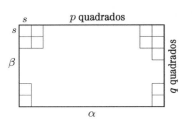

Para demonstrar a recíproca, Max Dehn usou um argumento elegante que ele já tinha usado com sucesso na resolução do terceiro problema de Hilbert (ver Capítulo 10). De fato, os dois artigos apareceram em anos sucessivos no *Mathematische Annalen*.

Demonstração. Suponha que R esteja recoberto por quadrados de tamanhos possivelmente diferentes. Por mudança de escala, podemos supor que R seja um retângulo $a \times 1$. Vamos supor que $a \notin \mathbb{Q}$ e deduzir daí uma contradição. O primeiro passo é estender os lados dos quadrados para a largura e a altura total de R, como na figura.

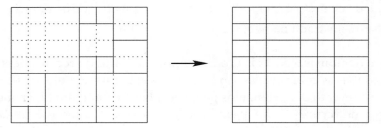

R está agora dividido em vários retângulos pequenos; sejam $a_1, a_2, \ldots, a_M$ os comprimentos de seus lados (em qualquer ordem), e considere o conjunto

$$A := \{1, a, a_1, \ldots, A_M\} \subseteq \mathbb{R}.$$

A seguir vem a parte de álgebra linear. Definimos $V(A)$ como o espaço vetorial de todas as combinações lineares dos números em A, com coeficientes racionais. Observe que $V(A)$ contém todos os lados dos quadrados no recobrimento original, já que qualquer comprimento de lado é a soma de alguns dos a_i. Como o número a não é racional, podemos estender $\{1, a\}$ a uma base B de $V(A)$,

$$B = \{b_1 = 1, b_2 = a, b_3, \ldots, b_m\}.$$

Defina a função $f : B \to \mathbb{R}$ por

$$f(1) := 1, \quad f(a) := -1 \quad \text{e} \quad f(b_i) := 0 \quad \text{para } i \geq 3,$$

e a estenda linearmente para $V(A)$.

A seguinte definição de "área" dos retângulos termina a demonstração em três passos rápidos: para $c, d \in V(A)$, a área do retângulo $c \ d$ é definida por

$$\text{área}(\underset{c}{\boxed{}}d) = f(c)f(d).$$

(1) $\text{área}(\underset{c_1 \ c_2}{\boxed{}}d) = \text{área}(\underset{c_1}{\boxed{}}d) + \text{área}(\underset{c_2}{\boxed{}}d).$

Isto segue imediatamente da linearidade de f. O resultado análogo vale, é claro, para faixas verticais.

(2) $\text{área}(R) = \sum_{\text{quadrados}} \text{área}(\square)$, em que a soma percorre todos os quadrados do recobrimento.

Observe apenas que, por (1), a área(R) é igual a soma das áreas de todos os retângulos pequenos no recobrimento estendido. Como cada um destes retângulos está em exatamente um quadrado do recobrimento original, vemos (novamente por (1)) que esta soma também é igual ao lado direito de (2).

Extensão linear:

$f(q_1 b_1 + \ldots + q_m b_m) :=$
$q_1 f(b_1) + \ldots + q_m f(b_m)$
para $q_1, \ldots, q_m \in \mathbb{Q}$.

(3) Temos
$$\text{área}(R) = f(a)f(1) = -1,$$
enquanto que para um quadrado de lado t, área($\square_t$) = $f(t)^2 \geq 0$, e assim
$$\sum_{\text{quadrados}} \text{área}(\square) \geq 0,$$
e esta é a contradição que queríamos. $\square$

Para aqueles que quiserem fazer mais excursões ao mundo dos recobrimentos, o belo artigo de revisão [1] de Frederico Ardila e Richard Stanley é altamente recomendado.

Referências

[1] F. Ardila & R. P. Stanley: *Tilings*, Math. Intelligencer (4)32 (2010), 32-43.

[2] N. G. de Bruijn: *Filling boxes with bricks*, Amer. Math. Monthly 76 (1969), 37-40.

[3] M. Dehn: *Uber die Zerlegung von Rechtecken in Rechtecke*, Mathematische Annalen 57 (1903), 314-332.

[4] S. Wagon: *Fourteen proofs of a result about tiling a rectangle*, Amer. Math. Monthly 94 (1987), 601-617.

"A nova amarelinha: não pise nos inteiros!"

CAPÍTULO 29
TRÊS TEOREMAS FAMOSOS SOBRE CONJUNTOS FINITOS

Neste capítulo, estaremos preocupados com um tema que é básico na análise combinatória: propriedades e tamanhos de famílias especiais $\mathcal{F}$ de subconjuntos de um conjunto finito $N = \{1, 2, \ldots n\}$. Começamos com dois resultados que são clássicos no campo: os teoremas de Sperner e de Erdős-Ko-Rado. Esses resultados têm em comum os fatos de terem sido redemonstrados muitas vezes e de cada um deles ter iniciado um novo campo da teoria combinatória de conjuntos. Para ambos os teoremas, a indução parece ser o método natural, mas os argumentos que vamos discutir são bastante diferentes e verdadeiramente inspirados.

Em 1928, Emanuel Sperner formulou e respondeu à seguinte questão: suponha que nos seja dado o conjunto $N = \{1, 2, \ldots n\}$. Diremos que uma família $\mathcal{F}$ de subconjuntos de N é uma *anticadeia* se nenhum conjunto de $\mathcal{F}$ contém outro conjunto da família $\mathcal{F}$. Qual é o tamanho da maior anticadeia? Claramente, a família $\mathcal{F}_k$ de todos os conjuntos com k elementos satisfaz a propriedade com $|\mathcal{F}_k| = \binom{n}{k}$. Olhando para o valor máximo dos coeficientes binomiais (ver página 25), concluímos que existe uma anticadeia de tamanho $\binom{n}{\lfloor n/2 \rfloor} = \max_k \binom{n}{k}$. O teorema de Sperner afirma que não existem outras maiores.

Emanuel Sperner

Teorema 1. *O tamanho da maior anticadeia de um conjunto de n elementos é* $\binom{n}{\lfloor n/2 \rfloor}$.

Demonstração. Entre as muitas demonstrações existentes, a seguinte, devida a David Lubell, é provavelmente a mais curta e elegante. Seja $\mathcal{F}$ uma anticadeia arbitrária. Então, temos de mostrar que $|\mathcal{F}_k| \leq \binom{n}{\lfloor n/2 \rfloor}$. A chave para a demonstração está em considerarmos *cadeias* de subconjuntos $\emptyset = C_0 \subseteq C_1 \subseteq C_2 \subseteq \ldots \subset C_n = N$, em que $|C_i| = i$ para $i = 0, \ldots, n$. Quantas cadeias existem? Claramente, obtemos uma cadeia adicionando os elementos de N um a um, de forma que existem tantas cadeias quantas permutações de N, a saber, $n!$. A seguir, para um conjunto $A \in \mathcal{F}$, perguntamos quantas destas cadeias contêm A. Outra vez, isso é fácil. Para ir de $\emptyset$ até A, temos que adicionar os elementos de A um a um e, então, para passar de A para N, temos que adicionar os elementos restantes. Assim, se A contém k elementos, considerando todos esses pares de cadeias interligados, vemos que existem precisamente $k!(n-k)!$ tais cadeias. Observe que nenhuma cadeia pode passar por dois conjuntos diferentes A e B de $\mathcal{F}$, uma vez que $\mathcal{F}$ é uma anticadeia.

Para completar a demonstração, seja m_k o número de conjuntos com k elementos em $\mathcal{F}$. Assim, $|\mathcal{F}| = \sum_{k=0}^{n} m_k$. Então segue, de nossa discussão, que o número de cadeias passando por algum membro de $\mathcal{F}$ é

$$\sum_{k=0}^{n} m_k k!(n-k)!,$$

e essa expressão não pode exceder o número $n!$ de *todas* as cadeias. Daí, concluímos que

$$\sum_{k=0}^{n} m_k \frac{k!(n-k)!}{n!} \leq 1, \quad \text{ou} \quad \sum_{k=0}^{n} \frac{m_k}{\binom{n}{k}} \leq 1.$$

Substituindo os denominadores pelo maior coeficiente binomial, obtemos portanto

$$\frac{1}{\binom{n}{\lfloor n/2 \rfloor}} \sum_{k=0}^{n} m_k \leq 1, \quad \text{ou seja,} \quad |\mathcal{F}| = \sum_{k=0}^{n} m_k \leq \binom{n}{\lfloor n/2 \rfloor},$$

e a demonstração está completa. □

> Verifique que a família de todos os conjuntos de $\frac{n}{2}$ elementos para n par, respectivamente as duas famílias de todos os conjuntos de $\frac{n-1}{2}$ elementos e de todos os conjuntos de $\frac{n+1}{2}$ elementos, quando n é ímpar, são de fato as únicas anticadeias que atingem o tamanho máximo!

Nosso segundo resultado é de uma natureza inteiramente diferente. Consideremos de novo o conjunto $N = \{1, 2, \ldots, n\}$. Dizemos que uma família $\mathcal{F}$ de subconjuntos é uma *família interceptante* se quaisquer dois conjuntos em $\mathcal{F}$ têm no mínimo um elemento em comum. É quase imediato que o tamanho de uma maior família interceptante é 2^{n-1}. Se $A \in \mathcal{F}$, então o complemento $A^c = N \setminus A$ tem interseção vazia com A e, dessa forma, não pode estar em $\mathcal{F}$. Daí concluímos que uma família interceptante contém no máximo metade do número 2^n de todos os subconjuntos, isto é, $|\mathcal{F}| \leq 2^{n-1}$. Por outro lado, se considerarmos a família de todos os conjuntos contendo um elemento fixo, digamos a família $\mathcal{F}_1$ de todos os conjuntos contendo 1, então claramente $|\mathcal{F}_1| = 2^{n-1}$, e o problema está resolvido.

Mas agora vamos colocar a seguinte questão: quão grande pode ser uma família interceptante $\mathcal{F}$ se todos os conjuntos em $\mathcal{F}$ têm o mesmo tamanho, digamos, k? Vamos chamar tal família de *k-família interceptante*. Para evitar trivialidades, assumimos $n \geq 2k$, uma vez que, de outra forma, quaisquer dois conjuntos de k elementos se interceptam, e não há nada a demonstrar. Retomando a ideia anterior, certamente obtemos tal família $\mathcal{F}_1$ considerando todos os conjuntos de k elementos contendo um elemento fixo, digamos, 1. Claramente, obtemos todos os conjuntos em $\mathcal{F}_1$ adicionando a 1 todos os subconjuntos de $(k-1)$ elementos de $\{2, 3, \ldots, n\}$, de onde $|\mathcal{F}_1| = \binom{n-1}{k-1}$. Podemos fazer melhor que isso? Não – e esse é o teorema de Erdős-Ko-Rado.

Teorema 2. *O maior tamanho de uma k-família interceptante num conjunto de n elementos é $\binom{n-1}{k-1}$ quando $n \geq 2k$.*

Paul Erdős, Chao Ko e Richard Rado descobriram esse resultado em 1938, mas ele só foi publicado 23 anos mais tarde. Desde então, um grande número de demonstrações e variantes têm sido dadas, mas o seguinte argumento, devido a Gyula Katona, é particularmente elegante.

Demonstração. A chave para a demonstração é o seguinte lema simples, que à primeira vista parece não ter relação nenhuma com nosso problema. Considere um círculo C dividido por n pontos em n arestas. Um *arco* de comprimento k consiste em $k+1$ pontos consecutivos e as k arestas entre eles.

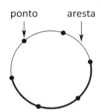

Um círculo C para $n = 6$. As arestas em negrito mostram um arco de comprimento 3.

Lema. *Seja $n \geq 2k$, e suponha que sejam dados t arcos distintos $A_1, \ldots, A_t$ de comprimento k, tais que quaisquer dois arcos têm uma aresta em comum. Então, $t \leq k$.*

Para demonstrar o lema, observe primeiro que qualquer ponto de C é a extremidade de no máximo um dos arcos. De fato, se A_i, A_j tivessem uma extremidade comum v, então eles teriam que começar em direções diferentes (uma vez que são distintos). Mas então eles não podem ter uma aresta em comum, pois $n \geq 2k$. Vamos fixar A_1. Uma vez que qualquer $A_i (i \geq 2)$ tem uma aresta em comum com A_1, uma das extremidades de A_i é um ponto interior de A_1. Uma vez que essas extremidades devem ser distintas, conforme acabamos de ver, e uma vez que A_1 contém $k-1$ pontos interiores, concluímos que podem existir no máximo $k-1$ arcos adicionais, e assim um total de k arcos no máximo. □

Agora, procedemos à demonstração do teorema de Erdős-Ko-Rado. Seja $\mathcal{F}$ uma k-família interceptante. Considere um círculo C com n pontos e n arestas como anteriormente. Tomamos qualquer permutação cíclica $\pi = (a_1, a_2, \ldots, a_n)$ e escrevemos os números a_i no sentido horário junto às arestas de C. Vamos contar o número de conjuntos $A \in \mathcal{F}$ que aparecem como k números *consecutivos* em C. Uma vez que $\mathcal{F}$ é uma família interceptante, vemos pelo nosso lema que obtemos no máximo k de tais conjuntos. Uma vez que isso vale para qualquer permutação cíclica, e uma vez que existem $(n-1)!$ permutações cíclicas, produzimos dessa maneira no máximo

$$k(n-1)!$$

conjuntos de $\mathcal{F}$ que aparecem como elementos consecutivos de alguma permutação cíclica. Quantas vezes contamos um conjunto fixo $A \in \mathcal{F}$? É bem fácil: A aparece em π se os k elementos de A aparecem consecutivamente em alguma ordem. Daí, temos $k!$ possibilidades de escrever A consecutivamente, e $(n-k)!$ maneiras de ordenar os elementos remanescentes. Dessa forma, concluímos que um conjunto fixo A aparece em, precisamente, $k!(n-k)!$ permutações cíclicas e, consequentemente, que

$$|\mathcal{F}| \leq \frac{k(n-1)!}{k!(n-k)!} = \frac{(n-1)!}{(k-1)!(n-1-(k-1))!} = \binom{n-1}{k-1}. \qquad \square$$

Novamente, podemos perguntar se as famílias contendo um elemento fixo são as únicas k-famílias interceptantes de tamanho máximo. Isso certamente não é verdadeiro para $n = 2k$. Por exemplo, para $n = 4$ e $k = 2$, a família $\{1, 2\}, \{1, 3\}, \{2, 3\}$ também tem tamanho $\binom{3}{1} = 3$. Mais geralmente, para $n = 2k$ obtemos as k-famílias interceptantes maiores, de tamanho $\frac{1}{2}\binom{n}{k}$ = $\binom{n-1}{k-1}$, incluindo arbitrariamente um de todo par de conjuntos formado por um conjunto de k elementos A e seu complementar $N \setminus A$. Mas, para $n > 2k$, as famílias especiais contendo um elemento fixo são, de fato, as únicas. O leitor está convidado a tentar a demonstração.

Finalmente, voltamo-nos ao terceiro resultado, que é comprovadamente o mais importante teorema básico da teoria de conjuntos finitos, o "teorema do casamento", de Philip Hall, demonstrado em 1935. Ele abriu a porta para o que é hoje chamado de teoria de *matching*, com uma ampla variedade de aplicações, algumas das quais iremos ver à medida que avançamos.

Considere o conjunto finito X e uma coleção $A_1, \ldots, A_n$ de subconjuntos de X (que não precisam ser distintos). Vamos chamar uma sequência $x_1, \ldots, x_n$ de *sistema de representantes distintos* de $\{A_1, \ldots, A_n\}$ se os x_i são elementos distintos de X, e se $x_i \in A_i$ para todo i. É claro que tal sistema, abreviado por SRD, não precisa existir, por exemplo quando um dos conjuntos A_i é vazio. O conteúdo do teorema de Hall é a condição precisa sob a qual um SRD existe.

Antes de dar o resultado, vamos enunciar a interpretação humana que lhe deu o nome folclórico de *teorema do casamento*: considere um conjunto $\{1, \ldots, n\}$ de garotas e um conjunto X de rapazes. Sempre que $x \in A_i$, a garota i e o rapaz x estão inclinados a se casar, de forma que A_i é apenas o conjunto dos pares possíveis para a garota i. Um SRD representa então um casamento em massa onde toda garota desposa um rapaz de que ela gosta.

De volta aos conjuntos, aqui está o enunciado do resultado.

Teorema 3. *Seja $A_1, \ldots, A_n$ uma coleção de subconjuntos de um conjunto finito X. Então, existe um sistema de representantes distintos se e somente se a união de quaisquer m conjuntos A_i contém no mínimo m elementos, para $1 \leq m \leq n$.*

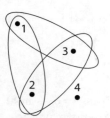

Uma família interceptante para $n = 4; k = 2$

A condição claramente é necessária: se m conjuntos A_i contêm entre eles menos do que m elementos, então esses m conjuntos certamente não podem ser representados por elementos distintos. O fato surpreendente (resultando na aplicabilidade universal) é que essa condição óbvia também é suficiente. A demonstração original de Hall era bastante complicada e, subsequentemente, muitas demonstrações diferentes foram dadas, das quais a seguinte (devida a Easterfield e redescoberta por Halmos e Vaughan) pode ser a mais natural.

"Um casamento em massa"

Demonstração. Usamos indução em n. Para $n = 1$ não há nada a demonstrar. Seja $n > 1$ e suponhamos que $\{A_1, \ldots, A_n\}$ satisfaz a condição do teorema, que abreviamos por (H). Chamemos uma coleção de ℓ conjuntos A_i, com $1 \leq \ell < n$, de *família crítica* se sua união tem cardinalidade ℓ. Agora, distinguimos dois casos.

Caso 1: Não há família crítica.

Escolha qualquer elemento $x \in A_n$. Apague x de X e considere a coleção $A'_1, \ldots, A'_{n-1}$ com $A'_i = A_i \setminus \{x\}$. Uma vez que não existe família crítica, encontramos que a união de quaisquer m conjuntos A'_i contém no mínimo m elementos. Consequentemente, pela indução em n, existe um SRD $x_1, \ldots, x_{n-1}$ de $\{A'_1, \ldots, A'_{n-1}\}$ e, junto com $x_n = x$, isso dá um SRD para a coleção original.

Caso 2: Existe uma família crítica.

Depois de reenumerar os conjuntos, podemos assumir que $\{A_1, \ldots, A_\ell\}$ é uma família crítica. Então, temos que $\cup_{i=1}^\ell A_i = \tilde{X}$, com $|\tilde{X}| = \ell$. Uma vez que $\ell < n$, inferimos por indução a existência de um SRD para $A_1, \ldots, A_\ell$, isto é, existe uma enumeração $x_1, \ldots, x_\ell$ de $\tilde{X}$ tal que $x_i \in A_i$ para todo $i \leq \ell$.

Considere agora a coleção remanescente $A_{\ell+1}, \ldots, A_n$ e tome quaisquer m desses conjuntos. Uma vez que a união de $A_1, \ldots, A_\ell$ com esses m conjuntos contém no mínimo $\ell + m$ elementos pela condição (H), inferimos que os m conjuntos contêm no mínimo m elementos fora de $\tilde{X}$. Em outras palavras, a condição (H) é satisfeita para a família

$$A_{\ell+1} \setminus \tilde{X}, \ldots, A_n \setminus \tilde{X}.$$

A indução dá agora um SRD para $A_{\ell+1}, \ldots, A_n$ que evita $\tilde{X}$. Combinando-o com $x_1, \ldots, x_\ell$, obtemos um SRD para todos os conjuntos A_i. Isso completa a demonstração. □

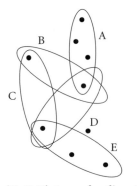

$\{B, C, D\}$ é uma família crítica

Conforme mencionamos, o teorema de Hall foi o começo do agora vasto campo da teoria de *matching* [6]. Das muitas variantes e ramificações, vamos enunciar um resultado particularmente atraente, que o leitor é convidado a demonstrar sozinho:

Suponha que todos os conjuntos $A_1, \ldots, A_n$ tenham tamanho $k \geq 1$ e suponha ainda que nenhum elemento está contido em mais do que k conjuntos. Então, existem k SRDs tais que, para qualquer i, os k representantes de A_i são distintos e, assim, juntos, formam o conjunto A_i.

Um belo resultado, que deveria abrir novos horizontes nas possibilidades de casamento.

Referências

[1] T. E. Easterfield: *A combinatorial algorithm*, J. London Math. Soc. 21 (1946), 219-226.

[2] P. Erdős, C. Ko & R. Rado: *Intersection theorems for systems of finite sets*, Quart. J. Math. (Oxford), Ser. (2) 12 (1961), 313-320.

[3] P. Hall: *On representatives of subsets*, J. London Math. Soc. (Oxford) 10 (1935), 26-30.

[4] P. R. Halmos & H. E. Vaugham: *The marriage problem*, Amer. J. Math. 72 (1950), 214-215.

[5] G. Katona: *A simple proof of the Erdős-Ko-Rado theorem*, J. Combinatorial Theory, Ser. B 13 (1972), 183-184.

[6] L. Lovász & M. D. Plummer: *Matching Theory*, Akadémiai Kiadó, Budapeste, 1986.

[7] D. Lubell: *A short proof of Sperner's theorem*, J. Combinatorial Theory 1 (1966), 299.

[8] E. Sperner: *Ein Satz über Untermengen einer endlichen Menge*, Math. Zeitschrift 27 (1928), 544-548.

CAPÍTULO 30
EMBARALHANDO CARTAS

> *Quantas vezes se deve embaralhar um baralho de cartas até ele ficar aleatório?*

A análise de processos aleatórios é uma tarefa familiar tanto na vida ("Quanto tempo leva para chegar ao aeroporto na hora do *rush*?") quanto na matemática. É claro que obter respostas significativas para tais problemas depende da formulação de perguntas significativas. Para o problema do embaralhamento, isto significa que precisamos:

- especificar o tamanho do baralho (digamos, $n = 52$ cartas),
- dizer como embaralhar (vamos analisar o embaralhamento que pega a carta de cima e a põe em uma posição aleatória primeiro, o "top-in-at-random", e então o embaralhamento "riffle shuffle", mais efetivo e realista), e finalmente
- explicar o que queremos dizer com "ficar aleatório" ou "ficar próximo de aleatório".

Assim, nosso objetivo neste capítulo é uma análise do embaralhamento *riffle shuffle*, devida a Edgar N. Gilbert e Claude Shannon (1955, não publicada) e Jim Reeds (1981, não publicada), seguindo o estatístico David Aldous e o ex-mágico que virou matemático, Persi Diaconis, de acordo com [1]. Nós não chegaremos ao resultado final preciso de que 7 embaralhamentos *são* suficientes para obter um baralho de $n = 52$ cartas muito próximo ao aleatório, enquanto que 6 embaralhamentos não são suficientes – mas obteremos um limitante superior 12 e veremos algumas ideias extremamente belas pelo caminho: os conceitos de regras de parada e de "tempo uniforme forte", o lema que tempos uniformes fortes limitam a distância de variação, o lema da imersão de Reeds e, assim, a interpretação do embaralhamento como "ordenação reversa". No final, tudo se reduzirá a dois problemas combinatórios bem clássicos, a saber, o problema do colecionador de cupons e o paradoxo do aniversário. Então, vamos começar com eles!

O cartão de visitas de Persi Diaconis como mágico. Em uma entrevista posterior ele disse: "se você disser que é um professor em Stanford as pessoas o tratam com respeito. Se você disser que inventa truques de mágica, eles não querem apresentá-lo para suas filhas".

O paradoxo do aniversário

Tome n pessoas aleatórias – digamos, os participantes de uma aula ou seminário. Qual a probabilidade de que todos eles tenham datas de aniversários diferentes? Com as hipóteses simplificadoras naturais (365 dias por ano, nenhum efeito sazonal, sem gêmeos presentes), a probabilidade é

$$p(n) = \prod_{i=1}^{n-1}\left(1 - \frac{i}{365}\right),$$

que é menor do que $\frac{1}{2}$ para $n = 23$ (este é o "paradoxo do aniversário"!), menor do que 9 por cento para $n = 42$ e exatamente 0 para $n > 365$ (o "princípio da casa do pombo", ver Capítulo 27). A fórmula é fácil de ver – se tomarmos as pessoas em alguma ordem fixa: se as primeiras i pessoas tiverem aniversários distintos, então a probabilidade de que a $(i/1)$-ésima pessoa não estrague a série é $1 - \frac{i}{365}$, já que restam $365 - i$ dias de aniversário.

Analogamente, se n bolas forem colocadas independentemente e aleatoriamente em K caixas, então a probabilidade de que nenhuma caixa tenha mais do que uma bola é

$$p(n,K) = \prod_{i=1}^{n-1}\left(1 - \frac{i}{K}\right).$$

O colecionador de cupons

As crianças compram fotografias de astros da música popular (ou astros do futebol) para seus álbuns, mas elas as compram em pequenos envelopes não transparentes, de modo que não sabem qual foto irão obter. Se existirem n fotos diferentes, qual o número esperado de fotos que a criança terá de comprar até que ele ou ela obtenha cada fotografia pelo menos uma vez?

De modo equivalente, se você tirar aleatoriamente bolas de uma urna que contém n bolas distintas, e se você colocar a bola de volta cada vez, e misturar bem de novo, quantas vezes você precisará sortear, em média, até que tenha tirado cada bola pelo menos uma vez?

Se você já tiver tirado k bolas distintas, então a probabilidade de não tirar uma bola nova no próximo sorteio é $\frac{k}{n}$. Assim, a probabilidade de precisar exatamente de s sorteios até a próxima bola nova é $\left(\frac{k}{n}\right)^{s-1}\left(1 - \frac{k}{n}\right)$. E portanto, o valor esperado do número de sorteios para a próxima bola nova é

$$\sum_{s\geq 1}\left(\tfrac{k}{n}\right)^{s-1}\left(1-\tfrac{k}{n}\right)s = \frac{1}{1-\frac{k}{n}},$$

$$\sum_{s\geq 1} x^{s-1}(1-x)s =$$
$$= \sum_{s\geq 1} x^{s-1}s - \sum_{s\geq 1} x^s s$$
$$= \sum_{s\geq 0} x^s(s+1) - \sum_{s\geq 0} x^s s$$
$$= \sum_{s\geq 0} x^s = \frac{1}{1-x},$$

em que no final somamos uma série geométrica (ver página 68).

como obtemos da série na margem. Logo, o valor esperado do número de sorteios até que tenhamos tirado cada uma das n bolas distintas pelo menos uma vez é

$$\sum_{k=0}^{n-1}\frac{1}{1-\frac{k}{n}}=\frac{n}{n}+\frac{n}{n-1}+\cdots+\frac{n}{2}+\frac{n}{1}=nH_n\approx n\log n,$$

com os limitantes no tamanho dos números harmônicos que obtivemos na página 24. Assim, a resposta para o problema do colecionador de cupons é que devemos esperar que sejam necessários aproximadamente $n \log n$ sorteios.

A estimativa que precisaremos a seguir é para a probabilidade de que você precise significativamente mais do que $n \log n$ tentativas. Se V_n denotar o número de sorteios necessários (que é uma variável aleatória cujo valor esperado é $E[V_n] \approx n \log n$), então para $n \geq 1$ e $c \geq 0$, a probabilidade de que precisemos de mais do que $m := \lceil n \log n + cn \rceil$ sorteios é

$$\text{Prob}[V_n > m] \leq e^{-c}.$$

De fato, se A_i denotar o evento que a bola i não seja retirada nos primeiros m sorteios, então

$$\text{Prob}[V_n > m] = \text{Prob}\left[\bigcup_i A_i\right] \leq \sum_i \text{Prob}[A_i]$$
$$= n\left(1-\frac{1}{n}\right)^m < ne^{-m/n} \leq e^{-c}.$$

Um pequeno cálculo mostra que $(1-\frac{1}{n})^n$ é uma função crescente de n, que converge para $1/e$. Assim, $(1-\frac{1}{n})^n < \frac{1}{e}$ vale para todo $n \geq 1$.

Agora, vamos tomar um baralho de n cartas. Vamos enumerá-las de 1 a n na ordem em que aparecerem – assim, a carta enumerada por "1" estará no topo do baralho, enquanto a "n" estará embaixo. De agora em diante, denotaremos por $\mathfrak{S}_n$ o conjunto de todas as permutações de $1, \ldots, n$. *Embaralhar* o baralho quer dizer aplicar certas *permutações aleatórias* à ordem das cartas. Idealmente, isto poderia significar que aplicamos uma permutação arbitrária $\pi \in \mathfrak{S}_n$ à nossa ordem inicial $(1, 2, \ldots, n)$, cada uma delas com a mesma probabilidade $\frac{1}{n!}$. Assim, depois de fazer isso apenas uma vez, teríamos nosso baralho de cartas na ordem $\pi = (\pi(1), \pi(2), \ldots, \pi(n))$, e isto seria uma ordem aleatória perfeita. Mas isso não é o que ocorre na vida real. Em vez disso, quando embaralhamos, apenas "certas" permutações ocorrem, talvez nem todas com a mesma probabilidade, e isto é repetido um "certo" número de vezes. Depois disso, esperamos que nosso baralho fique pelo menos "próximo de aleatório".

Embaralhamentos *top-in-at-random*

Estes são feitos como segue: você pega a carta de cima do baralho e a insere no baralho em uma das n posições distintas possíveis, cada uma das quais com probabilidade $\frac{1}{n}$. Assim, uma das permutações

$$\tau_i = (2, 3, \ldots i, \overset{\underset{\downarrow}{i}}{1}, i+1, \ldots, n)$$

"Top-in-at-random"

é aplicada, $1 \leq i \leq n$. Depois de um embaralhamento desse, o baralho não parece aleatório e, de fato, esperamos precisar de muitos destes embaralhamentos até atingir nosso objetivo. Uma sequência típica de embaralhamentos *top-in-at-random* se parece com o seguinte (para $n = 5$):

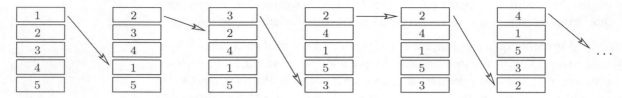

Como devemos medir "ficar próximo de aleatório"? Os probabilistas inventaram a "distância de variação" como uma medida bastante rígida de aleatoriedade: olhamos para a distribuição de probabilidade nas $n!$ ordens diferentes de nosso baralho, ou equivalentemente, nas $n!$ permutações $\sigma \in \mathfrak{S}_n$ diferentes que fornecem as ordens.

Dois exemplos são nossa distribuição inicial E, que é dada por

$$\mathsf{E}(\mathrm{id}) = 1,$$
$$\mathsf{E}(\pi) = 0 \quad \text{caso contrário,}$$

e a distribuição uniforme U dada por

$$\mathsf{U}(\pi) = \tfrac{1}{n!} \quad \text{para todo} \quad \pi \in \mathfrak{S}_n.$$

A *distância de variação* entre duas distribuições de probabilidade Q_1 e Q_2 é definida agora por

$$\|\mathsf{Q}_1 - \mathsf{Q}_2\| := \tfrac{1}{2} \sum_{\pi \in \mathfrak{S}_n} |\mathsf{Q}_1(\pi) - \mathsf{Q}_2(\pi)|.$$

Fazendo $S := \{\pi \in \mathfrak{S}_n : \mathsf{Q}_1(\pi) > \mathsf{Q}_2(\pi)\}$ e usando $\sum_\pi \mathsf{Q}_1(\pi) = \sum_\pi \mathsf{Q}_2(\pi) = 1$, podemos reescrever isto como

$$\|\mathsf{Q}_1 - \mathsf{Q}_2\| = \max_{S \in \mathfrak{S}_n} |\mathsf{Q}_1(S) - \mathsf{Q}_2(S)|,$$

com $\mathsf{Q}_i(S) := \sum_{\pi \in S} \mathsf{Q}_i(\pi)$. Claramente, temos $0 \leq \|\mathsf{Q}_1 - \mathsf{Q}_2\| \leq 1$. No que segue, "ficar perto de aleatório" será interpretado como "ter pequena distância de variação da distribuição uniforme". Aqui, a distância entre a distribuição inicial e a distribuição uniforme é muito próxima a 1:

$$\|\mathsf{E} - \mathsf{U}\| = 1 - \tfrac{1}{n!}.$$

Depois de um embaralhamento *top-in-at-random*, isso não vai melhorar muito:

$$\|\mathsf{Top} - \mathsf{U}\| = 1 - \tfrac{1}{(n-1)!}.$$

A distribuição de probabilidade em $\mathfrak{S}_n$ que obtemos ao aplicar o embaralhamento *top-in-at-random* k vezes será denotada por Top^{*k}. Assim, como $\|\text{Top}^{*k} - \text{U}\|$ se comporta se k for ficando grande, ou seja, se repetirmos o embaralhamento? E, analogamente, para outros tipos de embaralhamento? A teoria geral (em particular, cadeias de Markov em grupos finitos; ver por exemplo Behrends [3]) implica que para k grande a distância de variação tende a zero exponencialmente, mas ela não fornece o fenômeno de "cut-off" que se observa na prática: depois de um certo número k_0 de embaralhamentos, "subitamente" $d(k)$ vai a zero bem depressa. Nossa margem mostra um esboço da situação.

Para jogadores de cartas, a questão não é "exatamente quão próximo da distribuição uniforme estará o baralho depois de um milhão de riffle shuffles?" mas "7 embaralhamentos são suficientes?"

(Aldous & Diaconis [1])

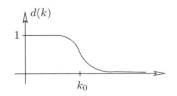

Critérios de parada uniforme forte

A surpreendente ideia dos critérios de parada uniforme forte de Aldous e Diaconis captura estas características essenciais. Imagine que o gerente do cassino observe atentamente o processo de embaralhamento, analise as permutações específicas que são aplicadas ao baralho em cada passo e, depois de um certo número de passos que depende das permutações que ele vê, diga "PARE!". Assim, ele tem um *critério de parada* que termina o processo de embaralhamento. Ele depende apenas dos embaralhamentos (aleatórios) que já foram aplicados. O critério de parada é *uniforme forte* se a seguinte condição vale para todo $k \geq 0$:

*Se o processo for parado depois de exatamente k passos, **então** as permutações resultantes do baralho têm distribuição uniforme (exatamente!).*

Seja T o número de passos realizados até que o critério de parada diga ao gerente que grite "PARE!"; então, esta é uma variável aleatória. Analogamente, a ordem no baralho depois de k embaralhamentos é dada por uma variável aleatória X_k (com valores em $\mathfrak{S}_n$). Com isso, o critério de parada é uniforme forte se para todo valor possível de k,

$$\text{Prob}[X_k = \pi \mid T = k] = \frac{1}{n!} \quad \text{para todo} \quad \pi \in \mathfrak{S}_n.$$

Três aspectos tornam isto interessante, útil e digno de nota:

1. Critérios de parada uniforme forte existem: para muitos exemplos eles são bem simples.
2. Além disso, eles são tratáveis: tentar determinar $\text{Prob}[T > k]$ leva com frequência a problemas combinatórios simples.
3. Isso fornece limitantes superiores efetivos para distâncias de variação como $d(k) = \|\text{Top}^{*k} - \text{U}\|$.

Por exemplo, para o embaralhamento *top-in-at-random*, um critério de parada uniforme forte é

"PARE depois que a carta de baixo original (rotulada n) for inserida de volta no baralho pela primeira vez."

Probabilidades condicionais

A *probabilidade condicional*
$$\text{Prob}[A \mid B]$$
denota a probabilidade do evento A sob a condição de que B aconteça. Isto é simplesmente a probabilidade de que ambos os eventos ocorram, dividida pela probabilidade de B ocorrer, ou seja,
$$\text{Prob}[A \mid B] = \frac{\text{Prob}[A \wedge B]}{\text{Prob}[B]}.$$

De fato, se seguirmos a carta n durante estes embaralhamentos,

vemos que durante todo o processo a ordem das cartas abaixo desta carta é completamente uniforme. Assim, depois da carta n ter subido para o topo e, então, sido inserida aleatoriamente, o baralho estará uniformemente distribuído; apenas não sabemos quando isto ocorre precisamente (mas o gerente sabe).

Agora, seja T_i a variável aleatória que conta o número de embaralhamentos que são feitos até que, pela primeira vez, i cartas fiquem abaixo da carta n. Assim, temos que determinar a distribuição de

$$T = T_1 + (T_2 - T_1) + \cdots + (T_{n-1} - T_{n-2}) + (T - T_{n-1}).$$

Mas cada parcela nisso corresponde a um problema do colecionador de cupons: $T_i - T_{i-1}$ é o tempo até que a carta de cima seja inserida em um dos i possíveis lugares abaixo da carta n. Portanto, é também o tempo que o colecionador de cupons leva do $(n-i)$-ésimo cupom até o $(n-i+1)$-ésimo cupom. Seja V_i o número de fotos compradas até ele ter i fotos distintas. Então,

$$V_n = V_1 + (V_2 - V_1) + \cdots + (V_{n-1} - V_{n-2}) + (V_n - V_{n-1}),$$

e já vimos que $\text{Prob}[T_i - T_{i-1} = j] = \text{Prob}[V_{n-i+1} - V_{n-i} = j]$ para todo i e j. Portanto, o colecionador de cupons e o embaralhador *top-in-at-random* executam sequências equivalentes de processos aleatórios, apenas na ordem oposta (para o colecionador de cupons, é difícil no final). Assim, sabemos que o critério de parada uniforme forte para o embaralhamento *top-in-at-random* leva mais de $k = \lceil n \log n + cn \rceil$ passos com probabilidade baixa:

$$\text{Prob}[T > k] \leq e^{-c}.$$

E isto, por sua vez, significa que depois de $k = \lceil n \log n + cn \rceil$ embaralhamentos *top-in-at-random*, nosso baralho ficará "próximo de aleatório", com

$$d(k) = \|\text{Top}^{\star k} - \mathsf{U}\| \leq e^{-c},$$

em virtude do seguinte lema, que é simples, mas crucial.

Lema. *Seja* $\mathsf{Q} : \mathfrak{S}_n \to \mathbb{R}$ *qualquer distribuição de probabilidade que define um processo de embaralhamento* $\mathsf{Q}^{\star k}$ *com um critério de parada uniforme forte cujo tempo de parada seja T. Então, para todo $k \geq 0$,*

$$\|\mathsf{Q}^{\star k} - \mathsf{U}\| \leq \text{Prob}[T > k].$$

Demonstração. Se X é uma variável aleatória com valores em $\mathfrak{S}_n$, com distribuição de probabilidade Q, então escrevemos $Q(S)$ para a probabilidade de que X tenha um valor em $S \subseteq \mathfrak{S}_n$. Assim, $Q(S) = \text{Prob}[X \in S]$, e no caso de uma distribuição uniforme $Q = U$, obtemos

$$U(S) = \text{Prob}[X \in S] = \frac{|S|}{n!}.$$

Para todo subconjunto $S \subseteq \mathfrak{S}_n$, obtemos que a probabilidade de que depois de k passos nosso baralho esteja ordenado de acordo com uma permutação de S é

$$\begin{aligned} Q^{*k}(S) &= \text{Prob}[X_k \in S] \\ &= \sum_{j \leq k} \text{Prob}[X_k \in S \wedge T = j] + \text{Prob}[X_k \in S \wedge T > k] \\ &= \sum_{j \leq k} U(S)\text{Prob}[T = j] + \text{Prob}[X_k \in S \mid T > k] \cdot \text{Prob}[T > k] \\ &= U(S)(1 - \text{Prob}[T > k]) + \text{Prob}[X_k \in S \mid T > k] \cdot \text{Prob}[T > k] \\ &= U(S) + \big(\text{Prob}[X_k \in S \mid T > k] - U(S)\big) \cdot \text{Prob}[T > k]. \end{aligned}$$

Isto fornece

$$|Q^{*k}(S) - U(S)| \leq \text{Prob}[T > k],$$

já que

$$\text{Prob}[X_k \in S \mid T > k] - U(S)$$

é a diferença de duas probabilidades, de modo que tem valor absoluto no máximo 1. □

Este é o ponto em que completamos nossa análise do embaralhamento *top-in-at-random*: demonstramos o seguinte limitante superior para o número de embaralhamentos necessários para obter "proximidade de aleatório".

Teorema 1. *Seja $c \geq 0$ e $k := \lceil n \log n + cn \rceil$. Então, depois de fazer k embaralhamentos* top-in-at-random *em um baralho de n cartas, a distância de variação da distribuição uniforme satisfaz*

$$d(k) := \|\text{Top}^{*k} - U\| \leq e^{-c}.$$

Pode-se também verificar que a distância de variação $d(k)$ fica grande se fizermos significativamente menos do que $n \log n$ embaralhamentos *top-in-at-random*. A razão é que um número menor de embaralhamentos não será suficiente para destruir a ordem relativa nas últimas cartas mais abaixo do baralho.

É claro que embaralhamentos *top-in-at-random* são extremamente ineficientes – com os limitantes de nosso teorema, precisaríamos de mais do que $n \log n \approx 205$ embaralhamentos *top-in-at-random* até que um baralho com $n = 52$ cartas estivesse bem misturado. Assim, agora voltamos nossa atenção para um modelo de embaralhamento muito mais interessante e realista.

Embaralhamentos *riffle shuffle*

Isto é o que os crupiês fazem nos cassinos: eles pegam o baralho, dividem-no em duas partes e estas são então intercaladas, por exemplo, deixando cair as cartas de baixo das duas metades do baralho, em algum padrão irregular.

Novamente, um embaralhamento *riffle shuffle* executa uma certa permutação nas cartas do baralho, as quais suporemos inicialmente rotuladas de 1 a n, em que 1 é a carta de cima. O embaralhamento *riffle shuffle* corresponde exatamente às permutações $\pi \in \mathfrak{S}_n$ tais que a sequência

$$(\pi(1), \pi(2), \ldots, \pi(n))$$

consiste de duas sequências crescentes intercaladas (apenas para a permutação identidade ela é uma sequência crescente), e existem exatamente $2^n - n$ embaralhamentos *riffle shuffles* distintos em um baralho de n cartas.

"*Um* riffle shuffle"

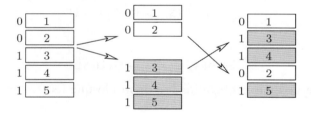

De fato, se o baralho for dividido de modo que as t cartas de cima forem para a mão direita ($0 \le t \le n$) e as outras $n - t$ cartas para a esquerda, então existem $\binom{n}{t}$ maneiras de intercalar as duas mãos, todas as quais geram permutações distintas – exceto que para cada t existe uma possibilidade de obter a permutação identidade.

Agora, não está claro qual a distribuição de probabilidade que se deveria por nos embaralhamentos *riffle shuffle* – não há uma resposta única, já que crupiês amadores e profissionais embaralhariam de modo diferente. Entretanto, o modelo a seguir, desenvolvido inicialmente por Edgar N. Gilbert e Claude Shannon em 1955 (no lendário departamento de "Matemática da Comunicação" dos Laboratórios Bell na época), tem diversas virtudes:

- ele é elegante, simples e parece natural,
- ele modela bastante bem a maneira como um amador faria um *riffle shuffle*,
- e temos uma chance de analisá-lo.

Aqui, temos três descrições – todas elas descrevem a mesma distribuição de probabilidade Rif: em $\mathfrak{S}_n$:

1. Rif: $\mathfrak{S}_n \to \mathbb{R}$ é definida por

$$\text{Rif}(\pi) := \begin{cases} \frac{n+1}{2^n} & \text{se } \pi = \text{id}, \\ \frac{1}{2^n} & \text{se } \pi \text{ se consistir de duas sequências crescente}, \\ 0 & \text{caso contrário}. \end{cases}$$

2. Corte t cartas do baralho com probabilidade $\frac{1}{2^n}\binom{n}{t}$, pegue-as com sua mão direita e pegue o resto do baralho com sua mão esquerda. Agora, quando você tiver r cartas na mão direita e ℓ na esquerda, "deixe cair" a carta de baixo de sua mão direita com probabilidade $\frac{r}{r+\ell}$ e da sua mão esquerda com probabilidade $\frac{\ell}{r+\ell}$. Repita!

3. Um embaralhamento *riffle shuffle inverso* tomaria um subconjunto de cartas, removê-lo-ia do baralho e o colocaria em cima das cartas restantes do baralho – enquanto manteria a ordem relativa em ambas as partes do baralho. Tal movimento é determinado pelo subconjunto das cartas: tome todos os subconjuntos com a mesma probabilidade.

   Equivalentemente, atribua um rótulo "0" ou "1" para cada carta, aleatoriamente e independentemente com probabilidade $\frac{1}{2}$, e mova as cartas rotuladas por "0" para o topo.

Os embaralhamentos *riffle shuffle* inversos correspondem às permutações $\pi = (\pi(1), \ldots, \pi(n))$ que são crescentes exceto por, no máximo, uma "descida". (Apenas a permutação identidade não tem nenhuma descida.)

É fácil ver que estas descrições fornecem a mesma distribuição de probabilidade. Para $(1) \iff (3)$, observe apenas que obtemos a permutação identidade sempre que todas as cartas "0" estiverem em cima de todas as cartas a que foi atribuído 1.

Isto define um modelo. Então, como vamos analisá-lo? Quantos embaralhamentos *riffle shufle* são necessários para ficar próximo de aleatório? Nós não obteremos a melhor resposta precisa possível, mas uma bem boa, combinando três componentes:

(1) analisaremos embaralhamentos *riffle shuffle* inversos como alternativa,

(2) descreveremos um critério de parada uniforme forte para eles,

(3) e mostraremos que a chave para esta análise está dada no paradoxo do aniversário!

Teorema 2. *Depois de fazer k embaralhamentos* riffle shuffle *em um baralho de n cartas, a distância de variação de uma distribuição uniforme satisfaz*

$$\left\| \text{Rif}^{*k} - \text{U} \right\| \leq 1 - \prod_{i=1}^{n-1}\left(1 - \frac{i}{2^k}\right).$$

Demonstração. (1) Podemos de fato analisar os embaralhamentos *riffle shuffle* inversos e tentar ver quão rapidamente eles nos levam da distribuição inicial para (perto da) uniforme. Estes embaralhamentos *riffle shuffle* inversos correspondem à distribuição de probabilidade dada por $\overline{\text{Rif}}(\pi) := \text{Rif}(\pi^{-1})$.

Agora, o fato de que toda permutação tem uma permutação inversa, e o fato de que $U(\pi) = U(\pi^{-1})$, fornecem

$$\|\text{Rif}^{*k} - U\| = \|\overline{\text{Rif}}^{*k} - U\|.$$

(Este é o lema de inversão de Reeds!)

(2) Em todo embaralhamento *riffle shuffle* inverso, cada carta é associada ao dígito 0 ou 1:

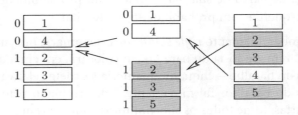

Se lembrarmos estes dígitos – digamos que simplesmente os escrevamos nas cartas – então depois de k embaralhamentos *riffle shuffle* inversos, cada carta terá uma cadeia ordenada de k dígitos. Nosso critério de parada é:

"PARE assim que todas as cartas tiverem cadeias distintas."

Quando isto ocorrer, as cartas do baralho estarão ordenadas de acordo com os números binários $b_k b_{k-1} \ldots b_2 b_1$, em que b_i é o dígito que a carta recebeu no i-ésimo embaralhamento *riffle shuffle* inverso. Como estes dígitos são perfeitamente aleatórios e independentes, este critério de parada é uniforme forte!

No exemplo a seguir, para $n = 5$ cartas, precisamos de $T = 3$ embaralhamentos inversos até parar:

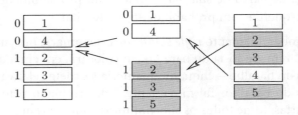

(3) O tempo T que este critério de parada leva está distribuído de acordo com o paradoxo do aniversário, para $K = 2^k$: colocamos duas cartas na mesma caixa se elas tiverem o mesmo rótulo $b_k b_{k-1} \ldots b_2 b_1 \in \{0, 1\}^k$. Portanto, existem $K = 2^k$ caixas e a probabilidade de que alguma caixa receba mais de uma carta é

$$\text{Prob}[T > k] = 1 - \prod_{i=1}^{n-1}\left(1 - \frac{i}{2^k}\right),$$

e como vimos isto limita a distância de variação $\|\text{Rif}^{*k} - U\| = \|\overline{\text{Rif}}^{*k} - U\|$.

Então, quantas vezes precisamos embaralhar? Para n grande, precisaremos de aproximadamente $k = 2 \log_2(n)$ embaralhamentos. De fato, fazendo $k := 2 \log_2(cn)$ para algum $c \geq 1$, encontramos (com um pouco de cálculo) que $P[T > k] \approx 1 - e^{-\frac{1}{2c^2}} \approx \frac{1}{2c^2}$.

Explicitamente, para $n = 52$ cartas, o limitante superior do Teorema 2 fica $d(10) \leq 0,73$, $d(12) \leq 0,28$, $d(14) \leq 0,08$ – de modo que $k = 12$ deveria ser "suficientemente aleatório" para todos os propósitos. Mas não fazemos 12 embaralhamentos "na prática" – e eles não são realmente necessários, como mostra uma análise mais detalhada (com os resultados dados na margem). A análise do embaralhamento *riffle shuffle* faz parte de uma animada discussão em andamento sobre a medida correta do que seria "suficientemente aleatório". Diaconis [4] é um guia para os desenvolvimentos recentes.

Na verdade, isto importa? Sim, importa: mesmo depois de três bons embaralhamentos *riffle shuffle*, um baralho ordenado de 52 cartas parece bastante aleatório... mas não é. Martin Gardner [5, Capítulo 7] descreve vários truques com sequências de cartas que têm base na ordem escondida em um baralhos destes!

k	
1	1,000
2	1,000
3	1,000
4	1,000
5	0,952
6	0,614
7	0,334
8	0,167
9	0,085
10	0,043

A distância de variação depois de k embaralhamentos *riffle shuffle*, de acordo com [2].

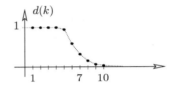

Referências

[1] D. ALDOUS & P. DIACONIS: *Shuffling cards and stopping times*, Amer. Math. Monthly 93 (1986), 333-348.

[2] D. BAYER & P. DIACONIS: *Trailing the dovetail shuffle to its lair*, Annals Applied Probability 2 (1992), 294-313.

[3] E. BEHRENDS: *Introduction to Markov Chains*, Vieweg, Braunschweig/Wiesbaden, 2000.

[4] P. DIACONIS: *Mathematical developments from the analysis of riffle shuffling*, in: "Groups, Combinatorics and Geometry. Durham 2001" (A. A. Ivanov, M. W. Liebeck e J. Saxl, eds.), World Scientific, Singapura, 2003, pp. 73-97.

[5] M. GARDNER: *Mathematical Magic Show*, Knopf, New York/Allen & Unwin, Londres, 1977.

[6] E. N. GILBERT: *Theory of Shuffling*, Technical Memorandum, Bell Laboratories, Murray Hill NJ, 1955.

"Suficientemente aleatório?"

CAPÍTULO 31
CAMINHOS RETICULADOS E DETERMINANTES

A essência da matemática é demonstrar teoremas – e, sendo assim, é isso que os matemáticos fazem: eles demonstram teoremas. Contudo, para dizer a verdade, o que eles realmente querem demonstrar, uma vez em suas vidas, é um *lema*, como o de Fatou em análise, o lema de Gauss na teoria de números, ou o lema de Burnside-Frobenius em combinatória.

Agora, o que faz de um enunciado matemático um verdadeiro lema? Primeiro, ele deveria ser aplicável a uma grande variedade de casos, até mesmo problemas aparentemente sem relação. Segundo, o enunciado deveria ser, uma vez visto por você, completamente óbvio. A reação do leitor bem que deveria ser a de morrer de inveja: por que eu não vi isso antes? E terceiro, em um nível estético, o lema – incluindo sua demonstração – deveria ser bonito!

Neste capítulo, olharemos para uma dessas maravilhosas peças do raciocínio matemático, um lema de contagem que apareceu pela primeira vez em um artigo de Bernt Lindström, em 1972. Amplamente negligenciado na época, o resultado se tornou um clássico instantâneo em 1985, quando Ira Gessel e Gerard Viennot o redescobriram e demonstraram em um maravilhoso artigo como o lema poderia ser aplicado com sucesso a diversos problemas de enumeração combinatória difíceis.

O ponto de partida é a habitual representação por permutações do determinante de uma matriz. Seja $M = (m_{ij})$ uma matriz real $n \times n$. Então

$$\det M = \sum_{\sigma} \text{sign}\,\sigma \; m_{1\sigma(1)} m_{2\sigma(2)} \ldots m_{n\sigma(n)}, \qquad (1)$$

onde σ percorre todas as permutações de $\{1, 2, \ldots, n\}$ e sign σ, a função sinal de σ, é 1 ou −1, dependendo de σ ser o produto de um número par ou ímpar de transposições.

Agora, passamos aos grafos, mais precisamente aos grafos *bipartidos orientados com pesos*. Considere as linhas de M representadas pelos vértices $A_1, \ldots, A_n$ e as colunas por $B_1, \ldots, B_n$. Para cada par de i e j, desenhe uma seta de A_i para B_j e dê-lhe o peso m_{ij}, como na figura.

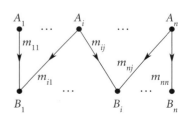

Em termos desse grafo, a fórmula (1) tem a seguinte interpretação:

- O lado esquerdo é o determinante da *matriz-caminho M*, cujo elemento (i, j) é o *peso* do (único) caminho orientado de A_i para B_j.

- O lado direito é a soma ponderada (com sinal) sobre todos os *sistemas de caminhos de vértices disjuntos* de $A = \{A_1, \ldots, A_n\}$ até $B = \{B_1, \ldots, B_n\}$. Tal sistema $\mathcal{P}_\sigma$ é dado pelos caminhos

$$A_1 \to B_{\sigma(1)}, \ldots, A_n \to B_{\sigma(n)},$$

e o peso do sistema de caminhos $\mathcal{P}_\sigma$ é o produto dos pesos dos caminhos individuais:

$$w(\mathcal{P}_\sigma) = w(A_1 \to B_{\sigma(1)}) \ldots w(A_n \to B_{\sigma(n)}).$$

Com essa interpretação, a fórmula (1) fica sendo

$$\det M = \sum_\sigma \text{sign } \sigma \; w(\mathcal{P}_\sigma).$$

E qual é o resultado de Gessel e Viennot? É a generalização natural de (1) de grafos bipartidos para arbitrários. É precisamente esse passo que torna o lema tão amplamente aplicável – e o que é mais, a demonstração é estupendamente simples e elegante.

Um grafo orientado acíclico

Vamos primeiro reunir os conceitos necessários. É dado um grafo orientado acíclico finito $G = (V, E)$, onde *acíclico* significa que não há ciclos orientados em G. Em particular, há somente um número finito de caminhos orientados entre quaisquer dois vértices A e B, onde incluímos todos os caminhos triviais $A \to A$ de comprimento 0. Toda aresta e carrega um peso $w(e)$. Se P é um caminho orientado de A até B, escrito resumidamente $P : A \to B$, então definimos o *peso* de P como

$$w(P) := \prod_{e \in P} w(e),$$

que é definido como $w(P) = 1$ se P é um caminho de comprimento 0.

Agora, sejam $\mathcal{A} = \{A_1, \ldots, A_n\}$ e $\mathcal{B} = \{B_1, \ldots, B_n\}$ dois conjuntos de n vértices, onde $\mathcal{A}$ e $\mathcal{B}$ não precisam ser disjuntos. Para $\mathcal{A}$ e $\mathcal{B}$ associamos a *matriz-caminho* $M = (m_{ij})$ com

$$m_{ij} := \sum_{P:A_i \to B_j} w(P).$$

Um *sistema de caminhos* $\mathcal{P}$ de $\mathcal{A}$ até $\mathcal{B}$ consiste numa permutação σ junto com n caminhos $P_i : A_i \to B_{\sigma(i)}$, para $i = 1, \ldots, n$; escrevemos sign $\mathcal{P}$ = sign σ. O *peso* de $\mathcal{P}$ é o produto dos pesos dos caminhos

$$w(P) = \prod_{i=1}^n w(P_i), \tag{2}$$

que é o produto dos pesos de todas as arestas do sistema de caminhos.

Finalmente, dizemos que o sistema de caminhos $\mathcal{P} = (P_1, \ldots, P_n)$ é de *vértices disjuntos* se os caminhos de $\mathcal{P}$ tem os vértices disjuntos dois a dois.

Lema. *Seja $G = (V, E)$ um grafo orientado, com pesos, acíclico e finito, $\mathcal{A} = \{A_1, \ldots, A_n\}$ e $\mathcal{B} = \{B_1, \ldots, B_n\}$ dois conjuntos de vértices com n elementos e M a matriz-caminho de $\mathcal{A}$ até $\mathcal{B}$. Então*

$$\det M = \sum_{\mathcal{P}} \operatorname{sign} \mathcal{P} \, w(\mathcal{P}), \qquad (3)$$

em que $\mathcal{P}$ percorre os sistemas de caminhos de vértice disjuntos.

Demonstração. Uma parcela típica de $\det(M)$ é $\operatorname{sign} \sigma \, m_{1\sigma(1)} \cdots m_{n\sigma(n)}$, que pode ser escrita como

$$\operatorname{sign} \sigma \left(\sum_{P_1 : A_1 \to B_{\sigma(1)}} w(P_1) \right) \cdots \left(\sum_{P_n : A_n \to B_{\sigma(n)}} w(P_n) \right).$$

Somando sobre σ, encontramos imediatamente de (2) que

$$\det M = \sum_{\mathcal{P}} \operatorname{sign} \mathcal{P} \, w(\mathcal{P}),$$

onde $\mathcal{P}$ percorre *todos* os sistemas de caminhos de $\mathcal{A}$ até $\mathcal{B}$ (vértices disjuntos ou não). Consequentemente, para chegar a (3), tudo o que precisamos mostrar é

$$\sum_{\mathcal{P} \in N} \operatorname{sign} \mathcal{P} \, w(\mathcal{P}) = 0, \qquad (4)$$

onde N é o conjunto de todos os sistemas de caminhos que *não* são de vértices disjuntos. Isso é realizado por um argumento de singular beleza. Mais especificamente, exibimos uma involução $\pi : N \to N$ (sem pontos fixos) tal que, para $\mathcal{P}$ e $\pi\mathcal{P}$,

$$w(\pi\mathcal{P}) = w(\mathcal{P}) \text{ e } \operatorname{sign} \pi\mathcal{P} = -\operatorname{sign} \mathcal{P}.$$

Claramente, isso irá implicar (4) e, assim, a fórmula (3) do lema.

A involução π é definida de maneira bem natural. Seja $\mathcal{P} \in N$ com caminhos $P_i : A_i \to B_{\sigma(i)}$. Por definição, algum par de caminhos irá se interceptar:

- Seja i_0 o índice mínimo tal que P_{i_0} compartilha algum vértice com outro caminho.
- Seja X o primeiro desses vértices comuns no caminho P_{i_0}.
- Seja j_0 o índice mínimo ($j_0 > i_0$) tal que P_{j_0} tenha o vértice X em comum com P_{i_0}.

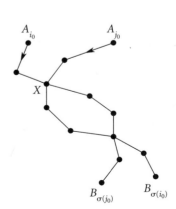

Agora, construímos o novo sistema $\pi\mathcal{P} = (P'_1, \ldots, P'_n)$ como segue:

- Ponha $P'_k = P_k$ para todo $k \neq i_0, j_0$.

- O novo caminho P'_{i_0} vai de A_{i_0} até X ao longo de P_{i_0} e, então, continua até $B_{\sigma(j_0)}$ ao longo de P_{j_0}. Analogamente, P'_{j_0} vai de A_{j_0} até X ao longo de P_{j_0} e continua até $B_{\sigma(i_0)}$ ao longo de P_{i_0}.

Claramente, $\pi(\pi\mathcal{P}) = \mathcal{P}$, pois o índice i_0, o vértice X e o índice j_0 são os mesmos de antes. Em outras palavras, aplicando π duas vezes, voltamos aos antigos caminhos P_i. Em seguida, uma vez que $\pi\mathcal{P}$ e $\mathcal{P}$ usam precisamente as mesmas arestas, certamente temos $w(\pi\mathcal{P}) = w(\mathcal{P})$. Finalmente, uma vez que a nova permutação σ' é obtida multiplicando-se σ pela transposição (i_0, j_0), encontramos que sign $\pi\mathcal{P} = -$sign $\mathcal{P}$, e isso é tudo. □

O lema de Gessel-Viennot pode ser usado para deduzir todas as propriedades básicas dos determinantes, olhando apenas para grafos apropriados. Vamos considerar um exemplo particularmente impressionante, a fórmula de Binet-Cauchy, que dá uma generalização muito útil da regra do produto para determinantes.

Teorema. *Se P é uma matriz $r \times s$ e Q uma matriz $s \times r$, $r \leq s$, então*

$$\det(PQ) = \sum_{\mathcal{Z}} (\det P_{\mathcal{Z}})(\det Q_{\mathcal{Z}}),$$

onde $P_{\mathcal{Z}}$ é a submatriz $r \times r$ de P, com conjunto de colunas $\mathcal{Z}$, e $Q_{\mathcal{Z}}$ é a submatriz $r \times r$ de Q, com as correspondentes linhas $\mathcal{Z}$.

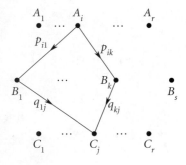

Demonstração. Associe o grafo bipartido em $\mathcal{A}$ e $\mathcal{B}$ a P como antes e, analogamente, o grafo bipartido em $\mathcal{B}$ e $\mathcal{C}$, a Q. Considere agora os grafos concatenados como indicados na figura na margem e observe que o elemento (i, j) m_{ij} da matriz-caminho M de $\mathcal{A}$ até $\mathcal{C}$ é precisamente $m_{ij} = \sum_k p_{ik} q_{kj}$. Assim, $M = PQ$.

Uma vez que os sistemas de caminhos de vértices disjuntos de $\mathcal{A}$ até $\mathcal{C}$ no grafo concatenado correspondem a pares de sistemas de $\mathcal{A}$ até $\mathcal{Z}$, e de $\mathcal{B}$ até $\mathcal{C}$, o resultado segue imediatamente do lema, levando-se em conta que sign $(\sigma\tau) = ($sign $\sigma)($sign $\tau)$. □

O lema de Gessel-Viennot é também a fonte de um grande número de resultados que relacionam determinantes a propriedades enumerativas. A receita é sempre a mesma: interpretar a matriz M como uma matriz-caminhos e tentar calcular o lado direito de (3). A título de ilustração, consideraremos o problema original estudado por Gessel e Viennot, que os conduziu ao seu lema:

> *Suponha que $a_1 < a_2 < \ldots < a_n$ e $b_1 < b_2 < \ldots < b_n$ sejam dois conjuntos de números naturais. Queremos calcular o determinante da matriz $M = (m_{ij})$, onde m_{ij} é o coeficiente binomial $\binom{a_i}{b_j}$.*

Em outras palavras, Gessel e Viennot estavam olhando para os determinantes de matrizes quadradas arbitrárias do triângulo de Pascal, tais como a matriz

$$\det \begin{pmatrix} \binom{3}{1} & \binom{3}{3} & \binom{3}{4} \\ \binom{4}{1} & \binom{4}{3} & \binom{4}{4} \\ \binom{6}{1} & \binom{6}{3} & \binom{6}{4} \end{pmatrix} = \det \begin{pmatrix} 3 & 1 & 0 \\ 4 & 4 & 1 \\ 6 & 20 & 15 \end{pmatrix}$$

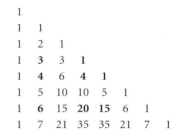

dada pelos elementos em negrito do triângulo de Pascal, conforme mostrado ao lado.

Como um passo preliminar para a solução do problema, recordamos um resultado bem conhecido que conecta coeficientes binomiais a caminhos reticulados. Considere um reticulado $a \times b$ como o da figura ao lado. Então, o número de caminhos que vão do canto inferior esquerdo até o canto superior direito, onde os únicos passos que são permitidos para os caminhos são para cima (norte) e para a direita (leste), é $\binom{a+b}{a}$.

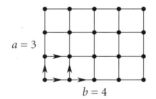

A demonstração disso é fácil: cada caminho consiste numa sequência arbitrária de b passos "para leste" e a "para norte", podendo, assim, ser codificado por uma sequência da forma NLNLLLN, consistindo em $a + b$ letras, a letras N e b letras L. O número de tais sequências é o número de maneiras de escolher a posições de letras N de um total de $a + b$ posições, que é $\binom{a+b}{a} = \binom{a+b}{b}$.

Agora, olhe a figura ao lado, onde A_i está colocado no ponto $(0, -a_i)$ e B_j em $(b_j, -b_j)$.

O número de caminhos de A_i para B_j na grade usando apenas passos para o norte e o leste, é, pelo que acabamos de demonstrar, igual a $\binom{b_j + (a_i - b_j)}{b_j} = \binom{a_i}{b_j}$. Em outras palavras, a matriz de binomiais M é precisamente a matriz-caminho de $\mathcal{A}$ até $\mathcal{B}$ no grafo reticulado orientado, para o qual todas as arestas têm peso 1 e todas as arestas são orientadas para o norte ou o leste. Daí, para calcular det M, podemos aplicar o lema de Gessel-Viennot. Um instante de reflexão mostra que todo sistema de caminhos de vértices disjuntos $\mathcal{P}$ de $\mathcal{A}$ até $\mathcal{B}$ deve consistir em caminhos $P_i : A_i \to B_i$, para todo i. Assim, a única permutação possível é a identidade, que tem sign $= 1$, e obtemos o belo resultado

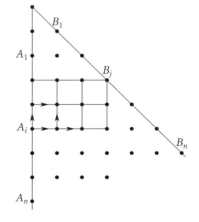

$$\det\left(\binom{a_i}{b_j}\right) = \text{\# sistemas de caminhos de vértices disjuntos de } \mathcal{A} \text{ até } \mathcal{B}.$$

Em particular, isso implica o fato, longe de ser óbvio, de que det M é sempre não negativo, pois o lado direito da igualdade *conta* algo. Mais precisamente, obtém-se do lema de Gessel-Viennot que det $M = 0$ se e somente se $a_i < b_i$ para algum i.

No nosso pequeno exemplo anterior,

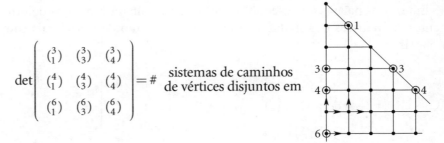

$$\det \begin{pmatrix} \binom{3}{1} & \binom{3}{3} & \binom{3}{4} \\ \binom{4}{1} & \binom{4}{3} & \binom{4}{4} \\ \binom{6}{1} & \binom{6}{3} & \binom{6}{4} \end{pmatrix} = \# \text{ sistemas de caminhos de vértices disjuntos em}$$

Referências

[1] I. M. GESSEL & G. VIENNOT: *Binomial determinants, paths, and hook length formulae*, Advances in Math. 58 (1985), 300-321.

[2] B. LINDSTRÖM: *On the vector representation of induced matroids*, Bulletin London Math. Soc. 5 (1973), 85-90.

"Caminhos reticulados"

CAPÍTULO 32
FÓRMULA DE CAYLEY PARA O NÚMERO DE ÁRVORES

Uma das mais belas fórmulas da análise combinatória enumerativa diz respeito ao número de árvores rotuladas. Considere o conjunto $N = \{1, 2, \ldots, n\}$. Quantas árvores diferentes podemos formar com esse conjunto de vértices? Vamos denotar esse número por T_n. Uma enumeração "à mão" fornece $T_1 = 1$, $T_2 = 1$, $T_3 = 3$, $T_4 = 16$, sendo as árvores mostradas abaixo:

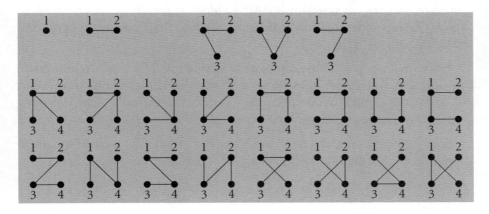

Arthur Cayley

Observe que consideramos árvores *rotuladas*, isto é, embora exista somente uma árvore de ordem 3 no sentido de isomorfismo de grafos, existem três árvores rotuladas diferentes, obtidas associando 1, 2 ou 3 ao vértice interno. Para $n = 5$, existem três árvores não isomorfas:

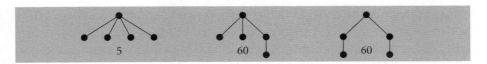

Para a primeira árvore, existem claramente cinco rotulações diferentes e, para a segunda e a terceira, existem $\frac{5!}{2} = 60$ rotulações, e obtemos $T_5 = 125$. Isso deve ser o bastante para se conjecturar $T_n = n^{n-2}$, e esse é precisamente o resultado de Cayley.

> **Teorema.** *Existem n^{n-2} árvores rotuladas diferentes com n vértices.*

E essa bela fórmula tem demonstrações igualmente belas, fazendo uso de uma variedade de técnicas algébricas e combinatórias. Vamos esboçar três delas antes de apresentar a demonstração que é, até hoje, a mais bonita de todas.

Primeira demonstração (bijeção). O método clássico e mais direto é encontrar uma bijeção do conjunto de todas as árvores de n vértices sobre outro conjunto cuja cardinalidade, sabe-se, é n^{n-2}. Naturalmente, o conjunto de todas as sequências ordenadas $(a_1, \ldots, a_{n-2})$ com $1 \leq a_i \leq n$ vem à mente. Assim, queremos codificar univocamente toda árvore T por uma sequência $(a_1, \ldots, a_{n-2})$. Tal código foi encontrado por Prüfer e aparece na maioria dos livros de teoria de grafos.

Queremos discutir aqui outra demonstração por bijeção, devida a Joyal, que é menos conhecida, mas tem a mesma elegância e simplicidade. Para isso, consideramos não apenas árvores t em $N = \{1, \ldots, n\}$, mas árvores junto com dois vértices diferenciados, a *extremidade esquerda* $\bigcirc$ e a *extremidade direita* $\square$, que podem coincidir. Seja $\mathcal{T}_n = \{(t; \bigcirc, \square)\}$ esse novo conjunto; então, claramente, $|\mathcal{T}_n| = n^2 T_n$.

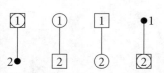

As quatro árvores de T_2

Nossa meta é, por conseguinte, demonstrar que $|\mathcal{T}_n| = n^n$. Agora, existe um conjunto cujo tamanho, sabe-se, é n^n, mais especificamente, o conjunto N^N de todas as aplicações de N em N. Assim, nossa fórmula ficará demonstrada se pudermos encontrar uma bijeção de N^N sobre $\mathcal{T}_n$.

Seja $f : N \to N$ uma aplicação qualquer. Representamos f como um grafo orientado $\vec{G}_f$ desenhando flechas de i para $f(i)$.

Por exemplo, a aplicação

$$f = \begin{pmatrix} 1 & 2 & 3 & 4 & 5 & 6 & 7 & 8 & 9 & 10 \\ 7 & 5 & 5 & 9 & 1 & 2 & 5 & 8 & 4 & 7 \end{pmatrix}$$

está representada pelo grafo orientado que aparece ao lado.

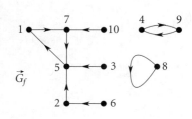

Olhe para uma componente de $\vec{G}_f$. Uma vez que há, precisamente, uma aresta emanando de cada vértice, a componente contém número igual de vértices e arestas e, em consequência, precisamente um ciclo orientado. Seja $M \subseteq N$ a união dos conjuntos de vértices desses ciclos. Uma rápida reflexão mostra que M é o *único* subconjunto maximal de N tal que a restrição de f ao conjunto M atue como uma bijeção sobre M. Escreva

$$f|_M = \begin{pmatrix} a & b & \cdots & z \\ f(a) & f(b) & \cdots & f(z) \end{pmatrix}$$

de forma que os números $a, b, \ldots, z$ na primeira linha apareçam na ordem natural. Isso nos dá uma ordenação $f(a), f(b), \ldots, f(z)$ de M de acordo com a segunda linha. Agora, $f(a)$ é nossa extremidade esquerda e $f(z)$ é nossa extremidade direita.

A árvore t correspondente à aplicação f agora é construída assim: trace $f(a), \ldots, f(z)$ nessa ordem, como um *caminho* de $f(a)$ para $f(z)$, e acrescente os vértices remanescentes como em $\vec{G}_f$ (apagando as setas).

Em nosso exemplo anterior, obtemos $M = \{1, 4, 5, 7, 8, 9\}$

$$f|_M = \begin{pmatrix} 1 & 4 & 5 & 7 & 8 & 9 \\ 7 & 9 & 1 & 5 & 8 & 4 \end{pmatrix}$$

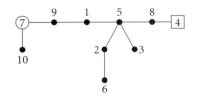

e, assim, a árvore t ilustrada ao lado.

A maneira de inverter essa correspondência é imediata: dada uma árvore t, olhamos para o caminho único P que vai da extremidade esquerda para a extremidade direita. Isso nos dá o conjunto M e a aplicação $f|M$. As correspondências remanescentes $i \to f(i)$ são então preenchidas de acordo com os caminhos únicos de i para P. □

Segunda demonstração (álgebra linear). Podemos pensar em T_n como o número de árvores geradoras do grafo completo K_n. Agora, vamos olhar para um grafo simples, conexo, arbitrário, G sobre $V = \{1, 2, \ldots, n\}$, denotando por $t(G)$ o número de árvores geradoras; dessa forma, $T_n = t(K_n)$. O seguinte resultado célebre é o *teorema da matriz-árvore*, de Kirchhoff (ver [1]). Considere a matriz de incidência $B = (b_{ie})$ de G, cujas linhas são rotuladas por V e as colunas por E, onde escrevemos $b_{ie} = 1$ ou 0 dependendo se $i \in e$ ou $i \notin e$. Observe que $|E| \geq n - 1$, pois G é conexo. Em cada coluna, trocamos um dos dois 1 por -1 de maneira arbitrária (isso equivale a uma orientação de G), e chamamos de C a nova matriz. Então, $M = CC^T$ é uma matriz $n \times n$ simétrica com os graus $d_1, \ldots, d_n$ na diagonal principal.

Proposição. *Temos que $t(G) = \det M_{ii}$ para todo $i = 1, \ldots, n$, onde M_{ii} resulta de M apagando-se a i-ésima linha e a i-ésima coluna.*

Demonstração. A chave para a demonstração é o teorema de Binet-Cauchy, demonstrado no capítulo anterior: quando P é uma matriz $r \times s$ e Q uma matriz $s \times r$, $r \leq s$, então $\det(PQ)$ é igual à soma dos produtos dos determinantes das submatrizes $r \times r$ correspondentes, onde "correspondente" quer dizer que tomamos os mesmos índices para as r colunas de P e as r linhas de Q.

Para M_{ii}, isso significa que

$$\det M_{ii} = \sum_N \det N \cdot \det N^T = \sum_N (\det N)^2,$$

"Um método não padrão de contar árvores: coloque um gato em cada árvore, dê uma volta com seu cachorro e conte com que frequência ele late."

onde N percorre todas as submatrizes $(n-1) \times (n-1)$ de $C \setminus \{$linha $i\}$. As $n-1$ colunas de N correspondem a um subgrafo de G com $n-1$ arestas em n vértices. Falta mostrar que

$$\det N = \begin{cases} \pm 1, & \text{se essas arestas geram uma árvore;} \\ 0, & \text{em caso contrário.} \end{cases}$$

Suponha que as $n-1$ arestas não geram uma árvore. Então, existe uma componente que não contém i. Uma vez que a soma das linhas correspondentes dessa componente vale 0, inferimos que elas são linearmente dependentes e, daí, $\det N = 0$.

Suponha agora que as colunas de N geram uma árvore. Então, existe um vértice $j_1 \neq i$, de grau 1; seja e_1 a aresta incidente. Apagando j_1, e_1, obtemos uma árvore com $n-2$ arestas. Outra vez, existe um vértice $j_2 \neq i$ de grau 1, com aresta incidente e_2. Continue dessa maneira até que $j_1, j_2, \ldots, j_{n-1}$ e $e_1, e_2, \ldots, e_{n-1}$, com $j_i \in e_i$, sejam determinados. Agora, permute as linhas e colunas para trazer j_k para a k-ésima linha e e_k para a k-ésima coluna. Uma vez que, por construção, $j_k \notin e_\ell$ para $k < \ell$, vemos que a nova matriz N' é triangular inferior, com todos os elementos na diagonal principal iguais a ± 1. Assim, $\det N = \pm \det N' = \pm 1$, e concluímos.

Para o caso especial $G = K_n$, claramente obtemos

$$M_{ii} = \begin{pmatrix} n-1 & -1 & \ldots & -1 \\ -1 & n-1 & & -1 \\ \vdots & & \ddots & \vdots \\ -1 & -1 & \ldots & n-1 \end{pmatrix},$$

e um cálculo simples mostra que $\det M_{ii} = n^{n-2}$. □

Terceira demonstração (recursão). Outro método clássico em combinatória enumerativa consiste em estabelecer uma relação de recorrência e resolvê-la por indução. A ideia a seguir se deve essencialmente a Riordan e Rényi. Para achar a recursão apropriada, consideramos um problema mais geral (que já aparece no artigo de Cayley). Seja A um conjunto arbitrário de k vértices. Denotemos por $T_{n,k}$ o número de florestas (rotuladas) em $\{1, \ldots, n\}$ consistindo em k árvores, onde os vértices de A aparecem em árvores diferentes. Claramente, o conjunto A não importa, e sim o tamanho k. Observe que $T_{n,1} = T_n$.

Por exemplo, $T_{4,2} = 8$ para $A = \{1, 2\}$.

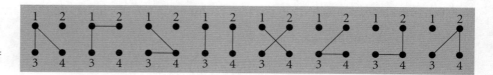

Considere uma tal floresta F com $A = \{1, 2, \ldots, k\}$ e suponha que 1 é adjacente a i vértices, como indicado na figura ao lado. Apagando 1, vemos que esses i vizinhos, junto com $2, \ldots, k$, fornecem um destes vértices em cada uma das componentes de uma floresta que consiste de $k - 1 + i$ árvores. Como podemos (re)construir F primeiramente fixando i, e depois escolhendo os i vizinhos de 1 e então a floresta $F \setminus 1$, isto fornece

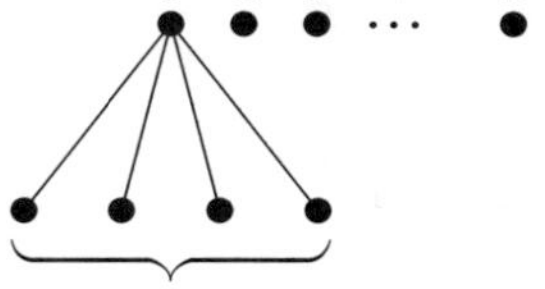

$$T_{n,k} = \sum_{i=0}^{n-k} \binom{n-k}{i} T_{n-1,k-1+i} \qquad (1)$$

para todo $n \geq k \geq 1$, em que colocamos $T_{0,0} = 1$, $T_{n,0} = 0$ para $n > 0$. Observe que $T_{0,0} = 1$ é necessário para garantir que $T_{n,n} = 1$.

Proposição. *Temos que*

$$T_{n,k} = k\, n^{n-k-1} \qquad (2)$$

e, portanto, em particular,

$$T_{n,1} = T_n = n^{n-2}.$$

Demonstração. A partir de (1) e usando indução, encontramos que

$$T_{n,k} = \sum_{i=0}^{n-k} \binom{n-k}{i}(k-1+i)(n-1)^{n-1-k-i} \qquad (i \to n-k-i)$$

$$= \sum_{i=0}^{n-k} \binom{n-k}{i}(n-1-i)(n-1)^{i-1}$$

$$= \sum_{i=0}^{n-k} \binom{n-k}{i}(n-1)^i - \sum_{i=1}^{n-k} \binom{n-k}{i} i(n-1)^{i-1}$$

$$= n^{n-k} - (n-k)\sum_{i=1}^{n-k} \binom{n-1-k}{i-1}(n-1)^{i-1}$$

$$= n^{n-k} - (n-k)\sum_{i=0}^{n-1-k} \binom{n-1-k}{i}(n-1)^i$$

$$= n^{n-k} - (n-k)n^{n-1-k} = k n^{n-1-k}. \qquad \square$$

Quarta demonstração (contagem dupla). A seguinte ideia, maravilhosa, devida a Jim Pitman, dá a fórmula de Cayley e sua generalização (2) sem indução ou bijeção – ela é apenas uma contagem inteligente em duas maneiras.

Uma *floresta enraizada* em $\{1, \ldots, n\}$ é uma floresta junto com uma escolha de uma raiz em cada árvore componente. Seja $\mathcal{F}_{n,k}$ o conjunto de todas

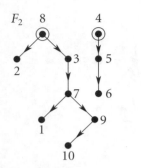

F_2 contém F_3

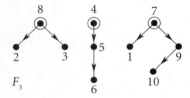

F_3

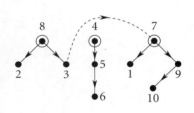

as florestas enraizadas que consistem em k árvores enraizadas. Assim, $\mathcal{F}_{n,1}$ é o conjunto de todas as árvores enraizadas.

Observe que $|\mathcal{F}_{n,1}| = nT_n$, uma vez que existem n escolhas para a raiz em cada árvore. Agora, consideramos $F_{n,k} \in \mathcal{F}_{n,k}$ como um grafo *orientado* com todas as arestas direcionadas para longe das raízes. Vamos dizer que uma floresta F *contém* outra floresta F' se F contém F' como um grafo orientado. Claramente, se F contém F' propriamente, então F tem menos componentes que F'. A figura mostra duas dessas florestas com as raízes no topo.

Aqui está a ideia crucial. Chamemos uma sequência $F_1, \ldots, F_k$ de florestas de uma *sequência de refinamento* se $F_i \in \mathcal{F}_{n,i}$ e F_i contém F_{i+1}, para todo i.

Agora, seja F_k uma floresta fixada em $\mathcal{F}_{n,k}$ e denote

- por $N(F_k)$ o número de árvores enraizadas contendo F_k, e
- por $N^\star(F_k)$ o número de sequências de refinamento terminando em F_k.

Contamos $N^\star(F_k)$ de duas maneiras: primeiro começando numa árvore e, segundo, começando em F_k. Suponha que $F_1 \in \mathcal{F}_{n,1}$ contenha F_k. Uma vez que podemos apagar as $k-1$ arestas de $F_1 \setminus F_k$ em qualquer ordem possível para obter uma sequência de refinamento de F_1 para F_k, encontramos

$$N^\star(F_k) = N(F_k)\,(k-1)!. \tag{3}$$

Agora, vamos começar na outra ponta. Para produzir uma F_{k-1} a partir de F_k, temos que adicionar, partindo de qualquer vértice a, uma aresta orientada para qualquer uma das $k-1$ raízes das árvores que não contêm a (veja a figura ao lado, onde passamos de F3 para F2 adicionando a aresta 3•---->---•7). Assim, temos $n(k-1)$ escolhas. Analogamente, para F_{k-1} podemos acrescentar uma aresta orientada de qualquer vértice b para qualquer uma das $k-2$ raízes das árvores que não contêm b. Para isso, temos $n(k-2)$ escolhas. Continuando dessa maneira, chegamos a

$$N^\star(F_k) = n^{k-1}(k-1)!, \tag{4}$$

e surge, com (3), a relação inesperadamente simples

$$N(F_k) = n^{k-1} \quad \text{para \emph{qualquer}} \quad F_k \in \mathcal{F}_{n,k}.$$

Para $k = n$, F_n consiste apenas em n vértices isolados. Consequentemente, $N(F_n)$ conta o número de *todas* as árvores enraizadas e, assim, obtemos $|\mathcal{F}_{n,1}| = n^{n-1}$ e a fórmula de Cayley. □

Mas podemos obter ainda mais dessa demonstração. A fórmula (4) fornece, para $k = n$:

$$\#\{\text{sequências de refinamento } (F_1, F_2, \ldots, F_n)\} = n^{n-1}(n-1)!. \tag{5}$$

Para $F_k \in \mathcal{F}_{n,k}$, usemos $N^{\star\star}(F_k)$ para denotar o número daquelas sequências de refinamento $F_1, \ldots, F_n$ cujo k-ésimo termo é F_k. Claramente, isso é

$N^\star(F_k)$ vezes o número de maneiras de escolher $(F_{k+1}, \ldots, F_n)$. Mas esse número é $(n-k)!$, pois podemos apagar as $n-k$ arestas de F_k de qualquer maneira possível, de forma que

$$N^{\star\star}(F_k) = N^\star(F_k)(n-k)! = n^{k-1}(k-1)!(n-k)!. \tag{6}$$

Uma vez que esse número não depende da escolha de F_k, dividindo (5) por (6) temos o número de florestas enraizadas com k árvores:

$$|\mathcal{F}_{n,k}| = \frac{n^{n-1}(n-1)!}{n^{k-1}(k-1)!(n-k)!} = \binom{n}{k} k n^{n-1-k}.$$

Como podemos escolher as k raízes de $\binom{n}{k}$ maneiras possíveis, acabamos de redemonstrar a fórmula $T_{n,k} = kn^{n-k-1}$ sem recorrer à indução.

Vamos terminar com uma nota histórica. O artigo de Cayley de 1889 foi antecipado por Carl W. Borchardt (1860), e esse fato foi reconhecido pelo próprio Cayley. Um resultado equivalente apareceu ainda mais cedo num artigo de James J. Sylvester (1857), ver [2, Capítulo 3]. A novidade no artigo de Cayley foi o uso de termos da teoria de grafos, e o teorema tem sido associado a seu nome desde então.

Referências

[1] M. Aigner: *Combinatorial Theory*, Springer-Verlag, Berlin Heidelberg New York, 1979; reimpressão de 1997.

[2] N. L. Bigss, E. K. Lloyd & R. J. Wilson: *Graph Theory* 1736-1936, Clarendon Press, Oxford, 1976.

[3] A. Cayley: *A theorem on trees*, Quart. J. Pure Appl. Math. 23 (1889), 376-378; Collected Mathematical Papers, Vol. 13, Cambridge University Press, 1897, 26-28.

[4] A. Joyal: *Une théorie combinatoire des séries formelles*, Advances in Math 42 (1981), 1-82.

[5] J. Pitman: *Coalescent random forests*, J. Combinatorial Theory, Ser. A 85 (1999), 165-193.

[6] H. Prüfer: *Neuer Beweis eines Satzes über Permutationen*, Archiv der Math. u. Physik (3) 27 (1918), 142-144.

[7] A. Rényi: *Some remarks on the theory of trees*. MTA Mat. Kut. Inst. Kozl. (Publ. Math. Inst. Hungar. Acad. Sci.) 4 (1959), 73-85; Selected Papers, Vol. 2, Akadémiai Kiadó, Budapeste, 1976, 363-374.

[8] J. Riordan: *Forests of labeled trees*, J. Combinatorial Theory 5 (1968), 90-103.

CAPÍTULO 33
IDENTIDADES *VERSUS* BIJEÇÕES

Considere o produto infinito $(1 + x)(1 + x^2)(1 + x^3)(1 + x^4) \cdots$ e o expanda do modo usual na série $\sum_{n \geq 0} a_n x^n$ agrupando os produtos que fornecem a mesma potência x^n. Por inspeção, encontramos para os primeiros termos

$$\prod_{k \geq 1}(1 + x^k) = 1 + x + x^2 + 2x^3 + 2x^4 + 3x^5 + 4x^6 + 5x^7 + \cdots. \quad (1)$$

Temos assim, por exemplo, $a_6 = 4$, $a_7 = 5$ e suspeitamos (corretamente) que a_n tende a infinito quando $n \to \infty$.

Olhando para o produto igualmente simples $(1-x)(1-x^2)(1-x^3)(1-x^4)\ldots$, algo inesperado acontece. Expandindo o produto, obtemos

$$\prod_{k \geq 1}(1 - x^k) = 1 - x - x^2 + x^5 + x^7 - x^{12} - x^{15} + x^{22} + x^{26} - \cdots. \quad (2)$$

Parece que todos os coeficientes são iguais a 1, −1 ou 0. Mas isso é verdade? E se for, qual o padrão?

Somas e produtos infinitos e sua convergência desempenharam um papel central na análise desde a invenção do cálculo, e contribuições ao assunto foram feitas por alguns dos maiores nomes na área, de Leonhard Euler a Srinivasa Ramanujan.

Ao explicar identidades como (1) e (2), entretanto, nós desconsideramos questões de convergência – nós simplesmente manipulamos os coeficientes. Na linguagem da área, lidamos com séries de potências e produtos "formais". Neste contexto, iremos mostrar como argumentos combinatórios levam a demonstrações elegantes de identidades aparentemente difíceis.

Nossa noção básica é a de *partição* de um número natural. Chamamos qualquer soma

$$\lambda : n = \lambda_1 + \lambda_2 + \cdots + \lambda_t \quad \text{com} \quad \lambda_1 \geq \lambda_2 \geq \cdots \geq \lambda_t \geq 1$$

$5 = 5$
$5 = 4 + 1$
$5 = 3 + 2$
$5 = 3 + 1 + 1$
$5 = 2 + 2 + 1$
$5 = 2 + 1 + 1 + 1$
$5 = 1 + 1 + 1 + 1 + 1$.

As partições contadas por $p(5) = 7$.

uma *partição* de n. Seja $P(n)$ o conjunto de todas as partições de n, com $p(n) := |P(n)|$, em que fizemos $p(0) = 1$.

O que partições tem a ver com nosso problema? Bem, considere o seguinte produto de infinitas séries:

$$(1+x+x^2+x^3+\cdots)(1+x^2+x^4+x^6+\cdots)(1+x^3+x^6+x^9+\cdots)\cdots \quad (3)$$

em que o k-ésimo fator é $(1 + x^k + x^{2k} + x^{3k} + \cdots)$. Qual é o coeficiente de x^n quando expandimos este produto na série $\sum_{n\geq 0} a_n x^n$? Um instante de reflexão deveria convencê-lo de que isso é simplesmente o número de maneiras de escrever n como a soma

$$n = n_1 \cdot 1 + n_2 \cdot 2 + n_3 \cdot 3 + \cdots$$
$$= \underbrace{1+\cdots+1}_{n_1} + \underbrace{2+\cdots+2}_{n_2} + \underbrace{3+\cdots+3}_{n_3} + \cdots.$$

Assim, o coeficiente não é nada mais do que o número $p(n)$ de partições de n. Como a série geométrica $1 + x^k + x^{2k} + \cdots$ é igual a $\frac{1}{1-x^k}$, demonstramos nossa primeira identidade:

$$\prod_{k\geq 1}\frac{1}{1-x^k} = \sum_{n\geq 0} p(n)x^n. \quad (4)$$

Mais ainda, vemos de nossa análise que o fator $\frac{1}{1-x^k}$ é responsável pela contribuição de k à partição de n. Assim, se deixarmos de fora $\frac{1}{1-x^k}$ do produto à esquerda de (4), então k não aparece em nenhuma partição do lado direito. Como exemplo, obtemos imediatamente que

$$\prod_{i\geq 1}\frac{1}{1-x^{2i-1}} = \sum_{n\geq 0} p_o(n)x^n, \quad (5)$$

em que $p_o(n)$ é o número de partições de n nas quais todas as parcelas são *ímpares* e uma afirmação análoga vale quando todas as parcelas são *pares*.

Agora, já deveria estar claro o que o enésimo coeficiente no produto infinito $\sum_{k\geq 1}(1+x^k)$ será. Como tomamos, em qualquer fator de (3), ou 1 ou x^k, isto significa que consideraremos apenas partições nas quais qualquer parcela k aparece no máximo uma vez. Em outras palavras, nosso produto original (1) se expande em

$$\prod_{k\geq 1}(1+x^k) = \sum_{n\geq 0} p_d(n)x^n, \quad (6)$$

em que $p_d(n)$ é o número de partições de n em parcelas *distintas*.

Agora, o método das séries formais mostra sua força total. Como $1 - x^2 = (1-x)(1+x)$, podemos escrever

$$\prod_{k\geq 1}(1+x^k) = \prod_{k\geq 1}\frac{1-x^{2k}}{1-x^k} = \prod_{k\geq 1}\frac{1}{1-x^{2k-1}},$$

$6 = 5 + 1$
$6 = 3 + 3$
$6 = 3 + 1 + 1 + 1$
$6 = 1 + 1 + 1 + 1 + 1 + 1$

Partições de 6 em partes ímpares: $p_o(6) = 4$.

Identidades versus *bijeções*

já que todos os fatores $1 - x^{2i}$ com coeficientes pares se cancelam. Assim, os produtos infinitos em (5) e (6) são os mesmos e, portanto, também as séries, e obtemos o belo resultado

$$p_o(n) = p_d(n) \qquad \text{para todo} \qquad n \geq 0. \tag{7}$$

Uma igualdade tão surpreendente exige uma demonstração simples por bijeção – pelo menos este é o ponto de vista de qualquer estudioso de combinatória.

Problema. *Sejam $P_o(n)$ e $P_d(n)$ partições de n em parcelas ímpares e distintas, respectivamente: encontre uma bijeção de $P_o(n)$ em $P_d(n)$!*

São conhecidas diversas bijeções, mas a seguinte, devida a J. W. L. Glaisher (1907) talvez seja a mais elegante. Seja λ uma partição de n em partes ímpares. Juntamos as parcelas iguais e temos

$$n = \underbrace{\lambda_1 + \cdots + \lambda_1}_{n_1} + \underbrace{\lambda_2 + \cdots + \lambda_2}_{n_2} + \cdots + \underbrace{\lambda_t + \cdots + \lambda_t}_{n_t}$$
$$= n_1 \cdot \lambda_1 + n_2 \cdot \lambda_2 + \cdots + n_t \cdot \lambda_t.$$

Escrevemos agora $n_1 = 2^{m_1} + 2^{m_2} + \cdots + 2^{m_r}$ em sua representação binária e analogamente para os outros n_i. A nova partição λ' de n é então

$$\lambda' : n = 2^{m_1} \lambda_1 + 2^{m_2} \lambda_1 + \cdots + 2^{m_r} \lambda_1 + 2^{k_1} \lambda_2 + \cdots.$$

Precisamos verificar que λ' está em $P_d(n)$ e que $\phi : \lambda \mapsto \lambda'$ é, de fato, uma bijeção. Ambas as afirmações são fáceis de verificar: se $2^a \lambda_i = 2^b \lambda_j$, então $2^a = 2^b$ já que λ_i e λ_j são ímpares e, portanto, $\lambda_i = \lambda_j$. Assim, λ' está em $P_d(n)$. Reciprocamente, quando $n = \mu_1 + \mu_2 + \cdots + \mu_s$ é uma partição em parcelas distintas, então invertemos a bijeção reunindo todos os μ_i com a mesma potência mais alta de 2 e escrevemos as partes ímpares com a multiplicidade adequada. É mostrado um exemplo na margem.

Portanto, a manipulação de produtos formais nos levou à igualdade $p_o(n) = p_d(n)$ para partições, a qual verificamos então via uma bijeção. Agora, viraremos isto ao contrário, daremos uma demonstração por bijeção para partições e deduziremos uma identidade. Desta vez, nosso objetivo será identificar o padrão na expansão (2).

Olhe para

$$1 - x - x^2 + x^5 + x^7 - x^{12} - x^{15} + x^{22} + x^{26} - x^{35} - x^{40} + \cdots.$$

Os expoentes (fora o 0) parecem vir em pares, e tomando o expoente da primeira potência em cada par obtemos a sequência

$$1 \quad 5 \quad 12 \quad 22 \quad 35 \quad 51 \quad 70 \quad \ldots$$

bem conhecida de Euler. Estes são os *números pentagonais* $f(j)$, cujo nome é sugerido pela figura na margem.

$7 = 7$
$7 = 5 + 1 + 1$
$7 = 3 + 3 + 1$
$7 = 3 + 1 + 1 + 1 + 1$
$7 = 1 + 1 + 1 + 1 + 1 + 1 + 1$

$7 = 7$
$7 = 6 + 1$
$7 = 5 + 2$
$7 = 4 + 3$
$7 = 4 + 2 + 1$.

As partições de 7 em partes ímpares e distintas, respectivamente: $p_o(7) = p_d(7) = 5$.

Por exemplo,
$\lambda : 25 = 5+5+5+3+3+1+1+1+1$
é levada por ϕ em
$\lambda' : 25 = (2+1)5 + (2)3 + (4)1$
$ = 10 + 5 + 6 + 4$
$ = 10 + 6 + 5 + 4.$

Escrevemos
$\lambda' : \quad 30 = 12 + 6 + 5 + 4 + 3$
como $30 = 4(3+1) + 2(3) + 1(5+3)$
$ = (1)5 + (4+2+1)3 + (4)1$
e obtemos com $\phi^{-1}(\lambda')$ a partição
$\lambda : 30 = 5 + 3 + 3 + 3 + 3 + 3 + 3 + 3 + 1 + 1 + 1 + 1$
em parcelas ímpares.

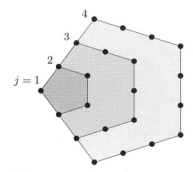

Números pentagonais

Calculamos facilmente que $f(j) = \frac{3j^2-j}{2}$ e $\bar{f}(j) = \frac{3j^2+j}{2}$ para o outro número em cada par. Em resumo, conjecturamos, como fez Euler, que a seguinte fórmula deve ser válida.

Teorema.
$$\prod_{k\geq 1}(1-x^k) = 1 + \sum_{j\geq 1}(-1)^j\left(x^{\frac{3j^2-j}{2}} + x^{\frac{3j^2+j}{2}}\right). \tag{8}$$

Euler demonstrou este teorema notável através de cálculos com séries formais, mas nós daremos uma demonstração por bijeção d'O Livro. Em primeiro lugar, observamos a partir de (4) que o produto $\prod_{k\geq 1}(1-x^k)$ é precisamente o inverso de nossa série de partições $\sum_{n\geq 0} p(h)x^n$. Assim, fazendo $\prod_{k\geq 1}(1-x^k) =: \sum_{n\geq 0} c(n)x^n$, obtemos

$$\left(\sum_{n\geq 0} c(n)x^n\right) \cdot \left(\sum_{n\geq 0} p(n)x^n\right) = 1.$$

Isto significa, comparando os coeficientes, que $c(n)$ é a *única* sequência com $c(0)=1$ e

$$\sum_{k=0}^{n} c(k)p(n-k) = 0 \qquad \text{para todo} \quad n \geq 1. \tag{9}$$

Escrevendo o lado direito de (8) como $\sum_{j=-\infty}^{\infty}(-1)^j x^{\frac{3j^2+j}{2}}$, devemos mostrar que

$$c(k) = \begin{cases} 1 & \text{para } k = \frac{3j^2+j}{2}, \text{ quando } j \in \mathbb{Z} \text{ é par,} \\ -1 & \text{para } k = \frac{3j^2+j}{2}, \text{ quando } j \in \mathbb{Z} \text{ é ímpar,} \\ 0 & \text{caso contrário} \end{cases}$$

dá esta sequência única. Fazendo $b(j) = \frac{3j^2+j}{2}$ para $j \in \mathbb{Z}$ e substituindo estes valores em (9), nossa conjectura toma a forma simples

$$\sum_{j \text{ par}} p(n-b(j)) = \sum_{j \text{ ímpar}} p(n-b(j)) \qquad \text{para todo } n,$$

em que, é claro, consideramos apenas j com $b(j) \leq n$. Assim, o palco está montado: devemos encontrar uma bijeção

$$\phi: \bigcup_{j \text{ par}} P(n-b(j)) \to \bigcup_{j \text{ ímpar}} P(n-b(j)).$$

De novo, várias bijeções foram sugeridas, mas a construção a seguir, de David Bressoud e Doron Zeilberger, é surpreendentemente simples. Nós simplesmente damos a definição de ϕ (que é, na verdade, uma involução) e convidamos o leitor a verificar os detalhes simples.

Para $\lambda : \lambda^1 + \ldots + \lambda_t \in P(n - b(j))$, faça

$$\phi(\lambda) := \begin{cases} (t+3j-1) + (\lambda_1 - 1) + \cdots + (\lambda_t - 1) & \text{se} \quad t+3j \geq \lambda_1, \\ (\lambda_2 + 1) + \cdots + (\lambda_1 + 1) + \underbrace{1 + \cdots + 1}_{\lambda_1 - t - 3j - 1} & \text{se} \quad t+3j < \lambda_1, \end{cases}$$

Como exemplo, considere $n = 15$, $j = 2$, de modo que $b(2) = 7$. A partição $3 + 2 + 2 + 1$ em $P(15 - b(2)) = P(8)$ é levada a $9 + 2 + 1 + 1$, que está em $P(15 - b(1)) = P(13)$.

em que deixamos de fora possíveis zeros. Encontra-se que no primeiro caso, $\phi(\lambda)$ está em $P(n - b(j-1))$, e no segundo caso, em $P(n - b(j+1))$.

Isto foi bonito, e podemos tirar ainda mais disso. Já sabemos que

$$\prod_{k \geq 1}(1 + x^k) = \sum_{n \geq 0} p_d(n) x^n.$$

Como manipuladores de séries formais experientes, observamos que a introdução de uma nova variável y fornece

$$\prod_{k \geq 1}(1 + yx^k) = \sum_{n,m \geq 0} p_{d,m}(n) x^n y^m,$$

em que $p_{d,m}(n)$ conta as partições de n em precisamente m parcelas distintas. Com $y = -1$, isto fornece

$$\prod_{k \geq 1}(1 + x^k) = \sum_{n \geq 0}(E_d(n) - O_d(n)) x^n, \qquad (10)$$

Um exemplo para $n = 10$:
$10 = 9 + 1$
$10 = 8 + 2$
$10 = 7 + 3$
$10 = 6 + 4$
$10 = 6 + 3 + 2 + 1$
e
$10 = 10$
$10 = 7 + 2 + 1$
$10 = 6 + 3 + 1$
$10 + 5 + 4 + 1$
$10 = 5 + 3 + 2$,
de modo que $E_d(10) = O_d(10) = 5$.

em que $E_d(n)$ é o número de partições de n em um número *par* de partes distintas e $O_d(n)$ é o número de partições em um número *ímpar*. E aqui está o clímax. Comparando (10) com a expansão de Euler em (8), inferimos o belo resultado

$$E_d(n) - O_d(n) = \begin{cases} 1 & \text{para } n = \frac{3j^2 \pm j}{2}, \text{ quando } j \geq 0 \text{ é par,} \\ -1 & \text{para } n = \frac{3j^2 \pm j}{2}, \text{ quando } j \geq 1 \text{ é ímpar,} \\ 0 & \text{caso contrário.} \end{cases}$$

É claro que isso é apenas o começo de uma história mais comprida e ainda em andamento. A teoria dos produtos infinitos está repleta de identidades inesperadas e suas contrapartidas bijetoras. Os exemplos mais famosos são as chamadas identidades de Rogers-Ramanujan, assim chamadas em homenagem a Leonard Rogers e Srinivasa Ramanujan, nas quais o número 5 desempenha um papel misterioso:

$$\prod_{k \geq 1} \frac{1}{(1 - x^{5k-4})(1 - x^{5k-1})} = \sum_{n \geq 0} \frac{x^{n^2}}{(1-x)(1-x^2)\cdots(1-x^n)},$$

$$\prod_{k \geq 1} \frac{1}{(1 - x^{5k-3})(1 - x^{5k-2})} = \sum_{n \geq 0} \frac{x^{n^2+n}}{(1-x)(1-x^2)\cdots(1-x^n)}.$$

Srinivasa Ramanujan

O leitor está convidado a traduzi-las nas seguintes identidades de partições, observadas primeiro por Percy MacMahon:

- Seja $f(n)$ o número de partições de n nas quais todas as parcelas são da forma $5k + 1$ ou $5k + 4$ e $g(n)$ o número de partições cujas parcelas diferem por pelo menos 2. Então, $f(n) = g(n)$.

- Seja $r(n)$ o número de partições de n nas quais todas as parcelas são da forma $5k + 2$ ou $5k + 3$ e $s(n)$ o número de partições cujas parcelas diferem por pelo menos 2 e que não contêm 1. Então, $r(n) = s(n)$.

Todas as demonstrações por séries formais conhecidas das identidades de Rogers-Ramanujan são bem complicadas, e por um longo tempo as demonstrações por bijeções de $f(n) = g(n)$ e de $r(n) = s(n)$ pareceriam difíceis de conseguir. Tais demonstrações acabaram sendo dadas em 1981 por Adriano Garsia e Stephen Milne. As bijeções deles, entretanto, são muito complicadas – demonstrações d'O Livro ainda não estão à vista.

Referências

[1] G. E. Andrews: *The Theory of Partitions*, Encyclopedia of Mathematics and its Applications, Vol. 2, Addison-Wesley, Reading MA, 1976.

[2] D. Bressoud & D. Zeilberger: *Bijecting Euler's partitions-recurrence*, Amer. Math. Monthly 92 (1985), 54-55.

[3] A. Garsia & S. Milne: *A Rogers-Ramanujan bijection*, J. Combinatorial Theory, Ser. A 31 (1981), 289-339.

[4] S. Ramanujan: *Proof of certain identities in combinatory analysis*, Proc. Cambridge Phil. Soc. 19 (1919), 214-216.

[5] L. J. Rogers: *Second memoir on the expansion of certain infinite products*, Proc. London Math. Soc. 25 (1894), 318-343.

CAPÍTULO 34
O PROBLEMA FINITO DE KAKEYA

> *"Quão pequeno pode ser um conjunto no plano no qual você possa girar completamente um agulha de comprimento 1?"*

Esta bela questão foi formulada pelo matemático japonês Sōichi Kakeya em 1917. Ela ganhou proeminência imediata e, junto com suas análogas de dimensão mais alta, ajudou a iniciar todo um novo campo, conhecido hoje como *teoria da medida geométrica*. Para ser preciso, por "girar", Kakeya tinha em mente um movimento contínuo que retornava a agulha à sua posição inicial com as extremidades trocadas, como um samurai rodopiando seu bastão. Qualquer desses movimentos ocorre em um subconjunto compacto do plano.

É óbvio que um disco de diâmetro 1 é um destes *conjuntos da agulha de Kakeya* (de área $\frac{\pi}{4} \approx 0{,}785$), com também o triângulo equilátero de altura 1 que tem área $\frac{1}{\sqrt{3}} \approx 0{,}577$. Para regiões convexas, Julian Pal mostrou que isto é o mínimo, mas em geral podemos fazer melhor: o *deltoide* de três pontas na margem também é um conjunto da agulha de Kakeya, como pode ser visto movendo-se o ponto interno em torno do pequeno círculo. A área do deltoide é $\frac{\pi}{8} \approx 0{,}393$, e Kakeya parece ter pensado que este era o mínimo para conjuntos conexos.

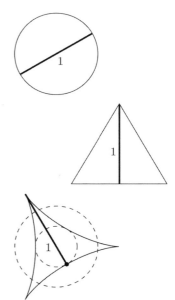

Assim, foi uma grande surpresa quando poucos anos depois da questão ser formulada Abram Samoilovitch Besicovitch produziu conjuntos da agulha de área arbitrariamente pequena. Seus exemplos eram bem complicados, com muitos buracos e diâmetro grande, mas em um artigo notável Frederick Cunningham Jr. mostrou que é possível encontrar até conjuntos da agulha simplesmente conexos de áreas arbitrariamente pequenas dentro do círculo de diâmetro 2.

Na verdade, Besicovitch estava inicialmente interessado em um problema intimamente relacionado, o qual ele então aplicou na resolução do problema da agulha. Diremos que um conjunto compacto $K \subseteq \mathbb{R}^n$ é um *conjunto de Kakeya* (ou, mais apropriadamente, um *conjunto de Besicovitch*) se ele contiver um segmento de reta unitário em qualquer direção. Besicovitch demonstrou o resultado espetacular que, em qualquer dimensão, existem conjuntos de Kakeya de medida 0. Mas como isso pode acontecer? Nossa intuição nos diz que estes conjuntos precisam estar de algum modo espalhados, já que contêm segmentos em toda direção! (Em contraste, é possível mostrar que todo conjunto de Kakeya que não só contenha uma agulha em toda direção, mas no qual a agulha possa ser girada, tem medida positiva.)

Agora, estes eram os anos nos quais a noção de dimensão (topológica) surgiu nas mãos de Lebesgue, Menger, Hausdorff e outros, que capturava de modo preciso este "espalhamento" por diversas condições de recobrimento; aqui, usamos a dimensão de Hausdorff $hd(K)$. Não precisamos dos detalhes da definição: vamos apenas observar que o espaço euclidiano $\mathbb{R}^n$ tem dimensão de Hausdorff n e que hd é uma função monótona, de modo que todo $K \subseteq \mathbb{R}^n$ satisfaz $hd(K) \leq n$.

A conjectura de Kakeya. *Todo conjunto de Kakeya em $\mathbb{R}^n$ tem dimensão de Hausdorff n.*

A conjectura é verdadeira para $n = 1$ e 2, mas está aberta para todo $n \geq 3$, e ela parece se tornar mais difícil à medida que a dimensão cresce. Atualmente, é considerada um dos principais problemas em aberto na teoria da medida geométrica.

Em um artigo inspirador de 1999, Thomas Wolff deu ao problema uma reviravolta totalmente nova ao sugerir olhar para corpos *finitos F*. Considere o espaço vetorial F^n. Diremos que $K \subseteq F^n$ é um *conjunto de Kakeya* (*finito*) se K contiver uma reta em toda direção, significando que, para todo vetor não nulo $v \in F^n$, existe algum $w \in F^n$ tal que a reta $L = \{w + tv : t \in F\}$ está em K. Wolff enunciou a seguinte versão finita do problema de Kakeya euclidiano:

O problema finito de Kakeya. *Existe uma constante $c = c(n)$, dependendo apenas de n mas não de $|F|$, tal que todo conjunto de Kakeya $K \subseteq F^n$ satisfaz*

$$|K| \geq c|F|^n?$$

Isto é claramente verdade para $n = 1$, sendo o único conjunto de Kakeya o F todo, e não é difícil de demonstrar para $n = 2$, mas para dimensões mais altas, o progresso foi novamente lento, até Zeev Dvir fornecer em sua dissertação de 2008 uma bela e incrivelmente simples demonstração: tudo o que precisamos é de dois resultados sobre polinômios em n variáveis!

O problema finito de Kakeya

Vamos fixar alguma notação. $F[x_1, ..., x_n]$ denota o anel dos polinômios $p(x_1, ..., x_n)$ sobre o corpo finito F. Um monômio $x_1^{s_1} ... x_n^{s_n}$ é, às vezes, escrito resumidamente como x^s, em que $\sum_{i=1}^{n} s_i$ é o grau de x^s. O *grau* deg p de $p(x) = \sum a_s x^s$ é o grau máximo dos monômios x^s com coeficiente não nulo a_s. O *polinômio nulo* tem todos $a_s = 0$ e diremos que ele tem grau -1. O polinômio $p(x)$ *se anula* em $E \subseteq F^n$ se $p(a) = 0$ vale para todo $a \in E$.

Os dois ingredientes da demonstração generalizam os seguintes fatos bem conhecidos sobre polinômios em uma variável:

(1) Todo polinômio de grau $d \geq 0$ em uma variável tem no máximo d raízes.

(2) Para todo conjunto $E \subseteq F$ de tamanho $|E| \leq d$ existe um polinômio não nulo de grau no máximo d que se anula em E.

No que segue, $q = |F|$ denotará o tamanho de F.

Tome simplesmente $p_E(x) := \sum_{a \in E}(x - a)$. Em particular, um polinômio não nulo pode se anular em todo F.

Lema 1. *Todo polinômio não nulo $p(x) \in F[x_1, ..., x_n]$ de grau d tem no máximo dq^{n-1} raízes em F^n.*

Demonstração. Usamos indução em n, com o fato (1) acima como caso inicial $n = 1$. Vamos separar $p(x)$ em parcelas de acordo com as potências de x_n,

$$p(x) = g_0 + g_1 x_n + g_2 x_n^2 + ... + g_\ell x_n^\ell,$$

em que $g_i \in F[x_1, ..., x_{n-1}]$ para $0 \leq i \leq \ell \leq d$ e g_ℓ é não nulo. Escrevemos todo $v \in F^n$ na forma $v = (a, b)$ com $a \in F^{n-1}$, $b \in F$ e fazemos uma estimativa do número de raízes $p(a, b) = 0$.

Caso 1. Raízes (a, b) com $g_\ell(a) = 0$.

Como $g_\ell \neq 0$ e deg $g_\ell \leq d - \ell$, por indução o polinômio g_ℓ tem no máximo $(d - \ell)q^{n-2}$ raízes em F^{n-1}, e para cada a existem no máximo q escolhas diferentes para b, o que nos dá no máximo $(d - \ell)q^{n-1}$ destas raízes para $p(x)$ em F^n.

Caso 2. Raízes (a, b) com $g_\ell(a) \neq 0$.

Aqui, $p(a, x_n) \in F[x_n]$ não é o polinômio nulo na variável única x_n, ele tem grau ℓ e, portanto, para cada a existe por (1) no máximo ℓ elementos b com $p(a, b) = 0$. Como o número de a é no máximo q^{n-1}, temos no máximo ℓq^{n-1} raízes de $p(x)$ desta forma.

Somando os dois casos, obtemos no máximo

$$(d - \ell)q^{n-1} + \ell q^{n-1} = dq^{n-1}$$

raízes de $p(x)$, como afirmado. $\square$

Lema 2. *Para todo conjunto $E \subseteq F^n$ de tamanho $|E| < \binom{n+d}{d}$ existe um polinômio não nulo $p(x) \in F[x_1, \ldots, x_n]$ de grau no máximo d que se anula em E.*

Demonstração. Considere o espaço vetorial V_d de todos os polinômios em $F[x_1, \ldots, x_n]$ de grau no máximo d. Uma base para V_d é fornecida pelos monômios $x_1^{s_1} \cdots x_1^{s_n}$ com $\sum s_i \leq d$:

$$1, x_1, \ldots, x_n, x_1^2, x_1 x_2, \ldots, x_1^3, \ldots, x_n^d.$$

Para $n = 2$ e $d = 3$ obtemos uma base de tamanho $\binom{2+3}{3} = 10$: $\{1, x_1, x_2, x_1^2, x_1 x_2, x_2^2, x_1^3 x_2, x_1 x_2^2, x_2^3\}$

O seguinte argumento agradável mostra que o número de monômios $x_1^{s_1} \cdots x_n^{s_n}$ de grau no máximo d é igual ao coeficiente binomial $\binom{n+d}{d}$. O que queremos contar é o número de ênuplas $(s_1, \ldots, s_n)$ de inteiros não negativos com $s_1 + \cdots + s_n \leq d$. Para fazer isso, levamos cada ênupla $(s_1, \ldots, s_n)$ para a sequência crescente

$$s_1 + 1 < s_1 + s_2 + 2 < \cdots < s_1 + \cdots + s_n + n,$$

que determina um subconjunto de n elementos de $\{1, 2, \ldots, d+n\}$. A aplicação é bijetora, de modo que o número de monômios é $\binom{d+n}{n} = \binom{n+d}{d}$.

A seguir, olhamos para o espaço vetorial F^E de todas as funções $f: E \to F$; ele tem dimensão $|E|$, que por hipótese é menor do que $\binom{n+d}{d} = \dim V_d$. A aplicação valoração de $p(x) \mapsto (p(a))_{a \in E}$ de V_d em F^E é uma aplicação linear entre espaços vetoriais. Concluímos que ela tem um núcleo não nulo, contendo, como queríamos, um polinômio não nulo que se anula em E. □

Temos agora tudo o que precisamos para dar a elegante solução de Dvir para o problema finito de Kakeya.

Teorema. *Seja $K \subseteq F^n$ um conjunto de Kakeya. Então,*

$$|K| \geq \binom{|F|+n-1}{n} \geq \frac{|F|^n}{n!}.$$

Demonstração. A segunda desigualdade é clara a partir da definição dos coeficientes binomiais. Para a primeira, faça novamente $q = |F|$ e suponha, por contradição, que

$$|K| < \binom{q+n-1}{n} = \binom{n+q-1}{q-1}.$$

Pelo Lema 2, existe um polinômio não nulo $p(x) \in F[x_1, \ldots, x_n]$ de grau $d \leq q-1$ que se anula em K. Vamos escrever

$$p(x) = p_0(x) + p_1(x) + \cdots + p_d(x), \tag{1}$$

em que $p_i(x)$ é a soma dos monômios de grau i; em particular, $p_d(x)$ é não nulo. Como $p(x)$ se anula no conjunto não vazio K, temos $d > 0$. Tome qualquer $v \in F^n \setminus \{0\}$. Pela propriedade de Kakeya para este v, existe um $w \in F^n$ tal que

$$p(w + tv) = 0 \quad \text{para todo} \quad t \in F.$$

Aqui vem o truque: considere $p(w + tv)$ como um polinômio de uma única variável t. Ele tem grau no máximo $d \leq q - 1$, mas se anula em todos os q pontos de F, portanto $p(w + tv)$ é o polinômio nulo em t. Olhando para (1), vemos que o coeficiente de t^d em $p(w + tv)$ é precisamente $p_d(v)$, que deve portanto ser 0. Mas $v \in F^n \setminus \{0\}$ era arbitrário e $p_d(0) = 0$ já que $d > 0$, e concluímos que $p_d(x)$ se anula em todo F^n. Como

$$dq^{n-1} \leq (q-1)q^{n-1} < q^n,$$

o Lema 1, entretanto, nos diz que $p_d(x)$ deve então ser o polinômio nulo – contradição e fim da demonstração. □

Como acontece frequentemente na matemática, uma vez que se alcança um avanço importante, melhorias aparecem rapidamente. Assim aconteceu neste caso. O limitante inferior $\frac{1}{n!}$ para a constante $c(n)$ foi melhorado para $\frac{1}{2^n}$, e isto está a menos de um fator 2 da melhor estimativa possível. Ou seja, existem conjuntos de Kakeya de tamanho aproximadamente $\frac{1}{2^{n-1}}|F|^n$.

Para desenvolvimentos recentes, o *blog* de Terence Tao, terrytao.wordpress.com/tag/kakeya-conjecture/, é uma fonte atualizada.

Referências

[1] A. S. BESICOVITCH: *On Kakeya's problem and a similar one*, Math. Zeitschrift 27 (1928), 312-320.

[2] F. CUNNINGHAM, JR.: *The Kakeya problem for simply connected and for starshaped sets*, Amer. Math. Monthly 78 (1971), 114-129.

[3] Z. DVIR: *On the size of Kakeya sets in finite fields*, J. Amer. Math. Soc. 22 (2009), 1093-1097.

[4] J. PAL: *Über ein elementares Variationsproblem*, Det Kgl. Danske Videnskabernes Selskab. Mathematisk-fysiske Meddelelser 2 (1920), 1-35.

[5] T. TAO: *From rotating needles to stability of waves: emerging connections between combinatorics, analysis, and PDE*, Notices Amer. Math. Soc. 48 (2001), 294-303.

[6] T. WOLFF: *Recent work connected with the Kakeya problem*, in: "Prospects in Mathematics (Princeton, NJ, 1996)" (H. Rossi, ed.), Amer. Math. Soc., Providence RI, 1999, pp. 129-162.

[7] T. WOLFF: *On some variants of the Kakeya problem*, Pacific J. Math. 190 (1999), 111-154.

"Girando um bastão da maneira de Kakeya"

CAPÍTULO 35
COMPLETANDO QUADRADOS LATINOS

Alguns dos objetos combinatórios mais velhos, cujo estudo aparentemente remonta aos tempos antigos, são os *quadrados latinos*. Para se obter um quadrado latino, devem-se preencher as n^2 celas de uma matriz quadrada ($n \times n$) com os números 1, 2, ..., n de forma que cada número apareça exatamente uma vez em cada linha e em cada coluna. Em outras palavras, as linhas e colunas representam, cada uma delas, permutações do conjunto $\{1, ..., n\}$. Vamos dizer que n é a *ordem* do quadrado latino.

1	2	3	4
2	1	4	3
4	3	1	2
3	4	2	1

Um quadrado latino de ordem 4

Aqui está o problema que queremos discutir. Suponha que alguém tenha começado a preencher as celas com os números $\{1, 2, ..., n\}$. Em algum ponto, ele para e nos pede para preencher as celas restantes de forma a obter um quadrado latino. Quando isso é possível? Claro que, para que tenhamos alguma chance, devemos assumir que, no começo de nossa tarefa, qualquer elemento aparece no máximo uma vez em cada linha e em cada coluna. Vamos dar um nome para essa situação. Falamos de um *quadrado latino parcial* de ordem n se algumas celas de uma matriz ($n \times n$) estão preenchidas com números do conjunto $\{1, ..., n\}$ de modo que cada número aparece no máximo uma vez em cada linha e coluna. Dessa maneira, o problema é:

> *Quando é que um quadrado latino parcial pode ser completado para se tornar um quadrado latino de mesma ordem?*

1	4	2	5	3
4	2	5	3	1
2	5	3	1	4
5	3	1	4	2
3	1	4	2	5

Um quadrado latino cíclico

Vamos olhar alguns exemplos. Suponha que as primeiras $n - 1$ linhas estejam preenchidas e que a última linha está vazia. Então podemos facilmente preencher a última linha. Observe simplesmente que cada elemento aparece $n - 1$ vezes no quadrado latino parcial e, daí, está ausente de exatamente uma coluna. Consequentemente, escrevendo cada elemento embaixo da coluna onde ele está faltando, completamos o quadrado corretamente.

Indo para a outra ponta, suponha que somente a primeira linha está preenchida. Então, novamente é fácil completar o quadrado rodando ciclicamente os elementos um passo em cada uma das linhas seguintes.

1	2	...	n–1
			n

Um quadrado latino parcial que não pode ser completado

Assim, enquanto em nosso primeiro exemplo o completamento estava amarrado, temos uma grande quantidade de possibilidades no segundo exemplo. Em geral, quanto menos celas estão previamente preenchidas, maior liberdade deveríamos ter em completar o quadrado.

Contudo, na margem, temos um exemplo de quadrado parcial com somente n celas preenchidas, que claramente não pode ser completado, pois não existe nenhuma maneira de preencher o canto superior direito sem violar a condição da linha ou da coluna.

> *Se menos do que n celas estão preenchidas em uma matriz $n \times n$, é possível então sempre completá-la para obter um quadrado latino?*

Essa questão foi levantada por Trevor Evans em 1960, e a afirmação de que um completamento é sempre possível rapidamente ficou conhecida como a conjectura de Evans. Claro que se poderia tentar indução e isso foi o que finalmente levou ao sucesso. Mas a demonstração de Bohdan Smetaniuk de 1981, que respondeu à questão, é um belo exemplo de quão sutil uma demonstração por indução precisa ser para dar conta do trabalho. E, mais ainda, a demonstração é construtiva: ela nos permite completar explicitamente o quadrado latino a partir de qualquer configuração parcial inicial.

1	3	2
2	1	3
3	2	1

$L: 1\ 1\ 1\ 2\ 2\ 2\ 3\ 3\ 3$
$C: 1\ 2\ 3\ 1\ 2\ 3\ 1\ 2\ 3$
$E: 1\ 3\ 2\ 2\ 1\ 3\ 3\ 2\ 1$

Se permutarmos ciclicamente as linhas do exemplo anterior, $L \to C \to E \to L$, então obteremos a matriz em linha e o quadrado latino a seguir:

1	2	3
3	1	2
2	3	1

$L: 1\ 3\ 2\ 2\ 1\ 3\ 3\ 2\ 1$
$C: 1\ 1\ 1\ 2\ 2\ 2\ 3\ 3\ 3$
$E: 1\ 2\ 3\ 1\ 2\ 3\ 1\ 2\ 3$

Antes de prosseguir para a demonstração, vamos dar uma olhada mais de perto nos quadrados latinos em geral. Podemos alternativamente visualizar um quadrado latino como sendo uma matriz (3 n^2), chamada *matriz em linha* do quadrado latino. A figura ao lado mostra um quadrado latino de ordem 3 e sua matriz em linha associada, em que L, C e E referem-se a linhas, colunas e elementos, respectivamente.

A condição no quadrado latino equivale a dizer que, em quaisquer duas linhas da matriz em linha, aparecem todos os n^2 pares ordenados (e, em consequência, cada par aparece exatamente uma vez). Claramente, podemos permutar arbitrariamente os símbolos em cada linha (correspondendo a permutações de linhas, colunas ou elementos) e ainda obter um quadrado latino. Mas a condição na matriz ($3 \times n^2$) nos diz mais: não existe um papel especial para os elementos. Podemos também permutar as linhas na matriz (como um todo) e ainda preservar as condições na matriz em linha e, daí, obter um quadrado latino.

Quadrados latinos ligados por qualquer dessas permutações são chamados de *conjugados*. Aqui vai a observação que tornará a demonstração transparente: um quadrado latino parcial corresponde obviamente a uma matriz em linha parcial (cada par aparece no máximo uma vez em duas linhas quaisquer) e qualquer conjugado de um quadrado latino parcial é de novo um quadrado latino parcial. Em particular, um quadrado latino parcial pode ser completado se e somente se qualquer conjugado pode ser completado (simplesmente complete o conjugado e então reverta a permutação das três linhas).

Vamos precisar de dois resultados, devidos a Herbert J. Ryser e a Charles C. Lindner, que já eram conhecidos antes do teorema de Smetaniuk. Se um quadrado latino parcial é da forma na qual as primeiras r linhas estão completamente preenchidas e as celas remanescentes estão vazias, então falamos de um *retângulo latino* $(r \times n)$.

Lema 1. *Qualquer retângulo latino $(r \times n)$, com $r < n$, pode ser estendido a um retângulo latino $((r + 1) \times n)$ e, consequentemente, pode ser completado para tornar-se um quadrado latino.*

Demonstração. Aplicamos o teorema de Hall (ver o Capítulo 29). Seja A_j o conjunto dos números que *não* aparecem na coluna j. Então, uma $(r + 1)$-ésima linha admissível corresponde precisamente a um sistema de representantes distintos para a coleção $A_1, \ldots, A_n$. Para demonstrar o lema, portanto, temos que verificar a condição (H) de Hall. Cada conjunto A_j tem tamanho $n - r$ e cada elemento está em $n - r$ conjuntos A_j precisamente (uma vez que ele aparece r vezes no retângulo). Quaisquer m dos conjuntos A_j contêm, juntos, $m(n - r)$ elementos e, daí, pelo menos m diferentes, o que é justamente a condição (H). □

Lema 2. *Seja P um quadrado latino parcial de ordem n com, no máximo, $n - 1$ celas preenchidas e $\frac{n}{2}$ elementos distintos no máximo. Então, P pode ser completado para tornar-se um quadrado latino de ordem n.*

Demonstração. Primeiro, transformamos o problema para uma forma mais conveniente. Pelo princípio da conjugação discutido anteriormente, podemos trocar a condição "$\frac{n}{2}$ elementos distintos no máximo" pela condição de que os elementos aparecem em $\frac{n}{2}$ linhas no máximo e, mais ainda, podemos assumir que essas linhas são as linhas superiores. Assim, sejam as linhas com celas preenchidas as linhas $1, 2, \ldots, r$, com f_i celas preenchidas na linha i, onde $r \leq \frac{n}{2}$ e $\sum_{i=1}^{r} f_i \leq n - 1$. Permutando as linhas, podemos supor que $f_1 \geq f_2 \geq \ldots \geq f_r$. Agora, completamos as linhas $1, \ldots, r$ passo a passo até que atinjamos um retângulo $(r \times n)$, que pode, então, ser estendido a um quadrado latino pelo Lema 1.

Suponha que já tenhamos preenchido as linhas $1, 2, \ldots, \ell - 1$. Na linha ℓ existem f_ℓ celas preenchidas, que podemos assumir que estejam no final. A situação corrente está ilustrada na figura ao lado, onde a parte sombreada indica as celas preenchidas.

O completamento da linha ℓ é feito através de outra aplicação do teorema de Hall, mas ela é muito sutil desta vez. Seja X o conjunto dos elementos que

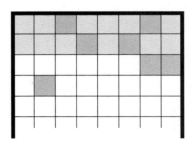

A situação para $n = 8$, com $\ell = 3$, $f_1 = f_2 = f_3 = 2, f_4 = 1$. Os quadrados escuros representam as celas que foram preenchidas no processo de complemento.

não aparecem na linha ℓ. Assim, $|X| = n - f_\ell$. Para $j = 1, \ldots, n - f_\ell$, denote por A_j o conjunto daqueles elementos em X que *não* aparecem na coluna j (nem acima, nem abaixo da linha ℓ). Daí, a fim de completar a linha ℓ, devemos verificar a condição (H) para a coleção $A_1, \ldots, A_{n-f_\ell}$.

Primeiro, afirmamos que

$$n - f_\ell - \ell + 1 > \ell - 1 + f_{\ell+1} + \ldots + f_r. \qquad (1)$$

O caso $\ell = 1$ está claro. Nos outros casos, $\sum_{i=1}^{r} f_i < n$, $f_1 \geq \ldots \geq f_r$ e $1 < \ell \leq r$ juntos implicam que

$$n > \sum_{i=1}^{r} f_i \geq (\ell-1)f_{\ell-1} + f_\ell + \ldots + f_r.$$

Agora, ou $f_{\ell-1} \geq 2$ (e nesse caso, (1) se verifica), ou $f_{\ell-1} = 1$. Neste último caso, (1) se reduz a $n > 2(\ell - 1) + r - \ell + 1 = r + \ell - 1$, o que é verdade por causa de $\ell \leq r \leq \frac{n}{2}$.

Vamos agora tomar m conjuntos A_j, $1 \leq m \leq n - f_\ell$, e seja B a união deles. Devemos mostrar que $|B| \geq m$. Considere o número c de celas nas m colunas correspondentes aos A_j que contêm elementos de X. Existem no máximo $(\ell-1)m$ tais celas acima da linha ℓ é no máximo $f_{\ell+1} + \ldots + f_r$ abaixo da linha ℓ e, assim,

$$c \leq (\ell - 1)m + f_{\ell+1} + \ldots + f_r.$$

Por outro lado, cada elemento $x \in X \setminus B$ aparece em cada uma das m colunas. E daí, $c \geq m(|X| - |B|)$; consequentemente (com $|X| = n - f_\ell$),

$$|B| \geq |X| - \tfrac{1}{m}c \geq n - f_\ell - (\ell-1) - \tfrac{1}{m}(f_{\ell+1} + \ldots + f_r).$$

Segue que $|B| \geq m$ se

$$n - f_\ell - (\ell - 1) - \tfrac{1}{m}(f_{\ell+1} + \ldots + f_r) > m - 1,$$

isto é, se

$$m(n - f_\ell - \ell + 2 - m) > f_{\ell+1} + \ldots + f_r. \qquad (2)$$

A desigualdade (2) é verdadeira para $m = 1$ e para $m = n - f_\ell - \ell + 1$, por (1), e, portanto, para todos os valores de m entre 1 e $n - f_\ell - \ell + 1$, uma vez que o lado esquerdo é uma função quadrática em m com coeficiente dominante -1. O caso remanescente é $m > n - f_\ell - \ell + 1$. Como qualquer elemento x de X está contido em $\ell - 1 + f_{\ell+1} + \ldots + f_r$ linhas no máximo, ele pode também aparecer no máximo no mesmo número de colunas. Invocando (1) mais uma vez, encontramos que x está em um dos conjuntos A_j e concluímos que, nesse caso, $B = X$, $|B| = n - f_\ell \geq m$ e a demonstração está completa. □

Finalmente, vamos demonstrar o teorema de Smetaniuk.

Teorema. *Qualquer quadrado latino parcial de ordem n, com no máximo n − 1 celas preenchidas, pode ser completado para se tornar um quadrado latino da mesma ordem.*

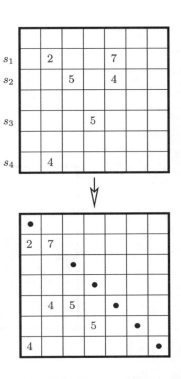

Demonstração. Usaremos indução em n, sendo os casos $n \leq 2$ triviais. Assim, estudamos agora um quadrado latino de ordem $n \geq 3$ com no máximo $n - 1$ celas preenchidas. Com a notação usada anteriormente, estas celas estão em $r \leq n - 1$ linhas diferentes numeradas $s_1, \ldots, s_r$, as quais contêm $f_1, \ldots, f_r > 0$ celas preenchidas, com $\sum_{i=1}^{r} f_i < n - 1$. Pelo Lema 2, podemos supor que existem mais do que $\frac{n}{2}$ elementos diferentes; portanto, existe um elemento que só aparece uma vez: depois da renumeração e da permutação das linha (se necessário), podemos supor que o elemento n ocorre apenas uma vez, e isto na linha s_1.

No próximo passo, queremos permutar as linhas e as colunas do quadrado latino parcial de modo que depois das permutações todas as celas preenchidas fiquem abaixo da diagonal – exceto pela cela preenchida com n, que vai acabar na diagonal. (A diagonal consiste das celas (k, k) com $1 \leq k \leq n$.) Conseguimos isso da seguinte forma: primeiro, permutamos a linha s_1 para a posição f_1. Pela permutação das colunas, movemos todas as celas preenchidas para a esquerda, de modo que n ocorra como o último elemento em sua linha, na diagonal. A seguir, movemos a linha s_2 para a posição $1 + f_1 + f_2$ e, novamente, as celas preenchidas tão para a esquerda quanto possível. Em geral, para $1 < i \leq r$, movemos a linha s_i para a posição $1 + f_1 + f_2 + \cdots + f_i$ e as celas preenchidas tão para a esquerda quanto possível. Isto claramente fornece a disposição desejada. O desenho à direita mostra um exemplo, com $n = 7$: as linhas $s_1 = 2$, $s_2 = 3$, $s_3 = 5$ e $s_4 = 7$ com $f_1 = f_2 = 2$ e $f_3 = f_4 = 1$ foram movidas para as linhas numeradas 2, 5, 6 e 7 e as colunas foram permutadas "para a esquerda" de modo que, no final, todos os elementos exceto o único 7 estejam abaixo da diagonal, que esta marcada pelos •.

Para poder aplicar indução, agora removemos o elemento n da diagonal e ignoramos a primeira linha e a última coluna (a qual não contém nenhuma célula preenchida): portanto, estamos olhando para um quadrado latino parcial de ordem $n - 1$, com no máximo $n - 2$ celas preenchidas, o qual, por indução, pode ser completado para ser um quadrado latino de ordem $n - 1$. A margem mostra um (entre muitos) completamento do quadrado latino parcial que aparece em nosso exemplo. Na figura, os elementos originais estão impressos em negrito. Eles já são finais, como também são todos os elementos nas celas sombreadas; alguns dos outros elementos serão mudados a seguir, para completar o quadrado latino de ordem n.

No próximo passo, queremos mover os elementos da diagonal do quadrado para a última coluna e colocar elementos n na diagonal em seus lugares. Entretanto, em geral não podemos fazer isso, já que os elementos da diagonal não precisam ser distintos. Assim, prosseguimos de modo mais cuidadoso e fazemos sucessivamente, para $k = 2, 3, \ldots, n - 1$ (nesta ordem), as seguintes operações:

Ponha o valor n na cela (k, n). Isto fornece um quadrado latino parcial correto. Agora, troque o valor x_k na cela (k, k) da diagonal com o valor n na cela (k, n) na última coluna.

Se o valor x_k ainda não aparecer na última coluna, então nosso trabalho para a coluna k está completo. Depois disso, os elementos da k-ésima coluna não mudarão mais.

Em nosso exemplo, isto funciona sem problema para k = 2, 3 e 4 e os elementos correspondentes da diagonal 3, 1 e 6 são movidos para a última coluna. As três figuras a seguir mostram as operações correspondentes.

Agora, temos de tratar o caso no qual já existe um elemento x_k na última coluna. Neste caso, procedemos da seguinte maneira:

Se já existe um elemento x_k em uma cela (j, n) com $2 \leq j < k$, então trocamos na linha j o elemento x_k na enésima coluna com o elemento x'_k na k-ésima coluna. Se o elemento x'_k também ocorrer em uma cela (j', k), então também trocamos os elementos na j'-ésima linha que ocorrem na enésima e na h-ésima colunas, e assim por diante.

Se procedermos desta forma, nunca haverá dois elementos iguais em uma linha. Nosso processo de troca também garante que nunca haverá dois elementos iguais em uma coluna. Assim, só precisamos verificar que o processo de troca entre a k-ésima e a enésima coluna não leve a um laço infinito. Isto pode ser visto a partir do seguinte grafo bipartido G_k: seus vértices correspondem às celas (i, k) e (j, n) com $2 \leq i, j \leq k$ cujos elementos podem ser trocados. Existe uma aresta entre (i, k) e (j, n) se estas duas celas estiverem na mesma linha (isto é, se i = j) ou se as celas antes do processo de troca contiverem o mesmo elemento (o que implica que $i \neq j$). Em nosso esboço, as arestas para i = j são pontilhadas, e as outras não. Todos os vértices em G_k têm grau 1 ou 2. A cela (k, n) corresponde a um vértice de grau 1; este vértice é o começo de um caminho que leva à coluna k por uma aresta horizontal, e então possivelmente por uma aresta inclina-

Completando quadrados latinos

da de volta à coluna n, então horizontalmente de volta à coluna k e assim por diante. Ele acaba na coluna k em um valor que não ocorre na coluna n. Assim, as operações de troca acabarão em algum ponto com um passo no qual movemos um novo elemento para a última coluna. Então, o trabalho na coluna k estará completo e os elementos nas celas (i, k) para $i \geq 2$ estarão definitivamente fixados.

Em nosso exemplo, o "caso de troca" ocorre para $k = 5$: o elemento $x_5 = 3$ já ocorre na última coluna, de modo que aquele elemento deve ser movido de volta para a coluna $k = 5$. Mas o elemento de troca $x'_5 = 6$ também não é novo, ele é trocado por $x''_5 = 5$ e este é novo.

Finalmente, a troca para $k = 6 = n - 1$ não oferece nenhum problema e, depois disso, o completamento do quadrado latino é único:

... e o mesmo ocorre em geral: colocamos um elemento n na cela (n, n) e, depois disso, a primeira linha pode ser completada pelos elementos que estão faltando nas colunas correspondentes (veja o Lema 1) e isto completa a demonstração. Para obter explicitamente o completamento do quadrado latino parcial original de ordem n, precisamos apenas inverter as permutações de elementos, linhas e colunas dos primeiros dois passos da demonstração. □

Referências

[1] T. Evans: *Embedding incomplete Latin squares*, Amer. Math. Monthly 67 (1960), 958-961.

[2] C. C. Lindner: *On completing Latin rectangles*, Canadian Math. Bulletin 13 (1970), 65-68.

[3] H. J. Ryser: *A combinatorial theorem with an application to Latin rectangles*, Proc. Amer. Math. Soc. 2 (1951), 550-552.

[4] B. Smetaniuk: *A new construction on Latin squares I: A proof of the Evans conjecture*, Ars Combinatoria 11 (1981), 155-172.

Teoria dos grafos

36
O problema de Dinitz *299*
37
Permanentes e o poder da entropia *307*
38
Colorindo grafos planos com cinco cores *315*
39
Como proteger um museu *321*
40
Teorema do grafo de Turán *325*
41
Comunicando sem erros *331*
42
Número cromático dos grafos de Kneser *343*
43
De amigos e políticos *349*
44
Probabilidade (às vezes) facilita o contar *353*

"O geógrafo das quatro cores"

CAPÍTULO 36
O PROBLEMA DE DINITZ

O problema das quatro cores foi um grande impulso para o desenvolvimento da teoria de grafos tal como a conhecemos hoje, e a coloração ainda é o tópico favorito de muitos pesquisadores de teoria de grafos. Aqui está um problema de coloração, levantado por Jeff Dinitz em 1978, que parece simples, mas resistiu a todos os ataques até sua solução espantosamente simples, obtida por Fred Galvin quinze anos mais tarde.

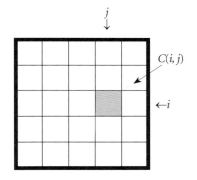

> *Consideremos n^2 celas arranjadas em um quadrado ($n \times n$) e denotemos por (i, j) a cela na linha i e coluna j. Suponhamos que, para cada cela (i, j), seja dado um conjunto $C(i, j)$ de n cores.*
>
> *Será que é sempre possível, então, colorir a matriz toda escolhendo-se, para cada cela (i, j), uma cor de seu conjunto $C(i, j)$ de forma que as cores em cada linha e em cada coluna sejam distintas?*

Para começar, considere o caso em que todos os conjuntos de cores $C(i, j)$ são os mesmos, digamos $\{1, 2, \ldots, n\}$. Então, o problema de Dinitz se reduz à seguinte tarefa: preencha o quadrado ($n \times n$) com os números $1, 2, \ldots, n$ de uma maneira que os números em qualquer linha e coluna sejam distintos. Em outras palavras, qualquer coloração feita desse modo corresponde a um quadrado latino, como foi discutido no capítulo anterior. Assim, nesse caso, a resposta para nossa questão é "sim".

Uma vez que isso é tão simples, por que deveria ser muito mais difícil no caso geral, quando o conjunto $C := \cup_{i,j} C(i, j)$ contém até mais do que n cores? A dificuldade deriva do fato de que nem toda cor de C está disponível em cada cela. Por exemplo, enquanto, no caso do quadrado latino, claramente podemos escolher uma permutação arbitrária de cores para a primeira linha, isso já não é mais assim no problema geral. O caso $n = 2$ já ilustra essa dificuldade.

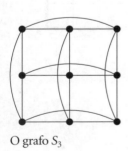

Suponha que sejam dados os conjuntos de cores indicados na figura ao lado. Se escolhermos as cores 1 e 2 para a primeira linha, estaremos em dificuldades, pois teríamos então que pegar a cor 3 para ambas as celas na segunda linha.

Antes de atacarmos o problema de Dinitz, vamos refrasear a situação na linguagem da teoria de grafos. Como de costume, consideramos apenas grafos $G = (V, E)$ sem laços nem arestas múltiplas. Denotemos por $\chi(G)$ o *número cromático* do grafo, ou seja, o menor número de cores que se pode atribuir aos vértices de maneira que vértices adjacentes recebam cores diferentes.

Em outras palavras, uma coloração requer uma partição de V em classes (coloridas com a mesma cor) tal que não existam arestas dentro de uma classe. Chamando um conjunto $A \subseteq V$ de *independente* se não existem arestas em A, inferimos que o número cromático é o menor número de conjuntos independentes que particionam o conjunto de vértices V.

Vizing, em 1976, e, três anos mais tarde, Erdős, Rubin e Taylor estudaram a seguinte variante de coloração que nos conduz diretamente ao problema de Dinitz. Suponha que no grafo $G = (V, E)$ seja dado um conjunto $C(v)$ de cores para cada vértice v. Uma *coloração de listas* é uma coloração $c : V \to \cup_{v \in V} C(v)$ onde $c(v) \in C(v)$, para cada $v \in V$. A definição do *número cromático de listas* $\chi_\ell(G)$ deve agora ficar clara: é o menor número k tal que, para *qualquer* lista de conjuntos de cores $C(v)$, com $|C(v)| = k$ para todo $v \in V$, sempre existe uma coloração de listas. Obviamente, temos $\chi_\ell(G) \leq |V|$ (nunca ficamos sem novas cores). Como a coloração ordinária é exatamente o caso especial da coloração de listas quando todos os conjuntos $C(v)$ são iguais, obtemos, para qualquer grafo G,

$$\chi(G) \leq \chi_\ell(G).$$

Para retornar ao problema de Dinitz, considere o grafo S_n que tem como conjunto de vértices as n^2 celas de nossa matriz ($n \times n$), em que duas celas são adjacentes se e somente se elas estão na mesma linha ou coluna.

Uma vez que quaisquer n celas em uma linha são adjacentes duas a duas, precisamos de n cores no mínimo. Além disso, qualquer coloração com n cores corresponde a um quadrado latino com as celas ocupadas pelo mesmo número que forma uma classe de cor. Como, conforme já vimos, os quadrados latinos existem, inferimos que $\chi(S_n) = n$, e o problema de Dinitz pode agora ser colocado sucintamente como:

$$\chi_\ell(S_n) = n?$$

Seria possível pensar que, talvez, $\chi(G) = \chi_\ell(G)$ seja válido para qualquer grafo G, mas isso está longe da verdade. Considere o grafo $G = K_{2,4}$. O número cromático é 2, pois podemos usar uma cor para os dois vértices da esquerda e a segunda cor para os vértices da direita. Mas suponha agora que sejam dados os conjuntos de cores indicados na figura.

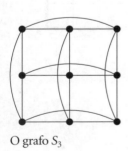
O grafo S_3

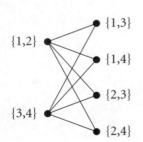

Para colorir os vértices da esquerda, temos as quatro possibilidades 1|3, 1|4, 2|3 e 2|4, mas qualquer um desses pares aparece como um conjunto de cores no lado direito, de forma que uma coloração de listas não é possível. Daí, $\chi_\ell(G) \geq 3$, e o leitor pode achar divertido demonstrar que $\chi_\ell(G) = 3$ (não há necessidade de tentar todas as possibilidades!). Generalizando esse exemplo, não é difícil encontrar grafos G em que $\chi(G) = 2$, mas $\chi_\ell(G)$ é arbitrariamente grande! Portanto, o problema de coloração de listas não é assim tão simples como parece à primeira vista.

Voltemos ao problema de Dinitz. Um passo significativo na direção da solução foi dado por Jeanette Janssen em 1992, quando ela demonstrou que $\chi_\ell(S_n) \leq n + 1$, e o *coup de grâce* foi dado por Fred Galvin ao combinar engenhosamente dois resultados, ambos já conhecidos há muito tempo. Vamos discutir esses dois resultados e mostrar em seguida como eles implicam que $\chi_\ell(S_n) = n$.

Primeiro, fixemos algumas notações. Suponhamos que v seja um vértice do grafo G. Então, como antes, denotamos o grau de v por $d(v)$. Em nosso grafo quadrado S_n, todo vértice tem grau $2n - 2$, por conta dos outros $n - 1$ vértices na mesma linha e na mesma coluna. Para um subconjunto $A \subseteq V$, denotamos por G_A o subgrafo que tem A como conjunto de vértices e que contém todas as arestas de G entre vértices de A. Dizemos que G_A é o subgrafo induzido por A e que H é um *subgrafo induzido* de G se $H = G_A$ para algum A.

Para enunciar nosso primeiro resultado, precisamos dos *grafos orientados* $\vec{G} = (V, E)$, isto é, grafos em que toda aresta e tem uma orientação. A notação $e = (u, v)$ significa que existe um arco e, denotado também por $u \to v$, cujo vértice inicial é u e cujo vértice final é v. Então, faz sentido falar do *grau de saída* $d^+(v)$; respectivamente *grau de entrada* $d^-(v)$, onde $d^+(v)$ conta o número de arestas que têm v como vértice inicial, e analogamente para $d^-(v)$; além disso, $d^+(v) + d^-(v) = d(v)$. Quando escrevemos G, queremos dizer o grafo $\vec{G}$ sem as orientações.

O conceito seguinte teve origem na análise de jogos e passará a ter um papel crucial em nossa discussão.

Definição 1. Seja $\vec{G} = (V, E)$ um grafo orientado. Um *núcleo* $K \subseteq V$ é um subconjunto dos vértices tais que:

(i) K é independente em G; e

(ii) para cada $u \notin K$, existe um vértice $v \in K$ com uma aresta $u \to v$.

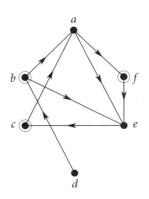

Vamos olhar o exemplo na figura. O conjunto $\{b, c, f\}$ constitui um núcleo, mas o subgrafo induzido por $\{a, c, e\}$ não tem um núcleo, pois as três arestas fazem um ciclo pelos vértices.

Com todas essas preparações, estamos prontos para enunciar o primeiro resultado.

Lema 1. *Seja $\vec{G} = (V, E)$ um grafo orientado e suponha que, para cada vértice $v \in V$; temos um conjunto de cores $C(v)$ que é maior que o grau de saída, $|C(v)| \geq d^+(v) + 1$. Se todo subgrafo induzido de $\vec{G}$ possui um núcleo, então existe uma coloração de listas de G com uma cor de $C(v)$ para cada v.*

Demonstração. Procedemos por indução em $|V|$. Para $|V| = 1$ não há nada que demonstrar. Escolha uma cor $c \in C = \cup_{v \in V} C(v)$ e ponha

$$A(c) := \{v \in V : c \in C(v)\}:$$

Por hipótese, o subgrafo induzido $G_{A(c)}$ possui um núcleo $K(c)$. Agora, colorimos todos os $v \in K(c)$ com a cor c (isso é possível porque $K(c)$ é independente) e apagamos $K(c)$ de G e c de C. Seja G' o subgrafo induzido de G em $V \setminus K(c)$, com $C'(v) = C(v) \setminus c$ como a nova lista de conjuntos de cores. Note que, para cada $v \in A(c) \setminus K(c)$, o grau de saída $d^+(v)$ é diminuído em no mínimo 1 (devido à condição (ii) de um núcleo). Então $d^+(v) + 1 \leq |C'(v)|$ ainda vale em $\vec{G}'$. A mesma condição também vale para os vértices fora de $A(c)$, uma vez que nesse caso os conjuntos de cores $C(v)$ permanecem como estão. O novo grafo G' contém menos vértices do que G e, por indução, a demonstração está completa. □

O método de ataque ao problema de Dinitz fica óbvio agora: temos que encontrar uma orientação do grafo S_n com graus de saída $d^+(v) \leq n - 1$ para todo v e que garanta a existência de um núcleo para todos os subgrafos induzidos. Conseguimos isso por meio de nosso segundo resultado.

Precisamos de algumas preparações outra vez. Lembre-se (do Capítulo 11) de que um grafo bipartido $G = (X \cup Y, E)$ é um grafo com a seguinte propriedade: o conjunto de vértices V é dividido em duas partes X e Y tais que cada aresta tem um vértice extremo em X e o outro em Y. Em outras palavras, os grafos bipartidos são precisamente aqueles que podem ser coloridos com duas cores (uma para X e uma para Y).

Agora chegamos a um conceito importante, o "emparelhamento estável", com uma interpretação "pé-no-chão". Um *emparelhamento* (*matching*) M num grafo bipartido $G = (X \cup Y, E)$ é um conjunto de arestas tal que nenhum par de arestas em M tem um vértice extremo comum. No grafo ilustrado, as arestas desenhadas em negrito constituem um emparelhamento.

Considere X um conjunto de homens e Y um conjunto de mulheres, e interprete $uv \in E$ como significando que u e v poderiam casar-se. Um emparelhamento é então um casamento em massa onde ninguém comete bigamia. Para os nossos propósitos, precisamos de uma versão mais refinada (e mais realista?) de um emparelhamento, sugerida por David Gale e Lloyd S. Shapley. Claro que, na vida real, toda pessoa tem preferências e é isso que adicionamos à nossa estrutura. Vamos supor que, para cada $v \in X \cup Y$ em $G = (X \cup Y, E)$, existe uma ordenação do conjunto $N(v)$ de vértices adjacentes a v, $N(v) = \{z_1 > z_2 > \ldots > z_{d(v)}\}$. Assim, z_1 é a escolha prioritária de v, seguida por z_2, e assim por diante.

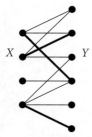

Grafo bipartido com um emparelhamento

O problema de Dinitz

Definição 2. Um emparelhamento M de $G = (X \cup Y, E)$ é chamado de *estável* se a seguinte condição é válida: sempre que $uv \in E \setminus M$, $u \in X$, $v \in Y$, então ou $uy \in M$ com $y > v$ em $N(u)$, ou $xv \in M$ com $x > u$ em $N(v)$, ou ambos.

Em nossa interpretação na vida real, um conjunto de casamentos é estável se nunca acontecer de u e v não serem casados, mas u preferir v em vez de sua parceira (se é que ele tem alguma) e v preferir u em vez de seu companheiro (se é que ela tem algum), o que obviamente seria uma situação instável.

Antes de demonstrar nosso segundo resultado, vamos dar uma olhada no seguinte exemplo:

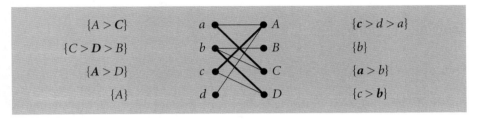

As arestas em negrito constituem um emparelhamento estável. Em cada lista de prioridades, a escolha que conduz a um emparelhamento estável está impressa em negrito.

Observe que, nesse exemplo, existe um único emparelhamento maior M com quatro arestas, $M = \{aC, bB, cD, dA\}$, mas M não é estável (considere cA).

Lema 2. *Sempre existe um emparelhamento estável.*

Demonstração. Considere o seguinte algoritmo. No primeiro estágio, todos os homens $u \in X$ propõem casamento para sua escolha prioritária. Se uma garota recebe mais do que uma proposta, ela aceita a de que gosta mais e prende o homem por uma corda. Se ela recebe apenas uma proposta, ela prende esse aí por uma corda. Os homens restantes são rejeitados e formam um reservatório R. Num segundo estágio, todos os homens em R fazem as propostas às próximas escolhas deles. As mulheres comparam as propostas (junto com a daquele preso à corda, se existir algum), aceitam a de seus favoritos e os prendem à corda. O resto é rejeitado e forma um novo conjunto R. Agora, os homens em R fazem propostas a suas próximas escolhas, e assim por diante. Um homem que fez a proposta à sua última escolha e é mais uma vez rejeitado não tem mais a chance de novas considerações (e abandona o reservatório). Claramente, o reservatório R vai ficar vazio depois de algum tempo e, nesse ponto, o algoritmo para.

Afirmação. *No instante em que o algoritmo para, os homens nas cordas e suas mulheres correspondentes formam um emparelhamento estável.*

Observe primeiro que os homens na corda de uma garota particular vão para lá em preferência crescente (da garota), uma vez que, em cada estágio, a garota compara as novas propostas com o companheiro atual e então escolhe o novo favorito. Consequentemente, se $uv \in E$ mas $uv \notin M$, então ou u nunca fez uma proposta para v, e nesse caso ele encontrou uma companheira melhor antes mesmo de chegar a v, implicando que $uy \in M$, com $y > v$ em $N(u)$, ou u fez uma proposta para v, a qual foi rejeitada, implicando que $xv \in M$, com $x > u$ em $N(v)$. Mas essa é exatamente a condição para uma combinação estável. □

Juntando os Lemas 1 e 2, obtemos agora a solução de Galvin para o problema de Dinitz.

Teorema. *Temos que* $\chi_\ell(S_n) = n$ *para todo* n.

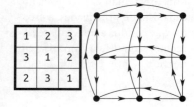

Demonstração. Como antes, denotamos os vértices de S_n por (i,j), $1 \leq i,j \leq n$. Assim, (i,j) e (r,s) são adjacentes se e somente se $i = r$ ou $j = s$. Tome qualquer quadrado latino L com letras de $\{1, 2, \ldots, n\}$ e denote por $L(i,j)$ o elemento na cela (i,j). Em seguida, transforme S_n em um grafo orientado $\vec{S}_n$ orientando as arestas horizontais $(i,j) \to (i,j')$ se $L(i,j) < L(i,j')$ e as arestas verticais $(i,j) \to (i',j)$ se $L(i,j) > L(i',j)$. Assim, horizontalmente, orientamos do elemento menor para o maior e, verticalmente, da maneira contrária. Ao lado, temos um exemplo para $n = 3$.

Note que obtemos que $d^+(i,j) = n - 1$, para todo (i,j). De fato, se $L(i,j) = k$, então $n - k$ celas na linha i contêm um elemento maior do que k, e $k - 1$ celas na coluna j têm um elemento menor do que k.

Pelo Lema 1, resta mostrar que todo subgrafo induzido de $\vec{S}_n$ possui um núcleo. Considere um subconjunto $A \subseteq V$ e seja X o conjunto das linhas de L, e Y o conjunto de suas colunas. Associe a A o grafo bipartido $G = (X \cup Y, A)$, onde cada $(i,j) \in A$ está representado pela aresta ij, com $i \in X, j \in Y$. No exemplo ao lado, as celas de A estão sombreadas.

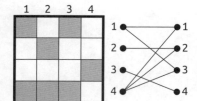

A orientação em S_n naturalmente induz uma ordenação nas vizinhanças em $G = (X \cup Y, A)$, pondo $j' > j$ em $N(i)$ se $(i,j) \to (i,j')$ em $\vec{S}_n$, respectivamente $i' > i$ em $N(j)$ se $(i,j) \to (ii',j)$. Pelo Lema 2, $G = (X \cup Y, A)$ possui um emparelhamento estável M. Esse M, visto como um subconjunto de A, é o nosso núcleo desejado! Para ver por que, observe primeiro que M é independente em A, uma vez que, como arestas em $G = (X \cup Y, A)$, elas não compartilham um vértice extremo i ou j. Segundo, se $(i,j) \in A \setminus M$ então, pela definição de uma combinação estável, ou existe $(i,j') \in M$ com $j' > j$, ou $(i',j) \in M$ com $i' > i$, o que para $\vec{S}_n$ significa que $(i,j) \to (i,j') \in M$ ou $(i,j) \to (i',j) \in M$, e a demonstração está completa. □

Para terminar a história, vamos um pouquinho além. O leitor pode ter notado que o grafo S_n é obtido de um grafo bipartido através de uma construção simples. Tome o grafo bipartido completo, denotado por $K_{n,n}$, com $|X| = |Y| = n$, e *todas* as arestas entre X e Y. Se considerarmos as arestas de $K_{n,n}$

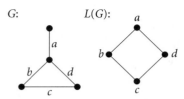

Construção de um grafo linha

como vértices de um novo grafo, juntando dois de tais vértices se e somente se, como arestas em $K_{n,n}$, elas têm em comum um vértice extremo, então claramente obtemos o grafo quadrado S_n. Vamos dizer que S_n é o *grafo linha* de $K_{n,n}$. Agora, essa mesma construção pode ser executada em qualquer grafo G, com o grafo resultante sendo chamado de *grafo linha* $L(G)$ de G.

Em geral, dizemos que H é *um grafo linha* se $H = L(G)$, para algum grafo G. Claro que nem todo grafo é um grafo linha, sendo um exemplo o grafo $K_{2,4}$ que consideramos antes. Para esse grafo, vimos que $\chi(K_{2,4}) < \chi_\ell(K_{2,4})$. Mas, e se H for um grafo linha? Adaptando a demonstração de nosso teorema, pode ser facilmente mostrado que $\chi(H) = \chi_\ell(H)$ vale sempre que H é o grafo linha de um grafo *bipartido*, e o método pode bem avançar um pouco na direção de verificar a conjectura suprema nesse campo:

Será que $\chi(H) = \chi_\ell(H)$ se verifica para todo grafo linha H?

Muito pouco é conhecido a respeito dessa conjectura e as coisas parecem difíceis – mas, afinal de contas, o mesmo acontecia com o problema de Dinitz há cerca de vinte anos.

Referências

[1] P. Erdős, A. L. Rubin & H. Taylor: *Choosability in graphs*, Proc. West Coast Conference on Combinatorics, Graph Theory and Computing, Congressus Numerantium 26 (1979), 125-157.

[2] D. Gale & L. S. Shapley: *College admissions and the stability of marriage*, Amer. Math. Monthly 69 (1962), 9-15.

[3] F. Galvin: *The list chromatic index of a bipartite multigraph*, J. Combinatorial Theory, Ser. B 63 (1995), 153-158.

[4] J. C. M. Janssen: *The Dinitz problem solved for rectangles*, Bulletin Amer. Math. Soc. 29 (1993), 243-249.

[5] V. G. Vizing: *Coloring the vertices of a graph in prescribed colours* (em russo), Metody Diskret. Analiz. 101 (1976), 3-10.

CAPÍTULO 37
PERMANENTES E O PODER DA ENTROPIA

Suponha que $M = (m_{ij})$ seja uma matriz real $n \times n$. Se na representação usual de determinante esquecermos os sinais das permutações, obtemos o *permanente* per M,

$$\text{per } M = \sum_{\sigma} m_{1\sigma(1)} m_{2\sigma(2)} \cdots m_{n\sigma(n)},$$

em que σ percorre todas as permutações de $\{1, 2, \ldots, n\}$.

O significado combinatório do permanente vem da seguinte correspondência. Suponha que $G = (U \cup V, E)$ seja um grafo bipartido simples cujos vértices são dados por $U = \{u_1, \ldots, u_n\}$ e $V = \{v_1, \ldots, v_n\}$. Podemos representar convenientemente G pela matriz $M_G = (m_{ij})$, em que

$$m_{ij} = \begin{cases} 1 & \text{se } u_i v_j \in E, \\ 0 & \text{se } u_i v_j \notin E. \end{cases}$$

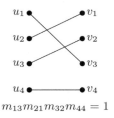

$m_{13} m_{21} m_{32} m_{44} = 1$

M_G é assim uma matriz $n \times n$ com elementos 0 ou 1. Reciprocamente, qualquer matriz com elementos 0 ou 1 dá origem a um grafo bipartido G com $M = M_G$. Olhe agora para o termo $m_{1\sigma(1)} m_{2\sigma(2)} \ldots m_{n\sigma(n)}$. Seu valor é 0 ou 1 e ele é igual a 1 se e somente se o conjunto de arestas $\{u_1 v_{\sigma(1)}, \ldots, u_n v_{\sigma(n)}\}$ for um *emparelhamento perfeito* de G contendo todos os vértices exatamente uma vez. Assim, o número $m(G)$ de emparelhamentos perfeitos é exatamente o permanente de M_G, ou seja, $m(G) = \text{per } M_G$.

A correspondência $G \longleftrightarrow M_G$ estimulou muitas das primeiras pesquisas sobre permanentes. Um dos primeiros problemas difíceis foi uma conjectura proposta por Henryk Minc em 1967: suponha que a matriz M de 0 e 1 tem soma das linhas $d_1, \ldots, d_n$ (ou, equivalentemente, os vértices $u_1, \ldots, u_n$ tem graus $d_1, \ldots, d_n$), então

$$\text{per } M \leq \prod_{i=1}^{n} (d_i!)^{1/d_i}.$$

O grafo bipartido completo $K_{n,n}$ corresponde à matriz toda de 1

$$J_n = \begin{pmatrix} 1 & \cdots & 1 \\ & \ddots & \\ 1 & \cdots & 1 \end{pmatrix}$$

com $m(K_{n,n}) = \text{per } J_n = n!$.

Se k divide n, a matriz de blocos na diagonal

$$M = \begin{pmatrix} J_k & & \\ & \ddots & \\ & & J_k \end{pmatrix}$$

com $\frac{n}{k}$ blocos tem $d_1 = \ldots = d_n = k$ e per $M = (k!)^{n/k}$.

Observe que podemos ter a igualdade, como visto a partir do exemplo da margem na página anterior.

A conjectura de Minc foi demonstrada por Lev M. Brégman em 1973. Poucos anos depois, Alexander Schrijver deu uma demonstração curta e cativante, com uma versão aleatória aparecendo no livro de Alon e Spencer. Mas, em nossa opinião, a demonstração que vem direto d'O Livro é devida a Jaikumar Radhakrishnan. Ela não é muito diferente, mas usa exatamente a ferramenta certa – *entropia*, da teoria da informação. Antes de chegarmos a isso, vamos enunciar de novo o teorema de Brégman.

Teorema. *Seja $M = (m_{ij})$ uma matriz $n \times n$ com elementos em $\{0,1\}$, e sejam $d_1, \ldots, d_n$ as somas das linhas de M, isto é, $d_i = \sum_{j=1}^{n} m_{ij}$. Então,*

$$\text{per } M \leq \prod_{i=1}^{n} (d_i!)^{1/d_i}.$$

Não ocorre com frequência de um único artigo dar origem a toda uma área. *A Mathematical Theory of Communication* (Uma Teoria Matemática da Comunicação), de Claude Shannon, em 1948, foi uma destas conquistas únicas: ele lançou as bases da teoria de informação e codificação e, desse modo, iniciou uma das maiores histórias de sucesso da matemática do século XX.

Suponha que X seja uma variável aleatória que toma valores em $\{a_1, \ldots, a_n\}$ com probabilidades $\text{Prob}(X = a_i) = p_i$. Ajuda pensar em X como uma experiência com possíveis resultados a_i, como o lançamento de um dado com resultados 1, 2, ..., 6. Quanta informação recebemos (em média) ao realizar a experiência? A ideia engenhosa de Shannon foi a "equação"

informação depois = incerteza antes.

Por exemplo, quando uma moeda é viciada e dá cara a maior parte das vezes, então há pouca informação a ser ganha lançando-a, certamente menos do que quando a moeda é honesta, em cujo caso a incerteza (e informação) é maior.

Ao postular algumas condições naturais que uma medida de incerteza para X deveria satisfazer, Shannon chegou à sua famosa definição de *entropia*, a qual ele denotou por $H(X)$:

$$H(X) = H(X_{p_1,\ldots,p_n}) := -\sum_{i=1}^{n} p_i \log_2 p_i.$$

Por exemplo, se X for o lançamento de uma moeda com viés, com $\text{Prob}(X = \text{cara}) = p$, então a fórmula de Shannon fornece a função $H(X_{p,1-p}) = -p \log_2 p - (1 - p) \log_2(1 - p)$ traçada na margem.

Diz-se que Shannon, seguindo a sugestão de John von Neumann, usou o nome "entropia" porque, de qualquer modo, ninguém sabia muito bem o que isso significava...

$H(X_{p,1-p})$

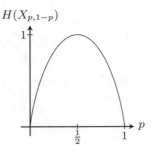

No que segue, usaremos sempre o logaritmo binário $\log_2 p$ com a convenção $p \log_2 p = 0$ quando $p = 0$. O *suporte* de uma variável aleatória X é $\mathrm{supp}\, X := \{a : \mathrm{Prob}(X = a) > 0\}$.

Mais adiante em seu artigo, Shannon deu uma interpretação alternativa de $H(X)$ como o valor esperado do comprimento de uma estratégia de questão ótima para o resultado de X. O apêndice deste capítulo contém um esboço desta abordagem.

Suponha que X e Y sejam duas variáveis aleatórias com valores em $\{a_1, \ldots, a_m\}$ e $\{b_1, \ldots, b_n\}$. Um ingrediente-chave na demonstração de Radhakrishnan é o conceito de *entropia condicional de Y sob o conhecimento de X*. Para resumir a escrita, vamos colocar $p(a_i) := \mathrm{Prob}(x = a_i)$, $p(b_j) := \mathrm{Prob}(Y = b_j)$ e, analogamente, $p(a_i, b_j) := \mathrm{Prob}(X = a_i \wedge Y = b_j)$ para a distribuição conjunta do par (X, Y), o qual pode ser visto como uma única variável aleatória, e $p(b_j|a_i) := \mathrm{Prob}(Y = b_j | X = a_i)$ para as probabilidades condicionais. Seja

$$H(Y|a_i) := -\sum_{j=1}^{n} p(b_j|a_i) \log_2 p(b_j|a_i)$$

a entropia (incerteza) de Y se soubermos que o resultado de X é a_i. Agora, tomamos o valor esperado desta quantidade sobre todos os resultados possíveis de X e chegamos a

$$H(Y|X) := \sum_{i=1}^{m} p(a_i) H(Y|a_i)$$

como a entropia condicional de Y sob o conhecimento de X.

Em particular, $H(Y|X) = 0$ se e somente se o resultado de Y estiver determinado uma vez que o resultado de X seja conhecido.

Tudo o que precisamos para a demonstração do teorema de Brégman são três fatos sobre a entropia, cujas demonstrações (fáceis) são dadas no apêndice; o resto é raciocínio probabilístico belo e inteligente. Aqui estão os fatos:

(A) $H(X) \leq \log_2(|\mathrm{supp}\, X|)$, *com a igualdade valendo se e somente se X for uniformemente distribuída no suporte de X, ou seja,* $\mathrm{Prob}(X = a) = \frac{1}{n}$ *para* $a \in \mathrm{supp}\, X$, *em que* $n = |\mathrm{supp}\, X|$.

(B) $H(X, Y) = H(X) + H(Y|X)$ *e, mais geralmente,* $H(X_1, \ldots, X_n) = H(X_1) + H(X_2|X_1) + \ldots + H(X_n|X_1, \ldots, X_{n-1})$.

(C) *Se $\mathrm{supp}\, X$ for particionado em d conjuntos $E_1, \ldots, E_d$, em que $E_j := \{a \in \mathrm{supp}\, X : |\mathrm{supp}(Y|a)| = j\}$, então*

$$H(Y|X) \leq \sum_{j=1}^{d} \mathrm{Prob}(X \in E_j) \log_2 j.$$

Demonstração do teorema. Seja $G = (U \cup V, E)$ o grafo bipartido associado a M, em que d_i é o grau do vértice u_i, e denote por $\mathfrak{S}$ o conjunto dos emparelhamentos perfeitos de G. Como per $M = m(G) = |\mathfrak{S}|$, demonstraremos o limitante superior do teorema para o número de emparelhamentos perfeitos de G. Podemos supor que $\mathfrak{S} \neq \emptyset$ pois, caso contrário, não há nada a mostrar. Olhamos cada $\sigma \in \mathfrak{S}$ como a permutação correspondente $\sigma(1)\, \sigma(2) \ldots \sigma(n)$ dos índices. Assim, o vértice $u_i \in U$ está associado a $v_{\sigma(i)} \in V$ por σ. A primeira ideia é escolher $\sigma \in \mathfrak{S}$ de modo uniformemente aleatório e considerar o vetor de variáveis aleatórias $X = (X_1, \ldots, X_n) = (\sigma(1) \ldots \sigma(n))$. Por (A),

$$H(\sigma(1) \ldots \sigma(n)) = \log_2(|\mathfrak{S}|);$$

de modo que basta mostrar que

$$H(\sigma(1),\ldots,\sigma(n)) \leq \log_2\left(\prod_{i=1}^{n}(d_i!)^{1/d_i}\right) = \sum_{i=1}^{n}\frac{1}{d_i}\log_2(d_i!). \quad (1)$$

A seguir, use (B) para obter

$$H(\sigma(1),\ldots,\sigma(n)) = \sum_{i=1}^{n} H(\sigma(i)\,|\,\sigma(1),\ldots,\sigma(i-1)). \quad (2)$$

Vamos descobrir o que a entropia condicional $H(\sigma(i)|\sigma(1), \ldots, \sigma(i-1))$ significa. Ela mede a incerteza no companheiro de u_i pelo emparelhamento *depois* que os companheiros de $u_i, \ldots, u_{i-1}$ tiverem sido revelados. Em particular, o suporte da variável aleatória $\sigma(i)$ depois do conhecimento de $(\sigma(1), \ldots, \sigma(i-1))$ está contido no conjunto de índices dos vizinhos de u_i que ainda *não* foram emparelhados a um dos $u_i, \ldots, u_{i-1}$.

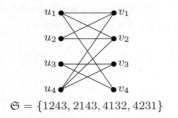

$\mathfrak{S} = \{1243, 2143, 4132, 4231\}$

Por exemplo, vamos verificar a fórmula em (B) para o grafo na margem, que tem $|\mathfrak{S}| = 4$. Como todas as permutações em $\mathfrak{S}$ são igualmente prováveis, temos $H(\sigma(1), \ldots, \sigma(4)) = \log_2 4 = 2$. Agora, $H(\sigma(1)) = -\frac{1}{4}\log_2\frac{1}{4} - \frac{1}{4}\log_2\frac{1}{4} - \frac{1}{2}\log_2\frac{1}{2} = \frac{3}{2}$. Vamos calcular a entropia condicional $H(\sigma(2)|\sigma(1))$: para $\sigma(1) = 1$ obtemos $H(\sigma(2)|1) = 0$ já que $\sigma(2) = 2$ está então determinado; analogamente, $H(\sigma(2)|2) = 0$, mas para $\sigma(1) = 4$ temos $H(\sigma(2)|4) = 1$, já que existem dois resultados igualmente prováveis $\sigma(2) = 1, \sigma(2) = 2$. Para o valor esperado, calculamos então $H(\sigma(2)|\sigma(1)) = \frac{1}{2} \cdot 1 = \frac{1}{2}$. As próximas entropias condicionais, $H(\sigma(3)|\sigma(1), \sigma(2))$ e $H(\sigma(4)|\sigma(1), \sigma(2), \sigma(3))$ são ambas 0, já que os valores são determinados. Então, somando, obtemos novamente $H(\sigma(1)) + H(\sigma(2)|\sigma(1)) + H(\sigma(3)|\sigma(1), \sigma(2)) + H(\sigma(4)|\sigma(1), \sigma(2), \sigma(3)) = \frac{3}{2} + \frac{1}{2} + 0 + 0 = 2$, o que está de acordo com (B).

A ideia maravilhosa de Radhakrishnan foi examinar os vértices $u_1, \ldots, u_n$ em uma *ordem aleatória* τ, em que todas as τ são igualmente prováveis, com probabilidade $\frac{1}{n!}$, e então tomar a média das entropias. Em outras palavras, revelamos os companheiros pelo emparelhamento na ordem $\sigma(\tau(1))$, $\sigma(\tau(2)), \ldots, \sigma(\tau(n))$. Vamos olhar para um τ fixado. Se $k_i = \tau^{-1}(i)$, isto é, se na ordenação τ o vértice u_i aparece na posição k_i, então a equação (2) fica

$$H(\sigma(1),\ldots,\sigma(n)) = \sum_{i=1}^{n} H\big(\sigma(i)\,|\,\sigma(\tau(1)),\ldots,\sigma(\tau(k_i-1))\big).$$

Como isto vale para todo τ, tomando a média obtemos

$$H(\sigma(1),\ldots,\sigma(n)) = \frac{1}{n!}\sum_{\tau}\left[\sum_{i=1}^{n}H\bigl(\sigma(i)\,|\,\sigma(\tau(1)),\ldots,\sigma(\tau(k_i-1))\bigr)\right].$$

Vamos fixar τ e olhar para a parcela

$$H(\sigma(i)\,|\,\sigma(\tau(1)),\ldots,\sigma(\tau(k_i-1))). \qquad (3)$$

Para limitar superiormente (3), usamos o fato (C) de cima, aplicado às variáveis aleatórias $X = (\sigma(\tau(1)), \ldots, \sigma(\tau(k_i-1)))$ e $Y = \sigma(i)$. Para cada σ seja $N_i(\sigma, \tau)$ o conjunto dos índices dos vizinhos de u_i que *não* estão entre $\{\sigma(\tau(1)), \ldots, \sigma(\tau(k_i-1))\}$. Como u_i tem d_i vizinhos e σ é um emparelhamento perfeito, temos $1 \leq |N_i(\sigma, \tau)| \leq d_i$ para todo σ. Agora, particione supp X nos conjuntos $E_{i,j}^{(\tau)}$, em que $(\sigma(\tau(1)), \ldots, \sigma(\tau(k_i-1)))$ está em $E_{i,j}^{(\tau)}$ se e somente se $|N_i(\sigma, \tau)| = j$, para $1 \leq j \leq d_i$. Considerando $|N_i(\sigma, \tau)|$ como uma variável aleatória em $\mathfrak{S}$, temos então

$$\text{Prob}(X \in E_{i,j}^{(\tau)}) = \text{Prob}(|N_i(\sigma, \tau)| = j),$$

e o fato (C) nos diz que para τ fixado

$$H\bigl(\sigma(i)\,|\,\sigma(\tau(1)),\ldots,\sigma(\tau(k_i-1))\bigr) \leq \sum_{j=1}^{d_i}\text{Prob}(|N_i(\sigma,\tau)| = j)\log_2 j.$$

Portanto, obtemos no todo

$$H(\sigma(1),\ldots,\sigma(n)) \leq \frac{1}{n!}\sum_{i=1}^{n}\sum_{j=1}^{d_i}\log_2 j \sum_{\tau}\text{Prob}(|N_i(\sigma,\tau)| = j). \qquad (4)$$

Isto parece ficar mais complicado à medida que continuamos – mas espere! Olhando para (1), basta mostrar que a soma mais interna de (4) é igual a $n!\frac{1}{d_i}$ para todo j, pois então o lado direito se simplifica para $\sum_{i=1}^{n}\frac{1}{d_i}\log_2(d_i!)$.

E esta afirmação sobre a soma mais interna é fácil! Fixe σ e sejam $\ell_1, \ldots, \ell_{d_i}$ os índices dos vizinhos de u_i, $D_\sigma = \{\sigma^{-1}(\ell_1), \ldots, \sigma^{-1}(\ell_{d_i})\}$ é o conjunto de índices dos vértices U que estão emparelhados com os vizinhos de u_i, incluindo, é claro, o próprio i e eles aparecem de acordo com a ordenação de D_σ por τ. Se i vier primeiro em D_σ, então nenhum vizinho foi usado até agora, logo $|N_i(\sigma, \tau)| = d_i$. Se i for segundo, então um vizinho já foi, logo $|N_i(\sigma, \tau)| = d_i - 1$, e assim por diante.

Agora, entra em jogo o poder da média. Com τ percorrendo todas as $n!$ permutações, todas as possíveis ordenações da lista D_σ ocorrem com igual frequência, o que significa que i aparece em todas as d_i posições de D_σ com a mesma frequência $\frac{n!}{d_i}$. Mas isto, por sua vez, implica que $|N_i(\sigma, \tau)| = j$ ocorre com frequência $\frac{n!}{d_i}$ para todo j e isto vale para todo σ, daí

$$\sum_{\tau}\text{Prob}(|N_i(\sigma,\tau)| = j) = \frac{n!}{d_i},$$

para todo j, e concluímos a demonstração. $\square$

Não podemos terminar este capítulo sem mencionar que existe uma conjectura (e teorema) ainda mais famosa, que diz respeito a um limitante *inferior* para permanentes. Uma matriz é dita *duplamente estocástica* se seus elementos forem reais não negativos e se a soma de cada linha e de cada coluna for igual a 1. Em 1926, Bartel L. van der Waerden perguntou se por $M \geq \frac{n!}{n^n}$ é válido para toda matriz M, $n \times n$, duplamente estocástica, o mínimo sendo atingido apenas pela matriz $\frac{1}{n}J_n$, cujos elementos são todos $\frac{1}{n}$. Esta "conjectura de van der Waerden" permaneceu não resolvida por mais de cinquenta anos, até que foi demonstrada (mais ou menos simultaneamente) por D. I. Falikman e G. P. Egorychev em 1981. Seus argumentos eram bem complicados (o livro de van Lint e Wilson [5] dá uma versão bem legível), mas agora há uma demonstração muito mais curta e direta, devida a Leonid Gurvits, que foi lindamente exposta por Monique Laurent e Alexander Schrijver [4].

Apêndice: mais sobre entropia

Qual era a abordagem alternativa de Shannon para a entropia?

Como antes, seja X uma variável aleatória com valores no conjunto $\{a_1, \ldots, a_n\}$ e $p_i = \text{Prob}(X = a_i)$. Usaremos uma certa estratégia $\mathcal{S}$ de perguntas do tipo sim/não até sabermos o valor de X com certeza. Se nossa estratégia nos levar a perguntar ℓ_i questões no caso do resultado $X = a_i$, então $\overline{L}(\mathcal{S}) := \sum_{i=1}^n p_i \ell_i$ é o valor esperado do número de questões. É claro que uma boa estratégia vai querer perguntar poucas questões no caso de um resultado muito provável a_i (quando p_i for grande), de modo a minimizar o número médio.

Como exemplo, suponha que as probabilidades no lançamento de um dado viciado são $p_1 = \frac{1}{3}, p_2 = p_3 = \frac{1}{8}, p_4 = \frac{1}{6}$ e $p_5 = p_6 = \frac{1}{8}$. Uma estratégia poderia ser a seguinte. Primeira questão: "o resultado é ≤ 3?" Em caso afirmativo, o que ocorre com probabilidade $\frac{7}{12}$, pergunte a segunda questão: "ele é 1?" Se a resposta for sim novamente, terminamos, caso contrário precisamos de mais uma pergunta para decidir se o lançamento mostrou 2 ou 3. Procedendo de maneira análoga, se a primeira resposta for não, obtemos $\ell_1 = 2, \ell_2 = \ell_3 = 3, \ell_4 = 2, \ell_5 = \ell_6 = 3$, portanto,

$$\overline{L}(\mathcal{S}) = 2\left(\tfrac{1}{3}+\tfrac{1}{6}\right)+3\left(\tfrac{1}{8}+\tfrac{1}{8}+\tfrac{1}{8}+\tfrac{1}{8}\right)= \tfrac{5}{2}.$$

Shannon então demonstrou que a entropia $H(X) = -\sum_{i=1}^n p_i \log_2 p_i$ é um limitante inferior para o valor esperado do número de questões $\overline{L}(\mathcal{S}) = \sum_{i=1}^n p_i \ell_i$ para toda estratégia *concebível* $\mathcal{S}$. Vamos verificar isso! Primeiro, temos que $\sum_{i=1}^n 2^{-\ell_i} = 1$ (por quê?), e a desigualdade $\log_2 x \leq x - 1$ para $x > 0$ junto com $\sum_{i=1}^n p_i = 1$ fornece

$$\sum_{i=1}^n p_i \log_2 \frac{2^{-\ell_i}}{p_i} \leq \sum_{i=1}^n p_i \left(\frac{2^{-\ell_i}}{p_i} - 1\right) = \sum_{i=1}^n 2^{-\ell_i} - \sum_{i=1}^n p_i = 0.$$

Mas isso significa que $-\sum_{i=1}^{n} p_i \ell_i \leq \sum_{i=1}^{n} p_i \log_2 p_i$, ou $\overline{L}(\mathcal{S}) \geq H(X)$.

Reciprocamente, é fácil encontrar uma estratégia $\mathcal{S}_0$ com $\overline{L}(\mathcal{S}_0) < H(X) + 1$, logo

$$H(X) \leq \overline{L}(X) = \min_{\mathcal{S}} \overline{L}(\mathcal{S}) < H(X) + 1.$$

O mínimo real $\overline{L}(X)$ pode, por exemplo, ser calculado pelo algoritmo de Huffman, um clássico na ciência da computação.

Olhando para as n repetições X^n da experiência X, Shannon continuou para mostrar que o valor esperado do número de questões por experiência $\frac{1}{n}\overline{L}(X^n)$ usadas nas estratégias ótimas para X^n converge para $H(X)$ quando $n \to \infty$. (Shannon chamou isso de "teorema fundamental para um canal sem ruídos".)

Agora, vamos aos três fatos usados na demonstração anterior.

(A) $H(X) \leq \log_2 (|\operatorname{supp} X|)$.

Demonstração. Suponha sem perda de generalidade que $p_i > 0$ para todo i. Considere a forma geral da desigualdade das médias aritmética e geométrica $a_1^{p_1} \cdots a_n^{p_n} \leq p_1 a_1 + \cdots + p_n a_n$ na página 173. Faça $a_i = \frac{1}{p_i}$ e tome o logaritmo para obter

$$\sum_{i=1}^{n} p_i \log_2 \frac{1}{p_i} \leq \log_2 \left(\sum_{i=1}^{n} p_i \frac{1}{p_i} \right) = \log_2 n.$$

A igualdade vale se e somente se $p_1 = \cdots = p_n = \frac{1}{n}$, ou seja, se tivermos uma distribuição uniforme.

(B) $H(X, Y) = H(X) + H(Y|X)$.

Lembre que $0 \cdot \log_2 0 = 0$.

Demonstração. Usamos a mesma notação que antes e calculamos

$$\begin{aligned} H(X, Y) &= -\sum_{i,j} p(a_i, b_j) \log_2 p(a_i, b_j) \\ &= -\sum_{i,j} p(a_i, b_j) \log_2 \big(p(a_i) p(b_j | a_i) \big) \\ &= -\sum_{i,j} p(a_i, b_j) \log_2 p(a_i) - \sum_{i,j} p(a_i) p(b_j | a_i) \log_2 p(b_j | a_i) \\ &= -\sum_{i=1}^{m} p(a_i) \log_2 p(a_i) + H(Y | X) = H(X) + H(Y | X). \end{aligned}$$

A fórmula geral segue por indução.

(C) $H(Y|X) \leq \sum_{j=1}^{d} \operatorname{Prob}\big(X \in E_j\big) \log_2 j.$

Demonstração. Temos $H(Y \mid X) = \sum_{i=1}^{n} p(a_i) H(Y \mid a_i)$. Particionando o conjunto $\{a_1, \ldots, a_m\}$ nos subconjuntos E_j dados pela hipótese e usando (A) obtemos

$$H(Y \mid X) = \sum_{j=1}^{d} \sum_{a \in E_j} p(a) H(Y \mid a)$$

$$\geq \sum_{j=1}^{d} \sum_{a \in E_j} p(a) \log_2 j = \sum_{j=1}^{d} \mathrm{Prob}\left(X \in E_j\right) \log_2 j.$$

Referências

[1] N. Alon & J. Spencer: *The Probabilistic Method*, Third edition, Wiley-Interscience, 2008.

[2] L. Brégman: *Some properties of nonnegative matrices and their permanents*, Soviet Math. Doklady 14 (1973), 945-949.

[3] A. Khinchin: *Mathematical Foundations of Information Theory*, Dover Publications, 1957.

[4] M. Laurent & A. Schrijver: *On Leonid Gurvits's proof for permanents*, Amer. Math. Monthly 117 (2010), 903-911.

[5] J. H. van Lint & R. M. Wilson: *A Course in Combinatorics*, Second edition, Cambridge University Press, 2001.

[6] J. Radhakrishnan: *An entropy proof of Bregman's theorem*, J. Combinatorial Theory, Ser. A 77 (1997), 161-164.

[7] A. Schrijver: *A short proof of Minc's conjecture*, J. Combinatorial Theory, Ser. A 25 (1978), 80-83.

[8] H. Minc: *Permanents,* Encyclopedia of Mathematics and its Applications, Vol. 6, Addison-Wesley, Reading MA, 1978; reeditado por Cambridge University Press, 1984.

[9] C. Shannon: *A Mathematical Theory of Communication*, Bell System Technical Journal 27 (1948), 379–423, 623–656.

"Você tem novidades?" "Com certeza! – $\Sigma i \, p_i \log_2 p_i$ delas!"

CAPÍTULO 38
COLORINDO GRAFOS PLANOS COM CINCO CORES

Os grafos planos e como colori-los têm sido assunto de pesquisa intensa desde os primórdios da teoria de grafos, por causa da conexão deles com o problema das quatro cores. Como enunciado originalmente, o problema das quatro cores procura saber se é sempre possível colorir com quatro cores as regiões de um mapa plano de forma que as regiões que compartilham uma fronteira comum (e não apenas um ponto) recebam cores diferentes. A figura ao lado mostra que colorir as regiões de um mapa, na realidade, é a mesma tarefa que colorir os pontos de um grafo plano. Como no Capítulo 13 (página 107), coloque um vértice no interior de cada região (incluindo a região externa) e conecte dois de tais vértices pertencentes a regiões vizinhas por uma aresta que cruza a fronteira comum.

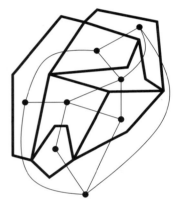

O grafo dual de um mapa

O grafo resultante G, *o grafo dual* do mapa M, é, então, um grafo plano, e colorir os vértices de G no sentido usual é o mesmo que colorir as regiões de M. Dessa forma, podemos nos concentrar em colorir os vértices de grafos planos, e é o que faremos de agora em diante. Observe que podemos supor que G não tem laços nem arestas múltiplas, uma vez que são irrelevantes para a coloração.

Na longa e árdua história dos ataques para demonstrar o teorema das quatro cores, muitas tentativas chegaram perto, mas o que finalmente deu certo na demonstração de Appel-Haken, de 1976, e também na mais recente demonstração de Robertson, Sanders, Seymour e Thomas, de 1997, foi uma combinação de ideias muito antigas (datando do século XIX) com a muito moderna capacidade de cálculo dos computadores atuais. Vinte e cinco anos depois da demonstração original, a situação ainda é basicamente a mesma; existe até mesmo uma demonstração gerada e verificável pelo computador devida a Gonthier, mas nenhuma demonstração em vista para O Livro.

Então, vamos ser mais modestos e perguntar se existe uma demonstração clara de que todo grafo plano pode ser colorido com cinco cores. Uma demonstração desse teorema das cinco cores já havia sido dada por Heawood na virada do século. A ferramenta básica dessa demonstração (e, na verdade,

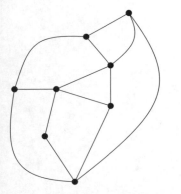

Este grafo plano tem oito vértices, treze arestas e sete regiões

também do teorema das quatro cores) foi a fórmula de Euler (ver o Capítulo 13). Claramente, ao colorir um grafo G, podemos assumir que G é conexo, uma vez que podemos colorir as partes conexas separadamente. Um grafo plano divide o plano num conjunto R de regiões (incluindo a região exterior). A fórmula de Euler estabelece que, para grafos planos conexos $G = (V, E)$, sempre temos que

$$|V| - |E| + |R| = 2.$$

Como um aquecimento, vejamos como a fórmula de Euler pode ser usada para demonstrar que todo grafo plano G pode ser colorido com seis cores. Procedemos por indução no número de vértices n. Para valores pequenos de n (em particular, para $n \leq 6$), isso é óbvio.

Pela parte (A) da proposição da página 109 sabemos que G tem um vértice v de grau no máximo 5. Apague v e todas as arestas incidentes a v. O grafo resultante $G' = G \setminus v$ é um grafo plano com $n - 1$ vértices. Por indução, ele pode ser colorido com 6 cores. Uma vez que v tem no máximo 5 vizinhos em G, no máximo 5 cores são usadas para esses vizinhos na coloração de G'. Assim, podemos estender qualquer coloração com seis cores de G' a uma coloração com seis cores de G, associando a v uma cor que ainda não tenha sido usada para nenhum de seus vizinhos na coloração de G'. Assim, de fato G' pode ser colorido com 6 cores.

Agora, vamos olhar o número cromático de listas de grafos planos, conforme discutido no capítulo sobre o problema de Dinitz. Claro que nosso método de coloração para 6 cores funciona também para listas de cores (novamente, nunca ficamos sem cores), de forma que $\chi_\ell(G) \leq 6$ vale para qualquer grafo plano G. Erdős, Rubin e Taylor conjecturaram em 1979 que todo grafo plano tem o número cromático de listas no máximo 5, e, mais ainda, que existem grafos planos G com $\chi_\ell(G) > 4$. Eles estavam certos em ambas as conjecturas. Margit Voigt foi a primeira a construir um exemplo de um grafo plano G com $\chi_\ell(G) = 5$ (o exemplo dela tinha 238 vértices) e, por volta da mesma época, Carsten Thomassen deu uma demonstração verdadeiramente assombrosa da conjectura da coloração de lista com cinco cores. Sua demonstração é um exemplo esclarecedor do que você pode fazer quando acha a hipótese de indução correta. Ela não usa de maneira nenhuma a fórmula de Euler!

> **Teorema.** *Todos os grafos planos G admitem uma coloração de lista com cinco cores*
> $$\chi_\ell(G) \leq 5.$$

Demonstração. Primeiro, observe que adicionar arestas só pode aumentar o número cromático. Em outras palavras, quando H é um subgrafo de G, então $\chi_\ell(H) \leq \chi_\ell(G)$ certamente vale. Consequentemente, podemos assumir que G é conexo e que todas as faces limitadas de uma imersão têm triângulos como fronteiras. Vamos chamar tal grafo de *quase triangulado*. A validade do teorema para grafos quase triangulados estabelecerá o resultado para todos os grafos planos.

O truque da demonstração é mostrar o seguinte resultado mais forte (que nos permite usar indução):

> Seja $G = (V, E)$ um grafo quase triangulado e seja B o ciclo limitando a região externa. Fazemos as seguintes hipóteses sobre os conjuntos de cor $C(v), v \in V$:
>
> - Dois vértices adjacentes x, y de B já estão coloridos com (diferentes) cores α e β.
> - $|C(v)| \geq 3$ para todos os outros vértices v de B.
> - $|C(v)| \geq 5$ para todos os vértices v no interior.
>
> Então, as colorações de x, y podem ser estendidas para uma coloração adequada de G por escolha de cores das listas. Em particular, $\chi_\ell(G) \leq 5$.

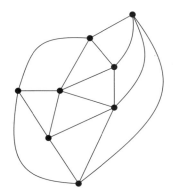

Um grafo plano quase triangulado

Para $|V| = 3$ isso é óbvio, uma vez que, para o único vértice não colorido v, temos $|C(v)| \geq 3$, de forma que existe uma cor disponível. Agora, procedemos por indução.

Caso 1: Suponhamos que B tenha uma corda, isto é, uma aresta não em B que une dois vértices $u, v \in B$. O subgrafo G_1, que é limitado por $B_1 \cup \{uv\}$ e contém x, y, u e v, é quase triangulado e, em consequência, tem uma coloração de lista com no máximo cinco cores, por indução. Suponhamos que, nessa coloração, os vértices u e v recebam as cores γ e δ. Agora, olhamos para a parte de baixo G_2 limitada por B_2 e uv. Considerando u, v como pré-coloridos, vemos que as hipóteses de indução também são satisfeitas para G_2. Em consequência, G_2 tem coloração de lista de cinco cores com as cores disponíveis e, assim, o mesmo é verdade para G.

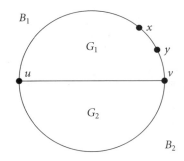

Caso 2: Suponhamos que B não tenha nenhuma corda. Seja v_0 o vértice no outro lado do vértice x, colorido por α, em B, e sejam $x, v_1, \ldots, v_t, w$ os vizinhos de v_0. Uma vez que G é quase triangulado, temos a situação mostrada na figura.

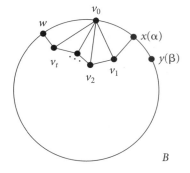

Construa o grafo quase triangulado $G' = G \setminus v_0$ apagando de G o vértice v_0 e todas as arestas que emanam de v_0. Esse G' tem como fronteira externa $B' = (B \setminus v_0) \cup \{v_1, \ldots, v_t\}$. Uma vez que $|C(v_0)| \geq 3$, pela hipótese (2) existem duas cores γ, δ em $C(v_0)$, diferentes de α. Agora, substituímos cada conjunto de cores $C(v_i)$ por $C(v_i) \setminus \{\gamma, \delta\}$, mantendo os conjuntos de cores originais para todos os outros vértices em G'. Então, G' claramente satisfaz todas as hipóteses e assim, por indução, tem coloração de lista de cinco cores. Escolhendo γ ou δ para v_0, diferente da cor de w, podemos estender a coloração de lista de G' para todo o G. □

Assim, o teorema da coloração de lista por cinco cores está demonstrado, mas a história ainda não acabou totalmente. Uma conjectura mais forte afirmava que o número cromático de lista de um grafo plano G é no máximo 1 a mais do que o número cromático ordinário:

É verdade que $\chi_\ell(G) \leq \chi(G) + 1$ para todo grafo plano G?

Uma vez que, pelo teorema das quatro cores, $\chi(G) \leq 4$, temos três casos:

Caso I: $\chi(G) = 2 \Rightarrow \chi_\ell(G) \leq 3$;

Caso II: $\chi(G) = 3 \Rightarrow \chi_\ell(G) \leq 4$;

Caso III: $\chi(G) = 4 \Rightarrow \chi_\ell(G) \leq 5$.

O resultado de Thomassen resolve o Caso III, e o Caso I foi demonstrado por Alon e Tarsi através de um argumento engenhoso (e muito mais sofisticado). Além disso, existem grafos planos G com $\chi(G) = 2$ e $\chi_\ell(G) = 3$, como, por exemplo, o grafo $K_{2,4}$ que consideramos no capítulo sobre o problema de Dinitz.

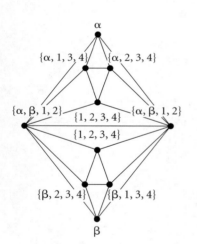

Mas, e o Caso II? Aqui, a conjectura é falsa: isso foi mostrado primeiro por Margit Voigt para um grafo que tinha sido construído anteriormente por Shai Gutner. Seu grafo com 130 vértices pode ser obtido como segue. Primeiro, olhamos para o "octaedro duplo" (veja a figura ao lado), que pode claramente ser colorido com três cores. Sejam $\alpha \in \{5, 6, 7, 8\}$ e $\beta \in \{9, 10, 11, 12\}$, e consideremos as listas que são dadas na figura. Você está convidado a verificar que não é possível uma coloração com essas listas. Agora, tome 16 cópias desse grafo e identifique todos os vértices superiores e todos os vértices inferiores. Isso fornece um grafo com $16 \cdot 8 + 2 = 130$ vértices, que ainda é plano e pode ser colorido com três cores. Atribuímos $\{5, 6, 7, 8\}$ ao vértice superior e $\{9, 10, 11, 12\}$ ao vértice de baixo, com as listas internas correspondendo aos 16 pares (α, β), $\alpha \in \{5, 6, 7, 8\}$, $\beta \in \{9, 10, 11, 12\}$. Obtemos, assim, para toda escolha de α e β, um subgrafo como na figura, e então uma coloração de lista do grafo grande não é possível.

Fazendo uma modificação de outro dos exemplos de Gutner, Voigt e Wirth descobriram um grafo plano ainda menor, com 75 vértices e $\chi = 3$, $\chi_\ell = 5$, que, além disso, usa somente o número mínimo de cinco cores nas listas combinadas. O recorde atual é de 63 vértices.

Para concluir, queremos mencionar que Victor Campos e Frédéric Havet recentemente estenderam o teorema de Thomassen ao mostrar que todo grafo que pode ser desenhado no plano com no máximo dois cruzamentos ainda tem coloração de lista com cinco cores.

Referências

[1] N. Alon & M. Tarsi: *Colorings and orientations of graphs*, Combinatorica 12 (1992), 125-134.

[2] V. Campos & F. Havet: *5-choosability of graphs with 2 crossings*, Preprint, maio 2011, 18 páginas, http://arxiv.org/abs/1105.2723.

[5] P. Erdős, A. L. Rubin & H. Taylor: *Choosability in graphs*, Proc. West Coast Conference on Combinatorics, Graph Theory and Computing, Congressus Numerantium 26 (1979), 125-157.

[4] G. Gonthier: *Formal proof – the Four-Color Theorem*, Notices of the AMS (11) 55 (2008), 1382-1393.

[5] S. Gutner: *The complexity of planar graph choosability*, Discrete Math. 159 (1996), 119-130.

[6] N. Robertson, D. P. Sanders, P. Seymour & R. Thomas: *The four-colour theorem*, J. Combinatorial Theory, Ser. B 70 (1997), 2-44.

[7] C. Thomassen: *Every planar graph is 5-choosable*, J. Combinatorial Theory, Ser. B 62 (1994), 180-181.

[8] M. Voigt: *List colorings of planar graphs*, Discrete Math. 120 (1993), 215-219.

[9] M. Voigt & B. Wirth: *On 3-colorable non-4-choosable planar graphs*, J. Graph Theory 24 (1997), 233-235.

CAPÍTULO 39
COMO PROTEGER UM MUSEU

Aqui está um problema atraente, que foi levantado por Victor Klee em 1973. Suponha que o gerente de um museu quer ter certeza de que, durante todo o tempo, todo ponto do museu está sendo vigiado por um guarda. Os guardas ficam parados em postos fixos, mas podem virar-se. Quantos guardas são necessários?

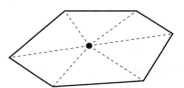

Uma sala de exibição convexa

Podemos imaginar as paredes do museu como um polígono consistindo de n lados. Claro que, se o polígono é *convexo*, então um guarda é o bastante. De fato, o guarda pode ficar parado em qualquer ponto do museu. Mas, em geral, as paredes do museu podem ter a forma de qualquer polígono fechado.

Considere um museu com a forma de um pente, com $n = 3m$ paredes, como ilustrado ao lado. É fácil ver que isto requer no mínimo $m = \frac{n}{3}$ guardas. De fato, existem n paredes. Agora, note que o ponto 1 só pode ser observado por um guarda parado no triângulo sombreado contendo 1 e, analogamente, para os pontos 2, 3, ..., m. Uma vez que todos esses triângulos são disjuntos, concluímos que no mínimo m guardas são necessários. Mas m guardas são também suficientes, uma vez que podem ser colocados nas linhas superiores dos triângulos. Cortando uma ou duas paredes no final, concluímos que para qualquer n existe um museu com n paredes que requer $\lfloor \frac{n}{3} \rfloor$ guardas.

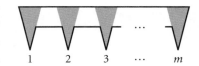

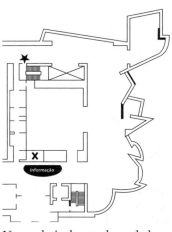

Uma galeria de arte de verdade ...

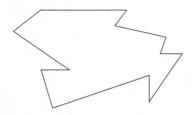

Um museu com $n = 12$ paredes

O seguinte resultado afirma que esse é o pior caso.

Teorema. *Para qualquer museu com n paredes, bastam $\lfloor \frac{n}{3} \rfloor$ guardas.*

Esse "teorema da galeria de arte" foi demonstrado primeiro por Vašek Chvátal por meio de um argumento inteligente, mas aqui está uma demonstração devida a Steve Fisk que é realmente bonita.

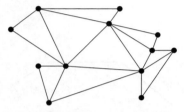

Uma triangularização do museu

Demonstração. Antes de tudo, vamos desenhar $n - 3$ diagonais que não se cruzem entre os cantos das paredes, até que o interior esteja triangulado. Por exemplo, podemos desenhar nove diagonais no museu mostrado na margem para produzir uma triangulação. Não importa qual triangulação escolhemos, pode ser qualquer uma. Agora, pense na nova figura como um gráfico plano com os cantos como vértices e as paredes e diagonais como arestas.

Afirmação. *Esse gráfico pode ser colorido com três cores.*

Para $n = 3$, não há nada a demonstrar. Agora, para $n > 3$, pegue quaisquer dois vértices u e v que sejam conectados por uma diagonal. Essa diagonal irá dividir o grafo em dois grafos triangulados menores, ambos contendo a aresta uv. Por indução, podemos colorir cada parte com três cores, onde podemos escolher a cor 1 para u e cor 2 para v em cada coloração. Juntando as colorações, obtemos uma coloração por três cores do grafo inteiro.

O resto é fácil. Uma vez que existem n vértices, pelo menos uma das classes de cor – digamos, os vértices coloridos com 1 – contém no máximo $\lfloor \frac{n}{3} \rfloor$ vértices, e é aí que colocamos os guardas. Uma vez que todo triângulo contém um vértice de cor 1, inferimos que todo triângulo está sob guarda, e daí o mesmo acontece com todo o museu. □

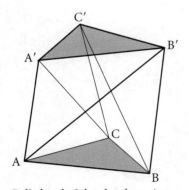

Poliedro de Schönhardt: os ângulos diedros interiores nas arestas AB', BC' e CA' são maiores do que 180°.

Pode ser que o leitor astuto tenha notado um ponto sutil em nosso raciocínio. Sempre existe uma triangulação? Provavelmente, a primeira reação de todo mundo seja: "obviamente que sim!" Bem, existe, mas isso não é completamente óbvio, e, de fato, a generalização para três dimensões (particionando em tetraedros) é falsa! Isso pode ser visto a partir do *poliedro de Schönhardt*, visto ao lado. Ele é obtido de um prisma triangular rodando-se o triângulo superior, de forma que cada uma das faces quadrilaterais se quebra em dois triângulos com uma aresta não convexa. Tente triangular esse poliedro! Você notará que qualquer tetraedro que contenha o triângulo inferior deve conter um dos três vértices superiores: mas o tetraedro resultante não estará contido no poliedro de Schönhardt. Dessa forma, não há triangulação sem um vértice adicional.

Para demonstrar que existe uma triangulação no caso de um polígono plano não convexo, procedemos por indução no número n de vértices. Para $n = 3$, o polígono é um triângulo, e não há nada a demonstrar. Seja $n \geq 4$. Para usar indução, tudo o que temos que produzir é *uma* diagonal, que dividirá o polígono P em duas partes menores, tal que a triangulação do polígono possa ser unida a partir das triangulações das partes.

Chame um vértice A de *convexo* se o ângulo interior no vértice for menor que 180°. Uma vez que a soma dos ângulos interiores de P é $(n-2)180°$, deve haver um vértice convexo A. De fato, deve haver no mínimo três deles: essencialmente, essa é uma aplicação do princípio da casa de pombos! Ou você pode considerar a envoltória convexa do polígono e notar que todos os seus vértices são convexos para o polígono original também.

Agora, olhe os dois vértices vizinhos B e C de A. Se o segmento BC fica inteiramente em P, então essa é a nossa diagonal. Se não, o triângulo ABC contém outros vértices. Deslize BC em direção a A até que ele atinja o último vértice Z em ABC. Agora AZ está dentro de P, e temos uma diagonal.

Existem muitas variantes do teorema da galeria de arte. Por exemplo, podemos querer somente guardar as paredes (que são, afinal, onde os quadros estão pendurados), ou os guardas estão todos parados em vértices. Uma variante particularmente bonita (em aberto) vai a seguir:

> *Suponha que cada guarda pode patrulhar uma parede do museu, de forma que cada um caminha ao longo de sua parede e vê qualquer coisa que possa ser vista de qualquer ponto ao longo dessa parede.*
>
> *Quantos "guardas de parede" são necessários para se manter o controle?*

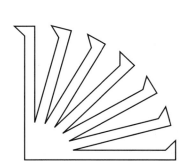

Gottfried Toussaint construiu um exemplo de museu, visto ao lado, que mostra que $\lfloor \frac{n}{4} \rfloor$ guardas podem ser necessários.

Esse polígono tem 28 lados (e, em geral, $4m$ lados), e o leitor está convidado a verificar que m guarda-lados são necessários. Conjectura-se que, exceto para alguns valores pequenos de n, esse número é também suficiente, mas uma demonstração – especialmente uma demonstração para O Livro – ainda não está em vista.

Referências

[1] V. CHVÁTAL: *A combinatorial theorem in plane geometry*, J. Combinatorial Theory, Ser. B **18** (1975), 39-41.

[2] S. FISK: *A short proof of Chvátal's watchman theorem*, J. Combinatorial Theory, Ser. B **24** (1978), 374.

[3] J. O'Rourke: *Art Gallery Theorems and Algorithms*, Oxford University Press, 1987.

[4] E. Schönhardt: *Über die Zerlegung von Dreieckspolyedern in Tetraeder*, Math. Annalen 98 (1928), 309-312.

"Guardas de museu"
(Um problema tridimensional de galeria de arte)

CAPÍTULO 40
TEOREMA DO GRAFO DE TURÁN

Um dos resultados fundamentais da teoria de grafos é o teorema de Turán, de 1941, que começou a teoria extremal dos grafos. O teorema de Turán foi redescoberto muitas vezes com várias demonstrações diferentes. Discutiremos cinco delas e deixaremos que o leitor decida qual pertence aO Livro.

Inicialmente, vamos fixar alguma notação. Consideremos grafos simples G com conjunto de vértices $V = \{v_1, \ldots, v_n\}$ e conjunto de arestas E. Se v_i e v_j são vizinhos, então escrevemos $v_i v_j \in E$. Um *p-clique* em G é um subgrafo completo de G com p vértices, denotado por K_p. Paul Turán colocou a seguinte questão:

> *Suponha que G é um grafo simples que não contém um p-clique. Qual é o maior número de arestas que G pode ter?*

Paul Turán

De pronto, obtemos exemplos de tais grafos dividindo V em $p-1$ subconjuntos disjuntos, dois a dois disjuntos, $V = V_1 \cup \ldots \cup V_{p-1}, |V_i| = n_i, n = n_1 + \cdots + n_{p-1}$, ligando dois vértices se e somente se eles estão em conjuntos distintos V_i, V_j. Denotamos o grafo resultante por $K_{n_1,\ldots,n_{p-1}}$; ele tem $\sum_{i<j} n_i n_j$ arestas. Obteremos um número máximo de arestas entre tais grafos com n dado se dividirmos os números n_i tão uniformemente quanto possível, isto é, se $|n_i - n_j| \leq 1$ para todo i,j. De fato, suponha que $n_1 \geq n_2 + 2$. Mudando um vértice de posição, de V_1 para V_2, obtemos $K_{n_1-1,n_2+1,\ldots,n_{p-1}}$, que contém $(n_1-1)(n_2+1) - n_1 n_2 = n_1 - n_2 - 1 \geq 1$ mais arestas do que $K_{n_1,n_2,\ldots,n_{p-1}}$. Vamos chamar os grafos $K_{n_1,\ldots,n_{p-1}}$ com $|n_i - n_j| \leq 1$ de *grafos de Turán*. Em particular, se $p-1$ divide n, então podemos escolher $n_i = \frac{n}{p-1}$ para todo i, obtendo

$$\binom{p-1}{2}\left(\frac{n}{p-1}\right)^2 = \left(1 - \frac{1}{p-1}\right)\frac{n^2}{2}$$

arestas. O teorema de Turán afirma agora que esse número é um limitante superior para o número de arestas de *qualquer* grafo com n vértices sem um p-clique.

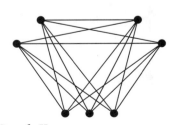

O grafo $K_{2,2,3}$

Teorema. *Se um grafo $G = (V, E)$ com n vértices não tem p-cliques, $p \geq 2$, então*

$$|E| \leq \left(1 - \frac{1}{p-1}\right)\frac{n^2}{2}. \tag{1}$$

Para $p = 2$ isso é trivial. No primeiro caso interessante, $p = 3$, o teorema estabelece que um grafo livre de triângulos com n vértices contém no máximo $\frac{n^2}{4}$ arestas. Demonstrações desse caso especial eram conhecidas antes do resultado de Turán. Duas elegantes demonstrações que usam desigualdades estão contidas no Capítulo 20.

Vamos nos voltar para o caso geral. As primeiras duas demonstrações usam indução e são devidas a Turán e a Erdős, respectivamente.

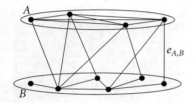

Primeira demonstração. Usamos indução em n. Verifica-se facilmente que (1) é verdadeira para $n < p$. Seja G um grafo com $V = \{v_1, \ldots, v_n\}$ sem p-cliques e com um número máximo de arestas, em que $n \geq p$. G certamente contém $(p-1)$-cliques, uma vez que de outra forma poderíamos adicionar arestas. Seja A um $(p-1)$-clique e ponha $B := V \setminus A$.

A contém $\binom{p-1}{2}$ arestas e, agora, vamos estimar o número de arestas em B e o número de arestas $e_{A,B}$ entre A e B. Temos, por indução, que $e_B \leq \frac{1}{2}(1 - \frac{1}{p-1})(n - p + 1)^2$. Como G não tem p-cliques, cada $v_j \in B$ é adjacente a, no máximo, $p - 2$ vértices em A, e obtemos $e_{A,B} \leq (p-2)(n - p + 1)$. Tudo isso junto nos dá

$$|E| \leq \binom{p-1}{2} + \frac{1}{2}\left(1 - \frac{1}{p-1}\right)(n - p + 1)^2 + (p-2)(n - p + 1),$$

que é precisamente $(1 - \frac{1}{p-1})\frac{n^2}{2}$. □

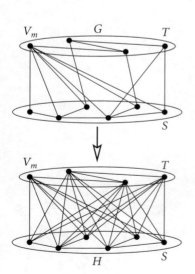

Segunda demonstração. Esta demonstração faz uso da estrutura dos grafos de Turán. Seja $v_m \in V$ um vértice de grau máximo $d_m = \max_{1 \leq j \leq n} d_j$. Denotemos por S o conjunto dos vizinhos de v_m, $|S| = d_m$, e façamos $T := V \setminus S$. Como G não contém p-cliques e v_m é adjacente a todos os vértices de S, notamos que S não contém $(p-1)$-cliques.

Agora, construímos o seguinte grafo H em V (veja a figura ao lado). H corresponde a G em S e contém todas as arestas entre S e T, mas nenhuma aresta dentro de T. Em outras palavras, T é um conjunto independente em H e concluímos que H novamente não tem p-cliques. Seja d'_j o grau de v_j em H. Se $v_j \in S$, então certamente temos que $d'_j \geq d_j$ pela construção de H e, para $v_j \in T$, vemos que $d'_j = |S| = d_m \geq d_j$ por causa da escolha de v_m. Inferimos que $|E(H)| \geq |E|$ e encontramos que, entre todos os grafos com um número máximo de arestas, deve existir um na forma de H. Por indução, o grafo induzido por S tem no máximo o mesmo número de arestas que um grafo conveniente $K_{n_1, \ldots, n_{p-2}}$ em S. Portanto, $|E| \leq |E(H)| \leq E(K_{n_1, \ldots, n_{p-1}})$ com $n_{p-1} = |T|$, o que implica (1). □

As duas demonstrações seguintes são de natureza totalmente diferente e usam um argumento de maximização e ideias emprestadas da teoria de probabilidades. Elas são devidas a Motzkin e Straus e a Alon e Spencer, respectivamente.

Terceira demonstração. Considere uma *distribuição de probabilidade* $w = (w_1, \ldots, w_n)$ nos vértices, isto é, uma atribuição de valores $w_i \geq 0$ aos vértices, com $\sum_{i=1}^{n} w_i = 1$. Nossa meta é maximizar a função

$$f(w) = \sum_{v_i v_j \in E} w_i w_j.$$

Suponha que w seja uma distribuição qualquer e sejam v_i e v_j um par de vértices não adjacentes com pesos positivos w_i, w_j. Seja s_i a soma dos pesos de todos os vértices adjacentes a v_i e definamos s_j analogamente para v_j, onde podemos assumir que $s_i \geq s_j$. Agora, movemos o peso de v_j para v_i, isto é, o novo peso de v_i é $w_i + w_j$, enquanto que o peso de v_j cai para 0. Para a nova distribuição w', encontramos que

$$f(w') = f(w) + w_j s_i - w_j s_j \geq f(w).$$

"Movendo pesos"

Repetimos esse passo (reduzindo o número de vértices com pesos positivos por um em cada passo), até que não reste nenhum par de vértices não adjacentes com pesos positivos. Concluímos então que existe uma distribuição ótima em que os pesos não nulos estão concentrados num clique, digamos, em um k-clique. Agora, se, digamos, $w_1 > w_2 > 0$, então escolhemos ε com $0 < \varepsilon < w_1 - w_2$ e mudamos w_1 para $w_1 - \varepsilon$, e w_2 para $w_2 + \varepsilon$. A nova distribuição w' satisfaz $f(w') = f(w) + \varepsilon(w_1 - w_2) - \varepsilon^2 > f(w)$ e, assim, inferimos que o valor máximo de $f(w)$ é atingido para $w_i = \frac{1}{k}$ em um k-clique e $w_i = 0$ caso contrário. Como um k-clique contém $\frac{k(k-1)}{2}$ arestas, obtemos

$$f(w) = \frac{k(k-1)}{2} \frac{1}{k^2} = \frac{1}{2}\left(1 - \frac{1}{k}\right).$$

Uma vez que essa expressão é crescente em k, o melhor que podemos fazer é colocar $k = p - 1$ (pois G não tem p-cliques). Assim, concluímos que

$$f(w) \leq \frac{1}{2}\left(1 - \frac{1}{p-1}\right)$$

para *qualquer* distribuição w. Em particular, essa desigualdade vale para a distribuição *uniforme* dada por $w_i = \frac{1}{n}$ para todo i. Assim, encontramos

$$\frac{|E|}{n^2} = f\left(w_i = \frac{1}{n}\right) \leq \frac{1}{2}\left(1 - \frac{1}{p-1}\right),$$

que é precisamente (1). □

Quarta demonstração. Dessa vez, vamos usar alguns conceitos da teoria de probabilidades. Seja G um grafo arbitrário com conjunto de vértices $V = \{v_1, \ldots, v_n\}$. Denote o grau de v_i por d_i e escreva $\omega(G)$ para o número de vértices no maior clique, chamado o *número de clique* de G.

Afirmação. *Temos que* $\omega(G) \geq \sum_{i=1}^{n} \dfrac{1}{n - d_i}$.

Escolhemos uma permutação aleatória $\pi = v_1 v_2 \ldots v_n$ de vértices V em que cada permutação deve aparecer com a mesma probabilidade $\frac{1}{n}$ e então considere o seguinte conjunto C_π. Pomos v_i em C_π se e somente se v_i é adjacente a todo v_j ($j < i$) precedendo v_i. Por definição, C_π é um clique em G. Seja $X = |C_\pi|$ a variável aleatória correspondente. Temos que $X = \sum_{i=1}^{n} X_i$, onde X_i é a variável aleatória indicadora do vértice v_i, isto é, $X_i = 1$ ou $X_i = 0$ dependendo de $v_i \in C_\pi$ ou $v_i \notin C_\pi$. Observe que v_i pertence a C_π com relação à permutação $v_1 v_2 \ldots v_n$ se e somente se v_i aparece *antes* de todos os $n - 1 - d_i$ vértices que não são adjacentes a v_i, ou, em outras palavras, se v_i é o *primeiro* entre v_i e seus $n - 1 - d_i$ não vizinhos. A probabilidade de que isso aconteça é $\frac{1}{n-d_i}$, de onde $EX_i = \frac{1}{n-d_i}$.

Assim, pela linearidade do valor esperado (ver a página 143), obtemos

$$E(|C_\pi|) = EX = \sum_{i=1}^{n} EX_i = \sum_{i=1}^{n} \frac{1}{n - d_i}.$$

Consequentemente, deve existir um clique desse tamanho, no mínimo, e essa era nossa afirmação. Para deduzir o teorema de Turán dessa afirmação, usamos a desigualdade de Cauchy-Schwarz do Capítulo 20:

$$\left(\sum_{i=1}^{n} a_i b_i \right)^2 \leq \left(\sum_{i=1}^{n} a_i^2 \right) \left(\sum_{n=1}^{n} b_i^2 \right).$$

Façamos $a_i = \sqrt{n - d_i}$, $b_i = \frac{1}{\sqrt{n-d_i}}$. Então, $a_i b_i = 1$ e encontramos que

$$n^2 \leq \left(\sum_{i=1}^{n} (n - d_i) \right) \left(\sum_{i=1}^{n} \frac{1}{n - d_i} \right) \leq \omega(G) \sum_{i=1}^{n} (n - d_i). \qquad (2)$$

Neste ponto, usamos a hipótese $\omega(G) \leq p - 1$ do teorema de Turán. Usando também $\sum_{i=1}^{n} d_i = 2|E|$ do capítulo sobre a contagem dupla, a desigualdade de (2) leva a

$$n^2 \leq (p - 1)(n^2 - 2|E|),$$

e isso é equivalente à desigualdade de Turán. □

Agora, estamos prontos para a última demonstração, que pode ser a mais bonita de todas. Sua origem não está muito clara; nós a conseguimos de Stephan Brandt, que a ouviu em Oberwolfach. Ela pode mesmo ser um "folclore" da teoria de grafos. Ela fornece, de um único golpe, que o grafo de Turán é, de fato, o único exemplo com um número máximo de arestas. Pode-se observar que ambas as demonstrações 1 e 2 implicam também esse resultado mais forte.

Quinta demonstração. Seja G um grafo com n vértices, sem um p-clique e com um número máximo de arestas.

Afirmação. *G não contém três vértices u, v, w tais que $vw \in E$, mas $uv \notin E$, $uw \notin E$.*

Suponha que o contrário seja verdade e considere os seguintes casos:

Caso 1: $d(u) < d(v)$ ou $d(u) < d(w)$.

Podemos supor que $d(u) < d(v)$. Então, duplicamos v, isto é, criamos um novo vértice v', que tem exatamente os mesmos vizinhos que v (mas vv' não é uma aresta), apagamos u e mantemos o resto sem mudanças.

Outra vez, o novo grafo G' não tem p-cliques e, para o número de arestas, encontramos

$$|E(G')| = |E(G)| + d(v) - d(u) > |E(G)|,$$

o que é uma contradição.

Caso 2: $d(u) \geq d(v)$ e $d(u) \geq d(w)$:

Duplique u duas vezes e apague v e w (como ilustrado ao lado). Outra vez, o novo grafo G' não tem p-cliques e nós calculamos (o -1 resulta da aresta vw):

$$|E(G')| = |E(G)| + 2d(u) - (d(v) + d(w) - 1) > |E(G)|.$$

Assim, temos mais uma vez uma contradição.

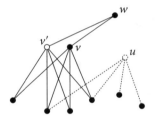

Um instante de reflexão mostra que a afirmação que acabamos de demonstrar equivale a afirmar que

$$u \sim v :\Longleftrightarrow uv \notin E(G)$$

define uma relação de equivalência. Assim, G é um grafo multipartido completo, $G = K_{n_1, \ldots, n_{p-1}}$, e caso encerrado. □

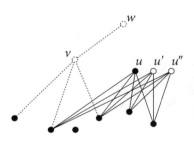

Referências

[1] M. AIGNER: *Turán's graph theorem*, Amer. Math. Monthly 102 (1995), 808-816.

[2] N. ALON & J. SPENCER: *The Probabilistic Method*, Wiley Interscience, 1992.

[3] P. Erdős: *On the graph theorem of Turán* (*em húngaro*), Math. Fiz. Lapok 21 (1970), 249-251.

[4] T. S. Motzkin & E. G. Strauss: *Maxima for graphs and a new proof of a theorem of Turán*, Canad. J. Math. 17 (1965), 533-540.

[5] P. Turán: *On an extremal problem in graph theory*, Math. Fiz. Lapok 48 (1941), 436-452.

"Pesos maiores para mover"

CAPÍTULO 41
COMUNICANDO SEM ERROS

Em 1956, Claude Shannon, o fundador da teoria da informação, propôs a seguinte questão, muito interessante:

> *Suponha que queiramos transmitir mensagens através de um canal (em que alguns símbolos podem ser distorcidos) para um receptor. Qual a taxa máxima de transmissão para que o receptor possa recuperar a mensagem original sem erros?*

Claude Shannon

Vamos ver o que Shannon queria dizer com "canal" e "taxa de transmissão". Dado um conjunto V de símbolos, uma mensagem é simplesmente uma sequência de símbolos de V. Modelamos o canal como sendo um grafo $G = (V, E)$, onde V é o conjunto de símbolos e E é o conjunto de arestas entre pares de símbolos não confiáveis, isto é, símbolos que podem ser confundidos durante a transmissão. Por exemplo, comunicando através de um telefone, em linguagem cotidiana, conectamos os símbolos B e P por uma aresta, pois o receptor pode não ser capaz de distingui-los. Vamos chamar G de *grafo de confusões*.

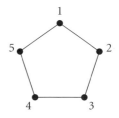

O 5-ciclo C_5 irá desempenhar um papel proeminente em nossa discussão. Neste exemplo, 1 e 2 podem ser confundidos, mas não 1 e 3 etc. Idealmente, gostaríamos de usar todos os 5 símbolos para a transmissão, mas, uma vez que queremos comunicar sem erros, podemos – se enviarmos apenas símbolos individuais – usar somente uma letra de cada par que possa ser confundido. Assim, para o 5-ciclo podemos usar somente duas letras diferentes (quaisquer duas que não estejam conectadas por uma aresta). Na linguagem da teoria da informação, isso significa que, para o 5-ciclo, atingimos uma taxa de informação de $\log_2 2 = 1$ (em vez do valor máximo $\log_2 5 \approx 2{,}32$). Está claro que nesse modelo, para um grafo arbitrário $G = (V, E)$, o melhor que podemos fazer é transmitir símbolos de um conjunto independente de tamanho máximo. Assim, a taxa de informação durante o envio de símbolos individuais é $\log_2 \alpha(G)$, onde $\alpha(G)$ é o *número de independência* de G.

Vamos ver se podemos aumentar a taxa de informação usando sequências maiores no lugar de símbolos individuais. Suponha que queiramos transmitir sequências de comprimento 2. As sequências $u_1 u_2$ e $v_1 v_2$ somente podem ser confundidas se acontecer um dos seguintes três casos:

- $u_1 = v_1$ e u_2 pode ser confundido com v_2;
- $u_2 = v_2$ e u_1 pode ser confundido com v_1;
- $u_1 \neq v_1$ podem ser confundidos e $u_2 \neq v_2$ podem ser confundidos.

Em termos da teoria de grafos, isso equivale a considerar o *produto* $G_1 \times G_2$ de dois grafos $G_1 = (V_1, E_1)$ e $G_2 = (V_2, E_2)$. O produto $G_1 \times G_2$ tem o conjunto de vértices $V_1 \times V_2 = \{(u_1, u_2) : u_1 \in V_1, u_2 \in V_2\}$, com $(u_1, u_2) \neq (v_1, v_2)$ unidos por uma aresta se e somente se $u_i = v_i$ ou $u_i v_i \in E_i$, para $i = 1, 2$. O grafo de confusões para sequências de comprimento 2 é, então, $G^2 = G \times G$, o produto do grafo com ele mesmo. A taxa de informação das sequências de comprimento 2 *por símbolo* é, então, dada por

$$\frac{\log_2 \alpha(G^2)}{2} = \log_2 \sqrt{\alpha(G^2)}.$$

Agora, é claro que podemos usar sequências de qualquer comprimento n. O n-ésimo grafo de confusões $G^n = G \times G \times \ldots \times G$ tem conjunto de vértices $V^n = \{(u_1, \ldots, u_n) : u_i \in V\}$, com $(u_1, \ldots, u_n) \neq (v_1, \ldots, v_n)$ sendo ligados por uma aresta se $u_i = v_i$ ou $u_i v_i \in E$, para todo i. A taxa de informação por símbolo determinada pelas sequências de comprimento n é

$$\frac{\log_2 \alpha(G^n)}{n} = \log_2 \sqrt[n]{\alpha(G^n)}.$$

O que podemos dizer sobre $\alpha(G^n)$? Aqui está uma primeira observação. Seja $U \subseteq V$ um conjunto independente de tamanho máximo em G, $|U| = \alpha$. Os α^n vértices em G^n da forma $(u_1, \ldots, u_n)$, $u_i \in U$ para todo i, claramente formam um conjunto independente em G^n. Daí,

$$\alpha(G^n) \geq \alpha(G)^n$$

e, consequentemente,

$$\sqrt[n]{\alpha(G^n)} \geq \alpha(G),$$

significando que nunca diminuímos a taxa de informação através do uso de sequências mais longas em vez de símbolos individuais. A propósito, esta é uma ideia básica da teoria de codificação: por meio da codificação de símbolos em sequências mais longas, podemos fazer comunicações sem erros com maior eficiência.

Desconsiderando o logaritmo, chegamos assim à definição fundamental de Shannon: a *capacidade de zero erros* de um grafo G é dada por

$$\Theta(G) := \sup_{n \geq 1} \sqrt[n]{\alpha(G^n)},$$

e o problema de Shannon era calcular $\Theta(G)$ e, em particular, $\Theta(C_5)$.

Vamos olhar para C_5. Até aqui, sabemos que $\alpha(C_5) = 2 \leq \Theta(C_5)$. Olhando para o 5-ciclo representado anteriormente, ou para o produto $C_5 \times C_5$ conforme visto ao lado, temos que o conjunto $\{(1, 1), (2, 3), (3, 5), (4, 2), (5, 4)\}$ é independente em C_5^2. Assim, temos que $\alpha(C_5^2) \geq 5$. Como um conjunto independente pode conter somente dois vértices de quaisquer duas linhas consecutivas, vemos que $\alpha(C_5^2) = 5$. Daí, usando sequências de comprimento 2, acabamos de aumentar para $\Theta(C_5) \geq \sqrt{5}$ o limitante inferior para a capacidade.

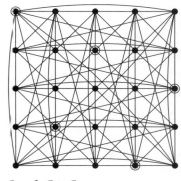

O grafo $C_5 \times C_5$

Até aqui, não temos limitantes superiores para a capacidade. Para obter tais limitantes, novamente seguimos as ideias originais de Shannon. Primeiro, precisamos da definição dual de um conjunto independente. Lembramos que um subconjunto $C \subseteq V$ é um *clique* se quaisquer dois vértices de C são ligados por uma aresta. Assim, os vértices formam cliques triviais de tamanho 1, as arestas são os cliques de tamanho 2, os triângulos são cliques de tamanho 3, e assim por diante. Seja $\mathcal{C}$ o conjunto dos cliques em G. Considere uma distribuição de probabilidades arbitrária $\mathbf{x} = (x_v : v \in V)$ no conjunto de vértices, isto é, $x_v \geq 0$ e $\sum_{v \in V} x_v = 1$. A cada distribuição x, associamos o "valor máximo de um clique"

$$\lambda(\mathbf{x}) = \max_{C \in \mathcal{C}} \sum_{v \in C} x_v,$$

e, finalmente, colocamos

$$\lambda(G) = \min_{x} \lambda(\mathbf{x}) = \min_{x} \max_{C \in \mathcal{C}} \sum_{v \in C} x_v.$$

Para sermos precisos, deveríamos usar inf em vez de min, mas o mínimo existe porque $\lambda(\mathbf{x})$ é contínua no conjunto compacto de todas as distribuições.

Considere agora um conjunto independente $U \subseteq V$ de tamanho máximo $\alpha(G) = \alpha$. Associada a U, definimos a distribuição $\mathbf{x}_U = (x_v : v \in V)$ colocando $x_v = \frac{1}{\alpha}$ se $v \in U$ e $x_v = 0$ caso contrário. Como qualquer clique contém no máximo um vértice de U, inferimos que $\lambda(\mathbf{x}_U) = \frac{1}{\alpha}$ e, assim, pela definição de $\lambda(G)$,

$$\lambda(G) \leq \frac{1}{\alpha(G)} \quad \text{ou} \quad \alpha(G) \leq \lambda(G)^{-1}.$$

O que Shannon observou é que $\lambda(G)^{-1}$ é, de fato, um limitante superior para todos os $\sqrt[n]{\alpha(G^n)}$ e, daí, também para $\Theta(G)$. A fim de demonstrar isso, basta mostrar que, para grafos G, H vale

$$\lambda(G \times H) = \lambda(G)\lambda(H), \tag{1}$$

uma vez que isso implicará que $\lambda(G^n) = \lambda(G)^n$ e, daí,

$$\alpha(G^n) \leq \lambda(G^n)^{-1} = \lambda(G)^{-n}$$

$$\sqrt[n]{\alpha(G^n)} \leq \lambda(G)^{-1}.$$

Para demonstrar (1), fazemos uso do teorema da dualidade da programação linear (ver [1]) e obtemos

$$\lambda(G) = \min_{\mathbf{x}} \max_{C \in \mathcal{C}} \sum_{v \in C} x_v = \max_{\mathbf{y}} \min_{v \in C} \sum_{C \ni v} y_C, \qquad (2)$$

na qual o lado direito percorre todas as distribuições de probabilidade $y = (y_C : C \in \mathcal{C})$ sobre $\mathcal{C}$.

Consideremos $G \times H$ e sejam $\mathbf{x}$ e $\mathbf{x}'$ distribuições atingindo o mínimo, $\lambda(\mathbf{x}) = \lambda(G)$, $\lambda(\mathbf{x}') = \lambda(H)$. No conjunto de vértices de $G \times H$, atribuímos o valor $z_{(u,v)} = x_u x_v'$ ao vértice (u, v). Como $\sum_{(u,v)} z_{(u,v)} = \sum_u x_u \sum_v x_v' = 1$, obtemos uma distribuição. Em seguida, observamos que os cliques máximos em $G \times H$ são do tipo $C \times D = \{(u, v) : u \in C, v \in D\}$, em que C e D são cliques em G e H, respectivamente. Daí, obtemos

$$\lambda(G \times H) \leq \lambda(\mathbf{z}) = \max_{C \times D} \sum_{(u,v) \in C \times D} z_{(u,v)}$$

$$= \max_{C \times D} \sum_{u \in C} x_u \sum_{v \in D} x_v' = \lambda(G)\lambda(H)$$

pela definição de $\lambda(G \times H)$. Do mesmo modo, a desigualdade inversa $\lambda(G \times H) \geq \lambda(G)\lambda(H)$ é mostrada usando-se a expressão dual para $\lambda(G)$ em (2). Em resumo, podemos afirmar que

$$\Theta(G) \leq \lambda(G)^{-1},$$

para qualquer grafo G.

Vamos aplicar nossas descobertas no 5-ciclo e, mais geralmente, no m-ciclo C_m. Fazendo uso da distribuição uniforme $(\frac{1}{m}, \ldots, \frac{1}{m})$ nos vértices, obtemos que $\lambda(C_m) \leq \frac{2}{m}$, uma vez que qualquer clique contém no máximo dois vértices. Analogamente, escolhendo $\frac{1}{m}$ para as arestas e 0 para os vértices, temos que $\lambda(C_m) \geq \frac{2}{m}$, pela expressão dual em (2). Concluímos que $\lambda(C_m) = \frac{2}{m}$ e, consequentemente,

$$\Theta(C_m) \leq \frac{m}{2}$$

para todo m. Agora, se m é par, então claramente $\alpha(C_m) = \frac{m}{2}$ e também $\Theta(C_m) = \frac{m}{2}$. Para m ímpar, contudo, temos $\alpha(C_m) = \frac{m-1}{2}$. Para $m = 3$, C_3 é um clique, e o mesmo acontece com cada produto C_3^n, implicando $\alpha(C_3) = \Theta(C_3) = 1$. Assim, o primeiro caso interessante é o 5-ciclo, do qual sabemos até agora que

$$\sqrt{5} \leq \Theta(C_5) \leq \frac{5}{2}. \qquad (3)$$

Comunicando sem erros

Usando seu enfoque por programação linear (e algumas outras ideias), Shannon foi capaz de calcular a capacidade de muitos grafos e, em particular, de todos os grafos com cinco ou menos vértices – com a única exceção de C_5, em que ele não conseguiu ir além da estimativa em (3). Foi nesse ponto que as coisas ficaram paradas por mais de 20 anos, até que László Lovász mostrou, através de um argumento espantosamente simples, que, de fato, $\Theta(C_5) = \sqrt{5}$. Um problema combinatório aparentemente muito difícil foi contemplado com uma solução elegante e inesperada.

A principal ideia nova de Lovász foi a representação dos vértices v do grafo por vetores reais de comprimento 1, de forma que quaisquer dois vetores que pertencessem a vértices não adjacentes em G fossem ortogonais. Vamos chamar tal conjunto de vetores de *representação ortonormal* de G. Claro que tal representação sempre existe: basta tomar os vetores unitários $(1, 0, ..., 0)^T$, $(0, 1, 0, ..., 0)^T, ..., (0, 0, ..., 1)^T$ de dimensão $m = |V|$.

Para o grafo C_5, podemos obter uma representação ortonormal em $\mathbb{R}^3$ considerando um "guarda-chuva" com cinco varetas $\mathbf{v}_1, ..., \mathbf{v}_5$ de comprimento unitário. Agora, abra o guarda-chuva (com a ponta na origem) até o ponto em que os ângulos entre as varetas alternadas sejam de 90°.

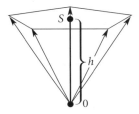

O guarda-chuva de Lovász

Em seguida, Lovász foi adiante para mostrar que a altura h do guarda-chuva, isto é, a distância entre $\mathbf{0}$ e S, provê o limitante

$$\Theta(C_5) \leq \frac{1}{h^2}. \qquad (4)$$

Um cálculo simples fornece $h^2 = \frac{1}{\sqrt{5}}$ (ver o quadro na próxima página). A partir disso, segue que $\Theta(C_5) \leq \sqrt{5}$ e, portanto, $\Theta(C_5) = \sqrt{5}$.

Vamos ver como Lovász procedeu para mostrar a desigualdade (4). (Seus resultados foram, na verdade, muito mais gerais.) Considere o produto interno usual

$$\langle \mathbf{x}, \mathbf{y} \rangle = x_1 y_1 + \cdots + x_s y_s$$

de dois vetores $\mathbf{x} = (x_1, ..., x_s)$, $\mathbf{y} = (y_1, ..., y_s)$ em $\mathbb{R}^s$. Então, $|\mathbf{x}|^2 = \langle \mathbf{x} \rangle = x_1^2 + ... + x_2^2$ é o quadrado do comprimento $|\mathbf{x}|$ de $\mathbf{x}$ e o ângulo γ entre x e y é dado por

$$\cos \gamma = \frac{\langle \mathbf{x}, \mathbf{y} \rangle}{|\mathbf{x}||\mathbf{y}|}.$$

Assim, $\langle \mathbf{x}, \mathbf{y} \rangle = 0$ se e somente se $\mathbf{x}$ e $\mathbf{y}$ são ortogonais.

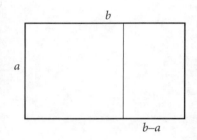

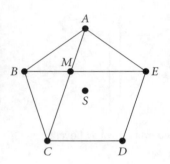

Os pentágonos e a seção áurea

Diz a tradição que um retângulo era considerado esteticamente agradável se, depois de se separar dele um quadrado de lado a, o retângulo remanescente tivesse a mesma forma que o retângulo original. Os comprimentos dos lados a, b de um tal retângulo devem satisfazer $\frac{b}{a} = \frac{a}{b-a}$. Colocando $\tau := \frac{b}{a}$ para a razão, obtemos $\tau = \frac{1}{\tau - 1}$ ou $\tau^2 - \tau - 1 = 0$. Resolvendo a equação quadrática, resulta a *seção áurea* $\tau = \frac{1+\sqrt{5}}{2} \approx 1{,}6180$.

Considere agora um pentágono regular de comprimento de lado igual a a e seja d o comprimento de suas diagonais. Já era do conhecimento de Euclides (Livro XIII, 8) que $\frac{d}{a} = \tau$ e que o ponto de interseção de duas diagonais divide as diagonais em seções áureas.

Aqui está a demonstração de Euclides para O Livro. Uma vez que a soma total dos ângulos do pentágono é 3π, o ângulo em qualquer vértice é igual a $\frac{3\pi}{5}$. Segue que $\sphericalangle ABE = \frac{2\pi}{5}$, pois ABE é um triângulo isósceles. Por sua vez, isso implica que $\sphericalangle AMB = \frac{3\pi}{5}$, e concluímos que os triângulos ABC e AMB são semelhantes. O quadrilátero $CMED$ é um losango (olhe para os ângulos) e, portanto, $|MC| = a$ e, assim, $|AM| = d - a$. Pela semelhança de ABC e AMB, concluímos que

$$\frac{d}{a} = \frac{|AC|}{|AB|} = \frac{|AB|}{|AM|} = \frac{a}{d-a} = \frac{|MC|}{|MA|} = \tau$$

Há mais ainda por vir. Para a distância s de um vértice ao centro do pentágono S, o leitor está convidado a demonstrar a relação $s^2 = \frac{d^2}{\tau + 2}$ (observe que BS corta a diagonal AC num ângulo reto e a divide ao meio). Para terminar nossa excursão pela geometria, considere agora o guarda-chuva com o pentágono regular em cima. Uma vez que as varetas alternadas (de comprimento 1) formam um ângulo reto, o teorema de Pitágoras nos dá $d = \sqrt{2}$ e, daí, $s^2 = \frac{2}{\tau + 2} = \frac{4}{\sqrt{5}+5}$. Então, novamente com Pitágoras, obtemos para a altura $h = |OS|$ nosso resultado prometido

$$h^2 = 1 - s^2 = \frac{1+\sqrt{5}}{\sqrt{5}+5} = \frac{1}{\sqrt{5}}.$$

Agora, vamos na direção de um limitante superior para a capacidade de Shannon de qualquer grafo G que tenha uma representação ortonormal especialmente "simpática". Para isso, seja $T = \{\mathbf{v}^{(1)}, \ldots, \mathbf{v}^{(m)}\}$ uma representação ortonormal de G em $\mathbb{R}^s$, onde $\mathbf{v}^{(i)}$ corresponde ao vértice v_i. Assumimos também que todos os vetores $\mathbf{v}^{(i)}$ têm o *mesmo* ângulo ($\neq 90°$), com o vetor $\mathbf{u} := \frac{1}{m}\{v^{(1)}, \ldots, v^{(m)}\}$, ou equivalentemente, que o produto interno

$$\langle v^{(i)}, u \rangle = \sigma_T$$

tenha o mesmo valor $\sigma_T \neq 0$ para todo i. Vamos chamar esse valor σ_T de *constante* da representação T. Para o guarda-chuva de Lovász que representa C_5, a condição $\langle \mathbf{v}^{(i)}, \mathbf{u} \rangle = \sigma_T$ certamente vale, porque $\mathbf{u} = \vec{OS}$.

Agora, prosseguimos aos seguintes três passos.

(A) Considere uma distribuição de probabilidades $\mathbf{x} = (x_1, \ldots, x_m)$ em V e ponha

$$\mu(\mathbf{x}) := |x_1\mathbf{v}^{(1)} + \ldots + x_m\mathbf{v}^{(m)}|^2,$$

e

$$\mu_T(G) := \inf_{\mathbf{x}} \mu(\mathbf{x}).$$

Seja U o maior conjunto independente em G, com $|U| = \alpha$, e defina $\mathbf{x}_U = (x_1, \ldots, x_m)$ por $x_i = \frac{1}{\alpha}$ se $v_i \in U$ e $x_i = 0$ caso contrário. Uma vez que todos os vetores $v^{(i)}$ têm comprimento unitário e $\langle \mathbf{v}^{(i)}, \mathbf{v}^{(j)} \rangle = 0$ para quaisquer dois vértices não adjacentes, inferimos que

$$\mu_T(G) \leq \mu(\mathbf{x}_U) = \left|\sum_{i=1}^{m} x_i \mathbf{v}^{(i)}\right|^2 = \sum_{i=1}^{m} x_i^2 = \alpha \frac{1}{\alpha^2} = \frac{1}{\alpha}.$$

Assim, temos que $\mu_T(G) \leq \alpha^{-1}$ e, portanto,

$$\alpha(G) \leq \frac{1}{\mu_T(G)}.$$

(B) Em seguida, calculamos $\mu_T(G)$. Precisamos da desigualdade de Cauchy-Schwarz

$$\langle \mathbf{a}, \mathbf{b} \rangle^2 \leq |\mathbf{a}|^2 |\mathbf{b}|^2$$

para vetores $\mathbf{a}, \mathbf{b} \in \mathbb{R}^s$. Aplicada a $\mathbf{a} = x_1\mathbf{v}^{(1)} + \ldots + x_m\mathbf{v}^{(m)}$ e $\mathbf{b} = \mathbf{u}$, a desigualdade fornece

$$\langle x_1\mathbf{v}^{(1)} + \ldots + x_m\mathbf{v}^{(m)}, \mathbf{u} \rangle^2 \leq \mu(\mathbf{x}) |\mathbf{u}|^2. \qquad (5)$$

Pela nossa hipótese de que $\langle \mathbf{v}^{(i)}, \mathbf{u} \rangle = \sigma_T$ para todo i, temos que

$$\langle x_1\mathbf{v}^{(1)} + \ldots + x_m\mathbf{v}^{(m)}, \mathbf{u} \rangle = (x_1 + \ldots + x_m)\sigma_T = \sigma_T$$

para *qualquer* distribuição x. Assim, em particular, isso tem que valer para a distribuição uniforme $(\frac{1}{m}, \ldots, \frac{1}{m})$, o que implica que $|u|^2 = \sigma_T$. Daí, (5) reduz-se a

$$\sigma_T^2 \leq \mu(x)\sigma_T \quad \text{ou} \quad \mu_T(G) \geq \sigma_T.$$

Por outro lado, para $x = (\frac{1}{m}, \ldots, \frac{1}{m})$, obtemos

$$\mu_T(G) \leq \mu(x) = \left|\tfrac{1}{m}\left(\mathbf{v}^{(1)} + \cdots + \mathbf{v}^{(m)}\right)\right|^2 = |\mathbf{n}|^2 = \sigma_T,$$

e, assim, acabamos de demonstrar que

$$\mu_T(G) = \sigma_T. \tag{6}$$

Em resumo, estabelecemos a desigualdade

$$\alpha(G) \leq \frac{1}{\sigma_T} \tag{7}$$

para *qualquer* representação ortonormal T com constante σ_T.

(C) Para estender essa desigualdade para $\Theta(G)$, procedemos como antes. Considere novamente o produto $G \times H$ de dois grafos. Suponha que G e H têm representações ortonormais R e S em $\mathbb{R}^r$ e $\mathbb{R}^s$, respectivamente, com constantes σ_R e σ_S. Seja $\mathbf{v} = (v_1, \ldots, v_r)$ um vetor em R e seja $\mathbf{w} = (w_1, \ldots, w_s)$ um vetor em S. Ao vértice em $G \times H$ correspondente ao par $(\mathbf{v}, \mathbf{w})$, associamos o vetor

$$\mathbf{vw}^T := (v_1 w_1, \ldots, v_1 w_s, v_2 w_1, \ldots, v_2 w_s, \ldots, v_r w_1, \ldots, v_r w_s) \in \mathbb{R}^{rs}.$$

É imediato verificar que $R \times S := \{\mathbf{vw}^T : \mathbf{v} \in R, \mathbf{w} \in S\}$ é uma representação ortonormal de $G \times H$ com constante $\sigma_R \sigma_S$. Daí, por (6), obtemos

$$\mu_{R \times S}(G \times H) = \mu_R(G)\mu_S(H).$$

Para $G^n = G \times \ldots \times G$ e a representação T com constante σ_T, isso significa que

$$\mu_{T^n}(G^n) = \mu_T(G)^n = \sigma_T^n$$

e, por (7), obtemos

$$\alpha(G^n) \leq \sigma_T^{-n}, \qquad \sqrt[n]{\alpha(G^n)} \leq \sigma_T^{-1}.$$

Juntando todas essas coisas, completamos então o argumento de Lovász:

> **Teorema.** *Sempre que $T = \{\mathbf{v}^{(1)}, \ldots, \mathbf{v}^{(m)}\}$ é uma representação ortonormal de G com constante σ_T, temos que*
>
> $$\Theta(G) \leq \frac{1}{\sigma_T}. \tag{8}$$

"Guarda-chuvas com cinco varetas"

Pelo guarda-chuva de Lovász, temos $\mathbf{u} = (0, 0, h = \frac{1}{\sqrt[4]{5}})^T$ e, daí, $\sigma = \langle \mathbf{v}^{(i)}, \mathbf{u} \rangle = h^2 = \frac{1}{\sqrt{5}}$, resultando em $\Theta(C_5) \leq \sqrt{5}$. Com isso, o problema de Shannon está resolvido.

Vamos levar nossa discussão um pouco mais adiante. Vemos, de (8), que, quanto maior é σ_T para uma representação de G, melhor o limitante que obteremos para $\Theta(G)$. Aqui está um método que nos dá uma representação ortonormal para *qualquer* grafo G. Associamos a $G = (V, E)$ a *matriz de adjacência* $A = (a_{ij})$, que é definida como segue: seja $V = \{v_1, ..., v_m\}$. Então, fazemos

$$a_{ij} := \begin{cases} 1 & \text{se } v_i v_j \in E \\ 0 & \text{caso contrário.} \end{cases}$$

$$A = \begin{pmatrix} 0 & 1 & 0 & 0 & 1 \\ 1 & 0 & 1 & 0 & 0 \\ 0 & 1 & 0 & 1 & 0 \\ 0 & 0 & 1 & 0 & 1 \\ 1 & 0 & 0 & 1 & 0 \end{pmatrix}$$

Matriz de adjacência para o 5-ciclo C_5

A é uma matriz real simétrica com zeros na diagonal principal.

Precisamos agora de dois fatos da álgebra linear. Primeiro, como A é uma matriz simétrica, ela tem m autovalores reais $\lambda_1 \geq \lambda_2 \geq ... \geq \lambda_m$ (alguns dos quais podem ser iguais) e a soma dos autovalores é igual à soma dos elementos da diagonal de A, isto é, 0. Portanto, o menor autovalor deve ser negativo (exceto no caso trivial em que G não tem arestas). Seja $p = |\lambda_m| = -\lambda_m$ o valor absoluto do menor autovalor e considere a matriz

$$M := I + \frac{1}{p} A,$$

onde I denota a matriz identidade ($m \times m$). Essa M tem os autovalores $1 + \frac{\lambda_1}{p} \geq 1 + \frac{\lambda_2}{p} \geq ... \geq 1 + \frac{\lambda_m}{p} = 0$. Agora, citamos o segundo resultado (o teorema do eixo principal da álgebra linear): se $M = (m_{ij})$ é uma matriz real simétrica com todos os autovalores ≥ 0, então existem vetores $\mathbf{v}^{(1)}, ..., \mathbf{v}^{(m)} \in \mathbb{R}^s$, em que $s = \text{posto}(M)$, tais que

$$m_{ij} = \langle \mathbf{v}^{(i)}, \mathbf{v}^{(j)} \rangle \qquad (1 \leq i, j \leq m).$$

Em particular, para $M = I + \frac{1}{p} A$ obtemos

$$\langle \mathbf{v}^{(i)}, \mathbf{v}^{(j)} \rangle = m_{ij} = 1 \qquad \text{para todo } i$$

e

$$\langle \mathbf{v}^{(i)}, \mathbf{v}^{(j)} \rangle = \frac{1}{p} a_{ij} \qquad \text{para} \quad i \neq j.$$

Como $a_{ij} = 0$ sempre que $v_i v_j \notin E$, vemos que os vetores $\mathbf{v}^{(1)}, ..., \mathbf{v}^{(m)}$ formam, de fato, uma representação ortonormal de G.

Finalmente, vamos aplicar essa construção aos m-ciclos C_m para $m \geq 5$ ímpar. Aqui, pode-se calcular facilmente $p = |\lambda_{\min}| = 2 \cos \frac{\pi}{m}$ (veja o quadro). Cada linha da matriz de adjacência contém dois 1, implicando que cada linha da matriz M tem como soma $1 + \frac{2}{p}$. Para a representação $\{\mathbf{v}^{(1)}, ..., \mathbf{v}^{(m)}\}$, isso significa que

$$\langle \mathbf{v}^{(i)}, \mathbf{v}^{(1)} + \cdots + \mathbf{v}^{(m)} \rangle = 1 + \frac{2}{p} = 1 + \frac{1}{\cos \frac{\pi}{m}}$$

e, daí,

$$\langle \mathbf{v}^{(i)}, \mathbf{u} \rangle = \frac{1}{m} = \left(1 + \left(\cos \frac{\pi}{m}\right)^{-1}\right) = \sigma$$

para todo i. Portanto, podemos aplicar nosso resultado principal (8) e concluir que

$$\Theta(C_m) \leq \frac{m}{1+\left(\cos\frac{\pi}{m}\right)^{-1}} \qquad \text{(para todo } m \geq 5 \text{ ímpar)}. \qquad (9)$$

Note que, por causa de $\cos\frac{\pi}{m} < 1$, a estimativa (9) é melhor do que o limitante $\Theta(C_m) \leq \frac{m}{2}$ que encontramos antes. Observe ainda que $\cos\frac{\pi}{5} = \frac{\tau}{2}$, onde $\tau = \frac{\sqrt{5}+1}{2}$ é a seção áurea. Daí, para $m = 5$, novamente obtemos

$$\Theta(C_5) \leq \frac{5}{1+\frac{4}{\sqrt{5}+1}} = \frac{5(\sqrt{5}+1)}{5+\sqrt{5}} = \sqrt{5}.$$

A representação ortonormal dada por essa construção é, obviamente, nada mais nada menos do que o "guarda-chuva de Lovász".

Os autovalores de C_m

Olhe para a matriz de adjacência A do ciclo C_m. Para achar os autovalores (e autovetores), usamos as m-ésimas raízes da unidade. Essas são dadas por $1, \zeta, \zeta^2, \ldots, \zeta^{m-1}$, para $\zeta = e^{\frac{2\pi i}{m}}$ (ver o quadro na página 51). Seja $\lambda = \zeta^k$ qualquer uma dessas raízes. Então, afirmamos que $(1, \lambda, \lambda^2, \ldots, \lambda^{m-1})^T$ é um autovetor de A correspondente ao autovalor $\lambda + \lambda^{-1}$. De fato, pela forma como A foi especificada, obtemos

$$A\begin{pmatrix}1\\ \lambda\\ \lambda^2\\ \vdots\\ \lambda^{m-1}\end{pmatrix} = \begin{pmatrix}\lambda + \lambda^{m-1}\\ \lambda^2 + 1\\ \lambda^3 + \lambda\\ \vdots\\ 1 + \lambda^{m-2}\end{pmatrix} + (\lambda + \lambda^{-1})\begin{pmatrix}1\\ \lambda\\ \lambda^2\\ \vdots\\ \lambda^{m-1}\end{pmatrix}.$$

Como os vetores $(1, \lambda, \ldots, \lambda^{m-1})$ são independentes (eles formam uma matriz de Vandermonde), concluímos que, para m ímpar,

$$\zeta^k + \zeta^{-k} = [(\cos(2k\pi/m) + i\,\text{sen}(2k\pi/m)]$$
$$+ [\cos(2k\pi/m) - i\,\text{sen}(2k\pi/m)]$$
$$= 2\cos(2k\pi/m) \qquad \left(0 \leq k \leq \tfrac{m-1}{2}\right)$$

são todos os autovalores de A. Agora, o cosseno anterior é uma função decrescente e, então,

$$2\cos\left(\frac{(m-1)\pi}{m}\right) = -2\cos\frac{\pi}{m}$$

é o menor autovalor de A.

E sobre C_7, C_9 e os outros ciclos ímpares? Considerando $\alpha(C_m^2)$, $\alpha(C_m^3)$ e outras potências pequenas, o limitante inferior $\frac{m-1}{2} \leq \Theta(C_m)$ certamente pode ser aumentado, mas para nenhum $m \geq 7$ ímpar os melhores limitantes inferiores conhecidos coincidem com o limitante superior dado em (8). Assim, vinte anos depois da maravilhosa demonstração de Lovász de que $\Theta(C_5) = \sqrt{5}$, esses problemas permanecem em aberto e são considerados muito difíceis – mas, afinal de contas, já estivemos nessa situação antes.

Por exemplo, para $m = 7$, tudo o que sabemos é que
$$\sqrt[4]{108} \leq \Theta(C_7) \leq \frac{7}{1+\left(\cos\frac{\pi}{7}\right)^{-1}},$$
que é $3{,}237 \leq \Theta(C_7) \leq 3{,}3177$.

Referências

[1] V. Chvátal: *Linear Programming*, Freeman, New York, 1983.

[2] W. Haemers: *Eigenvalue methods*, in: "Packing and Covering in Combinatorics" (A. Schrijver, ed.), Math. Centre Tracts 106 (1979), 15-38.

[3] L. Lolvász: *On the Shannon capacity of a graph*, IEEE Trans. Information Theory 25 (1979), 1-7.

[4] C. E. Shannon: *The zero-error capacity of a noisy channel*, IRE Trans. Information Theory 3 (1956), 3-15.

CAPÍTULO 42
NÚMERO CROMÁTICO DOS GRAFOS DE KNESER

Em 1955, o especialista em teoria dos números, Martin Kneser, propôs o problema aparentemente inócuo que se tornou um dos grandes desafios da teoria de grafos, até que uma solução brilhante e totalmente inesperada, que usa o teorema de "Borsuk-Ulam" da topologia, foi descoberta por László Lovász 23 anos depois.

Acontece com frequência na matemática que, uma vez que seja encontrada uma demonstração para um problema de longa data, outra mais curta seja encontrada logo a seguir, e foi isso que aconteceu neste caso. Dentro de semanas, Imre Bárány mostrou como combinar o teorema de Borsuk-Ulam com outro resultado conhecido para resolver elegantemente a conjectura de Kneser. Então, em 2002, o estudante de graduação Joshua Greene simplificou o argumento de Bárány ainda mais, e é esta versão da demonstração que apresentaremos aqui.

Mas vamos começar do começo. Considere o seguinte grafo $K(n, k)$, chamado hoje em dia de *grafo de Kneser*, para inteiros $n \geq k \geq 1$. O conjunto dos vértices $V(n, k)$ é a família dos subconjuntos de k elementos de $\{1, \ldots, n\}$, portanto $|V(n, k)| = \binom{n}{k}$. Dois tais conjuntos de k elementos A e B são adjacentes se eles forem disjuntos, $A \cap B = \emptyset$.

Se $n < 2k$, então quaisquer dois conjuntos de k elementos se interceptam, resultando no caso desinteressante no qual $K(n, k)$ não tem arestas. Assim, vamos supor de agora em diante que $n \geq 2k$.

Os grafos de Kneser fornecem uma ligação interessante entre a teoria dos grafos e conjuntos finitos. Considere, por exemplo, o *número de independência* $\alpha(K(n, k))$, ou seja, perguntamos quão grande pode ser uma família de conjuntos de k elementos que se interceptam dois a dois. A resposta é dada pelo teorema de Erdős-Ko-Rado do Capítulo 29: $\alpha(K(n, k)) = \binom{n-1}{k-1}$.

Podemos estudar de modo análogo outros parâmetros interessantes desta família de grafos, e Kneser escolheu o mais desafiador deles: o *número cromático* $\chi(K(n, k))$. Recordamos dos capítulos anteriores que uma coloração

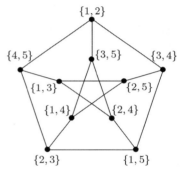

O grafo de Kneser $K(5, 2)$ é o famoso *grafo de Petersen*.

Isto implica que
$$\chi(K(n,k)) \geq \frac{|V|}{\alpha} = \frac{\binom{n}{k}}{\binom{n-1}{k-1}} = \frac{n}{k}.$$

(dos vértices) do grafo G é uma aplicação $c : V \to \{1, \ldots, m\}$ tal que vértices adjacentes são coloridos de modo distinto. O número cromático $\chi(G)$ é então o número mínimo de cores que é suficiente para colorir V. Em outras palavras, queremos apresentar o conjunto dos vértices V como a união disjunta de tão poucas *classes de cor* quanto possível, $V = V_1 \dot{\cup} \ldots \dot{\cup} V_{\chi(G)}$, de tal modo que cada conjunto V_i não tenha arestas.

Para os grafos $K(n, k)$, isto corresponde a uma partição $V(n, k) = V_1 \dot{\cup} \ldots \dot{\cup} V_\chi$, em que todo V_i é uma família de conjuntos com k elementos que se *interceptam*. Como supusemos que $n \geq 2k$, escrevemos de agora em diante $n = 2k + d, k \geq 1, d \geq 0$.

Aqui está uma coloração simples de $K(n, k)$ que usa $d + 2$ cores: para $i = 1, 2, \ldots, d + 1$, V_i consiste de todos os conjuntos de k elementos que tem i como menor elemento. Os conjuntos com k elementos restantes estão contidos no conjunto $\{d + 2, d + 3, \ldots, 2k + d\}$, que tem apenas $2k - 1$ elementos. Portanto, todos se interceptam e podemos usar a cor $d + 2$ para todos eles.

Assim, temos $\chi(K(2k + d, k)) \leq d + 2$, e o desafio de Kneser era mostrar que este é o número correto.

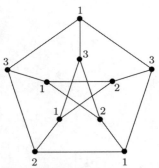

A coloração por três cores do grafo de Petersen

> **Conjectura de Kneser.** Temos
> $$\chi(K(2k + d, k)) = d + 2.$$

Para $d = 0$, $K(2k, k)$ consiste em arestas disjuntas, uma para cada par de conjuntos com k elementos complementares. Portanto, $\chi(K(2k, k)) = 2$, o que está de acordo com a conjectura.

Provavelmente, a primeira tentativa de demonstração de qualquer um seria a indução em k e d. De fato, os casos iniciais $k = 1$ e $d = 0, 1$ são fáceis, mas o passo de indução de k para $k + 1$ (ou d para $d + 1$) não parece funcionar. Então, em vez disso, vamos reformular a conjectura como um problema de existência:

Se a família de conjuntos de k elementos de $\{1, 2, \ldots, 2k + d\}$ for particionada em $d + 1$ classes, $V(n, k) = V_1 \dot{\cup} \ldots \dot{\cup} V_{d+1}$, então, para algum i, V_i contém um par A, B de conjuntos disjuntos de k elementos.

A brilhante percepção de Lovász foi que no coração (topológico) do problema estava um famoso teorema sobre a esfera unitária S^d de dimensão d em $\mathbb{R}^{d+1}$, $S^d = \{x \in \mathbb{R}^{d+1} : |x| = 1\}$.

> **O teorema de Borsuk-Ulam.**
>
> *Para toda aplicação contínua $f : S^d \to \mathbb{R}^d$ da esfera de dimensão d no espaço de dimensão d, existem pontos antípodas que são levados ao mesmo ponto $f(x^*) = f(-x^*)$.*

Este resultado é uma das pedras fundamentais da topologia; ele apareceu pela primeira vez no famoso artigo de Borsuk de 1933. Nós esboçamos uma demonstração no apêndice; para uma demonstração completa, remetemos à Seção 2.2 no maravilhoso livro de Matousek, "Using the Borsuk-Ulam theorem" (Usando o teorema de Borsuk-Ulam), cujo próprio título ilustra o poder e a abrangência do resultado. De fato, existem muitas formulações equivalentes, que enfatizam a posição central do teorema. Usaremos uma versão que pode ser rastreada a um livro de Lyusternik-Shnirel'man de 1930, que é anterior até mesmo a Borsuk.

Teorema. *Se a esfera S^d de dimensão d for recoberta por $d+1$ conjuntos,*

$$S^d = U_1 \cup \cdots \cup U_d \cup U_{d+1},$$

de modo que cada um dos primeiros d conjuntos $U_1, \ldots, U_d$ é aberto ou fechado, então um dos $d+1$ conjuntos contém um par de pontos antípodas $x^*, -x^*$.

O caso em que todos os $d+1$ conjuntos são fechados é devido a Lyusternik e Shnirel'man. O caso em que todos os $d+1$ conjuntos são abertos é igualmente comum e é também chamado de teorema de Lyusternik-Shnirel'man. O que Greene percebeu é que o teorema também é verdade se cada um dos $d+1$ conjuntos é *ou aberto ou fechado*. Como você verá, não precisamos nem mesmo disso: nenhuma hipótese é necessária para U_{d+1}. Para a demonstração da conjectura de Kneser, precisaremos apenas do caso em que $U_1, \ldots, U_d$ são abertos.

Demonstração do teorema de Lyusternik-Shnirel'man usando Borsuk-Ulam. Considere que tenha sido dado um recobrimento $S^d = U_1 \cup \cdots \cup U_d \cup U_{d+1}$, da forma especificada e suponha que não existam pontos antípodas em nenhum dos conjuntos U_i. Definimos uma aplicação $f: S^d \to \mathbb{R}^d$ por

$$f(x) := (\delta(x, U_1), \delta(x, U_2), \ldots, \delta(x, U_d)).$$

Aqui, $\delta(x, U_i)$ denota a distância de x a U_i. Como esta é uma função contínua de x, a aplicação f é contínua. Assim, o teorema de Borsuk-Ulam nos diz que existem pontos antípodas $x^*, -x^*$ com $f(x^*) = f(-x^*)$. Como U_{d+1} não contém pontos antípodas, obtemos que pelo menos um dentre x^* e $-x^*$ deve estar contido em um dos conjuntos U_i, digamos U_k ($k \leq d$). Depois de trocar x^* por $-x^*$ se necessário, podemos supor que $x^* \in U_k$. Em particular, isto fornece $\delta(x^*, U_k) = 0$ e, de $f(x^*) = f(-x^*)$, obtemos que $\delta(-x^*, U_k) = 0$ também.

Se U_k é fechado, então $\delta(-x^*, U_k) = 0$ implica que $-x^* \in U_k$ e chegamos à contradição que U_k contém um par de pontos antípodas.

Se U_k é aberto, então $\delta(-x^*, U_k) = 0$ implica que $-x^*$ está em $\overline{U_k}$, o fecho de U_k. O conjunto $\overline{U_k}$, por sua vez, está contido em $S^d \setminus (-U_k)$, já que é um

O fecho de U_k é o menor conjunto fechado que contém U_k (ou seja, a interseção de todos os conjuntos fechados que contém U_k).

subconjunto fechado de S^d que contém U_k. Mas isto significa que $-x^*$ está em $S^d \setminus (-U_k)$, de modo que ele não pode estar em $-U_k$ e x^* não pode estar em U_k, uma contradição. □

Como um segundo ingrediente para sua demonstração, Imre Bárány usou outro resultado de existência sobre a esfera S^d.

Teorema de Gale. *Existe uma disposição de $2k + d$ pontos em S^d tal que todo hemisfério aberto contém pelo menos k destes pontos.*

David Gale descobriu seu teorema em 1956 no contexto de polítopos com muitas faces. Ele apresentou uma demonstração por indução complicada, mas hoje em dia, em retrospectiva, podemos de modo bem fácil exibir tal conjunto e verificar suas propriedades.

Armado com estes resultados, é apenas um passo curto para resolver o problema de Kneser, mas, como Greene mostrou, podemos fazer ainda melhor: não precisamos nem mesmo do resultado de Gale. Basta tomar uma disposição qualquer de $2k + d$ pontos em S^{d+1} em uma *posição genérica*, significando que nenhum conjunto de $d + 2$ dos pontos está sobre um hiperplano pelo centro da esfera. Claramente, para $d \geq 0$ isto pode ser feito.

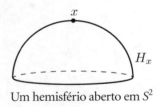

Um hemisfério aberto em S^2

Demonstração da conjectura de Kneser. Como nossa base, vamos tomar $2k + d$ pontos em posição genérica na esfera S^{d+1}. Suponha que o conjunto $V(n, k)$ de todos os subconjuntos com k elementos deste conjunto seja particionado em $d + 1$ classes, $V(n, k) = V_1 \dot\cup \ldots \dot\cup V_{d+1}$. Precisamos encontrar um par de conjuntos disjuntos A e B, com k elementos, que pertençam à mesma classe V_i.

Para $i = 1, \ldots, d + 1$, fazemos

$$O_i = \{x \in S^{d+1} : \text{o hemisfério aberto } H_x \text{ com polo} \\ x \text{ contém um } k\text{-conjunto de } V_i\}.$$

Claramente, cada O_i é um conjunto aberto. Juntos, os conjuntos abertos O_i e o conjunto fechado $C = S^{d+1} \setminus (O_1 \cup \ldots \cup O_{d+1})$ recobrem S^{d+1}. Invocando Lyusternik-Shnirel'man, sabemos que um destes conjuntos contém pontos antípodas x^* e $-x^*$. Este conjunto não pode ser C! De fato, se $x^*, -x^*$ estiverem em C, então pela definição dos O_i os hemisférios H_{x^*} e H_{-x^*} iriam conter menos do que k pontos. Isto significa que pelo menos $d + 2$ pontos estariam no equador $\bar{H}_{x^*} \cap \bar{H}_{-x^*}$ com relação ao polo norte x^*, ou seja, em um hiperplano pela origem. Mas isso não pode ocorrer, já que os pontos estão em uma posição genérica. Logo, algum O_i contém um par $x^*, -x^*$, de modo que existem conjuntos A e B com k elementos, ambos na classe V_i, com $A \subseteq H_{x^*}$ e $B \subseteq H_{-x^*}$.

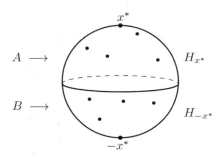

Mas já que estamos falando de hemisférios abertos, H_{x^*} e H_{-x^*} são disjuntos, portanto A e B são disjuntos, o que completa a demonstração. □

O leitor pode imaginar se resultados sofisticados como o teorema de Borsuk-Ulam são realmente necessários para demonstrar uma afirmação sobre conjuntos finitos. De fato, um belo argumento combinatório foi descoberto mais tarde por Jiří Matoušek – mas em uma inspeção mais próxima, ele tem um nítido, embora discreto, sabor topológico.

Apêndice: um esboço de demonstração para o teorema de Borsuk-Ulam

Para qualquer aplicação *genérica* (também conhecida como aplicação de *posição genérica*) de um espaço compacto de dimensão d para um espaço de dimensão d, qualquer ponto na imagem tem apenas um número finito de pré-imagens. Para uma aplicação genérica de um espaço de dimensão $d + 1$ para um espaço de dimensão d, esperamos que todo ponto na imagem tenha uma pré-imagem unidimensional, ou seja, uma coleção de curvas. Tanto no caso de aplicações lisas quanto no cenário de aplicações lineares por partes, pode-se demonstrar bem facilmente que é possível deformar qualquer aplicação para uma aplicação genérica próxima.

Para o teorema de Borsuk-Ulam, a ideia é mostrar que todo mapa genérico $S^d \to \mathbb{R}^d$ identifica um número ímpar (em particular, finito e não nulo) de pares antípodas. Se f não identificar nenhum par antípoda, então ela estaria arbitrariamente próxima de uma aplicação genérica $\tilde{f}$ sem nenhuma destas identificações.

Considere agora a projeção $\pi : S^d \to \mathbb{R}^d$ que simplesmente apaga a última coordenada; esta aplicação identifica o "polo norte" e_{d+1} da esfera em dimensão d com o "polo sul" $-e_{d+1}$. Para qualquer aplicação dada $f : S^d \to \mathbb{R}^d$, construímos uma deformação de π para f, ou seja, interpolamos entre estas duas aplicações (por exemplo, linearmente), para obter uma aplicação contínua

$$F : S^d \times [0, 1] \to \mathbb{R}^d,$$

com $F(x, 0) = \pi(x)$ e $F(x, 1) = f(x)$ para todo $x \in S^d$. (Tal aplicação é conhecida como *homotopia*.)

Agora, perturbamos F cuidadosamente para uma aplicação genérica $\tilde{F} : S^d \times [0, 1] \to \mathbb{R}^d$, a qual podemos novamente supor lisa ou linear por partes

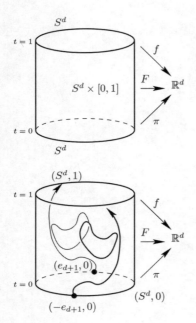

em uma triangularização fina de $S^d \times [0, 1]$. Se esta perturbação for "suficientemente pequena" e feita cuidadosamente, então a versão perturbada da projeção $\tilde{\pi}(x) := \tilde{F}(x, 0)$ ainda deve identificar os dois pontos antípodas $\pm e_{d+1}$ e nenhuns outros. Se $\tilde{F}$ for suficientemente genérica, então os pontos em $S^d \times [0, 1]$ dados por

$$M := \{(x, t) \in S^d \times [0, 1] : \tilde{F}(-x, t) = \tilde{F}(x, t)\}$$

formam, de acordo com o teorema da função implícita (versão lisa ou linear por partes), uma coleção de caminhos e de curvas fechadas. Claramente, esta coleção é *simétrica*, ou seja, $(-x, t) \in M$ se e somente se $(x, t) \in M$.

Os caminhos em M podem ter extremidades apenas na fronteira de $S^d \times [0, 1]$, isto é, em $t = 0$ e $t = 1$. As únicas extremidades em $t = 0$, entretanto, são em $(\pm e_{d+1}, 0)$ e os dois caminhos que começam nestes dois pontos são cópias simétricas um do outro, de modo que eles são disjuntos e só podem terminar em $t = 1$. Isto demonstra que existem soluções para $\tilde{F}(-x, t) = \tilde{F}(x, t)$ em $t = 1$ e, portanto, para $f(-x) = f(x)$. □

Referências

[1] I. Bárány: *A short proof of Kneser's conjecture*, J. Combinatorial Theory, Ser. B 25 (1978), 325-326.

[2] K. Borsuk: *Drei Sätze über die n-dimensionale Sphäre*, Fundamenta Math. 20 (1933), 177-190.

[3] D. Gale: *Neighboring vertices on a convex polyhedron*, in: "Linear Inequalities and Related Systems" (H. W. Kuhn, A. W. Tucker, eds.), Princeton University Press, Princeton, 1956, 255-263.

[4] J. E. Greene: *A new short proof of Kneser's conjecture*, American Math. Monthly 109 (2002), 918-920.

[5] M. Kneser: *Aufgabe 360*, Jahresbericht der Deutschen Mathematiker-Vereinigung 58 (1955), 27.

[6] L. Lovász: *Kneser's conjecture, chromatic number, and homotopy*, J. Combinatorial Theory, Ser. B 25 (1978), 319-324.

[7] L. Lyusternik & S. Shnirel'man: *Topological Methods in Variational Problems (em russo)*, Issledowatelskiĭ Institute Matematiki i Mechaniki pri O. M. G. U., Moscou, 1930.

[8] J. Matoušek: *Using the Borsuk–Ulam Theorem. Lectures on Topological Methods in Combinatorics and Geometry*, Universitext, Springer-Verlag, Berlim, 2003.

[9] J. Matoušek: *A combinatorial proof of Kneser's conjecture*, Combinatorica 24 (2004), 163-170.

CAPÍTULO 43
DE AMIGOS E POLÍTICOS

Não se tem conhecimento de quem primeiro levantou o seguinte problema ou quem lhe deu seu toque humano. Ei-lo:

> *Suponha que, num grupo de pessoas, temos a situação na qual cada par de pessoas tem precisamente um amigo comum. Então, existe sempre uma pessoa (o "político") que é amiga de todo mundo.*

"Um sorriso de político"

No jargão matemático, esse é o *teorema da amizade*.

Antes de atacar a demonstração, vamos refrasear o problema em termos da teoria de grafos. Interpretamos as pessoas como sendo o conjunto dos vértices V e unimos dois vértices por uma aresta se as pessoas correspondentes são amigas. Assumimos tacitamente que a amizade é sempre nos dois sentidos, isto é, se u é um amigo de v, então v é um amigo de u, e, além disso, ninguém é amigo de si mesmo. Assim, o teorema toma a seguinte forma:

Teorema. *Suponha que G é um grafo no qual quaisquer dois vértices têm precisamente um vizinho comum. Então, existe um vértice que é adjacente a todos os outros vértices.*

Note que existem grafos finitos com esta propriedade; veja a figura ao lado, onde u é o político. Entretanto, esses "grafos-moinho" acabam sendo também os únicos com essa propriedade desejada. De fato, não é difícil verificar que, na presença de um político, somente os grafos-moinhos são possíveis.

Surpreendentemente, o teorema da amizade não vale para grafos infinitos! De fato, para a construção indutiva de um contraexemplo pode-se

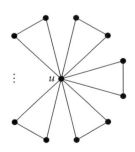

Um grafo-moinho

começar, por exemplo, com um 5-ciclo e adicionar repetidamente vizinhos comuns para todos os pares no grafo que ainda não tenham um. Isso leva a um grafo de amizades infinito (enumerável) sem um político.

Existem várias demonstrações do teorema da amizade, mas a primeira delas, dada por Paul Erdős, Alfred Rényi e Vera Sós, é ainda a mais talentosa.

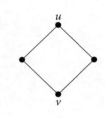

Demonstração. Suponha que a afirmação é falsa e G é um contraexemplo, isto é, nenhum vértice de G é adjacente a todos os outros vértices. Para originar uma contradição, procedemos em dois passos. A primeira parte é análise combinatória e a segunda parte é álgebra linear.

(1) Afirmamos que G é um grafo regular, isto é, $d(u) = d(v)$ para quaisquer u, $v \in V$. Observe primeiro que a condição do teorema implica que não existem ciclos de comprimento 4 em G. Chamemos isso de *condição* C_4.

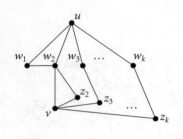

Vamos demonstrar primeiro que quaisquer dois vértices *não adjacentes* u e v têm graus iguais $d(u) = d(v)$. Suponha que $d(u) = k$, com $w_1, \ldots, w_k$ sendo os vizinhos de u. Exatamente um dos w_i, digamos w_2, é adjacente a v, e w_2 é adjacente a exatamente um dos outros w_i, digamos w_1, de forma que temos a situação da figura ao lado. O vértice v tem com w_1 o vizinho comum w_2 e, com w_i ($i \geq 2$), um vizinho comum z_i ($i \geq 2$). Pela condição C_4, todos esses z_i devem ser distintos. Concluímos que $d(v) \geq k = d(u)$ e, assim, $d(u) = d(v) = k$ por simetria.

Para finalizar a demostração de (**1**), observe que qualquer vértice diferente de w_2 não é adjacente ou a u, ou a v e, assim, tem grau k, pelo que já demonstramos. Mas, uma vez que w_2 também tem um não vizinho, ele tem grau k também e, assim, G é k-regular.

Somando os graus dos k vizinhos de u, obtemos k^2. Uma vez que todo vértice (exceto u) tem exatamente um vizinho comum com u, contamos todo vértice uma vez, exceto u, que foi contado k vezes. Dessa forma, o número total de vértices de G é

$$n = k^2 - k + 1. \tag{1}$$

(2) O resto da demonstração é uma linda aplicação de alguns resultados-padrão da álgebra linear. Note primeiro que k deve ser maior que 2, uma vez que para $k \leq 2$ somente $G = K_1$ e $G = K_3$ são possíveis, por (1), ambos dos quais são grafos-moinho triviais. Considere a matriz de adjacência $A = (a_{ij})$, como definida na página 329. Pela parte (**1**), qualquer linha tem exatamente k elementos 1, e, pela condição do teorema, para quaisquer duas linhas existe exatamente uma coluna onde ambas têm um 1. Observe além disso que a diagonal principal consiste em zeros. Consequentemente, temos

$$A^2 = \begin{pmatrix} k & 1 & \ldots & 1 \\ 1 & k & & 1 \\ \vdots & & \ddots & \vdots \\ 1 & \ldots & 1 & k \end{pmatrix} = (k-1)I + J,$$

onde I é a matriz identidade e J é a matriz só de uns. Imediatamente, verificamos que J tem os autovalores n (com multiplicidade 1) e 0 (com multiplicidade $n-1$). Segue que A^2 tem os autovalores $k-1+n = k^2$ (com multiplicidade 1) e $k-1$ (com multiplicidade $n-1$).

Uma vez que A é simétrica e, portanto, diagonalizável, concluímos que A tem os autovalores k (com multiplicidade 1) e $\pm\sqrt{k-1}$. Suponha que r autovalores são iguais a $\sqrt{k-1}$ e s são iguais a $-\sqrt{k-1}$, com $r+s = n-1$. Agora, estamos quase lá. Uma vez que a soma dos autovalores de A é igual ao traço (que é 0), encontramos que

$$k + r\sqrt{k-1} - s\sqrt{k-1} = 0,$$

e, em particular, $r \neq s$, e

$$\sqrt{k-1} = \frac{k}{s-r}.$$

Agora, se a raiz quadrada $\sqrt{m}$ de um número natural m é racional, então ele é um inteiro! Uma demonstração elegante disso foi apresentada em 1858 por Dedekind: seja n_0 o menor número natural com $n_0\sqrt{m} \in \mathbb{N}$. Se $\sqrt{m} \notin \mathbb{N}$, então existe $\ell \in \mathbb{N}$ com $0 < \sqrt{m} - \ell < 1$. Fazendo $n_1 := n_0(\sqrt{m}-\ell)$, encontramos $n_1 \in \mathbb{N}$ e $n_1\sqrt{m} = n_0(\sqrt{m}-\ell)\sqrt{m} = n_0 m - \ell(n_0\sqrt{m}) \in \mathbb{N}$. Com $n_1 < n_0$, isto fornece uma contradição para a escolha de n_0.

Voltando à nossa equação, vamos fazer $h = \sqrt{k-1} \in \mathbb{N}$, e então

$$h(s-r) = k = h^2 + 1.$$

Uma vez que h divide $h^2 + 1$ e h^2, obtemos que h deve ser igual a 1 e, assim, $k = 2$, o qual já tínhamos excluído. Dessa forma, chegamos a uma contradição, e a demonstração está completa. □

Contudo, a história ainda não está completamente concluída. Vamos refrasear nosso teorema da seguinte maneira: suponha que G é um grafo com a propriedade de que, entre quaisquer dois vértices, existe exatamente um caminho de comprimento 2. Claro que essa é uma formulação equivalente à condição de amizade. Nosso teorema diz, então, que os únicos grafos com essa propriedade são os grafos-moinho. Mas, e se considerarmos caminhos de comprimentos maiores do que 2? Uma conjectura de Anton Kotzig afirma que a situação análoga é impossível.

Conjectura de Kotzig. *Seja $\ell > 2$. Então, não existem grafos com a propriedade de que entre quaisquer dois vértices existe precisamente um caminho de comprimento ℓ.*

O próprio Kotzig verificou essa conjectura para $\ell \leq 8$. Em [3], sua conjectura foi demonstrada até $\ell = 20$, e Alexandr Kostochka nos disse que ela agora está verificada para todo $\ell \leq 33$. Uma demonstração geral, entretanto, parece estar fora de alcance...

Referências

[1] P. ERDŐS, A. RÉNYI & V. SÓS: *On a problem of graph theory*, Studia Sci. Math. 1 (1966), 215-235.

[2] A. KOTZIG: *Regularly k-path connected graphs*, Congressus Numerantium 40 (1983), 137-141.

[3] A. KOSTOCHKA: *The nonexistence of certain generalized friendship graphs*, in: "Combinatorics" (Eger, 1987), Colloq. Math. Soc. János Bolyai 52, North-Holland, Amsterdam, 1988, 341-356.

CAPÍTULO 44
PROBABILIDADE (ÀS VEZES) FACILITA O CONTAR

Da mesma forma que começamos este livro com os primeiros artigos de Paul Erdős sobre teoria dos números, vamos fechá-lo discutindo o que possivelmente será considerado seu legado mais duradouro: a introdução, juntamente com Alfred Rényi, do *método probabilístico*. Colocando em sua forma mais simples, ele diz:

> *Se, em um dado conjunto de objetos, a probabilidade de um objeto não ter certa propriedade é menor do que 1, então deve existir um objeto com essa propriedade.*

Assim, temos um resultado de *existência*. Pode ser (e frequentemente é) muito difícil encontrar esse objeto, mas sabemos que ele existe. Apresentamos aqui três exemplos (em ordem crescente de sofisticação) desse método probabilístico devido a Erdős e fechamos com uma aplicação novíssima, particularmente elegante.

Como aquecimento, considere uma família $\mathcal{F}$ de subconjuntos A_i, todos de tamanho $d \geq 2$, de um conjunto base finito X. Dizemos que $\mathcal{F}$ é *bicolorizável* se existe uma coloração de X com duas cores de forma que ambas as cores aparecem em cada conjunto A_i. É imediato que nem toda família pode ser colorida dessa maneira. Como um exemplo, tome *todos* os subconjuntos de tamanho d de um conjunto X com $(2d-1)$ elementos. Então, qualquer que seja a forma com que bicolorirmos X, deverão existir d elementos que são coloridos da mesma maneira. Por outro lado, fica igualmente claro que cada subfamília de uma família bicolorizável de conjuntos com d elementos é também bicolorizável. Daí, estamos interessados no *menor* número $m = m(d)$ para o qual existe uma família com m conjuntos que não seja bicolorizável. Expressando de maneira diferente, $m(d)$ é o menor número que garante que cada família com menos de $m(d)$ conjuntos é bicolorizável.

Uma família bicolorida de conjuntos de três elementos

Teorema 1. *Cada família de no máximo 2^{d-1} conjuntos com d elementos é bicolorizável, isto é, $m(d) > 2^{d-1}$.*

Demonstração. Suponha que $\mathcal{F}$ seja uma família de conjuntos de d elementos com no máximo 2^{d-1} conjuntos. Faça uma coloração aleatória de X com duas cores, sendo todas as colorações igualmente prováveis. Para cada conjunto $A \in \mathcal{F}$, seja E_A o evento de que todos os elementos de A são coloridos da mesma forma. Uma vez que existem precisamente duas de tais colorações, temos

$$\text{Prob}(E_A) = \left(\frac{1}{2}\right)^{d-1},$$

e daí, com $m = |\mathcal{F}| \leq 2^{d-1}$ (note que os eventos E_A não são disjuntos),

$$\text{Prob}\left(\bigcup_{A \in \mathcal{F}} E_A\right) < \sum_{A \in \mathcal{F}} \text{Prob}(E_A) = m\left(\frac{1}{2}\right)^{d-1} \leq 1.$$

Concluímos que existe alguma bicoloração de X sem um conjunto unicolorido e isso é justamente nossa condição de bicoloração. □

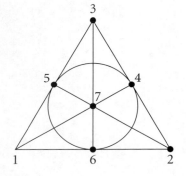

Um limitante superior para $m(d)$, aproximadamente igual a $d^2 2^d$, foi também estabelecido por Erdős, novamente usando o método probabilístico, mas dessa vez tomando conjuntos aleatórios e uma coloração fixa. Usando um argumento muito inteligente, Jaikumar Radhakrishnan e Aravind Srinivassan estabeleceram o melhor limitante inferior até o momento, que é aproximadamente igual a $\sqrt{\frac{d}{\log d}} 2^d$. No que diz respeito a valores exatos, apenas os primeiros dois $m(2) = 3$ e $m(3) = 7$ são conhecidos. Claro que $m(2) = 3$ é realizado pelo grafo K_3, enquanto que a configuração de Fano fornece $m(3) \leq 7$. Aqui, $\mathcal{F}$ consiste nos sete conjuntos de 3 elementos da figura (incluindo o conjunto círculo $\{4, 5, 6\}$). O leitor poderá achar divertido mostrar que $\mathcal{F}$ não é bicolorizável. Para demonstrar que todas as famílias de seis conjuntos de 3 elementos é bicolorizável e, daí, $m(3) = 7$, é necessário um pouco mais de cuidado.

Nosso próximo exemplo é o clássico do campo – os números de Ramsey. Considere o grafo completo K_N de N vértices. Dizemos que K_N tem a propriedade (m, n) se, não importando o modo como colorimos as arestas de K_N de vermelho ou azul, sempre existe um subgrafo completo com m vértices e todas as arestas coloridas de vermelho, ou um subgrafo completo com n vértices e todas as arestas coloridas de azul. Está claro que, se K_N tem a propriedade (m, n), então cada K_s, com $s \geq N$, também a tem. Assim, como no primeiro exemplo, estamos pedindo *menor* número N (se ele existir) com essa propriedade – e esse é o *número de Ramsey* $R(m, n)$.

Para começar, temos certamente que $R(m, 2) = m$ porque ou todas as arestas de K_m são vermelhas, ou existe uma aresta azul, resultando em um K_2

Probabilidade (às vezes) facilita o contar

azul. Por simetria, temos que $R(2, n) = n$. Agora, suponhamos que existam $R(m - 1, n)$ e $R(m, n - 1)$. Demonstraremos então que $R(m, n)$ existe e que

$$R(m, n) \leq R(m - 1, n) + R(m, n - 1). \tag{1}$$

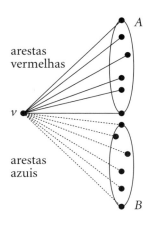

arestas vermelhas

arestas azuis

Suponha que $N = R(m - 1, n) + R(m, n - 1)$ e considere uma coloração arbitrária vermelha e azul de K_N. Para um vértice v, seja A o conjunto dos vértices unidos a v por uma aresta vermelha e B os vértices unidos por uma aresta azul.

Uma vez que $|A| + |B| = N - 1$, obtemos que ou $|A| \geq R(m - 1, n)$ ou $|B| \geq R(m, n - 1)$. Suponha que $|A| \geq R(m - 1, n)$, sendo o outro caso análogo. Então, pela definição de $R(m - 1, n)$, segue que ou existe em A um subconjunto A_R de tamanho $m - 1$ cujas arestas todas são coloridas de vermelho, o que, junto com v, resulta em um K_m vermelho, ou existe um subconjunto A_B de tamanho n com todas as arestas coloridas de azul. Inferimos que K_N satisfaz a propriedade (m, n) e a desigualdade (1) segue daí.

Combinando (1) com os valores de partida $R(m, 2) = m$ e $R(2, n) = n$, obtemos da familiar recursão para coeficientes binomiais

$$R(m,n) \leq \binom{m+n-2}{m-1} \tag{2}$$

e, em particular,

$$R(k,k) \leq \binom{2k-2}{k-1} = \binom{2k-3}{k-1} + \binom{2k-3}{k-2} \leq 2^{2k-3}.$$

Agora, estamos realmente interessados é em um limitante inferior para $R(k, k)$. Isso equivale a demonstrar que, para um $N < R(k, k)$ tão grande quanto possível, existe uma coloração das arestas tal que não ocorra nenhum K_k vermelho nem azul. E é aí que o método probabilístico entra em ação.

Teorema 2. *Para todo $k \geq 2$, o seguinte limitante inferior é válido para os números de Ramsey:*

$$R(k, k) \geq 2^{\frac{k}{2}}.$$

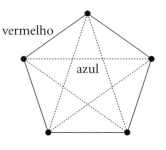

vermelho

azul

Demonstração. Temos que $R(2, 2) = 2$. De (2), sabemos que $R(3, 3) \leq 6$ e o pentágono colorido, conforme a figura, mostra que $R(3, 3) = 6$.

Agora, vamos assumir que $k \geq 4$. Suponha que $N < 2^{\frac{k}{2}}$ e considere todas as colorações vermelho e azul, onde colorimos cada aresta independentemente de vermelho ou azul, com probabilidade $\frac{1}{2}$. Assim, todas as colorações são igualmente prováveis com probabilidade $2^{-\binom{N}{2}}$. Seja A um conjunto de vértices de tamanho k. A probabilidade do evento A_R de que as arestas em A sejam todas coloridas de vermelho é, então, $2^{-\binom{k}{2}}$. Por isso, segue que a probabilidade p_R para *algum* conjunto de k elementos ser colorido todo de vermelho é limitada por

$$p_R = \text{Prob}\left(\bigcup_{|A|=k} A_R\right) \leq \sum_{|A|=k} \text{Prob}(A_R) = \binom{N}{k} 2^{-\binom{k}{2}}.$$

Agora, com $N < 2^{\frac{k}{2}}$ e $k \geq 4$, usando $\binom{N}{k} \leq \frac{N^k}{2^{k-1}}$ para $k \geq 2$ (ver página 27), temos que

$$\binom{N}{k} 2^{-\binom{k}{2}} \leq \frac{N^k}{2^{k-1}} 2^{-\binom{k}{2}} < 2^{\frac{k^2}{2} - \binom{k}{2} - k + 1} = 2^{-\frac{k}{2}+1} \leq \frac{1}{2}.$$

Logo, $p_R < \frac{1}{2}$ e, por simetria, $p_B < \frac{1}{2}$ para a probabilidade de que alguns k vértices tenham todas as arestas entre eles coloridas de azul. Concluímos que $p_R + p_B < 1$ para $N < 2^{\frac{k}{2}}$, de forma que *deve* existir uma coloração sem nenhum K_k totalmente vermelho ou totalmente azul, o que significa que K_N não tem a propriedade (k, k). □

Claro que há uma considerável lacuna entre os limitantes inferior e superior para $R(k, k)$. Apesar disso, por mais simples que seja esta demonstração d'O Livro, não foi encontrado nenhum limitante inferior com melhor expoente para k geral nos mais de 60 anos que já se passaram desde o resultado de Erdős. Na verdade, ninguém ainda foi capaz de mostrar um limitante inferior da forma $R(k, k) > 2^{(\frac{1}{2}+\varepsilon)k}$ nem um limitante superior da forma $R(k, k) < 2^{(2-\varepsilon)k}$ para um $\varepsilon > 0$ fixado. O avanço mais espetacular nos últimos anos é devido a David Conlon, que demonstrou a existência de um limitante superior da forma $\frac{4^k}{k^{\omega(k)}}$, em que $\omega(k)$ tende a infinito (embora muito lentamente) com k.

Nosso terceiro resultado é outra bela ilustração do método probabilístico. Considere um grafo G com n vértices e seu número cromático $\chi(G)$. Se $\chi(G)$ é alto, isto é, se precisamos de muitas cores, então poderíamos suspeitar que G contém um grande subgrafo completo. Contudo, isso está longe de ser verdadeiro. Já na década de quarenta, Blanche Descartes construía grafos com número cromático arbitrariamente alto e sem triângulos, ou seja, com cada ciclo tendo comprimento no mínimo 4, e o mesmo fizeram vários outros (veja o quadro na página seguinte).

Contudo, nesses exemplos, haviam muitos ciclos de comprimento 4. Podemos fazer melhor ainda? Podemos estipular que não há ciclos de comprimento pequeno e ainda ter número cromático arbitrariamente alto? Sim, podemos! Para tornar as coisas precisas, vamos chamar o comprimento de um ciclo mais curto em G de *perímetro* $\gamma(G)$ de G; então, temos o seguinte teorema, que foi demonstrado primeiro por Paul Erdős.

> ### Grafos sem triângulos com número cromático alto
>
> Aqui está uma sequência de grafos sem triângulos $G_3, G_4, \ldots$, com
>
> $$\chi(G_n) = n.$$
>
> Comece com $G_3 = C_5$, o 5-ciclo; assim, $\chi(G_3) = 3$. Suponha que já tenhamos construído G_n sobre o conjunto de vértices V. O novo grafo G_{n+1} tem o conjunto de vértices $V \cup V' \cup \{z\}$, onde os vértices $v' \in V'$ correspondem bijetivamente a $v \in V$, e z é outro vértice separado. As arestas de G_{n+1} caem em 3 classes: primeiro, tomamos todas as arestas de G_n; segundo, cada vértice v' é unido exatamente aos vizinhos de v em G_n; terceiro, z é unido a todos os $v' \in V'$. Daí, de $G_3 = C_5$, obtemos como G_4 o chamado *grafo de Mycielski*.
>
> Claro que G_{n+1} também não tem triângulos. Para demonstrar que $\chi(G_{n+1}) = n + 1$, usamos indução em n. Tome qualquer n-coloração de G_n e considere uma classe de cor C. Deve existir um vértice $v \in C$ que é adjacente a, no mínimo, um vértice de cada outra classe de cor; caso contrário, poderíamos distribuir os vértices de C sobre as outras $n - 1$ classes de cor, resultando em $\chi(G_n) \leq n - 1$. Mas agora fica claro que v' (o vértice em V' correspondente a v) deve receber a mesma cor que v nessa n-coloração. Portanto, todas as n cores aparecem em V' e precisamos de uma nova cor para z.

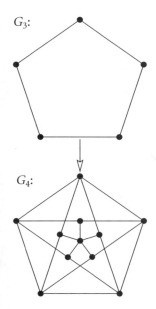

Construção do grafo de Mycielski

Teorema 3. *Para cada $k \geq 2$, existe um grafo G com número cromático $\chi(G) > k$ e perímetro $\gamma(G) > k$.*

A estratégia é similar àquela das demonstrações anteriores: consideramos um certo espaço de probabilidades sobre os grafos e prosseguimos mostrando que a probabilidade de $\chi(G) \leq k$ é menor do que $\frac{1}{2}$ e, analogamente, a probabilidade de $\gamma(G) \leq k$ é menor do que $\frac{1}{2}$. Consequentemente, deve existir um grafo com as propriedades desejadas.

Demonstração. Seja $V = \{v_1, v_2, \ldots, v_n\}$ o conjunto de vértices e seja p um número fixado entre 0 e 1, a ser cuidadosamente escolhido mais adiante. Nosso espaço de probabilidades $\mathcal{G}(n, p)$ consiste em todos os grafos em V onde as arestas individuais aparecem com probabilidade p, independentemente uma das outras. Em outras palavras, estamos falando de uma experiência de Bernoulli na qual fazemos aparecer cada aresta com probabilidade p. Como exemplo, a probabilidade $\text{Prob}(K_n)$ para o grafo completo é $\text{Prob}(K_n) = p^{\binom{n}{2}}$. Em geral, temos $\text{Prob}(H) = p^m (1-p)^{\binom{n}{2}-m}$ se o grafo H em V tem precisamente m arestas.

Vamos primeiro olhar para o número cromático $\chi(G)$. Por $\alpha = \alpha(G)$ denotamos o *número de independência*, isto é, o tamanho de um maior conjunto independente em G. Como em uma coloração com $\chi = \chi(G)$ cores, todas as classes de cor são independentes (e, portanto, de tamanho $\leq \alpha$), inferimos que $\chi\alpha \geq n$. Consequentemente, se α é pequeno em comparação com n, então χ deve ser grande, que é o que queremos.

Suponha que $2 \leq r \leq n$. A probabilidade de que um conjunto fixo com r elementos em V seja independente é $(1-p)^{\binom{r}{2}}$, e concluímos, pelo mesmo argumento usado no Teorema 2, que

$$\text{Prob}(\alpha \geq r) \leq \binom{n}{r}(1-p)^{\binom{r}{2}}$$

$$\leq n^r(1-p)^{\binom{r}{2}} = \left(n(1-p)^{\frac{r-1}{2}}\right)^r \leq \left(ne^{-p(r-1)/2}\right)^r,$$

uma vez que $1-p \leq e^{-p}$, para todo p.

Dado qualquer $k > 0$ fixado, escolhemos agora $p := n^{-\frac{k}{k+1}}$ e passamos a mostrar que, para n suficientemente grande,

$$\text{Prob}\left(\alpha \geq \frac{n}{2k}\right) < \frac{1}{2}. \qquad (3)$$

De fato, uma vez que $n^{\frac{1}{k+1}}$ cresce mais rapidamente que $\log n$, temos que $n^{\frac{1}{k+1}} \geq 6k \log n$ para n suficientemente grande e, assim, $p \geq 6k\frac{\log n}{n}$. Para $r = \lceil \frac{n}{2k} \rceil$, isso dá que $pr \geq 3 \log n$ e, assim,

$$ne^{-p(r-1)/2} = ne^{-\frac{pr}{2}}e^{\frac{p}{2}} \leq ne^{-\frac{3}{2}\log n}e^{\frac{1}{2}} = n^{-\frac{1}{2}}e^{\frac{1}{2}} = \left(\frac{e}{n}\right)^{\frac{1}{2}},$$

que converge para 0 quando n tende ao infinito. Daí, (3) é válida para todo $n \geq n_1$.

Agora, olhamos para o segundo parâmetro, $\gamma(G)$. Para o k dado, queremos mostrar que não existem muitos ciclos de comprimento $\leq k$. Seja i um número entre 3 e k e seja $A \subseteq V$ um conjunto fixado com i elementos. O número de i-ciclos possíveis em A é claramente o número de permutações cíclicas de A dividido por 2 (uma vez que podemos percorrer o ciclo em uma ou outra direção) e, dessa forma, é igual a $\frac{(i-1)!}{2}$. O número total de i-ciclos possíveis é, portanto, $\binom{n}{i}\frac{(i-1)!}{2}$, e cada um desses ciclos C aparece com probabilidade p^i. Seja X a variável aleatória que conta o número de ciclos de comprimento $\leq k$. A fim de fazer uma estimativa de X, usamos duas ferramentas simples, mas belas. A primeira é a linearidade do valor esperado e a segunda é a desigualdade de Markov para variáveis aleatórias não negativas, que diz que

$$\text{Prob}(X \geq a) \leq \frac{EX}{a},$$

onde EX é o valor esperado de X. Veja o apêndice do Capítulo 17 para ambas as ferramentas.

Seja X_C a variável aleatória indicadora do ciclo C com, digamos, comprimento i. Ou seja, colocamos $X_C = 1$ ou 0 dependendo de C aparecer no grafo ou não; daí, $EX_C = p^i$. Como X conta o número de todos os ciclos de comprimento $\leq k$, temos que $X = \sum X_C$ e, portanto, da linearidade vem

$$EX = \sum_{i=3}^{k} \binom{n}{i}\frac{(i-1)!}{2}p^i \leq \frac{1}{2}\sum_{i=3}^{k} n^i p^i \leq \frac{1}{2}(k-2)n^k p^k,$$

onde a última desigualdade é válida por causa de $np = n^{\frac{1}{k+1}} \geq 1$. Aplicando agora a desigualdade de Markov, com $a = \frac{n}{2}$, obtemos

$$\text{Prob}\left(X \geq \frac{n}{2}\right) \leq \frac{EX}{n/2} \leq (k-2)\frac{(np)^k}{n} = (k-2)n^{-\frac{1}{k+1}}.$$

Como o lado direito tende a 0 quando n tende ao infinito, inferimos que $p(X \geq \frac{n}{2}) < \frac{1}{2}$ para $n \geq n_2$.

Agora já estamos quase lá. Nossa análise nos diz que, para $n \geq \max(n_1, n_2)$, existe um grafo H com n vértices, com $\alpha(H) < \frac{n}{2k}$ e menos que $\frac{n}{2}$ ciclos de comprimento $\leq k$. Apague um vértice de cada um desses ciclos e seja G o grafo resultante. Então, $\gamma(G) > k$ vale de qualquer modo. Uma vez que G contém mais do que $\frac{n}{2}$ vértices e satisfaz $\alpha(G) \leq \alpha(H) < \frac{n}{2k}$, encontramos que

$$\chi(G) \geq \frac{n/2}{\alpha(G)} \geq \frac{n}{2\alpha(H)} > \frac{n}{n/k} = k,$$

e a demonstração está terminada. □

São conhecidas construções explícitas de grafos com número cromático e perímetro altos (de tamanho imenso). (Em contraste, não se sabe como construir colorações vermelho e azul sem cliques monocromáticos grandes, cuja existência é dada pelo Teorema 2.) O que permanece impressionante a respeito da demonstração de Erdős é que ela mostra a existência de grafos relativamente pequenos, mas com perímetro e número cromáticos elevados.

Para encerrar nossa excursão pelo mundo probabilístico, vamos discutir um resultado importante na teoria geométrica de grafos (que, novamente, remonta a Paul Erdős) – com uma fantástica demonstração d'O Livro.

Considere um grafo simples $G = G(V, E)$ com n vértices e m arestas. Queremos imergir G no plano da mesma forma como fizemos no caso de grafos planares. Agora sabemos, do Capítulo 13 – como uma consequência da fórmula de Euler –, que um grafo planar simples G tem no máximo $3n - 6$ arestas. Daí, se m é maior do que $3n - 6$, devem existir cruzamentos de arestas. O *número de cruzamentos* $\text{cr}(G)$ é então definido naturalmente: o menor número de cruzamentos entre todas as imersões de G, onde cruzamentos de mais de duas arestas em um ponto não são permitidos. Assim, $\text{cr}(G) = 0$ se e somente se G é planar.

Em tal imersão mínima, as três situações seguintes estão descartadas:

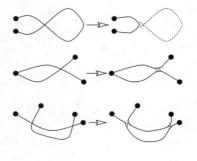

- nenhuma aresta pode cruzar a si própria;
- arestas com um vértice extremo comum não podem se cruzar;
- duas arestas não se cruzam duas vezes.

Isso acontece porque, em cada um desses casos, podemos construir um desenho diferente do mesmo grafo com um número menor de cruzamentos, usando as operações que estão indicadas em nossa figura. Dessa forma, de agora em diante assumiremos que qualquer imersão observa essas regras.

Suponha que G está imerso em $\mathbb{R}^2$ com $\text{cr}(G)$ cruzamentos. Podemos deduzir imediatamente um limitante inferior para o número de cruzamentos. Considere o seguinte grafo H: os vértices de H são os de G junto com todos os pontos de cruzamento, e as arestas são todas as partes das arestas originais à medida que vamos indo de ponto de cruzamento em ponto de cruzamento.

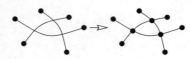

O novo grafo H é agora plano e simples (isso decorre de nossas três hipóteses!). O número de vértices de H é $n + \text{cr}(G)$ e o número de arestas é $m + 2\text{cr}(G)$, uma vez que cada novo vértice tem grau 4. Invocando o limitante para o número de arestas de grafos planos, obtemos então

$$m + 2\text{cr}(G) \leq 3(n + \text{cr}(G)) - 6,$$

ou seja,

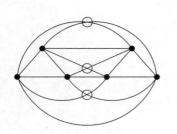

$$\text{cr}(G) \geq m - 3n + 6. \quad (4)$$

Como exemplo, para o grafo completo K_6, calculamos

$$\text{cr}(K_6) \geq 15 - 18 + 6 = 3$$

e, na verdade, há uma imersão com apenas 3 cruzamentos.

O limitante (4) é bom o suficiente quando m é linear em n, mas, quando m é muito maior que n, então a figura muda, e esse é o nosso teorema.

Teorema 4. *Seja G um grafo simples com n vértices e m arestas, em que $m \geq 4n$. Então,*

$$\text{cr}(G) \geq \frac{1}{64} \frac{m^3}{n^2}.$$

A história desse resultado, chamado *lema do cruzamento*, é bastante interessante. Ele foi conjecturado por Erdős e Guy, em 1973 (com $\frac{1}{64}$ substituído por alguma constante c). As primeiras demonstrações foram dadas por Leighton, em 1982 (com $\frac{1}{100}$ em vez de $\frac{1}{64}$), e, independentemente, por Ajtai, Chvátal, Newborn e Szemerédi. O lema do cruzamento era pouco conhecido (na verdade, muita gente continuava pensando que ele era uma conjectura até muito tempo depois das demonstrações originais) até que László Székely ilustrou sua utilidade num belo artigo, aplicando-o a diversos problemas, até então difíceis, de extremos geométricos. A demonstração que apresentamos agora surgiu de conversas via *e-mail* entre Bernard Chazelle, Micha Sharir e Emo Welzl, e pertence sem dúvida alguma aO Livro.

Demonstração. Considere uma imersão mínima de G e seja p um número entre 0 e 1 (a ser escolhido mais tarde). Agora, geramos um subgrafo de G especificando que os vértices de G estão no subgrafo com probabilidade p, independentemente uns dos outros. O subgrafo induzido que obtivermos desta maneira será chamado G_p.

Sejam n_p, m_p, X_p as variáveis aleatórias que contam o número de vértices, arestas e cruzamentos em G_p. Uma vez que, por causa de (4), $\mathrm{cr}(G) - m + 3n \geq 0$ é verdadeira para *qualquer* grafo, certamente temos

$$E(X_p - m_p + 3n_p) \geq 0.$$

Agora, passamos ao cálculo dos valores esperados individuais $E(n_p)$, $E(m_p)$ e $E(X_p)$. Claro que $E(n_p) = pn$ e $E(m_p) = p^2 m$, uma vez que uma aresta aparece em G_p se e somente se ambos os seus vértices extremos aparecem em G_p. E, finalmente, $E(X_p) = p^4 \mathrm{cr}(G)$, pois um cruzamento está presente em G_p se e somente se todos os quatro vértices (distintos!) envolvidos estão lá. Pela linearidade do valor esperado, obtemos então que

$$0 \leq E(X_p) - E(m_p) + 3E(n_p) = p^4 \mathrm{cr}(G) - p^2 m + 3pn,$$

o que é

$$\mathrm{cr}(G) \geq \frac{p^2 m - 3pm}{p^4} = \frac{m}{p^2} - \frac{3n}{p^3}. \tag{5}$$

E aqui vem o xeque-mate: ponha $p = \frac{4n}{m}$ (que é no máximo 1, por nossas hipóteses). Então, (5) fica sendo

$$\mathrm{cr}(G) \geq \frac{1}{64}\left[\frac{4m}{(n/m)^2} - \frac{3n}{(n/m)^3}\right] = \frac{1}{64}\frac{m^3}{n^2},$$

e acabou. □

Paul Erdős teria adorado essa demonstração.

Referências

[1] M. Ajtai, V. Chvátal, M. Newborn & E. Szemerédi: *Crossing-free subgraphs*, Annals of Discrete Math. 12 (1982), 9-12.

[2] N. ALON & J. SPENCER: *The Probabilistic Method*, Third edition, Wiley-Interscience, 2008.

[3] D. CONLON: *A new upper bound for diagonal Ramsey numbers*, Annals Math. 170 (2009), 941–960.

[4] P. ERDŐS: *Some remarks on the theory of graphs*, Bulletin Amer. Math. Soc. 53 (1947), 292-294.

[5] P. ERDŐS: *Graph theory and probability*, Canadian J. Math. 11 (1959), 34-38.

[6] P. ERDŐS: *On a combinatorial problem I*, Nordisk Math. Tidskrift 11 (1963), 5-10.

[7] P. ERDŐS & R. K. GUY: *Crossing number problems*, Amer. Math. Monthly 80 (1973), 52-58.

[8] P. ERDŐS & A. RÉNYI: *On the evolution of random graphs*, Magyar Tud. Akad. Mat. Kut. Int. Közl. 5 (1960), 17-61.

[9] T. LEIGHTON: *Complexity Issues in VLSI*, MIT Press, Cambridge MA, 1983.

[10] J. RADHAKRISHNAN & A. SRINIVASAN: *Improved bounds and algorithms for hypergraph 2-coloring*, Random Struct. Algorithms 16 (2000), 4–32.

[11] L. A. SZÉKELY: *Crossing numbers and hard Erdős problems in discrete-geometry*, Combinatorics, Probability, and Computing 6 (1997), 353-358.

SOBRE AS ILUSTRAÇÕES

É uma felicidade ter a possibilidade e o privilégio de ilustrar este volume com maravilhosos desenhos originais de Karl Heinrich Hofmann (Darmstadt). Obrigado!

Os poliedros regulares da página 108 e a aplicação com dobras planificadas de uma esfera flexível da página 118 são de WAF Ruppert. Jürgen Richter-Gebert disponibilizou ilustrações para a página 110. Ronald Wotzlaw escreveu os gráficos das páginas 188 e 189. Jan Schneider, Marie-Sophie Litz e Miriam Schlöter criaram as imagens para o Capítulo 15.

A página 311 mostra o Museu de Arte Weisman de Minneapolis, projetado por Frank Gehry. A foto de sua fachada oeste é de Chris Faust. A planta baixa é da Dolly Fiterman Riverview Gallery, que fica atrás da fachada oeste.

Os retratos de Bertrand, Cantor, Erdős, Euler, Fermat, Herglotz, Hilbert, Littlewood, Pólya, Schur e Sylvester são todos do arquivo de fotos do Mathematisches Forschungsinstitut Oberwolfach (Instituto de Pesquisa Matemática de Oberwolfach), com permissão. (Obrigado, Annette Disch e Ivone Vetter!).

O retrato de Gauss é uma litografia de Siegfried Detlev Bendixen publicada em Astronomishe Nachrichten 1828, como fornecido pela Wikipedia. O retrato de Hermite é do primeiro volume de sua coleção de trabalhos.

O retrato de Eisenstein foi reproduzido, com a cordial permissão do Prof. Karin Reich, da coleção de cartões de retratos do Mathematische Gesellschaft Hamburg.

Os selo-retratos de Buffon, Chebyshev, Euler e Ramanujan são do site de selos matemáticos de Jeff Miller, <http://jeff560.tripod.com>, com sua generosa permissão.

A foto de Claude Shannon foi fornecida pelo MIT Museum e é aqui reproduzida com sua permissão.

O retrato de Cayley é tirado do "Photoalbum für Weierstraß" (Álbum de Fotos de Weierstrass, editado por Reinhart Bölling, Vieweg, 1994), com a permissão do Kunstbibliothek (Biblioteca de Belas Artes), Staatliche Museen zu Berlin (Museu Staatliche de Berlim), Preussischer Kulturbesitz (Coleção Cultural da Prússia).

O retrato de Cauchy é reproduzido com a permissão do Collections de l' École Polytechnique (Coleções da Escola Politécnica), Paris. O retrato de Fermat é reproduzido do livro de Stefan Hildebrandt e Anthony Tromba: *The Parsimonious Universe. Shape and Form in the Natural World*, Springer-Verlag, New York, 1996.

O retrato de Ernst Witt é do volume 426 (1992) do Journal für die Reine und Angewandte Mathematik (Jornal de Matemática Pura e Aplicada), com a permissão de Walter de Gruyter Publishers. Ele foi tirado por volta de 1941.

A foto de Karol Borsuk foi tirada em 1967 por Isaac Namioka, e é reproduzida com sua generosa permissão.

Agradecemos a Dr. Peter Sperner (Braunschweig) pelo retrato de seu pai e a Vera Sós pela foto de Paul Turán.

Obrigado a Noga Alon pelo retrato de A. Nilli!

ÍNDICE REMISSIVO

agulhas, 219
anéis borromeanos, 125
anel de divisão, 51
anel de valoração, 198
ângulo diédrico, 91
ângulo obtuso, 141
anticadeia, 245
aresta de um grafo, 101
aresta de um poliedro, 95
arestas múltiplas, 101
árvore, 102
árvore de Calkin-Wilf, 161
árvore rotulada, 269

base do reticulado, 116
bem-ordenado, 173
bijeção, 159, 277

cadeia, 245
caminho, 102
caminhos reticulados, 263
canal, 331
capacidade, 332
capacidade de Shannon, 332
capacidade de zero erros, 332
cardinalidade, 159, 172
centralizador, 52
centralmente simétrico, 95
centro, 52
ciclo, 102
círculos entrelaçados, 127
clique, 102, 325, 333
coeficiente binomial, 29
coloração de grafos, 315
coloração de listas, 300, 316
combinatoriamente equivalentes, 95
comparação de coeficientes, 79
componentes conexas, 102
componentes de um grafo, 102
condição C_4, 350
condição de Bricard, 91
conexo, 102
configuração de pontos, 105
congruente, 95
conjectura de Borsuk, 149
conjectura de Kakeya, 284

conjectura de Kneser, 344
conjectura de Minc, 307
conjunto da agulha de Kakeya, 283
conjunto de Besicovitch, 283
conjunto de Kakeya, 284
conjunto de Kakeya finito, 284
conjunto independente, 102, 300
conjunto ordenado, 173
contagem dupla, 228
continuum, 166
corpo finito, 47, 52
corpo primo, 34
critério de Euler, 42
critérios de parada, 255
cubo, 94
cúpulas esféricas, 128

d-cubo unitário, 94
denso, 171
desigualdade das médias aritmética-geométrica, 61, 177
desigualdade de Cauchy-Schwarz, 177
desigualdade de Hadamard, 62
desigualdade de Markov, 147
desigualdades, 177
determinantes, 263
determinantes jacobianos, 77, 78
diagrama alternante, 126
diagrama de um nó, 132
dimensão, 167
dimensão de um grafo, 227
distribuição de probabilidade, 327

embaralhamentos *riffle shuffle*, 258
embaralhamentos *top-in-at-random*, 253
embaralhando cartas, 251
emparelhamento, 302
emparelhamento estável, 302
emparelhamento perfeito, 307
entrelaçamento trivial, 133
entrelaçamento, 132
entrelaçamentos brunnianos, 126
entrelaçamentos equivalentes, 132
entropia, 308
entropia condicional, 309
enumerável, 160

equação de Pell, 29
equicomplementabilidade, 88
equidecomposibilidade, 88
espaço de probabilidade, 147
estrela, 100
extensão linear, 243

face, 95, 111
faceta, 95
família crítica, 249
família interceptante, 246, 344
floresta, 102
floresta enraizada, 273
fórmula de Binet-Cauchy, 266, 271
fórmula de Cayley, 269
fórmula de classe, 52
fórmula de Stirling, 26
fórmula do poliedro de Euler, 111
função de Euler, 47
função de Newman, 164
função ímpar, 214
função par, 217
função periódica, 214
função zeta de Riemann, 82

grafo, 101
grafo bipartido, 101, 302
grafo bipartido completo, 101
grafo completo, 101
grafo de confusões, 331
grafo de Kneser, 343
grafo de Mycielski, 357
grafo de Petersen, 343
grafo de Turán, 325
grafo de um polítopo, 95
grafo dual, 111, 315
grafo linha, 305
grafo livre de C_4, 230
grafo-moinho, 349
grafo orientado, 301
grafo orientado acíclico, 264
grafo orientado com pesos, 263
grafo planar, 111
grafo plano, 111, 316
grafo plano quase triangulado, 317
grafo sem triângulos, 357
grafo simples, 101
grafos isomorfos, 102
grau, 112
grau de entrada, 301
grau de saída, 301

grau de um vértice, 112, 230, 301
grau médio, 112
grupo abeliano ordenado, 197
guarda-chuva, 335
guarda-chuva de Lovász, 335
guardas do museu, 321

hipótese do contínuo, 170

identidades de partições, 277
identidades de Rogers-Ramanujan, 281
imagem especular, 95
incidente, 101
involução, 37

laço, 101
lei da reciprocidade quadrática, 43
lema da pérola, 89
lema de Gauss, 43
lema de Gessel-Viennot, 263
lema de Sperner, 234
lema de Zorn, 199
lema do braço de Cauchy, 120
lema do cone, 90
lema do cruzamento, 360
linearidade do valor esperado, 147, 220

matriz-caminho, 264
matriz de adjacência 339
matriz de Hadamard 62
matriz de incidência 99, 229
número de independência 332, 343, 358
matriz de posto 1, 151
matriz duplamente estocástica, 312
matriz ortogonal, 57
média aritmética, 178
média geométrica, 178
média harmônica, 178
média quadrática, 63
menor solução na ordem lexicográfica, 90
método probabilístico, 353
monômio, 285
movimentos de Reidemeister, 125, 132

n-rotulação de Fox, 130
nó, 132
nó trivial, 133
nós e entrelaçamentos, 125
núcleo, 301
número cardinal, 159

Índice remissivo

número cromático, 300, 343
número cromático de listas, 300
número de clique, 328
número de cruzamentos, 359
número de Fermat, 13
número de Mersenne, 14
número de Ramsey, 354
número harmônico, 25
número médio de divisores, 229
número ordinal, 173
número ordinal inicial, 174
número primo, 13, 21
números de Bernoulli, 81, 217
números irracionais, 67
números pentagonais, 279

ordem de um elemento do grupo, 14

paradoxo do aniversário, 251
partição, 277
perímetro, 356
permanente, 307
plano projetivo, 232
poliedro, 87, 94
poliedro de Schönhardt, 322
poliedros equicomplementáveis, 87
poliedros equidecomponíveis, 87
polígono, 94
polígono elementar, 116
polinômio com raízes reais, 180, 205
polinômio complexo, 201
polinômio em cosseno, 206
polinômios de Chebyshev, 207
polítopo, 141
polítopo convexo, 94
pontos do reticulado, 44
posição genérica, 346
postulado de Bertrand, 21
princípio da casa de pombos, 225
princípio do mínimo de Cauchy, 187
problema da agulha de Buffon, 219
problema da inclinação, 105
problema de Dinitz, 299
problema de Littlewood-Offord, 209
problema do colecionador de cupons, 252
problema do determinante de Hadamard, 60
problema finito de Kakeya, 284
produto de grafos, 332
produto escalar, 151

produtos infinitos, 277

quadrado latino, 289, 299
quadrado latino parcial, 289
quadrados, 35

raízes da unidade, 53
reciprocidade quadrática, 43
relação de cruzamento, 130
representação hiperbinária, 162
representação ortonormal, 335
resíduo não quadrático, 41
resíduo quadrático, 41
retângulo latino, 291
retângulo tangencial, 181
reticulado, 116

seção áurea, 336
segmento, 89
segmento vermelho-azul, 196
sequência de refinamento, 274
série de Euler, 75
série de potências formal, 277
série diatômica de Stern, 161
símbolo de Legendre, 42
simetrização de Minkowski, 144
simplexo, 94
simplexos que se tocam, 135
sistema de caminhos de vértices disjuntos, 264
sistema de conjuntos bicolorizável, 353
sistema de conjuntos finitos, 245
sistema de representantes distintos, 248
soma de Gauss, 46
somas de dois quadrados, 33
subgrafo, 102
subgrafo induzido, 102, 301
subsequências monótonas, 227
suporte de uma variável aleatória, 309

tamanho de um conjunto, 159
tamanhos iguais, 159
taxa de transmissão, 331
teorema da amizade, 349
teorema da boa ordenação, 173
teorema da galeria de arte, 322
teorema da matriz-árvore, 271
teorema da rigidez de Cauchy, 119
teorema das quatro cores, 315
teorema de Bolyai-Gerwien, 87
teorema de Borsuk-Ulam, 344

teorema de Brégman, 308
teorema de Cantor-Bernstein, 167
teorema de Chebyshev, 203
teorema de dois quadrados, 33
teorema de Erdős-Ko-Rado, 247
teorema de Gale, 346
teorema de Heine-Borel, 58
teorema de Lagrange, 14
teorema de Legendre, 23
teorema de Lovász, 338
teorema de Lyusternik-Shnirel'man, 345
teorema de Monsky, 193
teorema de Pick, 116
teorema de Sperner, 245
teorema de Sylvester, 29
teorema de Sylvester-Gallai, 97, 114
teorema do casamento, 248
teorema do grafo de Turán, 325
teorema do número primo, 25
teorema do ponto fixo de Brouwer, 234
teorema espectral, 57
teorema fundamental da álgebra, 187

teoremas de adição, 215
teoria dos nós, 125
terceiro problema de Hilbert, 87
triângulo arco-íris, 194
triângulo tangencial, 181
truque de Herglotz, 213

unimodal, 27

valor esperado, 147
valor p-ádico, 192
valoração não arquimediana, 197
valoração real não arquimediana, 193
valorações, 191, 197
variável aleatória, 147, 308
velocidade de convergência, 80
vértice, 95, 101
vértice convexo, 323
vértices adjacentes, 101
vetores quase-ortogonais, 150
vizinhos, 101
volume, 122